JIAONI CHENGWEI YILIU YIBIAO WEIXIUGONG

教你成为一流仪表维修工

黄文鑫 编著

化学工业出版社
·北京·

图书在版编目（CIP）数据

教你成为一流仪表维修工/黄文鑫编著. —北京：化学工业出版社，2018.3（2024.11重印）

ISBN 978-7-122-31344-7

Ⅰ.①教… Ⅱ.①黄… Ⅲ.①仪表-维修 Ⅳ.①TH707

中国版本图书馆 CIP 数据核字（2018）第 009231 号

责任编辑：宋 辉　　　　文字编辑：吴开亮

责任校对：边 涛　　　　装帧设计：王晓宇

出版发行：化学工业出版社（北京市东城区青年湖南街 13 号　邮政编码 100011）

印　　装：北京天宇星印刷厂

787mm×1092mm　1/16　印张 16½　字数 406 千字　　2024 年 11 月北京第 1 版第 10 次印刷

购书咨询：010-64518888　　　　售后服务：010-64518899

网　　址：http://www.cip.com.cn

凡购买本书，如有缺损质量问题，本社销售中心负责调换。

定　　价：58.00 元

前言

生产中仪表或控制系统出现故障，能否快速有效的检查判断和排除故障，是对仪表维修工技术水平和操作能力的考验。初入行的仪表维修工有尽快掌握仪表维修技术的想法，但又感到有难度，为了帮助初学者入门，决定编写一本介绍仪表维修技术的书籍供初学者参考。

编写本书的初衷是介绍仪表维修的方法和技能，但在写作时发现，这是个很难完成的工作。各企业使用的仪表及控制系统的品牌型号太多，结构差异很大，出现的故障也是千差万别，感觉很难进行选择和介绍，怕顾此失彼满足不了读者的需求。考虑再三，决定以企业常用的仪表及控制系统为主线，找出有规律性、有共同性、有相似处的内容进行介绍，如仪表维修的基础知识、基本技能、故障判断思路、故障的检查及处理方法。希望帮助读者掌握一定的仪表维修技术，并能举一反三地应用，进而能够解决仪表维修中的一些实际问题。

本书介绍了温度仪表、压力仪表、流量仪表、液位仪表、变送器、调节阀、控制系统、DCS、PLC 的故障检查判断及处理方法及两百多个故障维修实例。

由于笔者的技术水平和工作实践范围有限，本书概括不了仪表维修的所有内容；再者仪表维修方法因人而异，可以说是多种多样、各有千秋、各有捷径，本书所述之维修方法也不是唯一的。由于时间有限，书中不妥之处恳请读者批评指正，笔者不胜感激！

在此向促成本书出版的我的家人和朋友表示衷心地感谢！感谢你们对我的鼓励和支持。

编著者

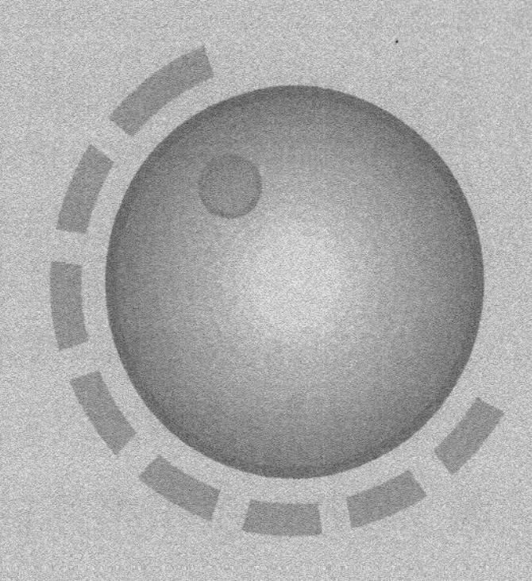

目录

第1章

仪表维修基础知识

1.1　掌握仪表及控制系统的工作原理及结构

仪表维修的内容包括：仪表维护保养、仪表检查、仪表调试校准、仪表修理等工作。做好仪表维修工作，要有敬业精神，还要结合企业实际，对所使用的仪表、控制系统进行学习，掌握仪表及控制系统的工作原理及结构。掌握工作原理可以分析和判断故障产生的原因，掌握仪表的结构可以无损地进行检查和拆卸。学习仪表维修基础知识可从以下几方面入手。

1.1.1　读懂和用好仪表图纸

自动化仪表既有电子元器件，又有机械零部件，因此，在仪表维修工作中，需要掌握仪表电路原理图和机械图。书中将其统称为图纸，这些图纸都是按一定的图形符号绘制的，通过图纸就可以知道仪表及系统的实际电路情况及其机械结构。在日常工作中，可根据仪表及控制系统的图纸进行安装、调试、使用仪表，当出现故障时，可利用图纸对仪表及系统进行检查和修理。识读仪表图纸可按以下步骤进行。

① 熟练掌握仪表及机械图常用的图形和文字符号、如对过程测量与控制图形符号、电子电路图形符号、机械图的符号、基本要素及标注的了解及学习。

② 熟练掌握仪表常用电子元器件的基本知识，如电阻器、电容器、电感器、二极管、三极管、场效应管、集成电路、变压器、继电器等，了解它们的种类、性能、特性及在电路中的作用，根据电子元器件在电路中的作用，就可分析各参数对电路性能和功能会产生什么样的影响。掌握电子元器件的基本知识，对读懂、读通、读透仪表电路图是必不可少的技能。

③ 熟悉一些常见元器件组成的单元电路，如电源电路、整流电路、滤波电路、放大电路、振荡电路、转换电路等。掌握这些单元电路知识，不仅可以加深对电子元器件的认识，而且也是看懂、读懂仪表电路图的基础。

④ 在电路图中寻找自己熟悉的元器件和单元电路，看它们在仪表电路中起什么作用，并会分析外部电路是怎样配合这些元器件和单元电路工作的，以此逐步地扩展，直至理解仪表整机电路。

⑤ 学习仪表电路图，就要结合该仪表的使用说明书，对该仪表的功能、相关的单元电路做深入的了解和分析，在此基础上，把仪表的整机电路图看懂、读通。

⑥ 仪表结构图对指导仪表维修作用很大。这类图形象直观，是很容易识读的，看仪表结构图，最好结合实物及仪表使用说明书来进行。有的仪表说明书中的结构图就是该仪表的装配图，有的则采用了结构分解图，有的则采用了示意图。

1.1.2 阅读仪表使用说明书

说明书又称为用户手册，它是自动化仪表最重要的技术资料。在维修工作中需要通过说明书来获得有用的信息和资料，如仪表的工作原理、电路组成、仪表结构、功能、操作、设定、调校方法等内容，都可以通过说明书来获取。以往的说明书中还有仪表电路原理图或者电路方框图、电子元件布置图等。现在的说明书基本不再提供电路图，但从仅有的方框图中，结合原理叙述还是可以对仪表的工作原理进行了解的。

1.1.3 读懂仪表及控制系统工作原理的书籍

要掌握仪表及控制系统的工作原理，一定要扎扎实实地读懂读好仪表及控制系统工作原理的书籍。所读书籍一定要结合所接触的仪表及控制系统，以做到有的放矢地学习。

1.2 养成良好的维修习惯和安全意识

养成良好的维修工作习惯可以受益一辈子。维修习惯的好坏，决定了维修的效果及质量，仪表维修工作大多是精细活，一定要认真地进行，只有静下心才有可能深入、全面地考虑问题。如果粗枝大叶、毛手毛脚就有可能把原来的小毛病修成大毛病。所以在仪表维修中一定要做到：严格遵守维修技术规程，工具、仪器要摆放整齐，拆卸仪表要有序地进行，拆卸下来的零部件、螺钉等要分类放置并保管好，要做好记号或用手机拍照。

仪表维修工作所接触的是电气设备，还有有毒有害、有腐蚀的介质，有的又是高空作业，因此一定要把安全放在首位，严格遵守安全操作规程。在现场维修时，要有专人配合，并要有安全保护措施，仪表带电检查修理时，应采取分部通电，应做好拆卸部件间的绝缘，以保证个人及设备的安全。要防止机械损伤、热源烫伤。有的仪表电路板检修时，还应采取措施防止静电对电子元件的损伤。对于防爆现场的仪表维修一定要遵守操作规程，不能使用手机。

1.3 注重维修工作记录及经验的积累

每次维修工作完成，都应做好维修记录，维修记录也是经验积累的重要内容之一。可记录故障现象、维修中是怎样解决问题的、电子元件的代换情况、芯片数据、维修时测量的数据、原始状态及改动后的情况说明等内容；还可以用相机或手机对系统或仪表的全部或局部进行拍照；记录可分门别类地进行，并将其保存在电脑中，为今后工作提供方便。对于维修失误或判断失误也应进行记录，这可为日后维修提供借鉴。维修中还要注意资料的收集和保管。

随着工作年限的增加，维修记录也在增多，拥有了一套很宝贵和很可观的技术资料了，这对维修工作是大有帮助的，同时也积累了不少的维修经验。

1.4　学会维修资料的查找、收集和保存

只是阅读仪表及控制系统原理的书籍及仪表说明书，对于维修工作的开展还是远远不够的，在日常维修工作中还应该学会维修资料的查找、收集和保存。除了利用现成的技术资料外，利用互联网来查找、收集维修资料，也是很必要的。在网上查找资料，重要的就是要用好搜索时的关键词，既可提高搜索效率，还可达到搜索目的。

在电脑硬盘中建立一个或多个文件夹，用来保存维修记录和维修资料，把日常工作中的维修资料，如维修记录、电子书、图表、元器件数据等分门别类地保存在相应的文件夹中；在网上搜索到的资料也将其存放进来。在网上下载一个文件搜索工具“Everything”，该软件是速度最快的文件搜索工具，但只能搜索 NTFS 分区。对 32 位及 64 位操作系统都支持，可根据自己的操作系统选择下载。该软件下载解压后就可使用，初次使用如果界面是英文时，可进入“tools”（工具），选择“options”（选项），在“general”（常规）的“language”（语言）下拉菜单中选择“简体中文”，点“ok”，就成中文界面了。

1.5　对初学者的建议

(1) 要不断实践和思考

仪表维修是一门需要不断实践及积累经验的技能。想通过参加培训班，找本书看看就可以在仪表维修技术上突飞猛进，是不现实和不切合实际的。仪表维修没有什么捷径可走，虽然我可以在本书中教你一些小的技巧，使你通过这些技巧来判断和解决现场的一些故障，但“技巧”也不是万能的，关键的是要在仪表维修中，不断地实践、积累，并思考才会有提高。所谓思考就是处理故障前先通过故障现象来判断故障产生的原因，在处理过程中要思考是什么原因造成的故障，应该怎样进行修理；故障处理完成后思考一下，在整个的故障处理中，哪一步是合理的，哪一步走了弯路，有没有失误的地方，思考的过程也就是总结经验的过程，随着时间的推移，这就是经验的积累。

(2) 要善于技术交流

仪表维修工作的技术交流必不可少，除同事间、同行间进行交流外，还少不了与工艺、电气、机械等工种之间的交流，目的就是获取有用的信息以帮助我们的工作，同仪表生产厂商、代理商的交流也是很重要的一个环节，在遇到仪表或系统有问题难于解决时，可拨打厂商的客服电话，或发邮件反映问题寻求帮助。

(3) 要虚心地向老仪表工学习

向老仪表工学习是一个很重要的学习环节。他们从业时间长，有很多实践经验，认真向师傅及老仪表工学习肯定会有收获。

第2章

仪表维修基本技能

仪表维修常用的工具有：电烙铁，试电笔，电工刀，钢丝钳，尖嘴钳，剥线钳，螺丝刀（旋具），扳手，钢锯，管子钳，电钻等。要学会和掌握以上工具的使用，要注意使用安全。

仪表维修常用的仪器有：万用表，兆欧表，过程校验仪，手操通信器，直流电位差计，直流电阻电桥，电阻箱，直流电流表，数字电压表，标准压力表，活塞压力计等。这些仪器都有使用说明书，只要认真阅读和学习说明书及操作规程，就可以掌握操作及使用方法，不再赘述。本章仅对基本技能做介绍。

2.1 万用表的使用

2.1.1 安全、合理地使用万用表

（1）安全注意事项

使用万用表，每次测量前应对挡位、量程开关位置进行检查。数字万用表虽然有过压、过流保护，也要防止误操作损坏仪表。自动选择量程的数字万用表，也要注意项目开关及输入插孔不能用错。使用时不要触碰表笔金属部分，以防电击事故的发生及影响测量精度。

严禁在测高压或大电流时旋动量程开关，以防止产生电弧、烧毁开关触点。测量较高电压时应单手操作，即先把黑表笔固定在被测电路的公共端，然后手持红表笔去接触测试点，以保证安全。

测量电路板上的在线元件时，要考虑与其并联的其他元件的影响。必要时应焊下被测元件的一端进行测量，对晶体三极管需焊开两个电极才能进行检测。在线测量电阻时，应切断电源进行操作，还要注意有无其他元件与被测电阻形成并联电路，必要时可将电阻从电路中焊开一端，再测量。对有电解电容器的电路，要将电容器放完电后再测量。

表用完后，应将量程开关置于最高电压挡，对于有短接或断开挡的万用表，则应放至相应挡位，以防他人拿用时不注意，损坏仪表。

（2）合理使用万用表

宜使用数字万用表检测的项目：
- 测量电压数字
- 测量小阻值电阻
- 测量对测量精度要求较高的电阻
- 测量电容器的容量
- 测量三极管 PN 结的压降
- 测量小功率三极管的 h_{FE} 值
- 判断发光二极管的好坏和判断正、负极

宜使用指针万用表检测的项目：
- 判断电容器是否漏电
- 用电阻法测量集成块和厚膜电路
- 测量电容器的充、放电过程
- 测量热敏电阻、光敏二极管
- 测试一些连续变化的电量和过程
- 估测二极管、三极管的耐压和穿透电流

2.1.2 电压的测量

（1）电压测量注意事项

指针万用表选用量程应尽量使指针指示在满刻度的三分之二附近，读数比较准确。不知道被测电压、电流的大小，应选择大量程挡，然后根据读数大小，再重新调整量程，使读数准确。

指针万用表测量直流电压时红笔接“＋”，黑笔接“－”，以防止极性反接使表针逆向偏转而损坏表针。不知正负极性的情况下，可先拨至大量程挡，用表笔快速触碰被测点，观察指针摆动方向来判定正确极性。

数字万用表有自动转换极性的功能，测直流电压可不考虑正、负极。如果误用交流电压挡去测量直流电压，或者误用直流电压挡去测量交流电压，将显示溢出符号。

数字万用表测交流电压，要用黑表笔接模拟地 COM，或接被测电压的低电位端，或信号源的公共端，或机壳，以减少测量误差。

数字万用表直流电压挡的输入电阻较大，一般为 10MΩ，测量较大内阻信号电压误差很小。但测量输入电阻大于 10MΩ 的信号，要考虑输入电阻的旁路影响。

（2）直流电压的测量

① 测量变送器回路的电压　图 2-1 是个变送器的测量回路。用万用表直流电压挡测量 a、b 两端及 c、d 两端的电压，可以判断变送器测量回路是否正常。

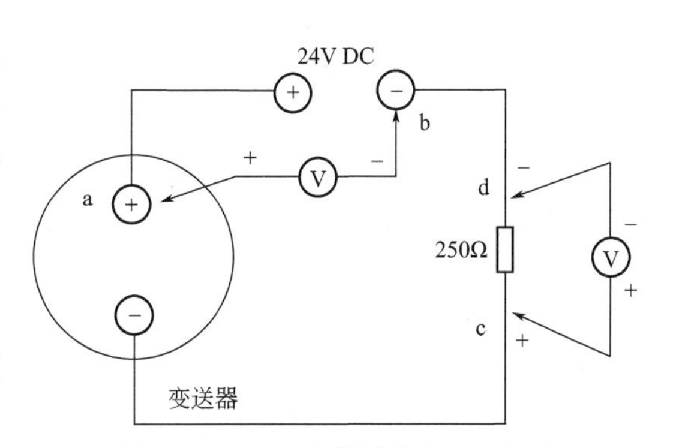

图 2-1　测量变送器回路电压示意图

- 若 a、b 两端的电压大于 24V，可以判断供电电源异常，应检查 24V 供电。
- 用万用表测量 a、b 两端的电压在 24V 左右，表明变送器基本能正常工作，测量 c、d 两端的电压在 1～5V 范围内变化，表明变送器有输出电流且能正常工作。如 a、b 两端的电压略高于 24V，而 c、d 两端的电压等于 0V 时，可能变送器有故障。

• 若 a、b 两端的电压等于 0V，有可能是 24V 供电中断，或者回路连接有开路故障，或者回路的线接反了，这时 c、d 两端的电压将≤0V。

• 若 a、b 两端的电压很低或者等于 0V，有可能是回路出现短路故障，此时回路的电流会很大，如果 c、d 两端的电压≥5V 时，有可能是变送器内部短路，如果 c、d 两端的电压很低或者为 0V 时，有可能是连接线路短路或接地，而且故障点应该在线路进 DCS 板卡之前。

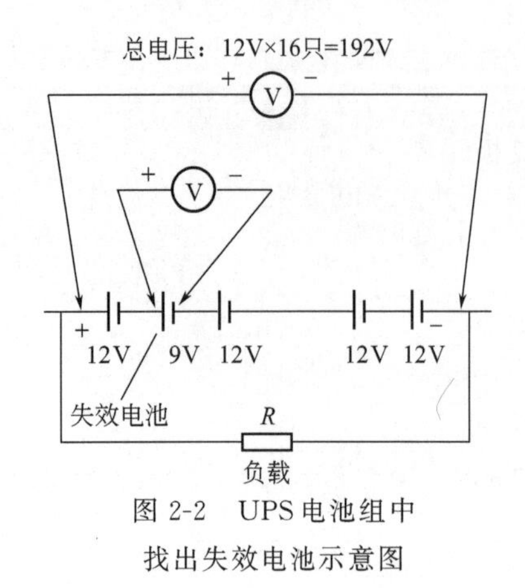

图 2-2　UPS 电池组中找出失效电池示意图

② UPS 电池组电压测量　UPS 电池组的电池必须定期更换。作为预防性维护，通过测量电池组总电压来判断电池是否正常。有的电池由于各种原因会提前失效，需要在电池组中找出失效电池。在带负载的状态下，按图 2-2 测量电池组总电压并找出失效电池，该图只是一个例子。

当电池组总电压小于总电压减单只电池的电压时，表明也有电池失效。可测量各个电池的电压找出失效电池，失效电池的输出电压会比其他电池低，或者输出电压为零，有的失效电池极性还会是反的，找出失效电池进行更换。

③ 热电偶的热电势测量　测量热电偶的热电势可以用数字万用表。数字万用表毫伏电压挡的量程大多为 200mV 或 400mV，电压分辨力为 0.1mV。被测电压小于 2mV 测量误差会增大，贵金属热电偶的温度热电势较小，读数误差会很大，最好是用直流电位差计测量。

廉金属热电偶或补偿导线，如果标识看不清楚，无法知道分度号或极性时，可以用数字万用表来判断。方法如下：

把要检测的热电偶或补偿导线的热端放入沸水（温度接近 100℃）或饮水机放出的热水（接近 80℃）中，在另一端用数字万用表直流毫伏挡测量热电势，读取的毫伏值加上室温对应的毫伏值是沸水或热水温度对应的总毫伏值。在热电偶分度表中找出在 100℃或 80℃时，哪种分度号热电偶的毫伏值最接近总毫伏值，可判断是该分度号的热电偶或补偿导线。显示的极性为正，则红表笔所接的是正极，黑表笔所接的是负极，显示极性为负则极性正好相反。

2.1.3　直流电流的测量

(1) 电流测量注意事项

测量电流前应切断待测仪表的电源，连接好万用表后再送电测量，不能带电串入万用表。测量电流绝对不可将两表笔跨接在电源上，以免烧坏表头。电源内阻和负载电阻都很小，应尽量选择较大的电流量程，以减小分流电阻值，从而减小分流电阻上的压降，提高测量准确度。

电流测量时，万用表与电路相串联，流过电路的电流也流过万用表。不知被测电流大小时，先拨至最高量程挡测量一次，再视情况逐渐把量程减小到合适位置。

（2）直流电流的测量

① 测量执行器回路的电流　图 2-3 是一个执行器回路，用万用表直流电流挡测量控制信号或阀位反馈信号的电流，可以判断执行器工作是否正常。

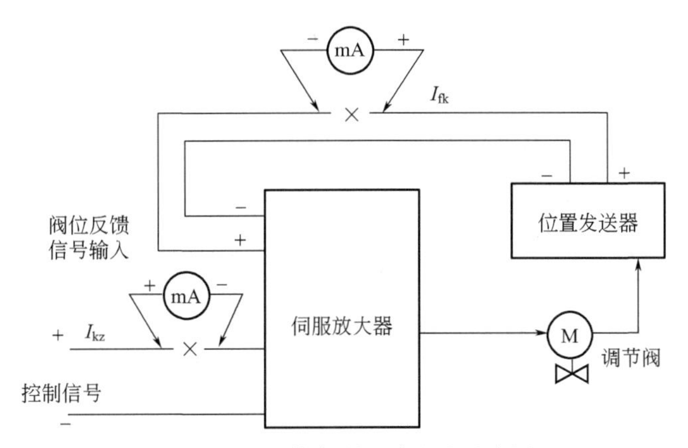

图 2-3　测量执行器回路电流示意图

a. 当 I_{kz} 及 I_{fk} 的电流在 4～20mA 范围内，表明控制器及执行器能正常工作。

b. 当 I_{kz} 的电流大于 20mA，可能是负载短路，或者控制器出现异常，应检查伺服放大器及控制器，检查控制器是否设置有故障保位，控制器 AO 卡件是否有故障。I_{fk} 的电流大于 20mA，先观察调节阀是否已全开，阀门没有全开，则阀位反馈电路有故障。

c. 当 I_{kz} 测不出电流，即电流等于 0，有可能是控制回路出现故障，如 AO 卡件有故障，控制器至伺服放大器的输入连接线路开路。当 I_{fk} 的电流≤4mA 时，先观察调节阀是否已完全关闭；而 I_{fk} 的电流等于 0 时，可能是阀位反馈电路有问题，如反馈电路供电中断，或者执行器反馈机构有故障。

② 间接测量电流的方法　测量电流需要断开被测回路串入电流表，很麻烦，如果回路中有阻值较低又是无感的电阻，则可用万用表的直流电压挡测量电阻两端的电压，根据欧姆定律算出流过该电阻的电流，在电路中临时加个限流电阻也可以间接测量电流。

2.1.4　电阻的测量

（1）电阻测量注意事项

指针式万用表测量电阻时，使用前要调零，改变量程挡后还要重新调零，读数才能准确。如果指针调不到零位时，说明表内电池电压已不足，应更换电池。

使用数字万用表的电阻挡、测二极管挡、测试通断挡时，红表笔带正电，黑表笔带负电，这与指针式万用表正好相反。指针式万用表的电阻挡，红表笔接表内电池的负极，所以带负电；黑表笔接电池正极，因此带正电。测量晶体管、电解电容器等有极性的元器件时，必须注意表笔的极性。

由于各电阻挡的最大测试电流不相等，量程越低，电流越大。使用不同的电阻挡测量同一个非线性元件时，测出的电阻值会有差异，这是正常现象。电阻挡所能提供的测试电流很小，所以不能用数字万用表的电阻挡测试晶体管。测量电阻时，两手应持表笔的绝缘杆，以免人体等效电阻并联引入测量误差。

(2) 电阻的测量

① 热电阻三线制测温回路的检查　图 2-4 是最常见的热电阻三线制测温回路接线图，用万用表的电阻挡测量回路各点的电阻值，就可以判断该测温回路是否正常。

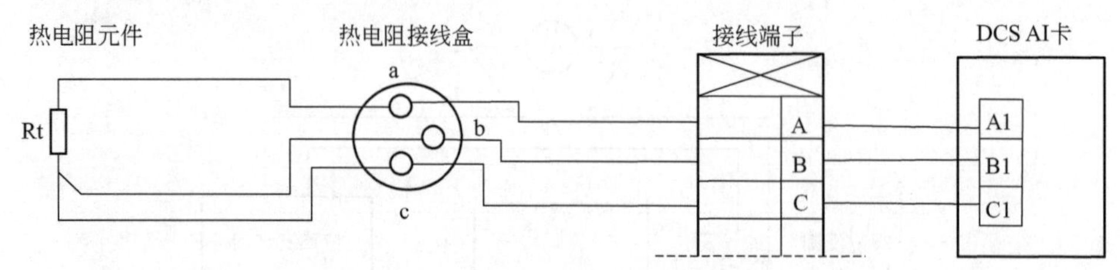

图 2-4　热电阻三线制测温回路图

a. 在热电阻接线盒内把三根连接导线全拆开，单独测量热电阻元件的电阻值，如 Pt100 热电阻在 25℃环境时，a、b 或 a、c 两端的电阻值一般在 110Ω 左右，b、c 两端的电阻值几乎为零，说明热电阻元件正常。

b. 当 a、b 或 a、c 两端的电阻值小于 100Ω，可能热电阻元件有局部短路故障。a、b 或 a、c 两端的电阻值无穷大，可能热电阻元件有开路故障。

c. 假设三线制接线法的单线电阻为 5Ω，在接线端子处测量，A、B 或 A、C 两端的电阻值在 120Ω 左右，B、C 两端的电阻值在 10Ω 左右，说明三线制接线正确；测量前应拆开 DCS AI 卡 A1、B1、C1 端的接线。在现场通过测量热电阻的阻值可判断温度显示是否正常，用测得的电阻值按表 2-1 线性估算所测的温度值。

表 2-1　常用热电阻温度变化 1℃ 时的电阻变化率

热电阻分度号	Pt100	Pt10	Cu50
0℃时的电阻值/Ω	100	10	50
温度变化 1℃其阻值变化/Ω	0.385	0.0385	0.214

如在热电阻接线盒处测得某支 Pt100 热电阻 a、b 端的电阻为 162Ω，线性估算所测温度大致为：$\frac{162-100}{0.385}=161℃$。

三线制接线法把 A、B、C 三线接错的判断及处理方法，在本书第 5 章“温度测量仪表的维修”中的“热电阻的维修”中有介绍。

d. 热电阻元件正常，在接线端子处测量电阻，A、B 或 A、C 两端的电阻值无穷大，可能接线端子至现场热电阻的导线有开路故障。A、B 两端电阻正常，A、C 两端电阻很大，再测量 C、B 两端电阻仍很大，可确定 C 线断路。可以把 B、C 理解为是一根导线，电阻值很大可能是接触不良，电阻值无穷大有开路故障。

热电阻测温回路的接线由于氧化、腐蚀、松动等原因引起回路电阻值增大，使被测温度显示偏高或波动，仅依靠万用表测电阻来判断以上原因很难。只能全面分析、比较、排除才有可能找到故障点。

② 热电偶和热电阻的识别　热电偶和热电阻保护套管外形几乎一样，有的测温元件外形很小，铠装型两者外形几乎相同，没有铭牌不知道型号的时候，可用万用表测量电阻值来识别。

热电偶只有两根引线，有三根引线就是热电阻。只有两根引线时，用数字万用表测量电阻值判断，电阻值很小几乎为零就是热电偶。热电阻在室温状态下，最小电阻也均大于10Ω。热电阻在室温 20℃ 时，电阻值：Pt10 = 10.779Ω，Pt100 = 107.794Ω，Cu50 = 54.285Ω，Cu100=108.571Ω。室温大于 20℃时电阻值更大，如果是热电阻，就可以知道是什么分度号的热电阻。

有四根引线的热元件，可测量电阻值判断是双支热电偶，还是四线制热电阻。先从四根引线中找出电阻几乎为零的两对引线，再测量这两对引线间的电阻值，如果为无穷大，则就是双支热电偶，电阻值几乎为零的一对引线就是一支热电偶。如果两对引线的电阻在 10～110Ω 之间，则是单支四线制的热电阻，看它的电阻值与什么分度号的热电阻最接近，就是该分度号的热电阻。

通过加热测温元件来判断和识别。接杯热水，将测温元件放入热水中，用数字万用表的直流毫伏挡，测量有没有热电势，有热电势就是热电偶；按热电势查找热电偶分度表，可判断是什么分度号的热电偶。没有测出热电势，则改为测量电阻值，有电阻值上升变化趋势的就是热电阻。也可用电烙铁或电烘箱加热测温元件的测量端来识别。

③ 开关、触点、线路通断的测量　开关、触点信号是指机械触点信号，或者是 DCS 的 DI、DO 信号通过继电器隔离的触点信号。这类触点信号可用万用表的电阻挡测量，测量电阻大多能发现问题，不能带电测量，否则会烧坏万用表或发生触电事故。

开关、触点接触良好时电阻值为零，有电阻值可能有氧化或腐蚀现象，电阻值很大可能已被电弧烧坏或触点弹片弹性失效。测量线路电阻时会有一定的导线电阻值，但电阻值不应过大，否则有可能是接线端有氧化、腐蚀、松动现象，电阻很小接近零可能有短路现象。

有的 DI 信号是送出一个电压信号，通过返回的电压信号检测开关状态；有的 DO 信号则是通过一个继电器送出一个触点信号，常用于信号报警、电气联锁，或者送出一个电源信号供电磁阀使用，如图 2-5 所示。这类触点的检查有时要通过测量电压来判断，如 DO 卡件有输出，继电器 K 或者电磁阀 S 没有动作，可以测量 A 或 B 点对地的电压是否接近 24V，来判断 1、3 触点或 2、4 触点是否闭合良好，电压正常仍不动作，可断电后测量继电器 K 或电磁阀 S 的线圈电阻来判断。继电器的 K1 触点在断电后可以用万用表测量接触电阻来判断。

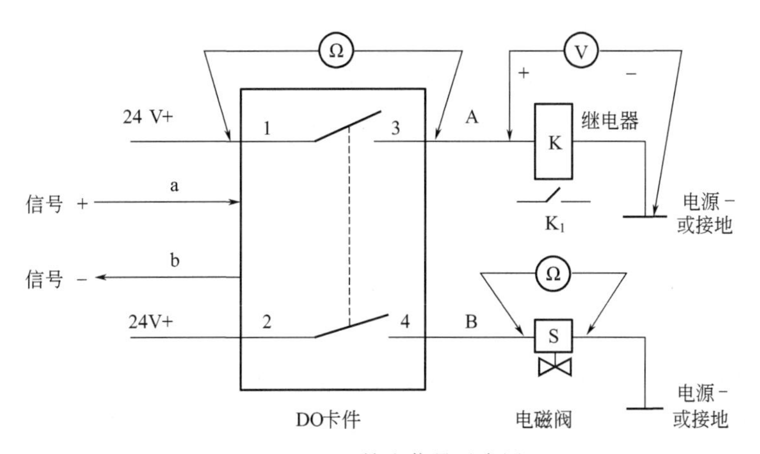

图 2-5　DO 输出信号示意图

2.2 兆欧表的使用

2.2.1 怎样使用兆欧表

(1) 安全注意事项

使用前要对兆欧表进行检查，接线柱应完好，手柄要正常，摇动手柄应能感到有手沉感，表指针应无扭曲、卡住等现象。使用之前，指针可以停留在刻度盘的任意位置。

兆欧表的输出电压高达几百至上千伏，必须站在绝缘物上操作。在测试过程及兆欧表停运之前，严禁用手触及引线的电极。测量结束后，对含有电容的设备要进行放电。禁止在雷电时或高压设备附近测绝缘电阻，测试过程中，被测设备上不能有人工作。对电容式变送器及变频器，不能用输出电压大于100V的兆欧表来测试它们的绝缘电阻。

数字式兆欧表长时间不使用时，应把电池取出，以防电池漏液腐蚀仪表。表壳上有静电时，触摸仪表表面，指针出现偏转，或LCD显示器乱跳字。当零位无法调整时勿进行测量。静电影响了仪表读数，可使用含有防静电剂或去污剂的湿布擦拭仪表外壳。

数字式兆欧表测试电压选择键不按下时，仪表的输出电压插孔上有可能会输出高压。测试时不允许手触摸测试端，且不能随意更换测试线，以保证读数准确及人身安全。

(2) 兆欧表的使用操作

① 手摇式兆欧表的使用　测量前应对兆欧表进行开路和短路试验，以确定兆欧表是否正常。将“L”和“E”两端子的连接线处于开路状态，摇动手柄，指针应指在“∞”处，再把“L”和“E”两端子连接线短接一下，指针应指“0”。

测量前必须将被测设备电源切断，并对地短路放电，有大电容的电路在测量前应对电容进行放电。

连接好测量线，并确认被测部件不带电后，按顺时针方向由慢到快地转动摇把，转速达到120r/min时，保持匀速转动，一边摇一边读指示值，不能停下来读数。

一般测量绝缘电阻用“L”和“E”端即可，但测量高阻值的绝缘电阻和电缆线的绝缘电阻时，一定要接好屏蔽端钮“G”，为防止被测物表面漏泄电流的影响，必须将被测物的屏蔽环或不须测量的部分与兆欧表的“G”端相连接。

测量电器及仪表的绝缘电阻时，线路端“L”应接被测设备的导体，接地端“E”应接接地的设备外壳，屏蔽端“G”应接被测设备的绝缘部分。不能把“L”和“E”端接反了。兆欧表三个接线柱用的引线，一定要用三根单独的电线，测量时不允许绞合在一起使用，以避免测量误差。

② 数字式兆欧表的使用　数字式兆欧表应根据测试项目选择测试电压及电阻量程。测试前先检查测试电压选择及LCD上测试电压的提示与所需的电压是否一致。按下测试按钮进行测试，当LCD屏的显示稳定后即可读数。最高位显示“1”表示超量程，要换用更高一挡的量程。

进行绝缘电阻测试，LCD显示读数不稳定，可能是环境干扰或绝缘材料不稳定造成，可将“G”端接到被测物体的屏蔽端，使读数稳定。空载时有数字显示属正常现象，不会影响测试结果。

2.2.2 兆欧表在仪表维修中的应用

(1) 检查试电笔

电笔是仪表维修中最常用的工具，其可靠才能保证安全。放置时间较长，或借过他人的电笔，使用前应进行检查。附近没有确认的市电相线做测试时，可将电笔的笔尖及手握金属体用电线分别接至兆欧表的 E、L 两接线柱上，摇动手柄，电笔的氖灯亮说明电笔正常，反之电笔有问题。用本方法还可以检查氖灯是否正常。因为氖灯启辉电压低、耗电微小，用万用表无法判断其好坏。

(2) 测量高阻值电阻

仪表维修中遇到高阻值的电阻，怀疑其有问题，用万用表的电阻挡难于测量其阻值时，可用兆欧表来测量。把被测电阻离线后，接至兆欧表的 E、L 两接线柱上，摇手柄到规定的转速，表针所指读数即为被测电阻的阻值。

(3) 测试稳压二极管

型号不明、标识不清楚的稳压二极管，可以采用手摇式兆欧表与指针万用表配合测量稳压值。测试电路如图 2-6 所示，万用表置 20V DC 挡，然后摇动兆欧表手柄至额定转速，万用表所指电压即为该稳压管的稳压值。举一反三还可测量三极管的耐压。

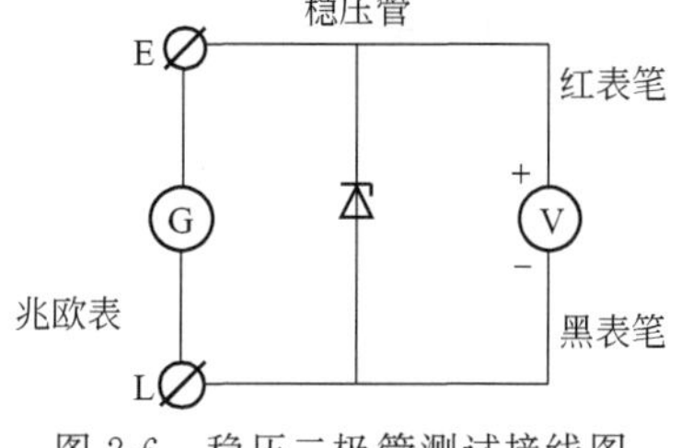

图 2-6　稳压二极管测试接线图

2.3 过程校验仪的使用

(1) 安全注意事项

根据测量要求选择正确的功能和量程挡。测量及输出电流时，要使用正确的插孔、功能及量程挡。进行电阻或通断测量前，应先切断电源并对高电压的电容器进行放电。

表笔的一端已插入校验仪插孔，则另一端的表笔不能碰触电压源。在更换不同的测量或输出功能时，应先拆除测量线。测量时，手指不要碰触表笔的金属部分；测量时，应先接公共线然后再接带电的测量线；拆线时，应先拆除带电的测量线。不能在有爆炸性气体、蒸汽及灰尘大的环境中使用校验仪。出现电池低电量显示时，应更换电池。

(2) VICTOR25 校验仪在仪表维修中的应用

① 测量热电偶温度　测量热电偶温度时，把热电偶接至校验仪的输入端，接线见图 2-7。连接热电偶转接头到输入端子，把热电偶的正、负极分别连接到转接头的+、−端。使用测量键〔FUNG〕选择热电偶测量功能，用〔RANGE〕键选择相应的热电偶分度号，进入热电偶测温时，冷端补偿功能会自动开启，校验仪显示的是实际温度。如热电偶热端温度为 1000℃，冷端为 20℃，则热电偶产生的热电势只有 980℃，使用校验仪的“RJ-ON”功能后，自动补偿 20℃，则校验仪显示为实际温度 1000℃。

② 测量热电阻温度　测量三线制热电阻温度时，按图 2-8 接线，用测量〔FUNC〕键选择热电阻测量功能，再用测量〔RANGE〕键在热电阻分度号之间选择合适的热电阻类型。显示屏上部将显示所测热电阻的温度测量值和单位符号。

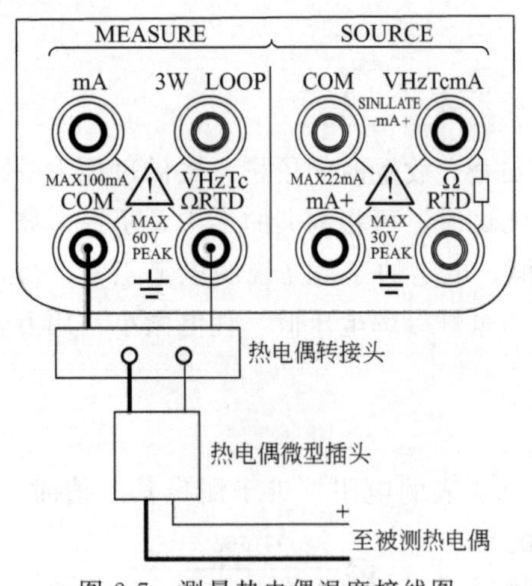

图 2-7　测量热电偶温度接线图

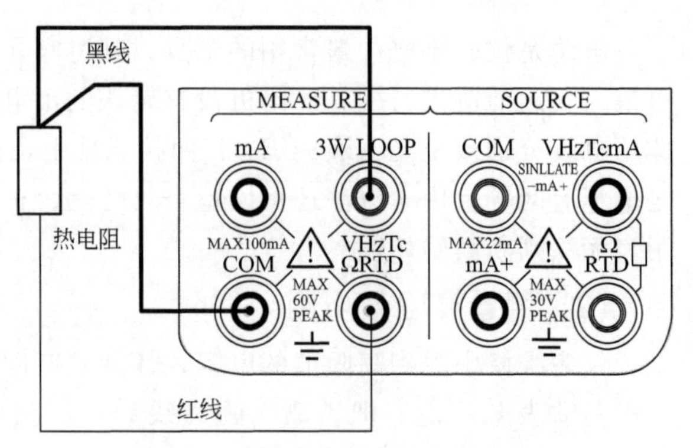

图 2-8　三线制热电阻温度的接线图

③ 测量直流电流　按图 2-9 接线，将黑色引线连接到输入的 COM 端，把红色引线连接到输入的 mA 端，再将两根引线的另一端串入到被测变送器的回路中，然后送电，使用测量〔FUNC〕键选择直流电流功能，显示屏上部将显示直流电流的测量值和单位符号。

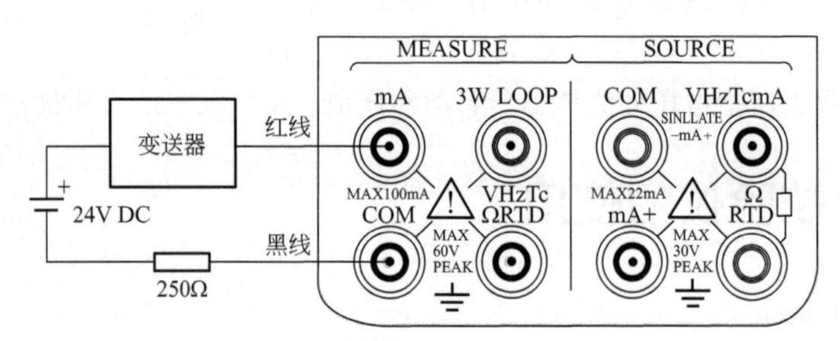

图 2-9　测量直流电流接线示意图

④ 输出直流电流　按图 2-10 接线。使用输出〔FUNC〕键选择直流 0～22mA 电流输出功能，显示屏下部显示所选功能量程默认的输出值和单位符号。

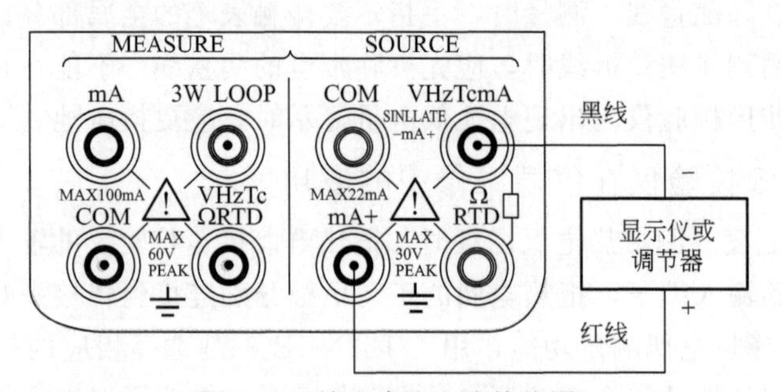

图 2-10　输出直流电流接线图

a. 使用输出设定键〔▲〕/〔▼〕按位对输出值进行设置。每一组〔▲〕/〔▼〕键对应于显示值的每一位，每按一次〔▲〕/〔▼〕键增加或减小输出值，从 9 增加或从 0 减少会引起显示值的进位或退位，可以无间断地设置输出值。按下〔▲〕/〔▼〕键不放会按顺序连续地增减设定值，按〔ZERO〕键输出为默认初始值〔0〕。

b. 按输出〔 ON 〕键，“SOURCE” 显示屏符号从 “OFF” 变为 “ON”，校准仪从输出端子之间输出当前设定的电流信号。

c. 要停止输出，再次按下输出〔 ON 〕键，“OFF” 符号显示在输出显示屏上，同时端子之间无输出信号。

2.4　仪表及控制系统接线检查方法

仪表维修会涉及仪表或控制系统接线的检查，以确定回路连接的正确性，有时可能会找不到接线图。用以下方法可以解决问题。

2.4.1　没有接线图如何快速查找故障回路位置

在 DCS 画面上调出要查找的仪表位号，打开位号信息面板，在详细信息上查看具体的域号、控制器号、通道号等信息；按查到的位号通道信息，查找对应的机柜号及控制模块号，再按模块通信电缆号查找具体控制机柜的通道号及端子号；根据通信电缆号查找到的具体端子号，与 DCS 画面上所查找的仪表位号信息进行对比，以核实通道位号是否一致，就可很快理清楚要查找故障回路的相关位置及接线。

2.4.2　信号源回路查线法

用万用表查线要一根一根线地检查，有时还要拆下导线一端才能检查。使用信号源回路查线方法，在仪表或控制系统电源切断后，不用拆除接线就可检查仪表及控制回路接线是否正确。下面举个例子，读者可以举一反三使用本方法。

检查仪表供电回路的接线如图 2-11 所示。切断 24V 电源箱的供电，把 24V 电源输出母线定为起点接入毫伏电压信号，用数字万用表在回路的终点 4 号仪表处测量毫伏电压，测量其他仪表的操作方法相同。根据测得的毫伏电压与极性，就能确定回路接线是否正确。回路接线反了测得的毫伏电压极性将是反的；回路接线错串到其他仪表上或连接导线有故障，在终点就测不到毫伏电压。查线时只需考虑起点和终点，即查线是越过所有中间接点直接测试终点。起点和终点可以任意确定，没有图纸的场合可采用本法判断接线是否正确。通常毫伏电压的范围为 20～100mV，可根据回路的阻抗进行调整，目的就是使回路对输入的毫伏电压呈高阻抗，使毫伏信号在回路中的损失很小。

对两线制电流回路，可以用小于 4mA 的电流信号源查线，在起点接入电流信号，在终

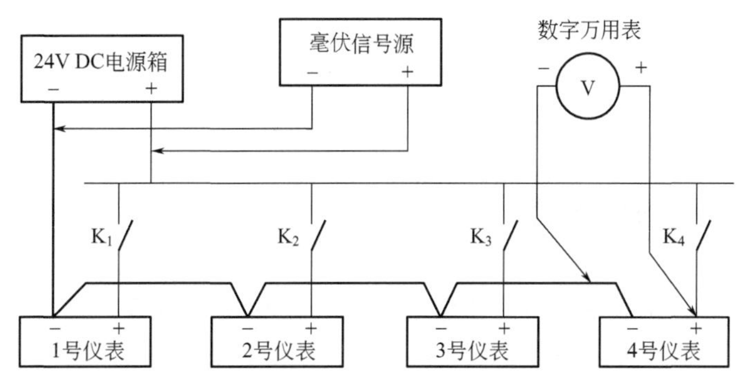

图 2-11　毫伏信号源回路查线示意图

点用数字万用表测量负载电阻或输入电阻两端的电压，也可以确定回路接线是否正确。

2.5 仪表的调校

仪表调校就是采用标准表与被校仪表一起测量某个参数，然后以标准表的读数作标准值，计算被校仪表读数与标准表的差值，确定被校仪表的误差是否在规定范围内。能在现场就地调校的仪表有压力、差压变送器，阀门定位器，安全栅，调节阀等。

(1) 变送器调校简介

智能变送器的调校接线如图 2-12 所示。调校分为三个步骤。

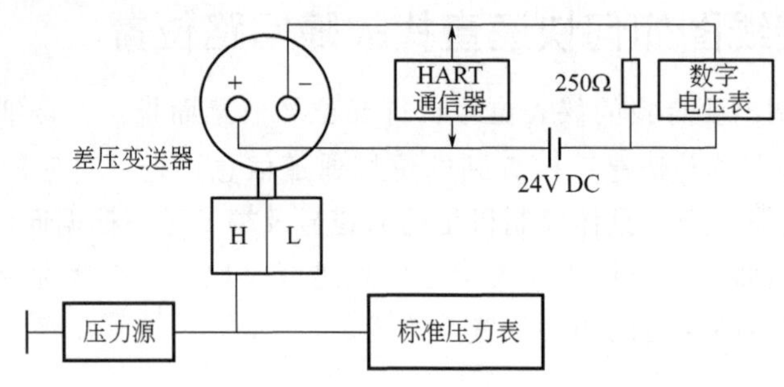

图 2-12 智能压力、差压变送器的调校接线示意图

① 重设量程 按所需压力设定 4mA 和 20mA 点，即量程下限和上限值的设定。可用手操器设定；也可用压力源和手操器设定；还可用压力源及变送器的“零点”“量程”按钮设定。

② 传感器校准 利用全量程调整或零点调整功能来对传感器进行微调。打开平衡阀进行零点微调；按量程的起点和终点输入压力，进行全量程微调。

③ 模拟输出微调 校准 4～20mA 模拟输出使之与测量或控制回路相匹配。

(2) 用过程校验仪调校仪表

过程校验仪可输出直流电压、直流电流、电阻、各种分度号的热电偶和热电阻的模拟信号、频率信号等。其可测量直流电压、直流电流、热电偶和热电阻的输出信号、频率信号等。由于过程校验仪精度高，可代替直流电位差计、标准电阻箱、标准直流电压表和直流电流表。一台过程校验仪就兼有信号源和标准表的功能，可以很方便地用来调校各种仪表，配合压力模块可调校压力、差压变送器。调校接线简单，没有 24V DC 电源时，可用校验仪的 24V DC 向变送器供电。

用过程校验仪调校各种仪表，其调校原理与传统调校方法一样。过程校验仪的使用方法在用户手册上有详细介绍，通过阅读掌握操作方法就可对仪表进行调校。

2.6 调节器参数整定

仪表维修中常会遇到调节器参数整定的操作，在整定 PID 参数前，先要明白各参数增减对输出变化的影响。增大比例增益将加快系统的响应，有利于减小静差，但比例增益过大又会使系统有较大的超调而振荡。增加积分时间将减少积分作用，有利于减少超调使系统稳定，但系统消除余差的速度会变慢。增加微分时间有利于加快系统的响应，可使超调减小，使稳定性增加，但带来的问题是抗干扰能力减弱。

（1）PID 参数的选择

经验法是应用最广泛的一种方法。它是根据经验和控制过程的曲线变化，直接在控制系统中逐步地反复地凑试，最后得到调节器的合适参数。整定时应采取先比例，后积分，再微分的步骤。表 2-2 所列的参数提供了基本的凑试范围。

表 2-2　经验整定法 PID 参数选择表

控制系统	比例度 P	比例增益 K_P	积分时间 T_I/min	微分时间 T_D/min
温度	20～60	1.6～5	3～10	0.5～3
压力	30～70	1.4～3.5	0.4～3	
流量	40～100	1～2.5	0.1～1	
液位	20～80	1.25～5		

（2）经验法参数整定步骤

① 根据系统各个控制回路的参数，按照表 2-2 把 P、I、D 参数设定在凑试范围内。

② 看曲线调参数，整定前将相关参数，测量值 PV、设定值 SV、输出值 MV 的实时曲线放在同一趋势画面中，以方便查看趋势变化，利于判断 PID 参数整定的好坏。

③ 通过趋势图观察被控参数值、给定、阀位输出等来观察判断 PID 参数的整定效果。

④ 整定时测量值偏离设定值较大且波动大，要等工况稳定后再进行整定。应根据测量值、设定值、阀位输出等曲线，来判断 PID 参数是否合适。被控参数在设定值曲线上下波动，呈发散状，阀位输出曲线波动大等，说明 P 值过小应加大。被控参数为收敛状，但恢复较慢，或者阀位曲线为锯齿状，说明 I 值过小应加大。流量曲线变化很快，温度曲线变化很慢，说明 D 值过小应加大。

⑤ 某些液位、压力参数整定时，有时 PID 参数不合适，或者调节阀口径过大过小，可能会出现调节阀全关、全开状态；因此，在进行整定时，应对控制回路的输出阀位上、下限进行限制，使调节阀不出现全关或全开状态。

第3章

仪表故障判断基本原理

3.1 引发仪表及控制系统故障的原因

仪表及控制系统出现故障时，操作人员反馈给仪表维修工的可能就是“仪表坏了”或“自控失灵了”。仪表故障的表现形式则是多种多样的，比如没有显示，调节阀不会动作，显示有波动，显示最大、最小等现象。导致仪表及控制系统出现故障的原因归纳如下。

(1) 失效

失效包括早期失效和正常失效。早期失效是指仪表在投入使用之后不久就出现故障，大多是产品设计、制造过程中隐藏有缺陷，电子元件虽然经过了老化处理或检测，可能仍会有漏网情况发生，这些元件就是发生故障的元凶。电子元器件及机械零部件都有使用寿命，随着使用时间的推移，都会老化和磨损，使用年限已到或过期才损坏的则称为正常失效，仪表维修工作很多时候就是在检查和修理失效的电子元器件及机械零部件。

(2) 接触不良

接触不良直接与连接有关，该故障大多由接点氧化、腐蚀引起，开关和继电器触点接触不良大多由电火花引起，插头氧化、插座簧片变形也易产生接触不良及发热。多层印制电路板的连线、电路板的过孔工艺处理得不好，也会产生接触不良故障。

(3) 腐蚀、泄漏及堵塞

仪表测量元件大多与高温、高压、有腐蚀、易结晶的工艺介质接触，导压管、阀门、法兰、管接头易产生泄漏或堵塞故障；温度计保护套管、传感器、变送器又都安装在现场的恶劣环境中，易受到腐蚀而损坏。

(4) 焊接点

理论上讲，焊接点很可靠，但锡焊点也会损坏，焊点电阻的增大阻碍了电流的流动，焊点虚焊或脱焊都会引发故障，焊点故障通常是生产有缺陷造成的。焊点故障比较隐蔽，过了很长时间或数年才会暴露出来。大功率元器件的工作电流大，会发热，发热也会逐渐降低焊接点的特性而出现故障。

仪表固定件与工艺设备、管道的连接都是用电、气焊接，使用时间长所引起的应力变化、工艺介质的腐蚀都有可能出现裂纹而产生泄漏。

（5）机械磨损

执行器及调节阀、走纸记录仪等都有机械部件。活动的零部件比电子元器件更容易损坏。轴承磨损、润滑油变干、齿轮损坏、塑料部件断裂都会引发故障。

（6）发热

电子元件受不了高温，只要过热就有可能出现故障。短路现象造成过大的电流所引起的过热可以迅速损坏电子元件，就是正常的热量，也会逐渐降低滤波电解电容器的性能，发热会使绝缘材料的性能下降而引发故障，过流发热也常导致发生故障。

（7）电源电压及浪涌

电源电压过高或过低对仪表或系统也会造成影响，甚至会损坏仪表及系统。太高的电压会使稳压器过热，电解电容器由于接近或超过其电压极限而损坏。有固定电压要求的电子元件如果过压也会损坏。

雷击串入电源，轻者造成仪表或控制系统局部电路的损坏，严重时可能是大面积的损坏。电源浪涌会使市电电压在瞬间升高，会对仪表或控制系统造成损坏，电源浪涌有时可能是供电的原因，但大多数可能是雷电引入的浪涌，后果是使仪表的电子元件损坏。

（8）人为故障

不慎将仪表从高处跌落；安装、维修的接线错误，信号线极性接反，补偿导线用错，变送器、显示仪表信号线被混接；液位变送器排污时造成冷凝液冲跑；无目的乱调变送器或仪表的可调部件；对某仪表的结构不熟悉而乱拆卸导致损坏；手动、自动开关的位置放错。实践证明，人为故障时有发生，误操作会引发系统故障，这是很危险的。

（9）干扰

很多仪表的故障都是干扰引起的，维修中要高度重视干扰问题，尤其是有变频器使用的场合。克服或消除干扰又比较棘手，可能要花很多的精力和时间来解决干扰问题。

3.2　现场仪表容易出现故障的原因

现在使用的检测仪表和 DCS 的可靠性已很高，但在现场应用中还是会出现这样或那样的故障。从多年维修工作中发现，DCS 和盘装显示、控制仪表的故障率很低；而现场检测仪表和控制系统，工作在恶劣的环境下，即使产品质量很好故障发生率仍较高，而且间接地影响到 DCS 的运行，引发现场仪表出现故障的原因如下。

（1）环境因素

① 仪表密封不良引发的故障。密封问题引发的故障占有很大比例。仪表的电线进线口密封不良是导致雨水、冷凝水、粉尘、潮湿气体进入仪表内部的主要原因。不能忽视电线进线口的密封，安装、维护时要规范安装并拧紧密封接头；密封性差可采用硅胶、玻璃胶浇灌封死接口。现场仪表维护时没有将仪表表壳拧紧，没有将密封垫圈安装到位，导致水或其他腐蚀性介质进入仪表内造成故障。维护中要将密封垫圈安装到位，或拧紧固定螺栓。

仪表安装在露天、潮湿的环境要有仪表保护箱。没有条件时可采用塑料布将其包严实，虽然美观性差，但是可以降低现场仪表故障率。要定期解开或更换包裹仪表的塑料布，打开仪表表壳晾干里面的冷凝水，或选择外壳防护等级较高的仪表。

② 仪表受腐蚀引发的故障。现场仪表都会受到各种介质的腐蚀。时间一长，表壳或螺钉拧不开的现象常发生；表壳被腐蚀坏，使表内电路板或机械部件出现故障。测量介质对导压管、阀门腐蚀造成的故障率也不低。尽量按工艺介质选择管道、阀门的材料，采取隔离措施增强仪表的抗腐蚀性。

③ 环境振动引发的故障。现场仪表受环境振动的影响也会出现故障，如仪表的固定螺栓松动，导压管卡套松动，仪表接线端子松动，焊口出现裂缝等。维护中可采取螺栓配弹簧垫片、拧紧固定螺栓、定期检查并拧紧卡套的措施。会同工艺、设备人员采取防振动措施，增加橡胶垫、支撑钢架来缓解振动。

④ 工艺、设备原因引发的故障。工艺、设备原因引发的故障常发生，如锅炉炉膛内的耐火砖脱落把热电偶保护套管打坏，导致热电偶烧坏。水泵出口振动过大使压力表指针脱落。电气设备产生的电磁场，仪表及控制系统由于干扰引发的故障也占一定比例。

(2) 人为因素

① 设计选型、安装不当引发的故障。仪表选型或安装方法不合理、不规范会引起仪表不能正常工作或不能长期正常工作。可根据实际情况采取一定措施或进行改造。

② 维护不当引发的故障。

③ 人为原因引发的故障。常发生在安装及停车大检修期间。一种是设备检修工在检修中造成仪表损坏，如在塔、罐内检修把测温元件的保护套管碰弯，起吊设备时把现场仪表或仪表部件碰坏，把仪表电线、电缆损坏等；另一种是仪表的部件或电线、电缆被盗。

(3) 仪表本身因素

由于仪表质量问题引发的故障在现场也是有的。有的仪表是偶然发生故障。有规律地发生故障，或者经常出现故障的仪表，应考虑该型或该批次的仪表可能存在质量问题，应重新选型，改用质量过硬的产品。

3.3 用回路的概念分析查找故障

生产现场有众多的工业参数检测点，仪表盘内有成百上千的接线，DCS内的电路又抽象，那么，仪表或控制系统出现故障怎样查找？诀窍就是化复杂为简单，用回路的概念来分析判断、查找故障。无论是简单的检测系统还是复杂的控制系统，都是由一个一个回路组成的。只要搞清楚单个回路是如何工作的，失常时会有什么现象、对其他回路或系统会造成什么影响，在仪表维修工作中就能理清头绪，有条不紊地进行维修。

3.3.1 仪表回路图的使用

通常设计单位都向用户提供仪表回路图，在仪表回路图中，对所用的仪表、设备、元件都有很清楚的标示，如仪表设备的安装地点，位号，型号，信号范围，接线箱，接线端子，相互连接的电线，计算机的I/O连接，接地系统，电源，气源，气动管路，调节器正、反作用，调节阀正、反作用等都有很详细的文字说明或标注。使用仪表回路图来检查仪表或控制系统的故障很方便。仪表回路图的单线图大多为仪表回路原理图，双线图近似于仪表接线图。

（1）单线仪表回路图

图 3-1 是一个压力检测及报警系统，为方便检查故障，将其画为一个压力检测及报警回路原理图，如图 3-2 所示。这是一个单线图，从图中可以很直观地看出该压力检测系统的组成、信号传递关系及走向。被测压力通过压力变送器 PT108 转换为 4～20mA 的电流信号，经过安全栅送至 DCS 的输入卡，在 DCS 显示，当压力低于规定值时，IL 动作，报警信号经过 DCS 的输出卡使外接继电器 K 动作，使操作台上的 HD 红色信号灯发光进行报警。查找系统故障时，根据故障现象，对各相关的信号回路进行检查或测量，就可以发现故障点。

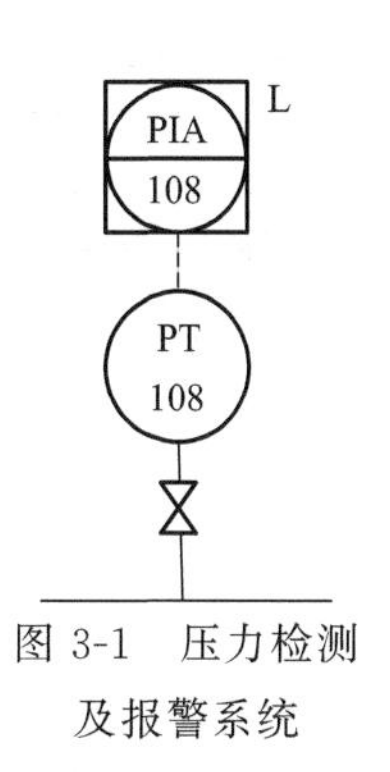

图 3-1　压力检测及报警系统

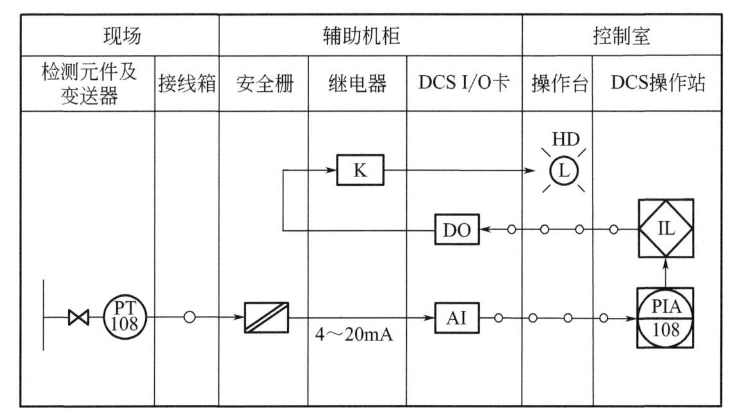

图 3-2　压力检测及报警回路原理图

（2）双线仪表回路图

图 3-3 是个压缩机防喘振控制系统图。工作过程是：压缩机入口气体流量通过孔板检测，经过 FT 变送器把流量信号送至 FYIC 调节器，压缩机进、出口压差经 PDT 变送器送至 FYIC 调节器，FYIC 调节器对输入的信号进行一系列的运算后，运算结果与给定值进行比较，当大于给定值时系统正常；小于或等于给定值时，FYIC 调节器使旁路调节阀 FV 打开，使一部分气体返回到压缩机的入口，增大压缩机的流量达到防喘振之目的。

该控制系统的双线仪表回路图如图 3-4 所示。图中，现场的流量信号和压差信号经过 XP 隔离端子，将 4～20mA 转换为 1～5V 信号，分别送入 FYIC 调节器的 1、2，3、4 端。FYIC 调节器的 4～20mA 输出信号通过 5、6 端输送至 FY 电气转换器。在判断故障时，按照该图可以很直观地检查各个回路的信号。可从仪表盘后的端子为分割点进行检查，分别检查现场来的信号及控制室仪表的输出信号，测量各个信号回路的电流或电压，来判断其是否正常。该回路图做了简化，供电、接地回路没有画出，在分析、判断故障时是需要考虑或检查的。

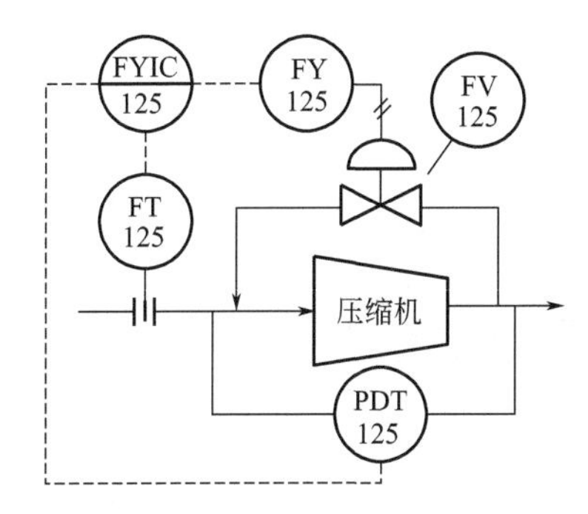

图 3-3　压缩机防喘振控制系统图

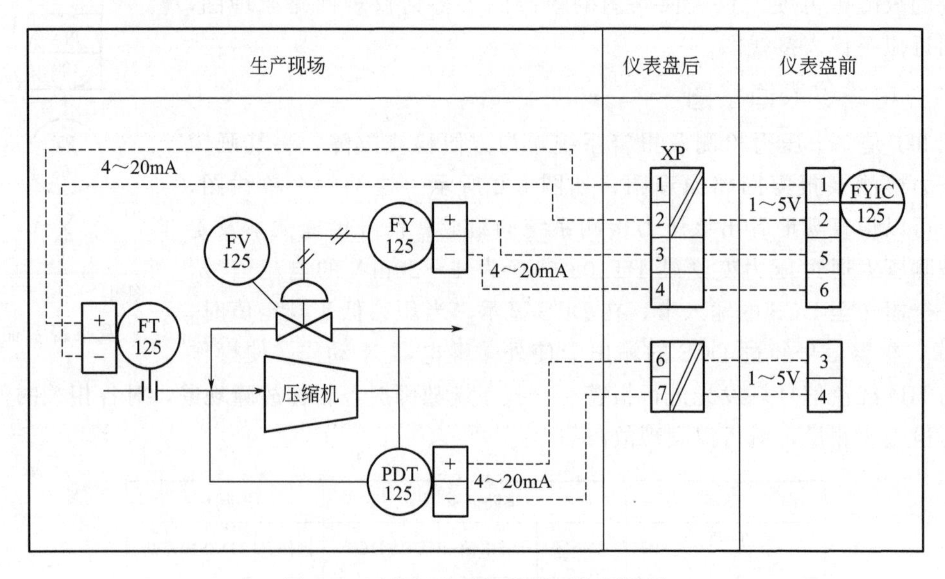

图 3-4　压缩机防喘振控制系统回路图

3.3.2　仪表及控制系统回路的分解举例

没有仪表回路图，可以根据现场的实际，对仪表检测或控制系统进行回路分解，然后画出仪表回路图，这样的回路图不用拘于形式，只要方便仪表及控制系统维修就行。系统回路可分为电气回路、仪表气源回路、工艺介质检测的导压管回路三种。

(1) 温度控制系统的回路分解

图 3-5 是一个常见的蒸汽加热器温度控制系统。用 TT 温度仪表测量的热水温度送至 TC 调节器，与给定温度进行比较，水温低于给定温度时，调节器的输出信号将开大调节阀，增加蒸汽流量使水温上升。水温高于给定温度时，调节器的输出信号将关小调节阀，减少蒸汽流量使水温下降。为了直观地看出这个控制系统各个组成环节之间的相互影响和信号联系，可用图 3-6 的方块图来表示控制系统的组成。图中每个方块代表组成系统的一个环节，为了更直观，我们按电气信号回路来画，如图 3-7 所示。图中：

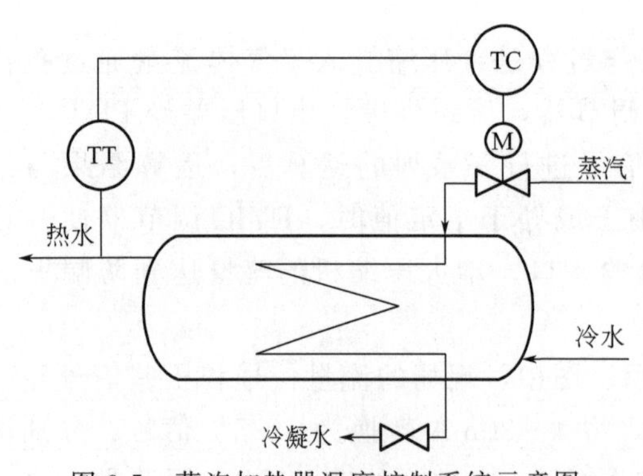

图 3-5　蒸汽加热器温度控制系统示意图

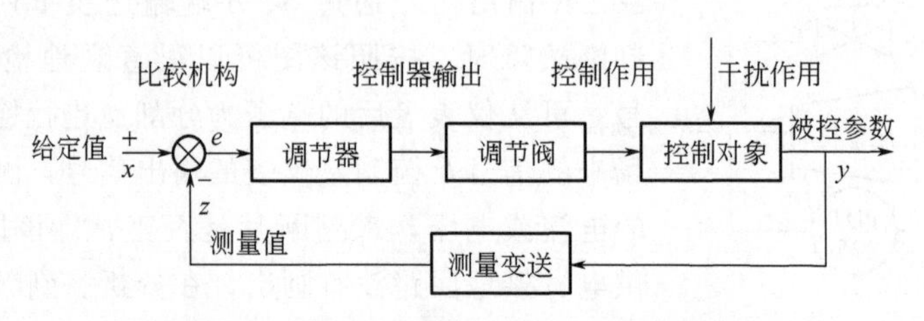

图 3-6　蒸汽加热器温度控制系统方块图

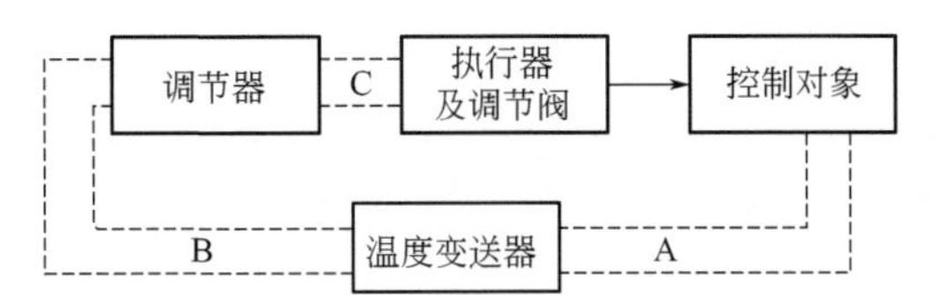

图 3-7　蒸汽加热器温度控制系统电气回路示意图

A 是温度传感元件热电阻的输出信号回路，又是温度变送器的输入信号回路。输出的是一个与热水温度变化成比例的电阻信号，温度上升电阻值增加，温度下降电阻值下降。

B 是温度变送器的输出信号回路，又是调节器的输入信号回路。输出的是一个与热水温度变化成比例的电流信号，温度上升电流值增加，温度下降电流值下降。

C 是调节器的输出信号回路，又是执行器的输入信号回路。输出的是根据温度偏差信号的大小及预定的控制规律发出的电流信号，是一个与热水温度变化成反作用的电流信号，热水温度上升电流值下降，关小调节阀来减少蒸汽流量，使热水温度下降；热水温度下降电流值上升，开大调节阀来增加蒸汽流量，使热水温度上升。

知道各回路是如何工作的，就可以知道当该回路有故障时，对下一个回路会造成什么样的影响，这样分析、判断系统故障的思路就清晰了。该图对供电回路、阀位反馈回路、手动操作器回路作了省略。

(2) DCS 液位控制及联锁系统回路分解

图 3-8 是一个反应器液位控制及联锁系统图。该系统具有液位调节、低液位联锁控制功能。工作过程是：液位变送器 LT 把液位信号传送至 DCS，DCS 的 LIC 调节器根据液位变化输出一个电流信号，经过电气转换器去控制气动调节阀的开度，以保持液位的稳定。当工艺出现供液量不足时，液位下降至规定值时，低液位开关 LE 动作，使 LS 低液位联锁的输出失压，使二位三通电磁阀断电将气动调节阀关闭，以保证生产的安全。

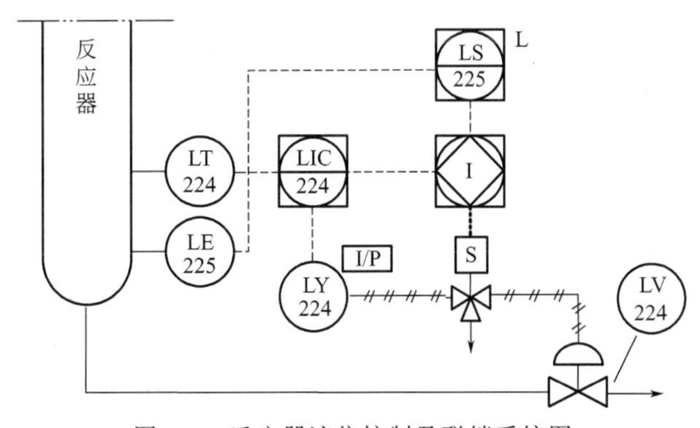

图 3-8　反应器液位控制及联锁系统图

为便于检查故障，按电气回路、仪表用气回路、工艺参数检测回路画出图 3-9。图中 DCS 卡件的输入、输出端子，DCS 的控制及联锁均属于软连线，信号关系可看组态图，仍可按硬接线的思路来理解及检查回路信号。

① 电气回路　A 是液位变送器的输出信号回路，又是 DCS 的输入信号回路。输出的是一个与液位变化成正比的电流信号，液位上升电流值增加，液位下降电流值下降。

B 是低液位检测输出信号回路，又是 DCS 的输入信号回路，是一个开关信号。

C 是 DCS 的控制输出信号回路，又是 I/P 转换器的信号输入回路，输出的是根据液位偏差信号的大小及预定的控制规律发出的电流信号，是一个与液位变化成正比的电流信号，液位上升时控制电流值上升，液位下降时控制电流值下降。

D是DCS的低液位联锁信号输出回路，又是二位三通电磁阀的信号输入回路，输出、输入的是开关信号。

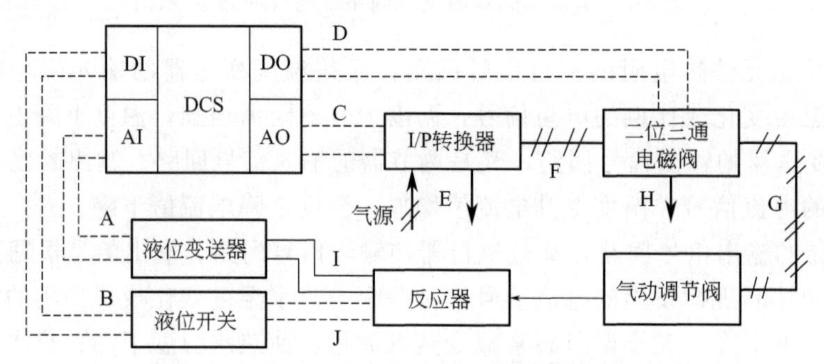

图 3-9 反应器液位控制及联锁系统回路示意图

② 仪表用气回路 把仪表用气称为回路，是基于压缩空气进入仪表后，仍然要向大气排空，空气压缩进仪表后又回到大气中。压缩空气回路不通畅，仪表仍然会出现故障。

E是I/P转换器的供气回路。

F是二位三通电磁阀的供气回路，由I/P转换器将DCS调节器输出的电流转换为对应的气压，通过G来控制气动调节阀开度。二位三通电磁阀通电时联锁不动作，I/P转换器的输出气压从F至G控制调节阀。当低液位联锁动作时电磁阀断电，至调节阀的压缩空气F被关断，调节阀膜片通过G至H放空，在弹簧力的作用下调节阀将处于全关闭状态。

③ 工艺参数检测回路 I是液位检测传感回路，又是液位变送器的输入信号回路。液位检测传感回路的输出信号是差压还是浮力等，完全取决于所用的检测仪表类型。但其输出的是一个与液位变化成正比的电流信号。在判断液位检测回路故障时要注意零点迁移问题。

J是低液位检测回路，又是液位开关的输入信号回路，它是一个开关信号。

(3) DCS组态回路分解

DCS组态回路实际是一些控制算法的组合，由于是用软件来实现，理解起来有点抽象，但还是可以用硬接线的回路来理解。图3-10是个串级控制的组态图，主控制器TIC100的输出OUT与副调节器FIC100的给定端SET相连接。%Z011101～%Z011103是控制回路的硬件连接号，%Z011103表示：信号来自第一个节点，第一个单元，第一个槽位，第三个通道。

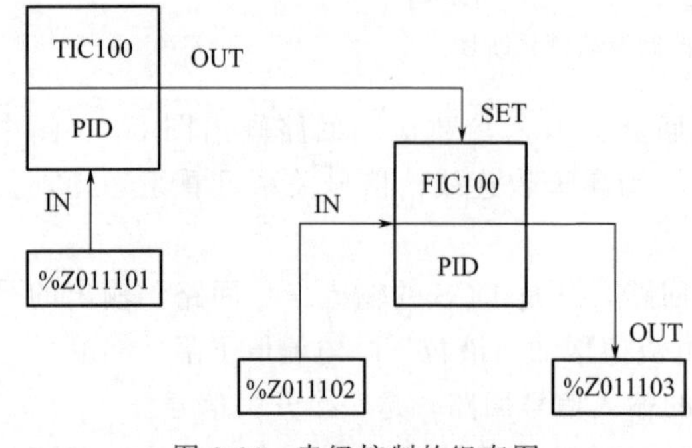

图 3-10 串级控制的组态图

我们把组态图转换成常规的控制系统方块图，如图3-11所示，就很直观和容易理解了。串级控制系统就是利用两个串联在一起的调节器，来稳定一个工艺参数。处于外面的是主回路，由主变送器、主调节器、主对象构成闭合回路。处于里面的是副回路，由副变送器、副调节器、调节阀、副对象构成闭合回路。主调节器的输出作为副调节器的给定值，系统通过副调节器的输出去控制调节阀的开度，实现对主参数的控制。主、副两个回路的分工明确，主回路完成“细调”任务，副回路完成“粗调”任务，副回路起到一个超前的作用。可以理解为：主回路是个定值控制系统，副回路是个随动系统。通过以上分析，可以知道，主调节器发出命令，副调节器进行调节，小干扰由副调节器来消除，大干扰副调节器抢先调，余下的主、副一起调。当知道某个回路有故障，对另一个回路会造成什么影响，就可以大致进行分析和判断。

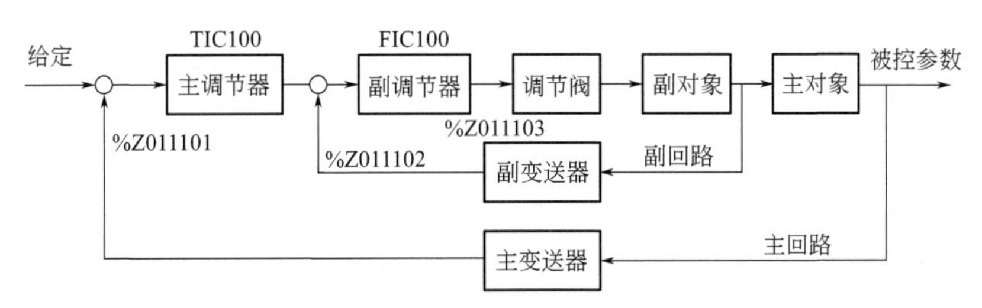

图 3-11　串级控制系统方块图

首先要判断故障是发生在 DCS 内部，还是在外围设备或者连线上。如果在 DCS 内部，可利用上位机的故障报警及显示曲线来分析判断故障，还可切换至手动操作进行观察，根据故障现象进行检查。

故障发生在 DCS 外部，要检查的就是%Z011101～%Z011103 三个回路，一是检查变送器至卡件的电流是否正常，二是检查变送器是否正常，三是检查副调节器的输出电流是否正常。根据信号状态分析、判断故障发生在哪个回路，然后对相关变送器、接线、供电进行检查。

以上外部回路的检查方法也适用于串级控制 CPID 模块。该模块是将两个常规 PID 控制模块集成在一起，形成一个功能丰富、使用简便的组合控制模块。它仍有主变送器和副变送器两路输入信号及副调节器一路输出信号。

(4) 工艺参数检测传递回路

图 3-12 是个流量检测差压传递回路示意图，比电气回路图更直观，这里的回路是针对导压管中的测量介质而言，就是差压信号的传递回路，如图中的虚线所示。正常时节流装置前后有随流量变化的压力差，正管的压力永远大于负管，流量越大差压也越大，变送器的输出电流也越大。通常要求仪表在规定的测量范围内，导压管及阀门通畅，测量介质要充满导压管路但又不能让它流动，只有在排污操作时才允许测量介质流动。测量介质出现流动，说明流量检测系统有泄漏故障，如平衡阀内漏，取样阀、排污阀、导压管或接头泄漏。阀门或导压管有堵塞，导压管或变送器测量室中带有气体、液体，都会使差压传递回路不通畅，会导致差压信号传递的失真，使变送器的输出电流失常。

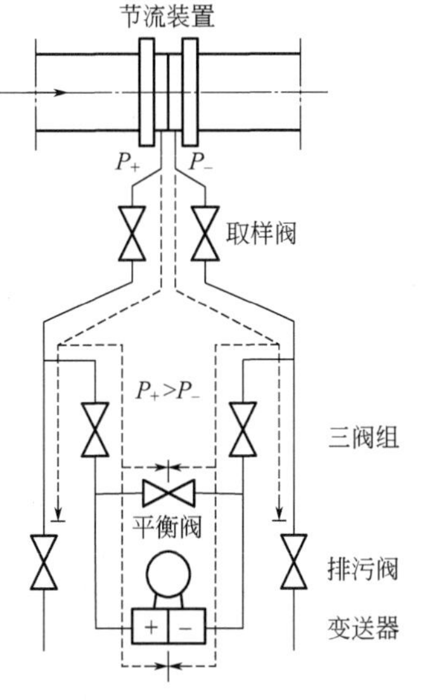

图 3-12　流量检测差压传递回路示意图

差压信号在传递过程中，会受到导压管件（包括导压管、阀门、冷凝器、隔离器）阻力的影响，尤其是蒸汽流量的测量，导压管件阻力对测量的影响更大，很多蒸汽流量测量系统都有气、液两相流存在，导压管的粗细、阀门的类型、阀门安装位置的变化、导压管接头的焊接质量、变送器的安装位置等，都会影响到管件阻力的大小，从而影响差压信号传递的正确性。在分析、判断故障时先对管件部分进行检查，确定没有问题再检查变送器及显示仪表。

以上 4 个例子只是提供一些思路和方法，目的是使读者受到启发能举一反三，并能结合现场的实际进行应用。

3.4 怎样应对现场仪表及控制系统的故障

仪表维修工作中，要深入理解仪表及控制系统的结构及工作原理、工作过程。测量、控制系统的设计目的是什么？各单元是如何相互作用及协调工作的？如果对系统是如何工作有了充分的了解，了解得越多越深入，对系统故障的理解也就越多，才有可能获得更多的故障检查判断思路。对本企业所使用的仪表及控制系统，要掌握结构及工作原理，当遇到仪表或系统有故障时，可以根据工作原理来分析、判断产生故障的原因，熟悉其结构就可以无损地对仪表进行检查和拆卸。

如果对仪表及控制系统的工作原理了解还有欠缺，为了应对现场的维修工作，可以从表面现象分析入手，通俗地来理解仪表及控制系统是如何工作的。如仪表的输出信号与被测参数是什么样的对应关系？它们为什么能正常工作？为什么不能工作了？造成不能正常工作的原因会是什么？

从 3.3 节的回路分解可以看出，仪表能正常工作，是设计时使其在特定的方式下工作，按规定的动作或路径发挥作用，而电子、工艺介质没有选择，只能沿它们应该走的路径移动和传递，或者静止不动，而不能乱跑。当有选择机会时，电子、工艺介质就会乱跑，而使仪表工作失常，这是我们不希望的。如电源滤波的电解电容器漏电，电子就会通过它“开小差”、“走近路”，使仪表的电源出现问题，出现供电质量下降的故障。再如三阀组内漏，差压变送器高压侧的压力就偷跑向低压侧，使差压值下降而出现变送器输出电流偏小的故障。

热电偶是如何工作的？可以理解为热电偶测量温度时，被测温度越高它产生的热电势越大，温度上升热电势也上升，温度下降热电势也下降。它能正常工作一定是在特定的测温范围内，冷端温度补偿必须稳定，有保护套管的保护，正、负极及补偿导线的连接正确，接触可靠。以上环节中的某一项出现问题，仪表显示的温度就会失常，热电偶或接线有接触不良故障，仪表的显示会偏低或者有波动。在处理故障时，可根据仪表的显示状态，再结合热电偶是如何工作的，来推断可能的故障原因，对症进行检查和处理。

电磁流量计是如何工作的？可以理解为电磁流量计就是把流量的变化转换成感应电势的变化。被测流量越大，产生的感应电势也越大，流量上升感应电势也上升，流量下降感应电势也下降。这个感应电势通过放大，并转换为统一的标准信号（如 4～20mA DC）输出。它能正常工作一定是在特定的工作条件及流量范围内，有正常的前、后直线段，接地及屏蔽良好，正、负极连接正确，接触可靠，供电正常。以上环节中的某一项出现问题，流量计就会失常，仪表无显示，可能是供电中断或端子松动。流量显示波动，有可能是干扰的原因，也有可能是工艺被测介质的流速过快等原因。在处理故障时，可根据流量与感应电势的对应关系，再根据仪表的显示来推断可能的故障原因。

液位控制系统是如何工作的？图 3-13 的液位控制系统，液位变送器 LT 把反映液位高低的电流信号送至调节器 LC，调节器根据液位偏差信号的大小，及预定的控制作用输出电

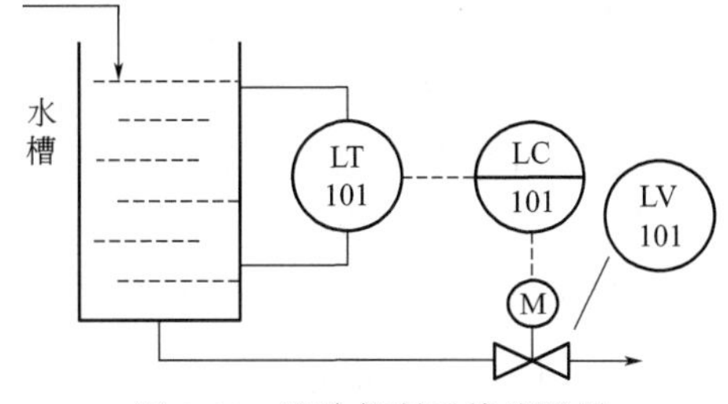

图 3-13　液位控制系统流程图

流信号，信号送往电动调节阀，用以改变调节阀的开度大小，使水槽流出的水流量发生变化，来维持液位稳定。液位上升液位变送器的输出电流上升，液位下降液位变送器的输出电流下降。该系统用的溢流控制方法，液位超过给定值，调节器输出电流就增大，使调节阀开大增加水流量，使液位下降；液位低于给定值，调节器输出电流就减小，使调节阀关小降低水流量，使液位上升。分析控制系统要搞清楚调节器的正反作用关系，以利于分析判断故障。

该控制系统能正常工作一定是在特定的工作条件及测量范围内，变送器及调节器的输入、输出信号正确，控制作用选择及PID设定参数也正确，接线正确且接触良好，电动调节阀的电气、机械部件正常，导压管无泄漏。以上环节的某一项出现问题，系统就会失常。变送器没有输出信号，有可能是供电中断，或变送器有故障。液位波动太大可能是变送器阻尼时间过小，也有可能是工艺问题。调节阀不会动作可能是机械卡死，或者是没有控制信号的原因。处理故障可根据仪表的信号状态，再结合该系统是如何工作的，各信号之间的动作关系是怎样的，再根据故障现象来推断可能的原因，对症进行检查和修理。

通过以上举例可以看出，了解了测量或控制系统是如何工作的，产生的信号与被测参数有什么关系，信号是如何送至下一个回路，对下一个回路会产生什么影响，正常时是什么状态，不正常时又会是什么状态，只要把一个一个回路的信号传递关系理清楚，把传递信号变化对下一回路的影响搞清楚，就可以顺藤摸瓜地查找问题。

从表面现象分析入手，通俗理解仪表及控制系统的工作，是有前提的，这个前提就是仪表及控制系统的工作原理。热电阻元件断路时，显示仪检测到的是电阻无穷大，必然是超过仪表的量程而显示最大值，这是由仪表的工作原理所决定的，通常说的“热电阻断路仪表显示最大”是一种故障现象，这是原理也是维修常识。但有时仪表的故障现象与常识的工作原理是相悖的，如用热电阻测量压缩机的轴瓦温度，一旦轴瓦温度超过规定的温度值，就需要联锁动作停机以保护压缩机。如果轴瓦温度正常，但热电阻元件断路，温度会显示最大，使联锁误动作停机影响生产。为了避免热电阻元件断路造成的误停机，可通过DCS或仪表的设置，使热电阻元件断路时不显示最大，而是显示最小或某一特定温度，可见对具有传感元件断路检测功能的仪表或系统而言，故障现象只是间接揭示了故障的原因，与理论上的故障现象是有区别的，初学者在仪表维修中需要注意，否则就有可能出现误解。

3.5　仪表维修的一、二、三法则

仪表及控制系统维修的一、二、三法则，即“一个一个回路查，对分检测效率高，三个步骤来修复。”

（1）一个一个回路查

就是说检查故障时应先理顺系统的单个回路——供电回路、测量回路、控制回路，然后有针对性地对某一个回路进行检查。而“一个一个回路查”这句话实际上是可延伸为一个单元、一对电线。如检查某台仪表的供电回路，可从供电箱一直检查到显示仪表，或变送器、执行器，以确定其供电及线路是否正常。检查测量回路，可从现场传感器一直检查到显示仪表、板卡、信号分配器等，也可以从显示仪表板卡、信号分配器等一直检查到现场传感器，以确定该检测回路是否正常。检查控制回路也可以根据故障现象，有目的针对某个单元来进行检查，或者一个单元一个单元地进行检查或排除故障。如可从调节器的输出一直检查到调节阀门，也可以从调节阀门一直检查到调节器的输出端，来确定该控制回路的输出是否正常，调节阀及阀位反馈信号是否正常。

(2) 对分检测效率高

就是说对检测、控制系统的故障检查时应使用优选法，以便快速地确定故障点。检查故障时可将被检查的系统在中点进行分割，对此点前后两部分分别进行检查。比如以温度检测系统仪表盘内的接线端子为分割点，如图 3-14 所示，可从分割点前先检查热电偶至仪表盘端子的信号是否正常，如果输入信号不正常时，还可以再进行第二次分割，以确定热电偶或温度变送器是否正常。当然，也可以先从分割点后检查接线端子至显示仪表的信号端，来判断显示仪表是否正常。控制系统以调节器为分割点，分为信号输入和信号输出两部分，分别检查调节器的输入、输出信号是否正常；也可将系统分为就地控制和 DCS 控制两部分来分别进行故障检查。

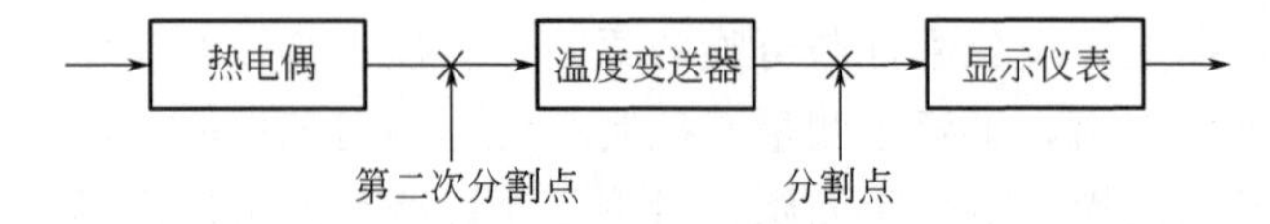

图 3-14　温度检测系统故障检查分割点示意图

那分割点应怎样选择呢？较简单的检测、控制回路，可按上述的平分法进行。较复杂的控制系统，可以采用优选法中的 0.618 法（黄金分割法）进行分割，用本法可做到用较少的检查次数就可以较快地找到系统的故障点。控制系统的故障检查分割点如图 3-15 所示。把有故障的控制系统改为手动控制，观察手动控制曲线的变化，来判断系统的故障是工艺原因，还是控制系统的问题；同时也可大致判断故障的位置，是在分割点前（如变送器、安全栅），还是分割点后（如调节阀）。

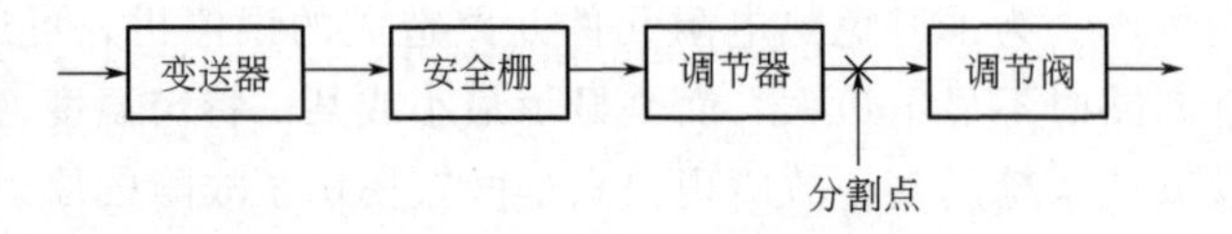

图 3-15　控制系统故障检查分割点示意图

(3) 三个步骤来修复

就是说仪表维修工作应分为三步进行，第一步检查故障，先检查传感元件、变送器至仪表盘或板卡的输入信号，DCS 至调节阀的输出信号是否正常，先判断故障发生在传感元件、变送器，调节器，调节阀或 DCS 哪一部分。第二步处理故障，故障点在传感元件、变送器，调节器，就对现场仪表进行修理；故障点在调节阀或 DCS 部分，对症进行修理；最终达到排除故障。第三步投运观察，故障处理完毕投运后要观察一段时间，确认该故障不再发生。因为，有些故障是时有时无、忽好忽坏的，可能维修后已没有故障现象了，但过一段时间又会出现，因此需要观察一段时间，以确定故障已真正排除。

第4章 仪表维修的步骤与方法

排除仪表及控制系统的故障，就要熟悉相关电路及结构，并联系工作原理，通过推理分析，初步判断故障大致会产生在哪一部分，并逐步缩小检查范围，最后检查有怀疑的部件。现具体说明仪表维修的一般步骤。

4.1 判断故障的大致部位

（1）了解故障

检查故障前询问操作工，了解仪表损坏前后的情况，了解故障发生时的现象，是否突然没有显示，突然显示最大或最小，手动操作调节阀能否动作，有无异常响声，工艺参数有没有大的变化等，再结合以往的维修情况，做进一步的观察。

（2）观察故障仪表

有故障的仪表通过断电，再启动，输入信号来观察仪表有无反应，为进一步判断故障提供依据。可拨动相应的开关、接插件，调节有关旋钮，观察仪表的显示或动作，分析、判断可能有故障的部位。

（3）分析原因

根据以上观察，结合学过的知识及积累的经验，对照仪表或控制系统原理图、接线图，根据仪表及系统的故障现象，运用维修经验综合分析后查找故障。

（4）归纳故障的大致部位或范围

根据仪表及系统故障现象，推断造成故障的各种可能原因，将故障发生部位逐渐缩小到一定范围。分析故障可能出在哪一个或哪几个单元。对各单元在整个系统中所担负的功能了解得越透彻，就越能减少维修的盲目性。

4.2 故障的检查与排除

(1) 故障的检查

对照系统回路图和接线图，用仪器仪表进行在线或离线测试，对可疑的故障点进行检查，分析判断逐渐缩小故障范围，最后找出故障点。

(2) 故障的排除

找到故障点，应根据失效元器件或其他异常情况采取合理的维修措施。对于接触不良的端子、电路板的脱焊或虚焊点，重新接好或焊接；对失效的元器件，应更换同型号同规格的元器件；对于短路性故障，找出短路原因对症排除；取样管的堵塞、泄漏故障对症处理。

(3) 综合调试

更换元器件或部件后要对仪表及系统进行调试。即使新换上的元器件型号相同，因工作条件或某些参数不完全相同，也会使仪表特性有差异，因此必须调校仪表。单台仪表调校正常，在此基础上还应进行控制系统的综合调试，以检查调节阀手动、自动操作是否正常。

4.3 仪表维修的基本原则

(1) 先问工艺后看仪表

先向操作工了解仪表出故障前后的情况，了解前后工序的生产是否正常，工艺操作指标有没有调整或改变，判断是工艺原因还是仪表问题。观察 DCS 的记录曲线，出故障之前的记录曲线一直很正常，但之后记录曲线波动很大，使系统很难控制，连手动操作都难控制，有可能是工艺操作或设备的原因。流量、液位控制系统波动大，检查变送器没有问题时，可改用手动操作，观察流量或液位曲线是否稳定，如果波动仍很大，就应该是工艺的原因。

(2) 先到控制室后去现场

通过观察仪表大致判断是哪儿的问题，用万用表测量机柜的接线端子，来判断测量元件至机柜端子间是否有开路、短路、接地故障。检查热电偶有无热电势输出，用尖嘴钳短接显示仪的输入端，看仪表能否显示室温。用尖嘴钳短接热电阻测温显示仪的输入端，看仪表是否指示零下，或者断开端子接线，看其是否指示最大或溢出。用 HRAT 手操器检查变送器有无输出电流。控制系统可检查手、自动开关位置放置正确否，用手动操作观察调节阀动作是否正常，有没有阀位反馈信号。

(3) 先看简单后查复杂

先观察是单台仪表不正常还是多台仪表不正常，再检查仪表的供电电源是否正常，熔丝是否烧断；检查信号线是否有接触不良、断路、短路现象，开关位置是否正确；观察导压管及阀门有没有泄漏堵塞。

(4) 先查现场仪表后查显示仪表

先对现场仪表进行检查，保护套管及测温元件是否损坏，有无进水，热电偶、热电阻端子接线是否松动，执行器是否卡死或缺油，可针对问题进行处理。

压力、差压变送器不正常，可先排污、冲洗导压管，检查三阀组及其他阀门有无堵塞、泄漏现象。流量变送器可关闭三阀组的高、低压阀门，打开平衡阀观察零位是否正常；在开表状态下，快速开关一下正压管排污阀，输出电流应向减小方向变化，快速开关一下负压管排污阀，输出电流应向增大方向变化；电流变化正常，则变送器没有大的问题。

液位变送器关闭三阀组的高、低压阀门，打开平衡阀观察变送器输出电流是否正常，该电流与迁移有关，负迁移当差压为零时，输出电流应为 20mA，正迁移当差压为零时，输出电流应小于 4mA。负迁移的变送器，在开表状态下，快速开关一下正压管排污阀，输出电流应向减小方向变化，快速开关一下负压管排污阀，输出电流应向增大方向变化，电流变化正常，则变送器没有大的问题。做以上检查，开关排污阀时看到输出电流有变化马上关阀即可，这样不会把冷凝液排得过多。

显示仪表的故障判断是有规律可循的，温度参数滞后大，温度显示值不可能突变，温度显示突然跑到最大或最小，排除一次元件问题，就是显示仪故障。温度控制系统波动大可能是 PID 参数没整定好，或者执行器有机械问题。压力显示没有波动，或者变化缓慢，排除导压管及阀门堵塞，就是显示仪有问题。流量记录仪没有波动近似于直线，是仪表有故障，通常流量参数的波动还是比较大的，参数或多或少的变化应该在记录曲线上反应出来。怀疑 DCS 或记录仪显示参数有问题，观察现场其他仪表，看两者显示差别有多大来确定故障。

(5) 先看外部后查仪表内部

在现场先检查仪表的外部，如供电是否正常，导线连接及接线端有没有松动、接触不良等问题。热电偶可采取短接，热电阻可采取断开接线端，来判断故障部位。可测量仪表盘后端子或仪表接线端子电压判断故障。检查仪表导压管有没有泄漏，导压管或阀门有无堵塞，最后确定是否需要拆下仪表进行处理。

(6) 先看明处后查暗处

先检查仪表盘内的端子及接线，没有发现问题，再检查电缆桥架内、地沟内的导线。排污管通入地沟的可最后检查。怀疑热电偶、热电阻保护套管损坏，应在检查确定其他部位没有问题后再拆卸。

(7) 先设定软件再检查硬件

智能仪表硬件能发挥作用是依赖软件支持的，离开了软件仪表将无法工作。检查智能仪表应先检查仪表的设置是否正确，如输入信号类型、量程、报警、PID 参数等设置。

(8) 先机械后电气

仪表机械部件出现故障的概率大于电气部件，机械缺油、磨损、卡死，机械故障比较直观，容易发现。应先检查机械故障，再查电气故障。调节阀动作不正常，将系统切换至手动操作来观察，看阀门运转是否平稳，是否有迟滞、卡死现象，排除机械问题后，再检查放大器、电机、阀位反馈等电气元件。

(9) 先思考后动手

处理仪表故障要做到：先想好怎样做、从何处入手，再实际动手；先分析判断故障，再动手维修。对所观察到的故障现象，可先查阅相关资料，有无相应的技术要求、使用特点，以便结合实际考虑怎样维修。分析判断故障，可根据自己掌握的知识、经验来判断，自己不太了解的，可向有经验的人咨询或寻求帮助，不要盲目动手，以避免适得其反。

(10) 先清洁后维修

生产现场环境条件差、受有害气体、粉尘、潮湿气氛的影响，仪表及接线端子都会受到腐蚀。检查仪表故障前，先对仪表及相关组件、端子、导线上的灰尘、污物、锈蚀进行清除或清洗，再进行故障检查。维修实践证明，很多故障是由脏污、腐蚀引起的，有时经过清洁故障也就自动消失了。

(11) 先排除常见故障后检查特殊故障

先排除带有普遍性和规律性的常见故障，再去检查特殊故障，逐步缩小故障范围。仪表出现故障是有一定规律的，如元件老化、机械磨损、连接或焊接点问题引起的故障占多数，而特殊故障并不多。

4.4 仪表故障检查判断方法

4.4.1 直观检查法

直观检查法又称为观察法，是用维修人员的眼、耳、鼻、手，来查找故障。观察导压管、阀门有无泄漏现象，接线端子是否锈蚀，显示仪的显示是否正常，显示是否大幅度波动等。

直观检查法可进行仪表的不通电检查及通电检查。

仪表不通电检查，打开表壳，观察表内各种部件及印制电路板，看熔丝是否熔断；元器件有无相碰、断线；电阻有无烧焦、变色；电解电容器有无漏液、胀裂及变形；印制电路板的铜箔和焊点是否良好，可用手拨动一下元器件、零部件来观察是否有问题。

仪表接通电源，观察仪表内部有无打火、冒烟现象，仪表内部有无异常声响，有无烧焦味。还可用手摸一摸晶体管、集成电路是否烫手，如有异常发热现象应立即切断电源。通电检查要注意安全，人要站在绝缘物上，手表等物品要取下，养成单手操作的习惯。

直观检查法包括闻、看、听、摸等操作手法。闻：用鼻子闻有无烧焦气味，找到气味来源，故障可能就在放出异味的部件。看：观察开关、端子有无松动，印制电路板上的元件，有无虚焊、裂痕，电阻器有无烧焦变色，电解电容器有无胀起或变形爆裂等现象，熔丝有无烧断，机械部件有无卡住等问题。听：轻轻翻动仪表或部件，摇摆摇摆，听有无零件散落或螺钉脱落，调节阀运行时是否有碰击声。通电后用螺丝刀轻轻敲打仪表，听其有无不正常的“嗞嗞”声或“啪啪”的打火声。摸：用手感觉变压器外壳，电解电容器外壳，是否温度过高或发烫。被摸元器件有过热或冰凉现象，问题可能就出现在这些部件。手不能触及接线端子、金属部件、元件引脚部位，以防触电。

4.4.2 敲击及按压检查法

敲击及按压法用于检查虚焊、脱焊等接触不良故障。通过直观检查，怀疑仪表电路有虚焊、脱焊等接触不良现象时，可以采用本方法检查。

仪表运行时好时坏，用螺丝刀手柄敲击印制电路板边沿、振动板上的元器件，常能找到故障部位，但高电压部位不能用敲击法。

用螺丝刀或镊子对怀疑的元器件按压或摇动，观察故障现象有没有变化，如有变化，说明该元器件有问题。也可用手指尖轻压怀疑的元器件或引线，也有可能找到虚焊或脱焊点；按压电路板的一些部位，常能快速找到故障部位，如印制电路断裂的地方。对怀疑的集成电路用橡皮压紧，开机看故障有无变化，如有变化，说明该集成电路存在虚焊。

4.4.3　信号注入法

用各种信号发生器输出的信号，如直流毫伏信号、电阻信号、直流电流信号、频率或波形信号、噪声信号。对被查仪表输入相应的信号，使输入信号由小到大地逐渐变化，把万用表或标准表接在仪表的输入端或输出端，测量信号的变化情况来判断故障。当测量到某一回路输出不随输入信号的变化而变化时，应检查前一回路的输出或本回路的输入端，仍无变化，应继续向前一回路检查；信号有变化，则故障在本回路或与输出回路相联的电路中。当故障范围已缩小到某一回路或某一单元，甚至到某一部件，再用其他检查方法进一步核实，就可确定故障点。

人为干扰也是一种简单方便的噪声信号。人的周围都有电磁场，人会感应到微弱的低频电动势，数值接近几十至几百毫伏。当用手接触仪表某些部件，把感应信号输入给仪表的公共信号通道，检查可从后级向前级，检查到哪级无反应哪级可能就有问题，可以依此来判断仪表电路故障。使用人为干扰要注意高压电源，以防触电。

4.4.4　电路参数测量法

用万用表测量仪表电路各点的电压、电流、电阻值，与正常值比较来确定故障部位是最常用和最有效的故障检查方法。直流电压、直流电流及电阻的测量操作方法，在本书第 2 章已有介绍，不再赘述，现仅介绍交流电压的测量方法。

用万用表交流 500V 电压挡测量仪表的电源输入端，正常时应有 220V，若没有，应检查电源线及开关有无损坏，熔丝是否熔断；如 220V 交流电压正常，再测开关电源的输出是否正常。电源变压器可分别测量初级和次级的电压，次级没有电压表明次级绕组开路。

4.4.5　分部检查法

分部检查法属于一种混合检查，就是通过拔除部分接插件或断开、短路某一部分电路来缩小故障检查范围，以便迅速查找到故障回路或元器件。

(1) 分段检查

开关电源送电就烧熔丝，这种大电流的故障查找比较困难。这时可先把电路分成几段，再测量电路的负载或对地电阻值，断开某部分电路后，短路故障消失，故障点就在被断开的这部分电路上。进一步对这部分电路分段检查，即可查找到短路或接地的部件。通电测量开关电源输出电压，应接上假负载，否则可能会使原本正常的电源产生新的故障。

控制系统失灵时，先检查调节器至执行器这一段，把调节器切换至手动状态，手动操作时执行机构及调节阀能动作，说明调节器输出正常；故障部位在调节器或调节器之前那一段。再把调节器切换至自动，改变给定值，观察调节器的输出电流，输出没有变化则故障在调节器；如果有变化说明调节器正常；可再检查调节器的输入至变送器那一段。

(2) 拔插检查

诊断电脑死机及黑屏故障，在电源正常的情况下，逐个拔下扩展槽中的控制卡与连接在主板上的各个接插件，每拔下一块卡或插头后，开机观察故障是否消失或改变，故障现象有改变，说明被拔下的板卡与故障原因有关，进行分析即可判断故障是出在主机还是拔下的板卡上；故障现象消失，则被拔下的板卡有问题；故障现象未消失，表明拔下的板卡是好的。

(3) 切断检查

是一种缩小故障检查范围的方法。检查时把怀疑电路从整机或单元电路中切除，逐步缩小故障查找范围，工作电流过大或有短路故障，可把一部分电路从整机中断开，看电流变化来判断这部分电路是否正常，常用来检查负载短路和负载过重故障，还可用来检查开路、接触不良故障。

选择切断点应从常见故障部位入手，如供电电源、功放级。若常见故障部位无故障，再结合电路图和实际回路逐步进行切断。按信号的传输顺序，由前到后或由后到前逐级加以切断。用切断法要小心谨慎，有些电路不能随便断开，否则故障没有排除，还会添新的故障。

(4) 短路检查

短路检查实际是一种特殊分割法，主要用来检查信号回路中的自激、干扰故障。短路检查就是将电路中某两点暂时短路，或者使某一级的输入端对地短路，使这一级和这一级以前的部分失去作用。当短路到某一级时故障现象消失，说明故障在短路点之前，反之应在短路点之后查找。

为避免直流电压被短路，一般采用交流短路为宜。短路检查应根据故障现象来确定合适的短路点，常用短路线及用法如下。

① 用电线短路　主要用于被短路两点直流电位相同或接近的电路，如热电偶显示仪输入端的短路。检查晶体管和芯片振荡器是否振荡，可以把振荡电路或反馈网络短路，然后对比短路前后晶体管或芯片相关引脚的电压，若电压有变化，则说明振荡器能振荡。还可用于快速判断小阻值退耦电阻、印制导线或连接线是否开路，检查时只要用电线短路怀疑的电阻或连线两端即可。

② 用电容器短路　用来判断不能直接短路振荡电路的振荡器是否起振，还可用来检查判断电路中自激振荡噪声或干扰的来源。检查时，用电容器从电路后级向前级逐一短路各级的输入端，当短路到哪级时自激或干扰消失，则表明故障在该级电路中或在之前的电路中。

③ 用电阻器短路　用一定阻值的电阻器跨接于被查电路两端，严格讲这种方式不能算作短路，只是用电阻给电路建立一种便于检查判断故障的工作状态。

4.4.6 替换检查法

替换检查法是用规格相同、性能良好的元器件或电路板，代替故障仪表上被怀疑而又不便测量的元器件或电路板，从而判断故障原因的一种检测方法。

替换法适用于任何仪表的电路故障或机械故障的检查。该方法在确定故障原因时准确性为百分之百，但操作比较麻烦，对印制电路板有一定的损伤。因此，使用替换法要根据仪表故障的具体情况，以及维修时所拥有的备件及可代换的难易程度来定。在代换元器件或电路板、机械部件的过程中，连接、安装要正确可靠，不要损坏其他组件以避免人为造成故障。替换检查法注意事项如下。

① 替换检查法一般是在其他检测方法运用后，对某个元器件有重大怀疑时才可采用。不能大量采用此法，否则有可能会进一步扩大故障的范围。

② 所替换的元部件要与原来的规格、性能相同，不能用低性能的代替高性能的，不能用小功率元件替换大功率元件，不允许用大电流熔丝或铜线替换小电流的熔丝。

③ 所要替换的元器件安装较隐蔽，拆卸操作不方便时，应慎重考虑，替换操作主要是

对元器件的拆卸和装配，如果操作不仔细，有可能损坏其他元件造成新的故障，而适得其反。

④ 按先简单后复杂的顺序进行替换，先检查与系统连接的信号线、网线等，再替换怀疑有故障的部件，接着替换供电部件，最后替换与之相关的其他部件。

4.4.7　参照检查法

参照检查法是应用比较、借鉴、参照、对比等手段，查出具体的故障部位。理论上讲，参照检查法可以查出各种各样的故障原因，关键是要有一定的参照物，要有一定的修理资料为基础，如各型仪表的电路原理图、仪表的机械结构图、电子元器件、集成电路应用手册等，要有同型号、同一个厂生产的仪表。参照检查主要适用的情况如下。

没有电路原理图时的参照；拆卸或装配较复杂的机械部件时的参照；对机械故障无法确定时的参照。用其他检查法做出初步判断，对具体的部位有怀疑时再采用本法。参照检查时操作要正确，若在正常的仪表上测量的数据不准确，就会造成误判。

4.4.8　电压升、降检查法

就是升高和降低仪表整机或部分电路的工作电压，使故障及早出现的检查方法。可用于的故障检查如下。

① 仪表或系统的故障较隐蔽，数小时甚至几天才会出现一次故障，或者没有规律地偶尔发生故障。

② 故障出现与供电电压的高低有关，供电电压正常时不会发生故障，或者夜晚仪表很正常，故障大多发生在白天。可采用调压变压器来逐渐降低电压，电压降低到某一点时，仪表往往会出现故障现象，据此便可分析判断故障。

③ 仪表内的开关电源出现故障，输出电压高或开机瞬间有电压然后下降为 0V，用降压法检测较为安全、方便。检修开关电源时，为确保开关管、集成电路及负载输出管的安全，用较低的交流电给开关电源供电，通过调压变压器调低供电电压，进行测试确认电路正常后，再恢复 220V 交流供电。

电压的升、降压幅度应限制在仪表整机元器件的最大额定值范围内，如果故障没有出现，可在短时间内略超额定值范围试试。有些元器件在过电压状态下极易损坏，不能让整机或元器件在超过极限条件下长时间工作。

4.4.9　升温、降温检查法

故障现象不明显或时有时无，怀疑故障可能与温度有关，可采用本方法。用于检查元件热稳定性变差而引发的软故障非常有效。如仪表发生的故障与温度密切相关时，白天或天气热时出现故障或故障频繁，晚上或天气凉快时故障明显减少，可用本方法来检查判断故障。

升温可用电烙铁或电吹风对有怀疑的部件进行加热，使故障现象及早出现，从而确定故障部件。降温可用酒精棉球对有怀疑的部件进行降温，使故障现象发生变化或消失，从而确定故障部件。升温、降温检查法注意事项如下。

① 发现某元器件温升异常时，可用电吹风的冷风挡或用酒精棉球对该元器件进行降温，使其表面迅速冷却。待冷却后再开机，原来的故障明显减轻或消失，可初步判断该元器件有问题，应予更换。发现元器件热稳定性变差，用冷却法无效时，可用电烙铁或电吹风的热风

挡对被怀疑的元器件进行适当加热，然后再开机观察，如果刚才不明显的故障加重了，可重点检查该元器件，或者将其更换。

② 仪表电路板上的元器件很多，如果每个元器件都采用降温法来检查既不安全也不现实，因此在采用降温法之前，应先确定故障范围和可能损坏的元器件，然后再采用降温法检查。

③ 采用升温、降温法检查故障，温度不能超过仪表元器件所允许的范围，否则适得其反把故障扩大。

4.4.10 单元流程图检查法

单元流程图检查法是根据故障检修流程图，一步一步地将故障范围缩小，然后找出故障部位。

使用本方法，必须先根据仪表电路原理方框图、控制系统组成原理方框图划分出电路大块或单元块，再画出相关流程图，根据流程图进行检查及维修。

控制系统出现故障时，以流程图方式按各单元的作用分析系统故障可能出现在哪个单元，由信号输入至各单元最终到输出，逐步进行层层分解然后抓住主要问题，最终找出故障的具体原因。

4.4.11 间接判断法

控制系统是由多个单元组成的，其测量和控制的也是多个工艺参数，而各个工艺参数的变化往往是相互联系的，如有时流量的变化会影响到液位的波动或变化，压力的变化可能会影响到温度的变化等等，这为间接判断故障提供了方便。当控制系统出现问题时，先要判断是工艺原因，还是仪表或系统的原因。如某个工艺记录曲线突然大幅度波动，按正常情况，一个工艺参数的大幅度变化总是会引起其他工艺参数的明显变化，如果其他工艺参数也跟着变化，可能是工艺的原因；如果其他工艺参数的变化不明显或根本没有变化，则说明这个记录曲线大幅度波动的原因是仪表或变送器有故障。

4.4.12 自诊断检查及软件设置法

DCS及智能仪表都具有自诊断功能。通过DCS监控操作画面的信息，通过HART手操器或智能仪表的故障报警信息，就可进行故障检查及判断，并进行参数的设置。

(1) 自诊断检查

自诊断检查大多需要通过手操器进行，要求仪表能正常开机，且仪表工必须知道怎样进入自诊断模式。当仪表自诊断检测出故障，手操器或指示表会显示错误代码，只要了解故障代码的含义，就可以直接找到故障部位和有关部件。

必须了解并掌握被检仪表故障代码的确切含义，才能做到正确判断、快速维修。可通过仪表的用户手册来获取相关信息。

(2) 监控画面提示

DCS的监控操作画面含有很多信息，为判断和处理系统故障提供了依据。如监控画面中经常变化的数据长时间不变化；多个数据或所有数据都不变化；几个数据同时波动较大；趋势图画面中几条趋势成直线不变化；手动/自动无法切换；或者手动数据无法修改。根据系统管理报警功能，从中查找系统故障很方便，可根据报警来进行故障处理。监控画面数据不刷新可能是操作站有故障，其他操作站的数据也不变化，可能是网络有故障。

(3) 软件设置

电子元件的可靠性较高，智能仪表出故障时，排除输入信号问题后应先从组态、设置上找原因。检查量程、配用传感器的类型、PID 参数、报警参数等的设置是否正确；智能变送器可用手操器来检查量程、迁移等参数的设置是否正确。确定设置没有问题后再从硬件入手进行故障的检查和处理。

4.4.13　应急拆补法

(1) 补焊法

仪表维修中遇到故障现象看似与虚焊很相似，但一时又找不到虚焊点，如功率器件的管脚粗、焊点大，使用时间长，焊点常会出现脱焊故障，但用肉眼很难看出，可对怀疑的焊点统统补焊一遍，常能取得意想不到的效果。

(2) 拆次补主法

仪表维修中缺少某个元器件，可用本方法使仪表先恢复工作。仪表关键性电路某个元器件损坏，会使整机不工作。有些次要辅助电路，某个元器件损坏会影响局部性能，但不会影响整机的工作。可以拆下次要电路的元器件更换已损坏的主要元器件，可以使仪表恢复工作来保证生产。本法可用于二极管、晶体管、电容器损坏的应急维修。

(3) 拆除法

仪表电路中有些元器件起到抑制干扰，或电路调整等辅助作用，如滤波电容器、旁路电容器、保护二极管、补偿电阻等。这些元器件损坏后将起不到辅助作用，还会影响电路的正常工作，甚至使仪表不能正常工作；把损坏的元器件拆除，仪表可能马上就可恢复工作。辅助作用的元器件损坏，找不到元器件代换，可先拆除来应急，日后有配件再补焊至原位。

4.4.14　经验判断法

以上介绍的 13 种检查维修方法实际上就是经验法的总结和升华，仪表维修应用最多的还是经验法。经验法就是利用以往积累的维修经验，根据仪表的异常显示、执行器的异常动作、控制系统失常等现象来推断故障产生的部位。仪表或控制系统的很多故障是有规律可循的，外部接线端子、连线处很容易出现接触不良、断路等故障，大电流的元器件常由于过流、发热而损坏，电子元件中的电解电容、继电器等常易损坏，有的仪表存在产品缺陷等。通过现场故障出现的概率，加上维修人员积累的经验，有时从故障现象就可以大致定位至某一回路，某一控制单元，某一元器件，可对其快速地进行检查及处理。

(1) 通过仪表的显示来判断故障部位

测量、控制系统工作正常时，变送器的表头、显示仪表、指示灯、显示器显示的是系统的实际工作状态。有异常显示时，排除工艺原因，就说明测量或控制系统失常。一旦出现异常显示，就可以以此为线索来推断故障的部位和故障部件。温度显示突然变为最小，大多是热电偶或补偿导线断路。温度显示突然变为最大，大多是热电阻或连接导线断路。流量变送器突然没有电流信号输出，大多是供电中断或信号线断路。上位机突然黑屏，供电电源中断的可能性最大。

(2) 通过失常现象来判断故障部位

控制系统是通过各个单元的功能协调来完成调节任务的，最终体现的是执行器能否按工艺要求正常动作。每个单元的失常必定会有一个故障部位存在，维修人员可以以失常现象为线索，进而快速推断故障的部位。变送器信号输出异常，可以把故障部位先限定在变送器及导压管范围内进行检查。

(3) 通过异常声响来判断故障部位

电动执行机构或调节阀运行时都会有声响发出，但声响的大小是有一个范围的。正常声响反映了执行机构或调节阀的工作状态正常。如执行机构或调节阀出现异常声响，说明执行机构或调节阀的某些部件的工作状态已改变，表明执行机构或调节阀的部件已出现故障。可以以异常声响为线索来快速推断执行机构或调节阀故障的部位，执行器缺油、传动齿轮磨损、阀杆变形等。

(4) 通过故障概率来判断故障部位

根据对维修记录的分析，可大致了解和掌握仪表故障发生的概率，作为维修工作中的参考，来快速定位故障部位。

有大电流流过的元件、加有高电压的元件，如开关电源中的整流元件、熔丝、开关管、保险电阻等常易损坏，电解电容器易老化，仪表盘的接线端子易氧化锈蚀，板卡插件易接触不良，导压管或阀门易泄漏、堵塞，继电器触点易氧化接触不良等。运算放大器、门电路、微处理器、存储器等不容易损坏，因此在检查时只需要检查元件各脚对地是否短路即可，不要老去考虑其已损坏而浪费时间。

(5) 通过反向思维来判断疑难故障

仪表维修中会遇到一些特殊的故障现象，或者一下查不出故障原因的疑难故障。理论上讲疑难故障是不存在的。如果仪表工的理论基础有限，检查判断故障的能力和实践经验不足，非常简单的故障也可能成了疑难故障。

仪表维修遇到一些特殊故障现象，或者一时查不出故障原因的疑难杂症，不要只用正向思维来检查判断，可用反向思维试一试，不要只限于一种方法和一种思维模式。可先询问，是否有人维修过，维修过哪些部位，有没有拆动或改动；然后冷静思考一下，有没有想不到或没想到的部件会出故障，原来认为不可能有问题的部位，是否再考虑一下或用反向思维检查看看，不要忽视最简单的问题，如开关位置是否打错，导线的接触或接错等问题，按经验判断从来不出问题的部件是否就是出现问题了；以上都做到可能离查出故障已不远了。

第5章

温度测量仪表的维修

5.1 温度测量仪表故障检查判断思路

液体温度计、双金属温度计、压力式温度计有故障是很明显的，通过观察大多能发现问题，对症更换或修理；压力式温度计及双金属温度计的机芯结构与弹簧管压力表基本相同，可按弹簧管压力表机芯的修理方法进行修理。

热电偶、热电阻常出现的故障有：断路，短路，接地，接触不良，绝缘不良，变质。这两类温度计用万用表及标准表进行检查，大多能查出故障发生的原因。

温度参数有较大滞后性，温度值的变化需要一定时间，这一特性有助于我们判断故障。

温度显示突然指示最大或最小，大多由仪表故障引起，因为温度参数不可能突然变化。热电阻元件或连接线路断路，温度显示值会突然指示最大。热电阻元件或连接线短路，温度显示会突然指示最小。显示仪或板卡的放大器出现故障也会出现突然显示最大或最小。

温度显示曲线长时间没有波动为直线，应检查判断仪表是否有虚假指示；对记录仪，可用手拨动测量滑线盘，观察上下行程的阻力是否增大，有无机械卡住等现象。

温度显示值大幅度波动可能是工艺原因。工艺没有改变工况，应检查仪表。把温度控制系统切换至手动控制，观察温度的变化，波动明显减小，可能调节器或调节阀有故障。

温度曲线快速变化、曲线来回波动像振荡一样，大多是仪表的原因；在温度控制系统方面可能是 PID 参数整定不当；也可能是有干扰，观察附近是否有干扰源，如电焊机、变频器等用电设备。

温度曲线没有大的变化，但调节器的输出电流突然为到最大或最小，应重点检查调节器，如调节器的放大器及输出回路是否正常。

5.2 热电偶的维修

5.2.1 热电偶的工作原理及结构

(1) 工作原理及结构

热电偶是由两种成分不同的导体焊接在一起构成的测温元件。直接测温端叫测量端（又称为热端），接线端子端叫参比端（又称为冷端），测量端和参比端存在温差时，就会在回路中产生热电势，这就是热电效应，热电偶就是利用这个原理来测量温度的。

装配式热电偶由接线盒、接线端子、保护套管、绝缘瓷管、热电极组成，如图 5-1 所示。大多还配有各种安装固定装置，以满足生产现场的安装。

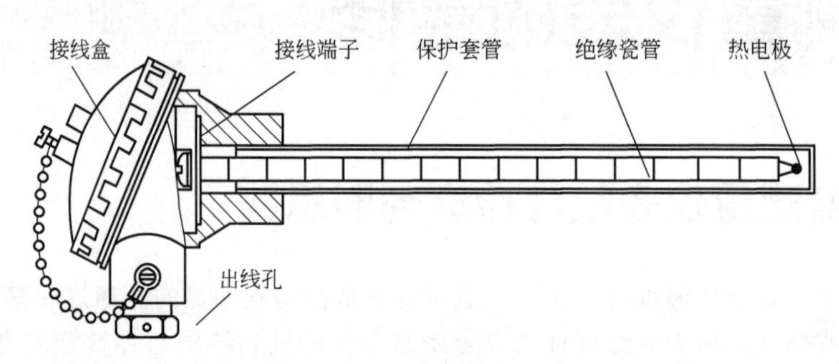

图 5-1 装配式热电偶结构图

铠装热电偶具有细长、易弯曲、热响应快、抗冲击振动、坚固耐用等特点，还可以作为装配式热电偶的内芯元件使用。铠装热电偶测量端的结构形式有：绝缘式、露端式、接壳式三种，如图 5-2 所示。

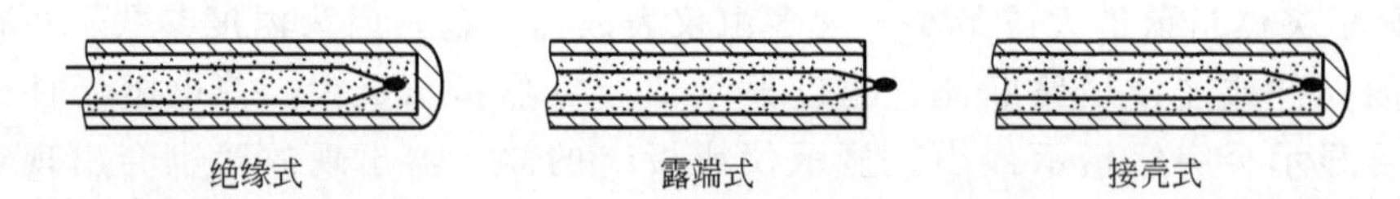

图 5-2 铠装热电偶测量端结构示意图

(2) 常用热电偶的特性

常用热电偶是指国际电工委员会推荐的 8 种标准化热电偶，常用热电偶的特性见表 5-1。

表 5-1 常用热电偶的特性

热电偶名称（分度号）	电极材料		最大温度范围/℃	主要优缺点	
	极性	识别		优点	缺点
铂铑 30-铂铑 6 (B)	正	较硬	0～1700	①适于测量 1000℃以上的高温 ②常温下热电动势极小，可不用补偿导线 ③抗氧化、耐化学腐蚀	①在中低温领域热电动势小，不能用于 600℃以下 ②灵敏度低 ③热电动势的线性不好
	负	稍软			

续表

热电偶名称（分度号）	电极材料		最大温度范围/℃	主要优缺点	
	极性	识别		优　点	缺　点
铂铑 13-铂（R）	正	较硬	0～1450	①精度高、稳定性好，不易劣化 ②抗氧化、耐化学腐蚀 ③可作标准	①不适用于还原性气氛（如氢气、金属蒸气） ②热电动势的线性不好 ③价格高
	负	柔软			
铂铑 10-铂（S）	正	较硬	0～1450		
	负	柔软			
镍铬-镍硅（K）	正	不亲磁	−200～1250	①热电动势线性好 ②1000℃下抗氧化性能良好 ③在廉金属热电偶中稳定性更好	①不适用于还原性气氛 ②同贵金属热电偶相比时效变化大 ③因短程有序结构变化而产生误差
	负	稍亲磁			
镍铬硅-镍硅（N）	正	不亲磁	−270～1300	①热电动势线性好 ② 1200℃以下抗氧化性能良好 ③短程有序结构变化影响小	①不适用于还原性气氛 ②同贵金属势电偶相比时效变化大
	负	稍亲磁			
镍铬-铜镍（E）	正	暗绿	−200～900	①在现有的热电偶中，灵敏度最高 ②同 J 型相比，耐热性能良好 ③两极非磁性	①不适用于还原性气氛 ②热导率低、具有微滞后现象
	负	亮黄			
铁-铜镍（J）	正	亲磁	0～750	①可用于还原性气氛 ②热电动势较 K 型高 20%左右	①正极易生锈 ②热电特性漂移大
	负	不亲磁			
铜-铜镍（T）	正	红色	−200～350	①热电动势线性好 ②低温特性好 ③稳定性好 ④可用于还原性气氛	①使用温度低 ②正极易氧化 ③热传导误差大
	负	银白色			

（3）热电偶的冷端温度补偿

热电偶热电势的大小，不但与测量端的温度有关，还与参比端（冷端）的温度有关。当热电偶参比端温度恒定时，总的热电动势就成测量端温度的单值函数。一定的热电势对应着一定的温度。热电偶的温度热电势关系曲线是在冷端温度为 0℃时分度的。应用现场参比端温度千差万别，不可能都恒定在 0℃，冷端温度的变化，会使测量结果出现误差。为了保证测量结果的准确性，就要对热电偶冷端进行温度补偿。

5.2.2　热电偶故障检查判断及处理

（1）温度显示最小

温度显示最小，可能有反极性的热电势输入给仪表，AI 系列数字显示仪，热电偶极性接反，上排 PV 大窗口会显示一个带 ┫ 符号的温度值，下排 SV 小窗口显示闪动，并轮换显示“orAL”及温度给定值（“orAL”表示输入信号超过仪表量程范围）。短路仪表输入端子 2、3 能显示室温，且下排 SV 小窗口不再闪动并显示温度给定值，说明显示仪正常，对换输入信号线极性看显示能否正常。如果还不正常，输入热电势信号给显示仪，检查显示仪是否正常。

热电偶正负极标志看不清楚时，对于 S 型、R 型热电偶，用手轻轻折下电极，较软的是负极；对于K型、N型热电偶，用磁铁吸电极，亲磁的是负极；J型热电偶亲磁的是正极。

(2) 温度显示最大

AI系列数字显示仪的显示超过仪表量程上限时，上排PV大窗口会显示一个较大的温度数值，同时下排SV小窗口显示闪动，并轮换显示“orAL”及温度给定值。温度显示最大的原因如下。

① 仪表设置有传感器断路检测功能，热电偶或接线断路，仪表显示最大值并报警。应检查热电偶及连接电路有无断路故障。

可按图5-3所示，先短接XS的1、2接线端，观察仪表能否显示室温，不能显示，说明端子1、2至显示仪2、3端的接线断路。能显示室温，在XS端子拆下接在1号端的补偿导线，用万用表测量该补偿导线及2号端的电阻，测量热电偶及补偿导线的电阻值，电阻值很大或无穷大，则热电偶或补偿导线有接触不良或断路的故障，应检查接线螺钉是否松动，尤其是热电偶接线盒内的螺钉，会由于高温而氧化，有害、潮湿气氛会使螺钉或补偿导线腐蚀，而出现接触电阻增大或不导电现象。热电偶接线盒内的接线螺钉有四颗，明显可见的是将补偿导线与接线柱固定在一起的两颗螺钉，另两颗螺钉把热电偶丝与接线柱固定在一起，由于不太明显往往忽视对其的检查，而会找不到故障点。

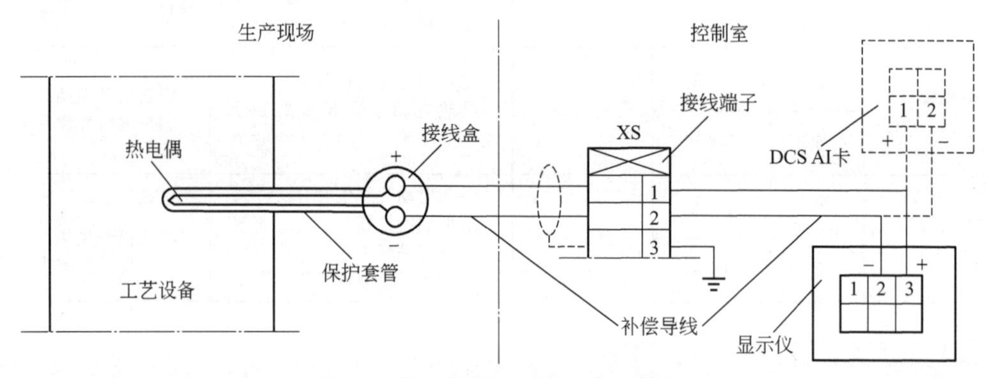

图5-3 热电偶测温系统回路示意图

② 热电偶与显示仪的分度号不匹配，仪表也可能会显示最大；常发生在新安装的系统，或更换热电偶或显示仪后，可分别对热电偶及显示仪进行检查，还应检查参数设置，分度号、量程上、下限的设置是否正确，按找出的错误进行更正。

(3) 温度显示偏高

显示的温度明显比平时所测的温度高，也就是热电势值偏高。排除工艺原因后，应对显示仪及热电偶进行检查。新安装及更换的仪表，重点检查显示仪与热电偶的分度号是否搭配错误。

(4) 温度显示偏低

显示的温度明显比平时所测的温度低，也就是热电势值比实际值偏低。排除工艺原因后，应对显示仪及热电偶进行检查。新安装及更换的仪表，先检查显示仪与热电偶的分度号是否搭配错误；热电偶与补偿导线的极性接反也会使仪表显示偏低。热电偶热电势值比实际值偏低时，可按图5-4的步骤检查和处理。

温度显示偏低的极端情况是显示温度一直在室温附近不变化。这说明没有或只有很小的

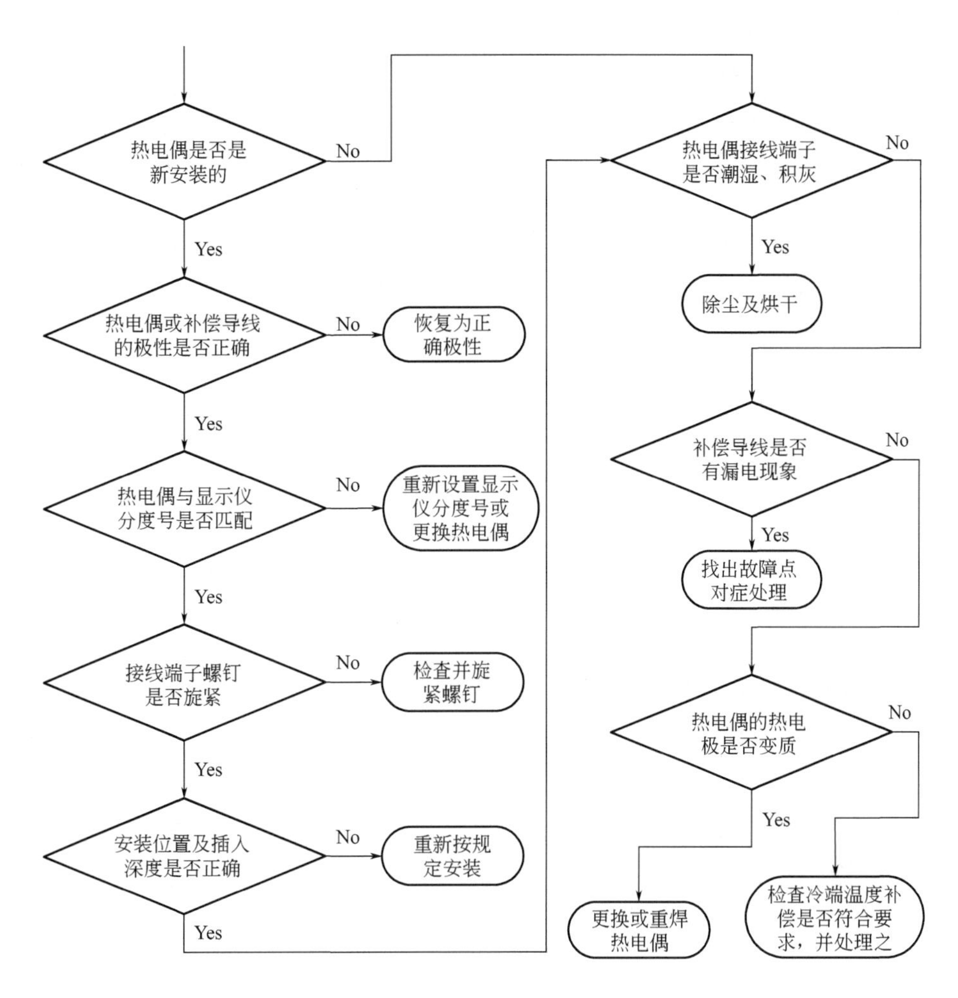

图 5-4　热电偶热电势比实际值偏低的检查及处理步骤

热电势输入给仪表，有的数字显示仪，热电偶的极性接反了，仍然会显示室温。热电偶至显示仪表的补偿导线出现短路，仪表将显示接近室温的温度。

检查时在热电偶接线盒内拆除一根补偿导线，然后在 XS 接线端子处，用万用表测量电阻值，电阻值很小则有短路故障。根据经验短路点多数发生在热电偶附近，由于热电偶附近的温度较高，穿线管又靠近工艺管道，在高温环境下补偿导线的绝缘层易老化脱落、损坏，导致发生短路和接地故障；补偿导线对地有电阻则有接地或漏电故障。测量没有短路现象，用标准表输入热电势给显示仪，来判断显示仪有无故障，有故障拆下修理。

(5) 温度显示波动

温度显示波动泛指仪表显示值不稳定，时有时无，时高时低，乱跳字等现象。温度显示波动大多是输入给显示仪的热电势不稳定造成的。

短路显示仪表信号输入端，能显示室温，且显示稳定，说明显示仪正常，波动来源在显示仪之前。用标准表测量热电势，观察热电势是否波动，没有波动，可能是有干扰。被测热电势有波动，可能是接触不良造成的，可用电阻法检查。

波动很明显且波动幅度很大，热电偶保护套管可能已出现泄漏，把热电偶从套管中抽出来检查，如果热电偶的瓷珠已发黑或潮湿、带水，可确定保护套管已泄漏。检查处理热电偶保护套管，一定要注意安全，要先了解被测介质的性质，并采取必要的安全措施，要有专人配合进行检查，绝不能盲目从事。

热电偶接线盒密封不良，保护套管内进入水汽，使其绝缘下降，会引发不规则的接地或短路现象，对热电势进行了不规则的分流，表现在显示仪上就是显示值无规律地波动。

有的热电偶由于安装环境气氛的影响，使用一段时间会出现热电极老化变质问题，热电偶的热端焊点出现裂纹，形成似断非断的状态，也会出现波动故障。

热电偶输出热电势不稳定，可按图 5-5 的步骤检查和处理。

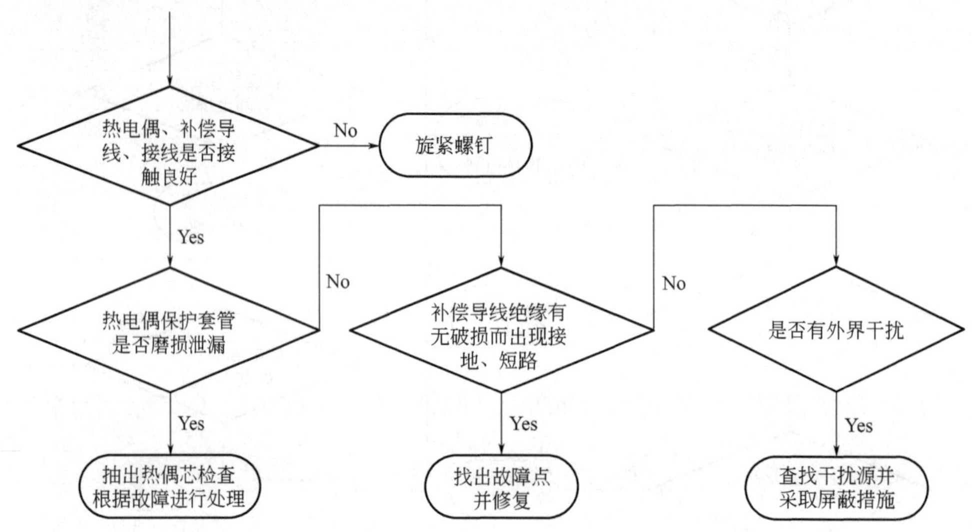

图 5-5　热电偶输出热电势不稳定的检查及处理步骤

电加热电炉测温系统，高温时耐火砖及热电偶保护套管绝缘下降，加热用的交流电会泄漏到热电偶而出现干扰。交流用电设备的电磁场感应、变频器产生的谐波干扰等，都会串入热电偶测量回路形成干扰。

怀疑有干扰，可用电子交流毫伏表或数字万用表交流电压挡测量干扰电压，测量 XS 接线端子 1、2 端间的串模干扰电压，或 1、2 端对地的共模干扰电压；有干扰可采取措施克服。

5.2.3 热电偶维修实例

(1) 温度显示最大

实例 5-1 氧化器 T503 测点温度突然波动，显示值超温。

故障检查 出故障前装置的三个测点温度显示平稳，但感觉 T503 与其他两点的温差有点大，正在找原因时，T503 温度突然波动，最低时为 500℃左右，最高时接近仪表量程上限 800℃，另两点温度正常。测量该点热电势的确很高，判断热电偶有问题。

故障处理 更换一支新的热电偶后，温度显示恢复正常。

维修小结 同一个装置的多点温度测量，当某个点的温度显示突然大幅度波动时，不用过多考虑显示仪表问题，可直接针对该热电偶查找故障。本例更换热电偶后恢复正常。

换下的热电偶没有人再去关注它、检查它，所以不清楚热电偶故障的真正原因是什么，只能推测是热电偶老化变质故障而已。

(2) 温度显示波动

实例 5-2　煤气炉炉顶出口煤气温度显示大幅度波动，但停炉时基本不波动。

故障检查 根据以往经验，这是热电偶保护套管被磨损已泄漏的前兆。

故障处理 更换保护套管，热电偶损坏则一起更换。选择使用耐磨热电偶保护套管解决了问题。

维修小结 煤气炉出口煤气中含有粉尘，热电偶保护套管的磨损很严重，用不了几个月就要更换，更换迟了保护套管就被磨通，热电偶与煤气直接接触，煤气中含有水汽，使热电偶出现接地、短路现象，导致热电势波动，表现在显示仪上就是温度大幅度波动，停炉时基本不波动是由于没有煤气通过管道，停炉时也没有人去关心温度的真实性。

实例 5-3　合成塔催化剂温度显示波动

故障检查 催化剂温度测量使用 11 支铠装热电偶，一直很正常，有一天操作工反映：有 5 个点的显示记录严重波动。仪表工检查接触没有问题，观察发现检修工在合成塔旁进行电焊作业，只要电焊工一焊接仪表就波动，停止焊接仪表就不波动，看来是干扰造成仪表波动。对出现问题的 5 支热电偶进行检查，发现这 5 支热电偶都有接地现象，没有出现问题的另 6 支热电偶没有接地现象。

故障处理 对这 5 支热电偶的热点采取浮空措施，解决了干扰问题。具体方法：重新焊接热电偶，焊接前把填充剂去除 2～4mm 深，用镊子绞合两电极，绞线要尽量短，然后用气焊焊接，使热点等于或短于热电偶铠装护套，使其不能和铠装护套相碰，如图 5-6 所示。新焊接的热电偶校准合格后使用。

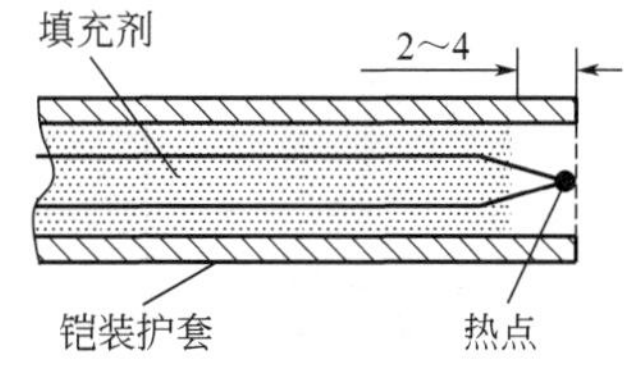

图 5-6　铠装热电偶焊接示意图

维修小结 本例为了减少测温的时间常数，采用了露端式铠装热电偶，在同一保护套管中多支热电偶的插入深度不同，就会出现插入浅的热电偶热点碰着插入深的热电偶铠装护套，而铠装护套又与保护套管接触，形成热电偶的接地现象。该例故障是电焊机引发的，是地电流造成的，电流回路是：工艺管道→合成塔→热电偶保护套管→热电偶铠装护套→热电偶的热点→补偿导线→显示仪表→地，该干扰属于共模干扰。克服共模干扰的有效方法就是使热电偶浮空。

实例 5-4　变换炉三段出口温度偶尔会波动，一旦波动温度就乱显示。

故障检查 仪表工到现场后显示又不波动了，为了避免再出现波动，对测量回路的接线端子进行了紧固。没有几天波动又出现，检查发现补偿导线电阻值高达 80Ω，经检查系补偿导线中间绞合的接头接触不良。

故障处理 重新对补偿导线的接头进行处理，把绞合连接改为螺钉连接。

维修小结 一根补偿导线的电阻有 80Ω，显然不正常。在电缆桥架、分线盒用分段测量电阻的方法检查，检查分线盒时发现该点的补偿导线被绝缘胶带包扎，拆开发现补偿导线是用绞合方式连接的，按规定补偿导线中间不应该有接头，不知施工方当时出于什么原因留下了隐患。接头受到现场环境的氧化、腐蚀、振动使其接触电阻增大并变化，导致显示仪表波动和乱显示。

中间没有接头的导线，分段检查、测量时要断电后进行；在万用表的两个表笔上各焊上一颗大头针，用来刺穿导线的绝缘层与导线接触进行测量，来判断导线是否短路或断路。

实例 5-5 TI603 的温度显示曲线大幅波动。

故障检查 观察历史曲线波动幅度一开始并不明显，随着时间的推移波动幅度越来越大。在机柜处测量现场来的热电势信号，也是波动的毫伏信号。曾怀疑有干扰，但原来很正常，最近在热电偶及电缆桥架附近没有新增加大功率的用电设备。考虑从接触不良着手进行检查。检查发现热电偶的外皮有裂纹，且裂纹处有潮湿的氧化镁脱落现象，热电偶有损坏现象。

故障处理 更换热电偶，显示恢复正常。对热电偶采取了减振措施。

维修小结 本例铠装热电偶直接插在设备预留的套管中使用，过长部分则盘绕后绑在设备上，振动使热电偶与设备产生摩擦，时间一长热电偶的外皮被磨坏，水蒸气从破损处渗透到氧化镁中，引起绝缘层膨胀，使裂纹再次扩大；由于绝缘电阻下降使热电偶接地，加上有振动，使接地电阻忽大忽小，反映在温度曲线上就是大幅度的波动。

(3) 温度显示偏高

实例 5-6 某厂热处理电炉温度控制，高温段仪表显示总是比标准表测的温度高25℃左右，有时甚至高达38℃以上，并且控温效果也差。

故障检查 对控制仪表进行校准，更换一支新的热电偶使用，问题依然存在。既然仪表和热电偶都正常，就有可能存在干扰。测量显示仪表输入端的对地交流电压，正端对地干扰电压有30V左右，显示偏差是共模干扰造成的。

故障处理 使热电偶保护套管浮空。

维修小结 电炉温度升至800℃以上时，耐火砖的绝缘电阻会下降，非金属热电偶保护套管的绝缘电阻也下降，电炉的加热电源会通过漏电阻→热电偶保护套管→热电偶电极→补偿导线→仪表输入、放大电路的接地点→地构成一个回路，漏电流经过放大就成了一个可观的误差。简单方法就是使整支热电偶浮空切断漏电流的通路。

(4) 温度显示偏低

实例 5-7 变换炉二段中层催化剂温度显示偏低，且伴有微小波动现象。

故障检查 检查控制室内的接线端子没有发现异常。到变换炉上检查热电偶，发现热电偶接线盒内负极接线螺钉松动。

故障处理 紧固热电偶接线盒内的接线螺钉。

维修小结 本例热电偶接线盒内接线螺钉松动，接触不良使接触电阻增大，等于增大了热电偶的内阻，而出现温度偏低故障；工艺管道有振动，接线螺钉松动处的接触电阻也跟着变化，这个不稳定的接触电阻导致输出热电势的不稳定，这就是温度显示偏低，且伴有微小波动现象的原因。

实例 5-8 某常减压装置塔顶温度，一到下雨天温度就偏低近 20℃，天晴后该温度就恢复正常。

故障检查 控制室测量热电势稳定，对测得的温度工艺不认可，理由是天晴时这个温度就恢复正常，现场检查发现热电偶接线盒有进水现象，抽出热电偶芯发现有轻微带水现象。

故障处理 对热电偶及保护套管进行干燥处理后，并紧固了热电偶的密封螺钉。

维修小结 该铠装热电偶系外加保护套管，安装在操作平台下面，由于与保护套管之间的密封螺钉没有上紧，一到下雨天，平台上的雨水漏下，就随着螺钉密封面进入保护套管内，出现一下雨就进水，雨水在高温环境蒸发、冷凝，在保护套管中形成饱和蒸汽状态，从而降低了热电偶的热端温度，晴天雨水蒸发干后故障就自然消除了。

实例 5-9 加氢装置的一个测温点偏低 40℃ 左右。

故障检查 本例用的是双支热电偶，在仪表盘后对热电势进行测量，两支热电偶的热电势差距很小，仪表工认为温度是可信的，没有再进行检查，但工艺人员一直说温度不正常。到现场检查热电偶，打开热电偶接线盒后发现里面有柴油浸泡且有气泡轻微冒出，是热电偶保护套管泄漏。

故障处理 更换热电偶保护套管。

维修小结 检查发现了安全隐患，该装置属于新开工，为此对安装的热电偶保护套管进行了检查和耐压试验，将检测出不合格热电偶保护套管，退回生产厂进行更换。

实例 5-10 操作工反映上位机显示的温度有时正常，但有时又会偏低。

故障检查 查看温度记录历史曲线有上述现象，但没有规律且偏低值是变化的。先旋紧所有接线端子，但没有改观。排除了接触不良，考虑是不是热电偶有问题，有人提出，该安装点振动较大，会不会影响到补偿导线绝缘层的磨损？到现场检查发现热电偶接线盒出线口处补偿导线绝缘层磨损并碰壳。

故障处理 对补偿导线绝缘层进行包扎。

维修小结 本例故障在热电偶安装、使用中偶尔会发生，安装时把补偿导线的绝缘层剥得太多，使补偿导线与热电偶接线盒出线口相碰。设备的温度高及振动大，会使补偿导线绝缘层老化及磨损，由于振动使导线有时碰壳，有时又不碰壳，就出现不碰壳显示正常，一碰壳就偏低的故障现象。

实例 5-11 第二热交换器出口煤气温度比正常值偏低 50℃左右。

故障检查 在仪表盘接线端子测量热电势，换算后温度为 335℃，试车前仪表都经过校准，测量值应该是可信的。工艺坚持认为温度偏低要求处理，拟对热电偶进行更换，拆卸发现该热电偶芯较短，查对设计表确定该热电偶用短了。

故障处理 更换为长度合适的热电偶。

维修小结 本例故障属于热电偶插入深度不够，使温度显示始终偏低的故障，这类故障只有拆卸热电偶芯才能发现问题。工艺认为该温度偏低，是根据变换炉的一段反应温度判断的，可看出仪表与工艺的协调、配合很重要。

实例 5-12 大检修更换变换炉入口热电偶，开车时该温度一直在室温附近。

故障检查 断开记录仪输入端一根线，测量有没有短路现象，发现电阻值在 150Ω 左右，到现场看铭牌上标的是 WZP，是把热电阻当热电偶用了。

故障处理 更换为热电偶。

维修小结 有的装配式热电偶与热电阻的外形几乎一样，不经过认真核对，误将热电阻当成热电偶用，导致该测点显示温度一直在室温附近。这样的情况不应该发生。

实例 5-13 某厂的电加热炉，六个测温点都出现控温不理想的情况，温度偏差现象严重。

故障检查 检查 6 支热电偶都正常。电工检查电加热棒也没有问题。重新整定温度控制的 PID 参数及投运自整定，控温效果仍然不理想。深入检查发现热电偶补偿导线与加热棒的电缆放在同一个线槽内。

故障处理 把补偿导线与加热棒的电缆分开敷设，仪表就正常了。

维修小结 热电偶补偿导线与加热棒电缆放在同一个线槽内就是错误做法，很容易出现干扰。一定要把仪表的信号线与电力线分开敷设。

5.3 补偿导线的使用及维修

5.3.1 常用补偿导线的特性及识别

(1) 补偿导线的特性

补偿导线用来将热电偶的参比端延伸到温度较稳定的场合，补偿导线有延长型与补偿型两种。

① 延长型补偿导线采用与热电偶相同的合金丝，有较宽的温度使用范围。用字母“X”附加在热电偶分度号之后表示，例如“EX”。

② 补偿型补偿导线的合金丝与配用热电偶的材质不同，故使用温度范围受限，但其热电动势值在 0～100℃或 0～200℃时与配用热电偶的热电动势标称值是相同的。用字母“C”附加在热电偶分度号之后表示，例如“KC”。不同合金丝可应用于同种分度号的热电偶，并

用附加字母予以区别，例如“KCA”和“KCB”。

常用补偿导线的特性如表 5-2 所示。

表 5-2　常用补偿导线特性表

型号	补偿导线线芯材料		绝缘层着色		配用热电偶
	正极	负极	正极	负极	
SC 或 RC	铜	铜镍 0.6	红	绿	S 或 R
KCA	铁	铜镍 22	红	蓝	K
KCB	铜	铜镍 40	红	蓝	
KX	镍铬 10	镍硅 3	红	黑	
NC	铁	铜镍 18	红	灰	N
NX	铜镍 14 硅	镍硅 4 镁	红	灰	
EX	镍铬 10	铜镍 45	红	棕	E
JX	铁	铜镍 45	红	紫	J
TX	铜	铜镍 45	红	白	T

（2）补偿导线的识别

常用补偿导线正极、负极的绝缘层着色见表 5-2。不清楚补偿导线型号时，可根据补偿导线负极绝缘层着色来判断。绝缘层着色看不清楚的补偿导线，可把补偿导线两根线拧紧放入沸水中，用数字万用表的直流毫伏挡测量热电势，将万用表显示的电势值与环境温度对应的电势值相加，查对热电偶分度表中有接近 100℃的，就可判断是何种类型的补偿导线。如某补偿导线放入沸水中测得热电势为 3.010mV，测量时室温为 25℃对应的热电势为 1mV，则总热电势为 4.01mV，查热电偶分度表中与其接近的有 K 分度为 98℃，T 分度为 94℃，可以确定该补偿导线型号为 KCB。

5.3.2　补偿导线人为故障的检查判断及处理

（1）补偿导线与热电偶极性接反的故障规律

补偿导线产生的热电势，大小等于热电偶与显示仪表之间的温差电势。正常时在冷热端温度不变的情况下，随着热电偶与补偿导线连接处温度的变化，热电偶的温差电势增大，补偿导线的温差电势减小，反之亦然，达到补偿热电偶与显示仪表之间的温度变化所产生的影响，即显示仪表测到的是热电偶产生的热电势与补偿导线产生的补偿电势的叠加电势。当补偿导线与热电偶的极性接反时，其故障表现有如下规律。

① $t_n > t_0$ 时补偿导线的补偿电势为正，是热电偶产生的热电势加上补偿导线产生的补偿电势。补偿导线接反相当于加上一个负值会使显示偏低，仪表显示的温度低于实际温度，这是现场常遇到的状态。

② $t_n < t_0$ 时补偿导线的补偿电势为负，是热电偶产生的热电势减去补偿导线产生的补偿电势。补偿导线接反了相当于减去一个负值会使指示偏高，仪表显示的温度高于实际温度，这种状态在冬季或白昼温差较大的地方才会出现。

③ $t_n = t_0$ 时补偿导线的补偿电势为零，对测量没有影响。仪表显示的温度与实际温度相同。这仅是一种理想状态不可能存在，却容易造成不易发现的隐患，不易引起注意。当误

差变大引起注意时，又很难查找到故障的真正根源。

(2) 补偿导线与热电偶极性接反的判断方法

在仪表安装、维修工作中，常会出现补偿导线与热电偶的极性接反的情况，使显示温度比实际值偏高或偏低，往往不易发现，结合图 5-7，对补偿导线与热电偶极性接反的故障现象进行说明，图中细线分别为补偿导线和热电偶的正极。t 为被测温度，t_n 为热电偶接线盒附近的温度，也就是补偿导线与热电偶连接处的温度。t_0 为控制室内的温度，也就是显示仪与补偿导线连接处的温度。

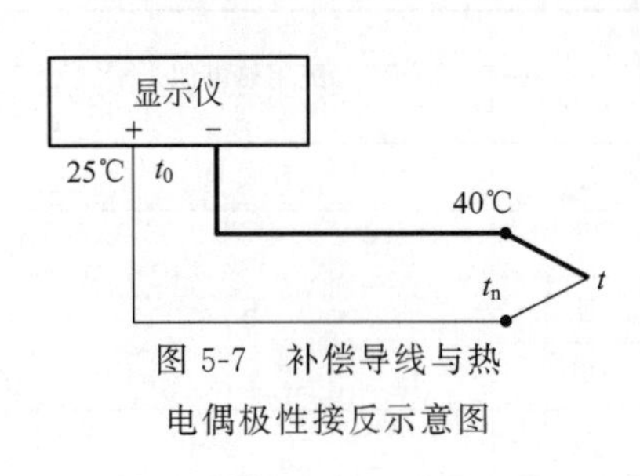

图 5-7 补偿导线与热电偶极性接反示意图

补偿导线与热电偶的极性接反，产生的误差是补偿导线两端温度差值所对应的总热电势的两倍，即总热电势误差的绝对值是 $2E_B(t_n, t_0)$。且 t_n 与 t_0 的温差越大，误差就越大，可见仪表显示值还会随着 t_n 的变化而变化。而当 t_n 与 t_0 的温差很小，即使补偿导线极性接反了，附加误差却很小且很难发现，这种潜在的因素会随着季节及气候的变化而出现较大误差。

判断补偿导线与热电偶的极性是否接反，可采用简单计算方法，如图 5-7 中，$t_n=40$℃，$t_0=25$℃，误差近似为：$2\times(40-25)=30$℃。怀疑仪表的显示有误差，可分别测量热电偶接线盒处的温度 t_n 及显示仪输入端子处的温度 t_0，将两温度值相减乘 2，看该温度是否接近仪表的显示误差，如果接近，应检查补偿导线与热电偶的极性是否接反。

补偿导线接反，当 $t_n>t_0$ 时，仪表显示值偏低，可将两根线相互调换一下，比较仪表显示值，仪表显示值较高，说明补偿导线正、负连接正确。若补偿导线接反，当 $t_n<t_0$ 时，仪表显示值偏高，仍用上述方法，仪表显示值较低说明补偿导线正、负连接正确。以上判断的前提是测量端温度要稳定。

还有一种极端情况是，热电偶与补偿导线的极性接反，与显示仪表的正、负极也接反。产生的误差仍可用上述的方法进行分析。误差有两种情况，当 $t_n>t_0$ 时，$E_B(t_n, t_0)$ 为正毫伏值，总热电势 E_X 减小，仪表的显示将偏低。当 $t_n<t_0$ 时，$E_B(t_n, t_0)$ 为负毫伏值，总热电势 E_X 增加，仪表的显示将偏高。

(3) 补偿导线与热电偶分度号不匹配的判断方法

补偿导线与热电偶分度号不匹配的情况只有两种，一种是工作不认真出现的差错，另一种是不懂，以为只要是补偿导线就行，不考虑分度号的问题而出现错误匹配。

补偿导线与热电偶配错，可用直观检查法，先确定热电偶分度号的正确性，然后看补偿导线的绝缘层着色，来判断是否是与所用的热电偶相匹配。

能从理论上进行一些分析，对判断故障更有利。可用“中间温度定则”来分析，为了理解更直观，我们只考虑测量回路输入给显示仪的总热电势，不考虑仪表的冷端温度补偿问题。图 5-8 所示的测量回路，被测温度 $t=580$℃，热电偶接线盒处的温度 $t_n=50$℃，显示仪周围环境温度 $t_0=20$℃，被测温度的实际热电势应该是多少？

补偿导线与热电偶正确匹配与温度 t_n 无关，总热电势为：

$$
\begin{aligned}
E_K(t,t_0) &= E_K(580,20) \\
&= 24.055-0.798 \\
&= 23.257\text{mV}
\end{aligned}
$$

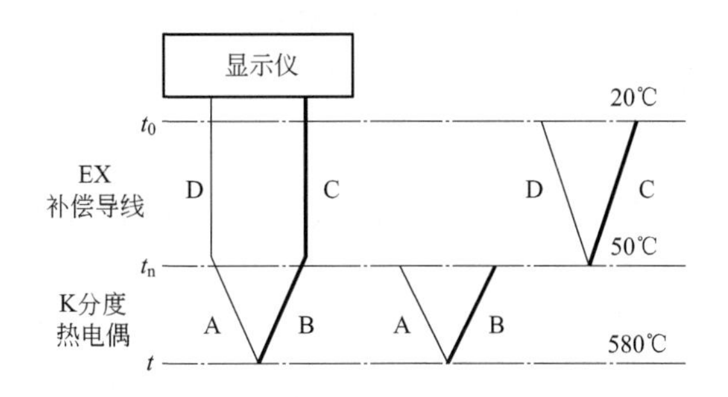

图 5-8　补偿导线与热电偶配错时回路热电势示意图

热电偶误用了 EX 的补偿导线，补偿导线构成了另一支热电偶，热电偶及补偿导线的热电势分别为：

热电偶的热电势：

$$E_K(580,50)=24.055-2.023=22.032\text{mV}$$

补偿导线的热电势

$$E_E(50,20)=3.048-1.192=1.856\text{mV}$$

测量回路的总热电势为：

$$\begin{aligned}E(t,t_0)&=E_K(580,50)+E_K(50,20)\\&=24.055-2.023+3.048-1.192\\&=23.888\text{mV}\end{aligned}$$

K 型热电偶误用了 EX 补偿导线，与正确匹配时相比，测量回路的总热电势偏高 0.631mV，相当于偏高 15.8℃。

(4) 补偿导线与热电偶分度号不匹配时的故障规律

补偿导线与热电偶分度号不匹配时，以图 5-8 为例，该测温回路的总热电势为：

$$E_{ABCD(t,t_n,t_0)}=e_{AB(t)}+e_{BC(t_n)}+e_{CD(t_0)}+e_{DA(t_n)} \tag{5-1}$$

从式中可看出，补偿导线与热电偶配错了，测量回路的总热电势除受各接点温度 t，t_n，t_0 的影响外，还与补偿导线及热电偶的类型有关，因此，仪表的显示有可能偏高，也有可能偏低，使故障判断复杂化。但还是有规律可循的。

① 当 $t_n>t_0$ 时，补偿导线每度热电势值大于所接热电偶每度热电势值，仪表显示温度将高于实际温度；如补偿导线每度热电势值小于所接热电偶每度热电势值，仪表显示温度将低于实际温度。

② 当 $t_n<t_0$ 时，补偿导线每度热电势值小于所接热电偶每度热电势值，仪表显示温度将低于实际温度；如补偿导线每度热电势值大于所接热电偶每度热电势值，仪表显示温度将高于实际温度。

5.3.3　补偿导线维修实例

实例 5-14　校准过的 K 分度热电偶，安装到现场后显示温度比实际温度偏低近 40℃。

故障检查　检查接线端子及紧固螺钉，没有改观。按以往经验，补偿导线极性接反显示温度会比实际温度低，检查的确是补偿导线接反。

故障处理 把原补偿导线的接线极性进行更改。

维修小结 热电偶极性接反仪表指示零下，很容易判断。而补偿导线极性接反不容易发现。更换热电偶和显示仪要注意接线极性的正确性，特别要注意补偿导线的极性。

实例 5-15 某厂热处理炉使用 S 热电偶测温，感觉温度总是偏低。

故障检查 测量热电偶输出的热电势，以判断是热电偶还是控制仪有问题，拟在控制柜后接线端子处测量，拆下补偿导线负极时发现绝缘层为蓝色，而 SC 补偿导线的负极应该是绿色，确定是用错了补偿导线。

故障处理 将 KCA 补偿导线更换为 SC 补偿导线后测温恢复正常。

维修小结 本例故障原因是电工缺乏补偿导线知识，只知道热电偶必须使用补偿导线，结果使用了 KCA 补偿导线，将 S 分度的热电偶信号连接到控制仪表，使炉温偏差很大。

实例 5-16 某热处理电炉温控仪显示偏低，并出现加热温度升高显示温度反而降低的现象。

故障检查 到现场发现，热电偶接线盒出来用了一截屏蔽铜导线。

故障处理 更换为配 K 分度的补偿导线后，温度显示恢复正常。

维修小结 经询问，由于热电偶接线盒处温度较高，原用的补偿导线绝缘层老化脱落，电工就找了一截 2m 左右的屏蔽铜导线，按长度把补偿导线剪断更换。热电偶的冷端温度就没有延伸到温控仪，是导致温度显示偏低的原因。实测热电偶接线盒处温度有时高达 50℃ 左右，而控制间温度基本保持在 25℃ 左右，两处温差最高时达 25℃ 左右；加热温度升高时，电炉周围的环境温度也升高，热电偶接线盒处温度也升高，而控制间温度基本不变，使热电偶冷端与温控仪输入端的温差增大，就出现加热温度升高显示温度反而降低的现象。

5.4 热电阻的维修

5.4.1 热电阻的工作原理及结构

(1) 工作原理及结构

热电阻是利用物质在温度变化时自身电阻也随着发生变化的特性来测量温度的。热电阻的感温元件是用细金属丝均匀地双绕在绝缘材料做的骨架上。当被测介质中有温度梯度存在时，所测得的温度是感温元件所在范围内介质层中的平均温度。

装配式热电阻主要由接线盒、接线端子、保护套管、绝缘套管、感温元件组成，基本形式如图 5-9 所示。在实际应用中大多还配有各种安装固定装置，以满足生产现场的安装。

铠装热电阻比装配式热电阻直径小，具有易弯曲、抗冲击振动、坚固耐用等特点，还可以作为装配式热电阻的内芯元件使用。外保护套采用不锈钢内充满高密度氧化物质绝缘体，

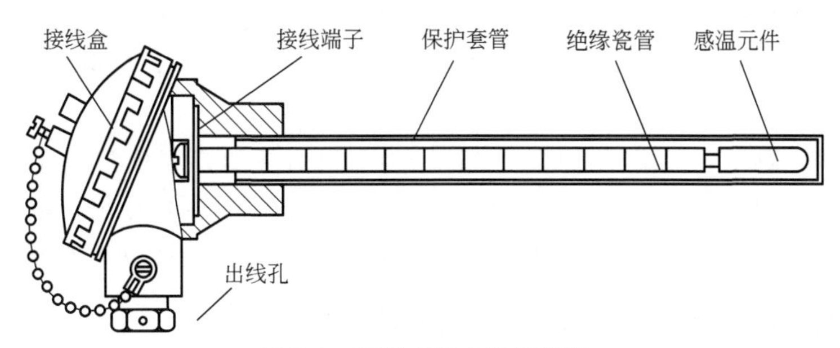

图 5-9　装配式热电阻结构图

适合安装在环境恶劣的场合，测温范围为－200～500℃。使用中应注意其端部是感温元件的位置，其端部 30mm 不能弯曲，以免损伤感温元件。

热电阻感温元件早期的产品大多为骨架绕线式的，有云母骨架、塑料骨架、玻璃骨架、陶瓷骨架几种。薄膜热电阻元件已得到广泛应用，如图 5-10 所示，既可用于装配式热电阻，也可用于铠装式热电阻，结构小巧，价格低，但薄膜热电阻元件的测试电流较小，通常为 1mA，最大不超过 3mA。感温元件断路和短路，云母骨架、塑料骨架结构的可以尝试修复，其他结构的感温元件无法修复只能更换。

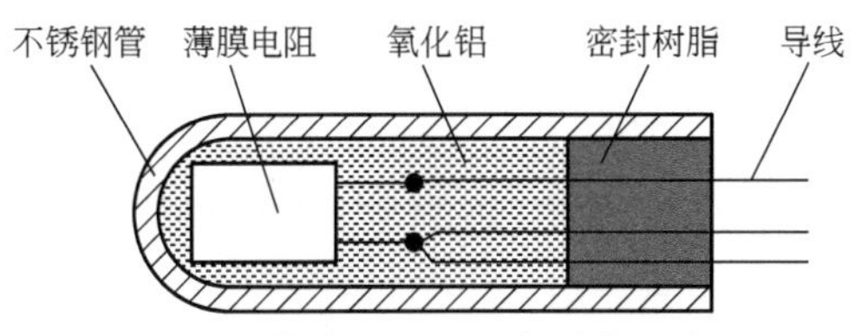

图 5-10　薄膜热电阻元件结构示意图

(2) 常用热电阻的基本特性

常用热电阻的基本特性如表 5-3 所示。

表 5-3　常用热电阻的基本特性

热电阻类型		分度号	0℃时的公称电阻值/Ω	测量范围/℃	允许误差/℃
铂热电阻	A 级	Pt100	100.000	－200～850	±(0.15＋0.002｜t｜)
		Pt10	10.000		
	B 级	Pt100	100.000		±(0.30＋0.005｜t｜)
		Pt10	10.000		
铜热电阻		Cu50	50.000	－50～150	±(0.30＋0.006｜t｜)
		Cu100	100.000		

注：表中｜t｜为热电阻实测温度绝对值。

(3) 热电阻元件的内引线形式

① 两线制　即热电阻感温元件两端各有一根引线。其配线简单、成本低，大多产品采用两线制。用于测量精度要求不高的场合，导线长度不能过长，否则将增大测量误差。

② 三线制　热电阻感温元件的一端连接两根引线，另一端连接一根引线，此种引线形式就叫三线制。它可以消除内引线的影响，测量精度高于两线制，常用于测温范围窄、导线

太长或导线布线中温度易发生变化的场合。三线制引线方式与不平衡电桥配合使用，两根导线分别接在电桥的两个桥臂上，另一根导线接在电桥的电源上，消除了引线电阻变化的影响。

③ 四线制　在热电阻感温元件的两端各连接两根引线的方式称为四线制。其中两根导线为热电阻提供恒定电流，把电阻转换成电压信号，再通过另两根导线把电压信号引至测量仪表。四线制可完全消除引线的电阻影响，但结构较复杂，在温度变送器及 DCS 中有应用。

5.4.2 热电阻故障检查判断及处理

现根据仪表显示的故障现象，结合图 5-11 对如何检查及判断故障进行介绍。

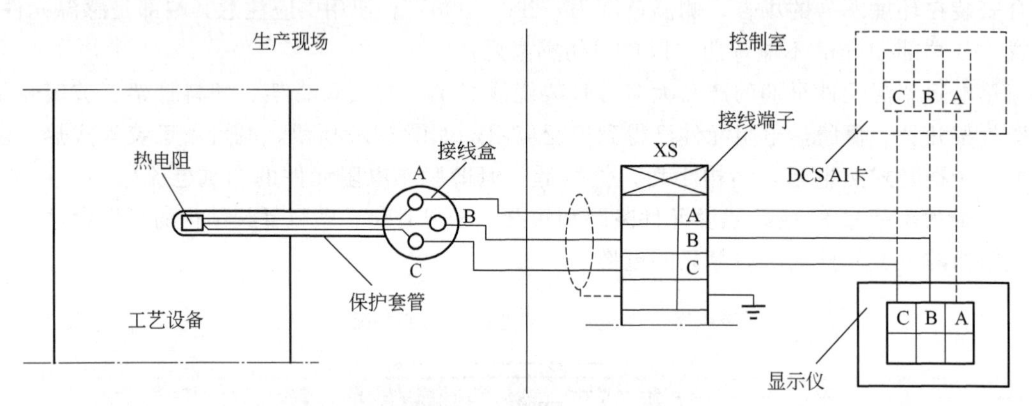

图 5-11　热电阻三线制测温系统回路示意图

(1) 温度显示最小

温度显示最小是指显示超过了仪表量程下限值。AI 系列数字显示仪，上排 PV 大窗口会显示一个负的温度值，下排 SV 小窗口显示闪动，并轮换显示“orAL”及温度给定值。断开仪表输入端子 A 或 B 的接线能显示最大，下排 SV 小窗闪动，并轮换显示“orAL”及温度给定值，说明显示仪正常，故障在热电阻或连接导线。温度显示最小的原因及检查方法如下。

① 热电阻或连接导线有短路现象　通电状态下拆下显示仪输入端的 A 线能显示最大，说明显示仪正常，是测温回路有短路故障。断开显示仪电源，拆下仪表端子的接线 A 或 B，用万用表测量 A 和 B 导线的电阻，电阻很小表明热电阻或连接导线有短路故障。现场拆下热电阻接线盒内的导线 A 或 B，测量感温元件，电阻值很小则感温元件有短路现象，热电阻的电阻值正常，则短路点在导线，用万用表查找短路点，查出短路点对症处理。

② 输入给仪表的电阻值小于其量程下限　故障原因如下。

a. 测量回路局部短路，如热电阻感温元件、连接导线的绝缘损坏出现漏电。用万用表检查测温回路的电阻，用兆欧表检查测温回路对地绝缘电阻及连接导线间的绝缘电阻，判断有没有局部短路或接地现象，要把导线从显示仪上拆下后再测试，以防损坏仪表。

b. 感温元件与显示仪分度号不匹配，把 Cu50 热电阻用在了 Pt100 分度的显示仪上，或者显示仪的参数设定不正确。断开热电阻接线，测量感温元件的电阻值，来判断有没有用错热电阻。匹配正确可对显示仪的参数设定进行检查。

c. 把热电偶当成了热电阻使用。测量感温元件时电阻值只有几个欧姆或接近零，排除短路因素，则可能是把热电偶当成热电阻使用了，把感温元件从保护套管中抽出来观察就可确定。

③ 三线制接线的C线断路　如果仪表输入端子C的接线断线，仪表会显示最小。C线连接桥路供电电源，用万用表测量仪表端子C与A、B端子间的电压，万用表的正端（红表笔）接C端子，测出有直流电压（如AI系列仪表有0.5V左右），说明仪表输入端子C线已断路。基本测不出电压，说明C线没有断路。C线断路的可能是：C线接线端子螺钉氧化锈蚀严重或松动。用万用表测量都能发现故障点。

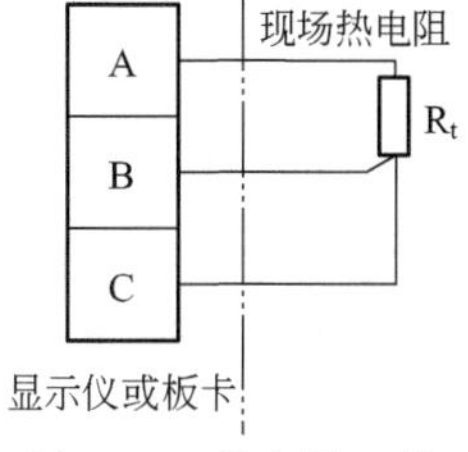

图5-12　热电阻三线制接线示意图

④ 三线制接线法中把A、B、C三线接错　在现场还是偶有接线错误发生，原因有：责任心不强，初学者没有搞懂测量原理，导线使用时间过长线号模糊不清。各型产品三线制的线号虽然标注不统一，但只要把这三根线的用途搞清楚，接线就不会有困难。三线制接线如图5-12所示，B、C两导线接在一起与热电阻的一端连接，A导线与热电阻的另一端连接；A、B线接热电阻，C线接电源。当接线错误时，把这三根导线从显示仪拆下，用万用表电阻挡测量这三根线，找出电阻值很小的两根线，这两线就是B和C，余下的一根就是A线，就可进行正确接线。

(2) 温度显示最大

仪表显示最大是指显示超过了仪表量程上限值。AI系列数字显示仪，上排PV大窗口显示一个较大的温度值，同时下排SV小窗口显示闪动，并轮换显示“orAL”及温度给定值。温度显示最大的原因有如下。

① 热电阻或接线有断路故障，温度将显示最大值并报警。先短接接线端子XS的A、B接线端，观察仪表能否显示最小，如果没有显示最小，可能端子XS至显示仪A、B端的接线有断路故障，可用万用表检查该线路是否正常。如果能显示最小，再继续向现场检查；在XS端子拆下接在A号端的导线，用万用表测量A导线及B端的电阻值，即测量热电阻及连接导线的电阻值，如果电阻值很大或无穷大，说明热电阻或连接导线有接触不良或断路的故障。应重点检查导线是否严重氧化，接线螺钉是否松动，尤其是热电阻接线盒内的螺钉及导线，由于高温环境使其氧化，有害、潮湿气氛使螺钉或导线腐蚀，而出现接触电阻增大或不导电故障。热电阻接线盒内的接线螺钉有四颗，明显可见的是用来将连接导线与接线柱固定在一起的两颗螺钉，而不太明显的是把热电阻引线与接线柱固定在一起的另两颗螺钉。

② 热电阻与显示仪表分度号不匹配，错用了热电阻，把Pt100热电阻与Cu50分度显示仪混用；新安装或更换显示仪后，没有进行正确的参数设置。分别检查热电阻及显示仪，找出错误并更正。显示仪本身有故障，或参数设置有误，可用电阻箱输入电阻信号给显示仪进行判断。

(3) 温度显示偏高

显示的温度明显比平时所测的温度高，最直接的因素就是热电阻值比实际应有的偏高了。排除工艺原因，就应对显示仪及热电阻进行检查。重点检查热电阻、连接导线、显示仪之间的连接电路是否有接触不良的故障，如果A线或B线的接触电阻增大，仪表显示会偏高。应对接线端子进行检查，对症进行处理，如去除氧化层、紧固接线螺钉等。

干扰引发的偏高故障偶有发生，先对显示仪、热电阻、连接导线进行检查，如果都正常，再考虑电磁干扰。

(4) 温度显示偏低

显示的温度明显比实际的温度低。也就是热电阻值偏低；C线的接触电阻增大，仪表显示也会偏低，排除工艺及显示仪原因后，应检查热电阻。热电阻由于绝缘不良在电阻丝间产生漏电或分流，使仪表显示偏低。水蒸气进入保护套管，随着温度的降低，在绝缘材料、内引线、感温元件的表面凝结，使绝缘下降导致温度显示偏低；用氧化镁做绝缘材料的铠装热电阻，氧化镁极易吸潮，其绝缘电阻会随温度的升高而降低。

绝缘电阻降低一种是热电阻及连接导线对地绝缘电阻下降；另一种是热电阻感温元件引线间、连接导线间绝缘电阻下降，可用兆欧表检查和判断。受潮引起的绝缘电阻下降，或接地故障，用电烘箱进行干燥处理，大多能恢复使用。

热电阻插入深度不够也会出现显示偏低故障。保护套管的长度太短，更换的感温元件长度比保护套管长度短，通过测量长度来判断是否合乎要求。

(5) 温度显示波动

温度显示值不稳定，显示时有时无，时高时低等故障，用电阻箱输入电阻信号给显示仪或卡件，能正常显示温度且不再波动，波动来源应该在显示仪之前。可以用万用表测量热电阻，被测电阻值有波动，最常见的是接触不良现象。

波动很明显、波动幅度很大，重点检查热电阻及连接导线，把热电阻从保护套管中抽出检查，热电阻的瓷珠发黑或潮湿、带水，是保护套管有泄漏应更换。

热电阻接线盒密封不良，保护套管进入水汽，使绝缘下降，会引发不规则的接地或短路故障，表现在显示仪上就是温度显示无规律地波动或偏低，用兆欧表测量绝缘电阻，把接线拆下再进行测量。

热电阻受安装环境气氛影响，或者有制造隐患，使用一段时间后出现老化变质问题，或出现似断非断的状态，也会出现温度显示波动现象。可更换热电阻来解决。确定波动是显示仪有故障造成的，把显示仪拆下修理。

(6) 温度显示有时正常、有时不正常

不正常故障表现是显示不准确，有时显示为溢出，有时显示波动，有时偏低。检查接线没有问题，既不漏电也不接地，用万用表测量感温元件的阻值正常，检查时一样问题也没有发现，搞得仪表工一头雾水。但测温回路在重新接线或重新送电后大多会恢复正常显示，但稍后或过几天又出现故障。这类故障很可能是热电阻的软故障，只要更换为新的热电阻都能恢复正常。热电阻软故障，有的文献将其称为热电阻的软击穿，或热电阻的齐纳击穿。引发热电阻软击穿的原因大致如下。

① 热电阻元件质量差，元件的绝缘电阻低、所用金属质量差、制作工艺水平低就容易出现软故障。

② 热电阻元件的工作温度经常在上限或下限附近，易出现软故障。

③ 流过热电阻元件的工作电流过大。尤其是质量差的热电阻元件，在温度较高的工作状态下，测量回路激励电流大于0.6mA时易出现软击穿。

热电阻在脱离工作环境后能恢复正常，在低温下能正常工作，即软击穿故障消失，这是热电阻元件软击穿的重要特点，也为判断软击穿故障提供了思路。处理方法就是更换热电阻。

5.4.3 热电阻维修实例

(1) 温度显示最小

实例 5-17 操作工反映热水塔出口水温波动，后来显示为零下。

故障检查 用万用表测量 A、B 两线的电阻，电阻值小于 50Ω，但检查热电阻元件正常。看来短路点应该在信号线。检查发现信号线的穿线管被包在工艺管线保温层内，抽出信号线发现线皮已熔化，确定是导线短路。

故障处理 更换信号线后显示正常。

维修小结 本例热电阻的信号线被包在工艺管线保温层内，保温层内有蒸汽管，这才是使信号线线皮熔化的原因。因此，仪表穿线管要远离高温设备或管道，严禁包覆于保温层内，必要时应采取隔热措施。

(2) 温度显示最大

实例 5-18 饱和塔入口热水温度显示最大。

故障检查 拆下 A、B 线，测量两线的电阻值无穷大，测温回路断路，到现场发现，接至热电阻的导线全断了。

故障处理 重新进行接线，显示恢复正常。

维修小结 本故障发生在设备大检修后开车生产时。经询问，原来是大检修时管工更换工艺管道，用气焊拆除旧管道时碰断了仪表导线。

(3) 温度显示波动

实例 5-19 温度显示曲线波动 3 例。

故障检查 温度曲线波动，可用观察法来检查判断。汇总起来遇到的情况如下。

①接触不良。热电阻接线端子螺钉氧化或松动。②保护套管进水。③保护套管泄漏。

故障处理 ①拧紧螺钉。②用白纱带拖干保护套管内的水，更换热电阻芯。③更换保护套管。

维修小结 ① 接触不良是最常见的故障，热电阻测温回路，除检查仪表盘内接线端子、显示仪输入端子，重点应检查现场热电阻接线盒的端子。

② 现场环境温度高、有害气氛多、易氧化及腐蚀、易进水，普通热电阻接线盒密封性能差，常会出现保护套管进水的故障。

③ 保护套管泄漏可能是产品质量不过关，或者保护套管的材质选择不当。

实例 5-20 操作工反映精盐水温度波动大，有时还显示最大。

故障检查 用万用表测量回路的电阻，电阻值读数不稳定，拆下感温元件检查，发现电阻体腐蚀现象严重。

故障处理 更换热电阻后正常。

维修小结 这是热电阻受腐蚀损坏的例子，是现场环境所致，加强热电阻的密封，定期检查也是一个措施。

(4) 温度显示偏高

实例 5-21 TRC-202 用双支 Pt100 热电阻，调节器与记录仪的温度显示不一致，调节器正常显示 45℃，记录仪显示 88℃ 明显偏高。

故障检查 在仪表盘后端子测量测温回路的电阻值，记录仪的输入电阻值有 140Ω，扣除导线电阻 6Ω 后对应温度接近 88℃，看来记录仪回路有问题，显示偏高大多是接触不良引起，紧固机柜接线端及记录仪输入端的螺钉，无改观，对热电阻接线盒的接线进行检查。

故障处理 对热电阻接线盒的端子螺钉进行紧固后，记录仪的显示恢复正常。

维修小结 紧固接线端子后故障消除，说明该故障是接触不良、导线接触电阻过大引起记录仪显示偏高。

(5) 温度显示偏低

实例 5-22 制备硝酸一次风温度突然降低 40℃ 左右，造成一次风量变高。

故障检查 停车检修时曾对接线螺钉紧固过，热电阻也正常。检查发现现场过线箱接线螺钉松动，这是导致温度突然下降的原因。

故障处理 紧固过线箱螺钉后，温度显示恢复正常。

维修小结 本例是 C 线接触不良引起的偏低故障。检修时曾对接线螺钉进行紧固，但忽视了现场过线箱，导致出现本故障。仪表维修工作要做到认真、细致才能有成效；对接线端子必须定人、定时检查，对带有联锁的温度点更应如此。

(6) 显示忽好忽坏

实例 5-23 电机绕组温度有一个测点显示不正常。显示值逐渐下降至比正常值低 20℃ 左右，检查接线并重新连接后显示恢复正常，但过上几天又出现以上故障。

故障检查 每次检查连接导线及热电阻都正常，找不到故障原因，曾对换了卡件的输入点及卡件，仍然还是有该现象；看来只有更换热电阻。

故障处理 更换热电阻感温元件后，显示恢复正常再没有出现以上故障。

维修小结 检查线路及热电阻都没有发现异常，但每次拆动接线后温度显示都会正常，是个很难解释的现象，但正是这个现象提示了热电阻有软击穿的可能。热电阻元件软击穿的特点是：热电阻在脱离工作环境后能恢复正常，即软击穿故障消失。在检查中拆除接线相当于使热电阻脱离了工作环境。对使用薄膜热电阻元件的场合更需要重视软击穿故障。

第6章

压力测量仪表的维修

6.1 压力测量仪表故障检查判断思路

压力仪表就地安装的大多是弹簧管压力表、膜盒微压计等，这类压力表的故障现象较明显，通过观察大多能发现问题，可对症更换或修理。导压管或取样阀门堵塞、泄漏是最常见的故障。

压力变送器的故障表现有：无输出，零点有偏差，输出偏高、偏低，输出波动等现象。电阻式远传压力表输出的是电阻信号，故障表现为：断路、短路、接触不良使显示仪表出现无指示、指示最小、指示波动等故障。

压力参数具有时间常数小、变化较快的特性，这一特性有助于我们判断是工艺原因，还是仪表故障。压力仪表常见故障现象及可能的原因如下。

① 压力显示值突然下降至零，或者指示最大，是仪表的故障，工艺压力不可能突然降为零或突然升高。压力波动幅度较大而变化却很缓慢，应先查找工艺原因，如负荷、加料、回流、温度工艺条件的变化，或者工艺操作不当，都会引起工艺压力的变化。

② 压力控制系统出现压力曲线波动大，呈快速振荡状态，先观察压力参数是否真的波动，将系统切至手动操作，观察压力曲线的变化来判断故障。新投用的系统，应检查调节器的参数整定及调节阀是否有振荡现象。

③ 日常维护中对工艺要了解，对工艺压力波动情况要做到心中有数，以便分清是仪表的异常还是工艺的波动。判断故障时可参照其他工艺参数，对压力波动做出较正确的判断。

6.2 压力表的选择、使用和安装

6.2.1 压力表的选择和使用

工业生产用1.6级、2.5级的压力表，有精密测量要求可用精密压力表或数字压力表；有远传或控制要求应选择压力变送器。压力表的量程范围选择恰当可延长使用寿命。

测量较稳定的压力，最大量程应为测定值的 1.5 倍；测波动压力，最大量程应为测定值的 2 倍。

空气、水、蒸汽、油等可用普通压力表，外壳为黑色；对某些介质需用专用压力表，如氨类用氨用压力表，外壳为黄色；氧气用氧用压力表，外壳为天蓝色；氧气压力表、乙炔压力表应严格禁油，弹簧管被油沾污时，可用注射器向弹簧管内注入四氯化碳，清洗干净后方能使用。

强腐蚀介质及有腐蚀性气体环境，如稀盐酸、盐酸气等的压力测量，除采用隔离外，也可选择全不锈钢压力表，但全不锈钢压力表不适用于外界有腐蚀性介质，如氯、硝酸等环境。还可选用隔膜压力表，隔离膜片有多种材料，如：0Cr7Ni12Mo2（316）、蒙乃尔合金（Cu30Ni70）、哈氏合金（H276C）、钽（Ta）及氟塑料（F4）多种，可根据测量介质进行选择。

有的隔离仪表采用了间接测量结构，根据被测介质的性质在表或毛细管内充以工作液，如甘油或硅油来传递压力，该类仪表适用于测量黏度大、易结晶、腐蚀性大、温度较高的液体、气体或有固体浮游物的介质压力。对于振动大的场合应选用 YN 耐振型压力表或者船用压力表。

有远传、报警、联锁要求的场合应选压力变送器，把被测压力以电流信号传至显示仪表或 DCS 卡件。压力变送器的量程范围很宽，使用较灵活，重点考虑耐压和防腐蚀问题。

电接点压力表应选磁助式电接点装置，其动作稳定可靠，接点功率较大，仪表内部设置有阻尼装置，可抗介质脉动和机械振动。防爆环境电接点压力表应选用防爆型的。

现场微压测量可选用膜盒压力表，膜盒压力表只适用测量对铜和铜合金无腐蚀性的气体或液体介质的微小压力。

6.2.2 压力表的安装

压力表应安装在便于操作维修的地点，校准合格后才能安装使用。压力表应固定在专门加工的接头上，并应加垫片，不能缠生料带或直接上到阀门上。

压力表应安装在流速平稳的直线管段上，不要在管道的弯曲，死角处；取压管不得伸入设备和管道内。取压点安装位置：介质为气体时，在管道的上半部。介质为蒸汽时，在管道上半部与水平中心线成 0°～45°的夹角范围内，最好在管道水平中心线上。介质为液体时，在管道下半部与水平中心线成 0°～45°夹角范围内。安装条件受限制时，可根据现场实际选择比较合理的位置。

就地安装用蒸汽或介质温度超过 60℃的压力表，为防止过热而损坏仪表元件，在取压点与压力表阀门之间应加环形或 U 形弯管，按图 6-1 安装阀门，有环形或 U 形弯管内的冷凝水，阀门处于常温状态下，可大大延长阀门的使用寿命。

测量压缩机或泵出口的脉动压力，为保护压力表和使测量准确，应在压力表前装缓冲器或节流器；或者安装阻尼阀。

测量介质中含有灰尘、颗粒或杂质的场合应将取压管加粗，或者安装除尘器、排污阀门，便于吹洗导压管。潮湿气体应加装水分离器。要求使用隔离液时，隔离器的结构与安装方法如图 6-2 所示。

压力表与取压点的距离应尽量短，为避免测量滞后，导压管最长不应超过 50m，过长时应使用压力变送器；易结晶、堵塞的介质应装活接头，以便维修时拆卸或吹堵。

低量程的压力表应避免液柱形成的静压力对测量的影响。关键设备的压力测量，应分别安装两只压力表，以保安全。压力表应定期维护检查，要按规定的期限校准或检定。

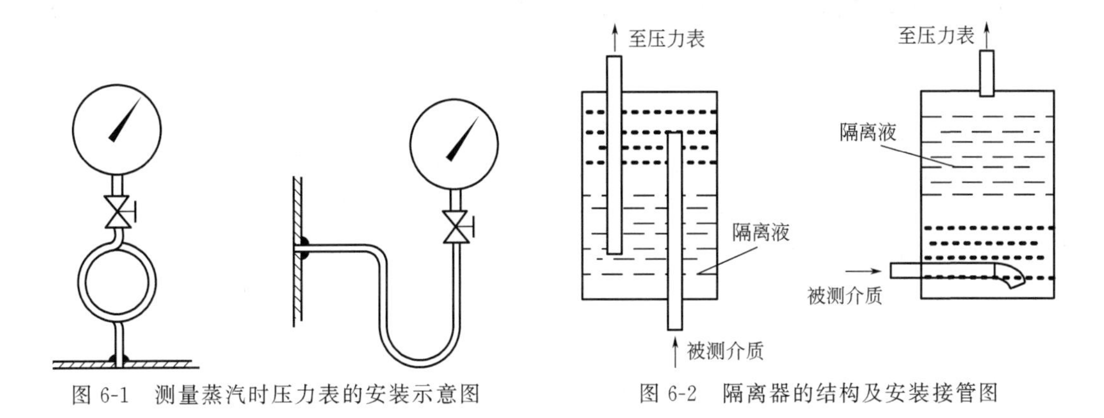

图6-1　测量蒸汽时压力表的安装示意图

图6-2　隔离器的结构及安装接管图

6.3　弹簧管压力表的维修

6.3.1　弹簧管压力表的现场故障判断及处理

(1) 压力无指示或不变化

压力表常会出现取样阀或导压管堵塞故障，堵塞严重时压力表将无指示，是很危险的故障，工艺麻痹大意就有可能出现超压事故。取样阀或导压管有轻微堵塞，压力表指针会出现反应迟钝或不灵敏，工艺压力有变化但压力指示不变化，可排污、冲洗取样阀及导压管。

压力表指针与中心轴松动或指针卡住，会出现压力表无指示或指示不变化，可敲打压力表外壳，观察指针的变化来判断故障。

(2) 压力表指针不回零

常见的是被测介质压力瞬间加大，将压力表的指针冲到止销下面不能回零。不回零的原因还有：指针松动，游丝有问题；游丝力矩不足，游丝变形，扇形齿轮磨损；表接头被污物堵塞。可卸除压力后，观察压力表指针能否回零，仍不回零拆下修理和校准。

被测介质是液体或冷凝液，压力表安装位置低于测压点，导压管内的液体或冷凝液的静压力，会使压力表指针不回零，这是正常现象，只需排污就会回零。有隔离液不能进行排污。

(3) 压力表指针有跳动或停滞现象

可能原因有：指针松动，指针与表玻璃或刻度盘相碰有摩擦，扇形齿轮与中心轴摩擦，或者有污物。压力表指针振松、振掉，表内的扇形齿轮与轴齿轮脱开，大多是安装在振动大的设备上引起的，无法采取减振措施，可更换为耐振压力表。

(4) 压力表内有积液

从压力表玻璃看到表盘的下部有积液，可能是表的密封损坏漏进水，或者弹簧管有泄漏故障，需要拆下修理。

6.3.2 弹簧管压力表常见故障及处理

(1) 游丝紊乱

游丝紊乱是压力表常见故障，大多是使用中超压受到较大冲击，拆卸机芯过程中人为损坏。游丝紊乱会引起零点误差大；指针跳变，增大了偶然误差；连杆传动摩擦力增加，使仪表误差增大。游丝紊乱最有效的方法就是更换同规格的游丝，没有可更换的备件，可对已紊乱的游丝进行整理再使用。

(2) 传动机构磨损

传动机构俗称机芯。机芯的扇形齿轮、中心齿轮的齿啮合面和配合轴孔局部磨损，会出现仪表卡针或指示误差大的现象。压力表长时间测量一个压力范围基本固定，但又不太稳定的压力时，长时间的磨损易出现本故障，可更换同规格的机芯来修复。

(3) 指针不回零

指针不回零的原因有：指针与刻度盘面或表玻璃摩擦，可以把指针尖部稍微弯曲一下，来消除摩擦；游丝太松可适当调整游丝的张力；弹簧管出现“残余形变”属于无法修复的故障。传动机构、游丝正常的表，经过调校大多可以使指针正常回零。

6.3.3 弹簧管压力表的调修

(1) 指针安装方法

调校、修理弹簧管压力表，需要把指针取下和装上许多次，可用起针器取下指针。把指针装到压力表上的操作方法如下。

弹簧管压力表指针安装位置有带止销和不带止销两种。“止销”就是仪表盘面上，零点处挡住指针，不使指针跑到零点以下的那个小钉，也叫“限止钉”。带止销的压力表装指针的位置，一般是在零点以上标有数字的第一个点上，如一只0～1.0MPa的压力表，标有数字的点是0.2、0.4、0.6、0.8、1.0几个点，可把压力升到0.2MPa，把指针定在0.2MPa位置。也可以不在第一个点上装指针，而改在其他点上装指针；调整示值经过反复调整，还是有一两个点超差，可以通过改变安装指针的位置，使超差的那一两个点的差数，分一部分到其他各点上，使各点都有一点误差而又不超出允许误差。

不带“止销”的压力表，没有加压时在零点位置上装指针。压力真空表是不带“止销”的，在没有压力时把指针装在零点的刻线宽度范围内。

现场的压力表指针经常处于摆动状态，有的还快速的振动，因此，将指针紧紧地装在中心轴上很重要。通常是用钟表榔头将指针敲紧，敲击时，一只手将指针稳住，使其在敲击过程中不会摆动，一只手用榔头敲紧。更换指针，应特别注意指针轴孔是否与中心轴匹配，否则指针轴孔大于中心轴，会出现指针安装不紧固的现象。

(2) 刻度误差的调整

① 零点和上限刻度的调整　刻度误差的调整可参考图6-3进行。未加压时把指针固定

在零点处，按以上“(1) 指针安装方法”进行。然后加压至上限压力值，可松开刻度调节螺栓来调整 L_2 的长短，使指针指示到上限刻度线。通过重复调整，使零点和上限刻度均达到要求为止。

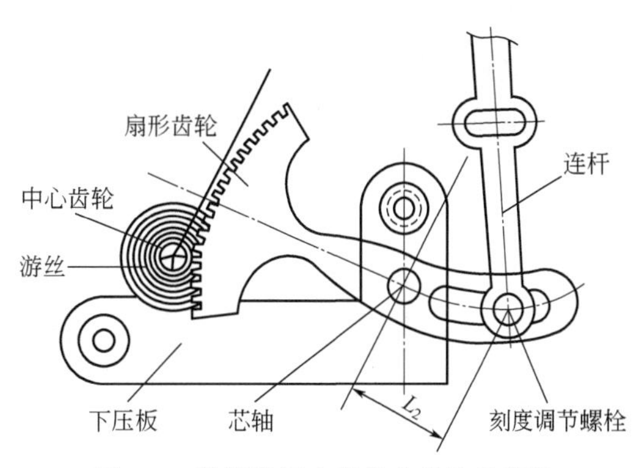

图 6-3 弹簧管压力表传动机构示意图

② 中间刻度的调整 加压后如误差和刻度是正比关系；是正误差将 L_2 调长一些；是负误差将 L_2 调短一些。

加压后，零点刻度和上限刻度附近误差都未超差，而中间刻度超差，并与刻度成正比关系。可调整 L_2 的长短来改变连杆与扇形齿轮之间的夹角，使误差缩小。当压力加至刻度的 50%时连杆与扇形齿轮的中心线之间的夹角一般应为 90°。

零点刻度和上限刻度附近的误差不合格，而中间刻度误差合格时，用前面两种方法反复调整一般都能解决。

③ 其他误差的调整 某刻度误差不合格，通常是中心齿轮与扇形齿轮接触不良或中心齿轮轴弯曲造成的。可根据具体原因消除之，如缺牙，需更换同规格的新齿轮。

变差大，一般是传动机构摩擦过大、连接有松动，或者游丝力矩不足，可根据实际情况进行处理。

④ 刻度误差调整方法 压力表的刻度误差大致有三种情况：a. 各点的差数基本一样；b. 差数越来越大或越来越小；c. 个别一两个点超出允许误差。

差数前大后小或后大前小的现象，实际上仍属于 b 种情况。a、b 两种情况属于有规律的变化，调整比较容易。a 情况只需重新安装指针即可。b 情况的差数越来越大，应将刻度调节螺栓向外移动，将 L_2 调长一些，以增长力臂；而差数越来越小，应将刻度调节螺栓向内移动，将 L_2 调短一些，以缩短力臂。c 情况为不规则的变化，产生原因较多，调整要复杂些，如：拉杆与扇形齿轮的角度不对，应调整其角度；游丝的张力不够，应调整或更换游丝；中心轴与表盘不同心，应移动机芯位置，使其同心。调试时应尽量将 c 情况调整成 a、b 两种情况，然后再进行调整就比较容易。

调动刻度调节螺栓时，用左手食指夹着刻度调节螺栓的螺母，右手拿螺丝刀拨动螺栓，用左手食指感觉出螺栓的移动量。掌握正确方法，就可以用较少的调整次数拨动到准确位置。

6.4 电接点压力表的维修

电接点压力表是在弹簧管压力表的基础上增加了一套电接点装置，通过电接点的通、断信号来对被测压力进行控制或报警。压力测量机构的维修可参考本章 6.3 节。容易出故障的是电接点装置，常见故障如下。

① 被测压力大幅度波动，压力表受振动，使压力指针弹高与给定指针重合在一起，压力上升或下降，压力指针卡在下限或上限给定指针上，适当调整压力表指针的高度就可恢复。

② 电接点由于氧化、腐蚀而出现接触不良，或者触点使用电压较高或电流较大，易产生火花和电弧，使触点损坏或接触不良，清洗或用细砂布进行抛光处理，或者更换电接点都能奏效。电接点压力表出现不报警故障时，可按图 6-4 进行检查和处理。

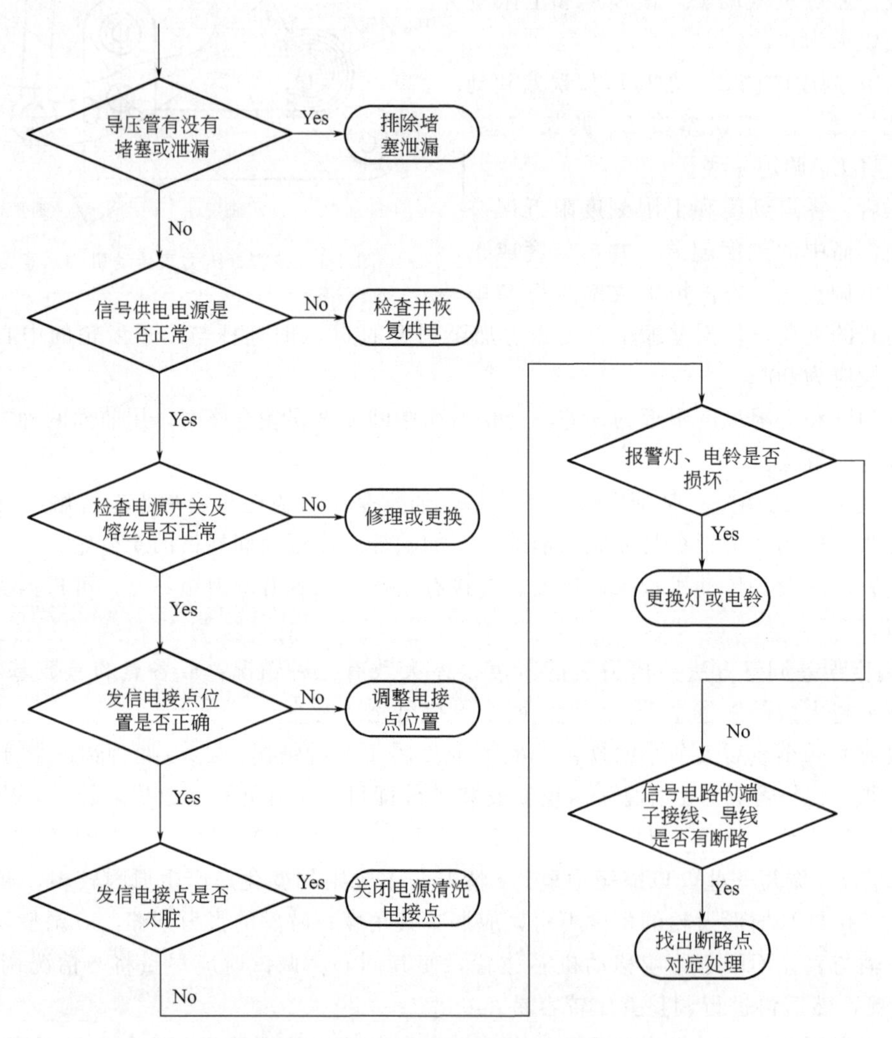

图 6-4　电接点压力表不报警故障的检查判断及处理方法

6.5　压力变送器的维修

6.5.1　压力变送器故障检查判断及处理

压力变送器电流信号回路如图 6-5 所示。图中 A 为与常规仪表连接的回路图，B 为与 DCS 连接的回路图。现场至控制室的接线基本是一样的，两种供电方式的故障现象与检查方法基本是相通的，现根据图 6-5 对故障检查判断及处理进行介绍。

(1) 没有压力显示

工艺设备已有压力但变送器没有压力信号输出，原因有：取样阀门没有打开，导压管堵

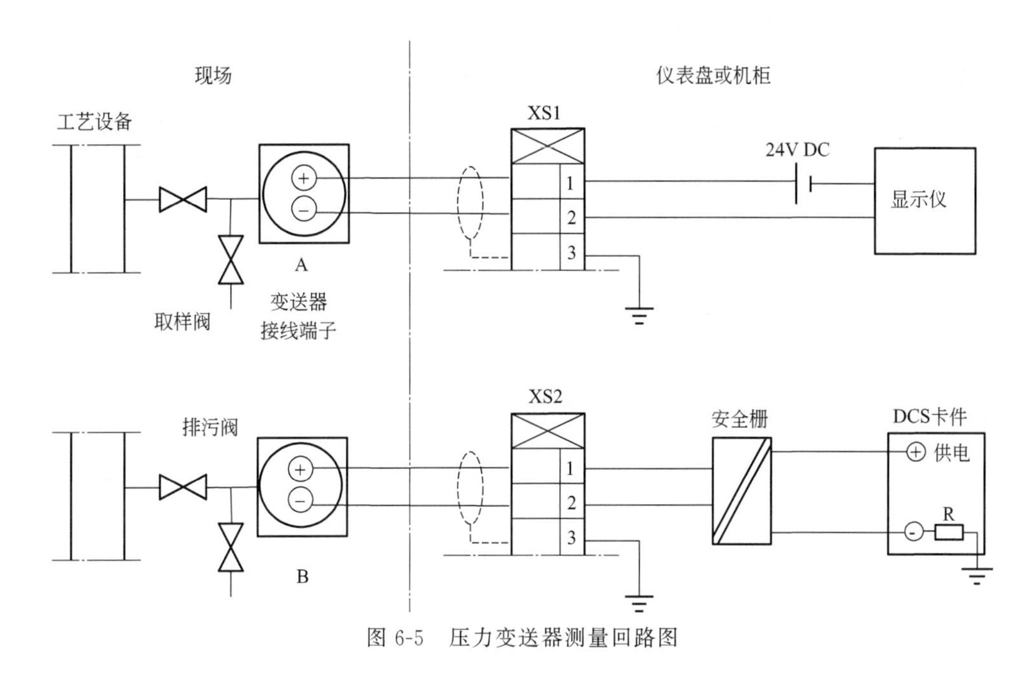

图 6-5　压力变送器测量回路图

塞，排污阀门没有关闭；变送器供电或连接电缆故障，变送器的元器件损坏。按以下方法检查和处理。

① 观察显示仪及变送器表头有无显示值，指针式表头指示零下，LCD 表头没有任何显示，说明变送器的供电中断，检查供电开关是否合上，熔丝是否熔断，连接电缆有无断线。

② 用万用表先测量 24V DC 供电电压，或 DCS 卡件的供电电压，供电正常，再测量 XS 端子 1、2 间的电压，或者变送器接线端子间的电压，该电压在 24V 左右，测量变送器表头端的电压，在 18V 以上，说明线路与变送器的连接基本正常。所测电压为“0V”，有可能是测量回路开路，回路中将没有电流；可断开任一根接线，串入万用表测量电流来判断。

③ 没有电流，检查信号电缆的接线是否松动或断开，接线端子有无氧化、腐蚀现象，必要时紧固螺钉。检查安全栅的输入、输出电流，判断故障在安全栅前还是后。仍无电流可能是变送器有故障。

④ 新安装或更换的变送器，检查变送器的量程是否正确，智能变送器的参数设定是否正确。量程设定大了仪表的显示可能会很小。

⑤ 工艺管道有压力，但变送器仅有 4mA 左右的电流信号，输出电流上不去，在显示仪上就没有压力显示。取样阀没有打开，排污阀没有关闭，导压管有堵塞，变送器的正压室有泄漏等，都会出现本故障。智能变送器可用手操器检查，检查是否设置固定输出为 4mA 模式。

(2) 压力显示不稳定、波动大

压力参数有点波动属于正常波动。有别于显示值不稳定，显示时有时无，显示时高时低等故障现象。检查此类故障，可先将控制系统切换至手动来观察波动情况，如果压力曲线波动仍很频繁，应该是工艺原因。新投用的压力控制系统，应检查调节器的参数整定及调节阀是否有振荡现象。压力显示波动通过调整变送器的阻尼时间也会有所改善。当变送器附近有大功率的用电设备时，还应考虑电磁干扰的问题。

① 如果波动很明显，显示时有时无，显示时高时低，应重点检查测量回路的连接情况，如接线端子的螺钉有没有松动、氧化、腐蚀而造成接触不良。怀疑变送器或显示仪有问题时，在有压力的状态下把取样阀关闭，使变送器保持一个固定地压力，观察输出电流是否稳定，以判断变送器是否有故障，或者输入给显示仪一个固定的电流值，观察是否能稳定地显示，来判断显示仪是否正常。

② 测量管路及附件的故障率远远高于变送器。应检查导压管路、变送器测量室内是否有气体（测量液体及蒸汽）或液体（测量气体）；导压管的伴热温度过高或过低，使被测介质出现汽化或冷凝；都有可能造成显示波动，可通过排污阀排放，或通过变送器测量室的排空旋塞排放。导压管内有杂质，污物出现似堵非堵状态，也会造成显示波动，解决办法就是排污。

(3) 压力显示误差大

压力显示误差大实质就是压力显示不正确，但要判断是否真的显示不正确，因为操作工说压力不准确也只是经验判断，关键要看所参照的压力表能否作为标准值，否则显示不正确的依据不充分，就不能对变送器进行调整，不然越调越乱。

① 导压管进行排污、冲洗来判断测量管路及取样阀门是否畅通。新安装使用的压力测量系统，导压管内有铁锈、杂质、焊渣是常有的事，可通过多次排污、冲洗来避免堵塞现象的发生。排除了导压管路及工艺的原因后，检查范围就缩小到测量电路。

② 检查变送器的设定及零点是否正确；检查显示仪或板卡的量程与变送器是否一致；可对变送器进行调零和校准。使用有安全栅的回路，可测量安全栅输入端及输出端的电流是否相同，来判断安全栅是否超差，必要时进行更换。

(4) 压力显示超过量程上、下限

变送器的输出电流超过量程上、下限，先观察就地安装压力表的指示，判别是工艺的问题还是仪表的问题。就地压力表指示如超过了变送器的量程范围，应该是工艺的问题，就地压力表指示在正常压力范围内，说明变送器有问题。

① 首先确定变送器有没有报警输出，可观察表头的显示来确定。智能变送器自诊断检测到有故障，变送器将会使输出电流达到正常饱和值以外，而输出电流是低值还是高值取决于故障模式报警跳线的位置。有报警输出，可按报警信息提示进行检查和处理。

② 显示在量程下限，说明输入给显示仪或卡件的电流信号小于4mA，新安装或更换的变送器，应先检查信号线极性是否接反。检查变送器能否进行零点调整，调零点没有作用，可能变送器有问题。变送器正常，但压力显示仍在零点以下，可采用电流信号对安全栅、隔离器进行检查，以判断是否正常；如果变送器有故障，只有拆下处理或更换。

③ 显示超过量程上限，可以采取人为减小压力的方法来检查，打开导压管的排污阀使导压管内的压力下降，变送器的表头有下降变化，说明变送器是可以工作的，否则变送器有问题，或者是工艺压力真的很高。

(5) 压力显示不变

是指工艺压力有变化，但变送器的输出电流没有变化。

① 进行排污来确定导压管是否通畅，取样阀门有没有堵塞或打开，否则要对变送器进行检查。对于小型压力变送器，如 E＋H 的 PMC、PMP 系列、FOXBORO 的 IAP10、IGP10 系列，其结构紧凑、重量轻、都是直接安装在过程设备或管道上，对于这类变送器应拆下来检查，观察接头内有没有被杂质堵塞，可对症进行处理。

② 关闭取样阀，再打开排污阀进行卸压，观察变送器的零点电流是否正常，若仍没有变化可能变送器损坏。对智能变送器可检查其零点电流设定是否正确，最后检查外接电路及系统其他环节有无问题。

6.5.2 压力变送器维修实例

(1) 没有压力显示

实例 6-1 锅炉炉膛负压突然没有显示。

故障检查 先将燃烧控制系统切换至手动操作。检查发现微压变送器的取样胶管由于老化断裂并脱落，导致微压变送器正压口与大气相通。

故障处理 更换取样胶管，燃烧控制系统恢复正常。

维修小结 本例微压变送器的量程为－25～＋25Pa，对应 4～20mA。取样胶管断裂使变送器正压口与大气相通，使微压变送器的输出电流为 12mA，DCS 的显示为 0Pa。如果没有切换至手动操作，控制系统将按正压来控制鼓、引风变频器，使鼓风机的转速下降，引风机的转速上升，一旦燃烧控制系统失控将会影响生产。

实例 6-2 新更换的压力变送器没有显示。

故障检查 检查发现没有供电电压，进一步检查发现信号隔离器有故障。

故障处理 更换信号隔离器。

维修小结 本例是人为故障，在更换变送器时仪表工没有停电就拆线，拆下的线又没有包胶布。当事人回忆，抽信号线时曾看到一下火花，当时也不在意，换好变送器后居然没有电了，本故障由于 24V 正极接地，造成了信号隔离器损坏。

(2) 压力显示不稳定、波动大

实例 6-3 某设备的压力显示值波动，一停变频器，仪表显示就正常。

故障检查 肯定是变频器造成的干扰，但检查和处理干扰很麻烦，反复采取很多抗干扰措施，效果不明显，最后发现是电动机没有接地线引发的干扰。

故障处理 在电动机接线盒内加接地线，压力显示值不波动了。

维修小结 本例首先想到的就是仪表和模块的接地，检查都已接地。然后试着加隔离模块，单独接地，一点效果也没有。压力变送器的输出信号是 0～10V DC，是不是抗干扰能力没有 4～20mA DC 的好，更换变送器的理由又不充分。对变频器的接地进行整改仍无效果，与变频器有关的就剩电动机了，偶然打开电动机的接线盒看了看，发现电动机的地线没有接，接上地线，故障消失。

实例 6-4 蒸汽压力变送器的数值和控制室二次表的数值同时波动。

故障检查 进行排污开表后仍然波动。关闭取样阀观察变送器的显示，显示压力还是波动，反复检查发现信号线屏蔽层接地电阻很大，接近 200Ω。

故障处理 对接地线进行处理后重新接地，波动现象消失。

维修小结 开始排污没有作用；拆下变送器回仪表室检查没有波动现象。估计有干扰，所以才检查信号线的接地，检查就发现了问题。

(3) 压力显示误差大

实例 6-5 新安装的微压变送器零点不正确。

故障检查 安装前校准的仪表，安装后发现零点不正确，即 0Pa 时输出电流不是小于 4mA，就是大于 4mA。

故障处理 重新调整仪表的零点，使之符合要求。

维修小结 微压变送器的量程很小，变送器感压元件的自重会影响变送器的输出，安装微压变送器后出现零点变化很正常。安装应尽量使变送器的压力敏感元件轴向垂直于重力方向，但现场安装很难做到。因此，安装固定后再微调变送器的零点，是一种简单有效的方法。

实例 6-6 某蒸汽压力显示偏低。

故障检查 测量变送器的输出，比现场压力表指示偏低 0.3MPa 左右，拆开变送器发现端子盒内有水。

故障处理 对端子盒进行干燥处理后显示正常，并用塑料布对变送器进行了包裹处理。

维修小结 变送器端子盒进水，造成了信号线的绝缘电阻下降，使变送器的输出电流分流，出现了压力显示偏低的故障。

实例 6-7 EJA430ADA 压力变送器例行检查零点时，发现零点偏高 0.03MPa。

故障检查 打开排污阀排空导压管，变送器应该显示 0MPa，但其显示为 0.03MPa。

用手操器检查发现，C21：LOW RANGE 为 0.03MPa，看来测量下限值设置有误。

故障处理 将 C21：LOW RANGE 设置为 0MPa，C22：HIGH RANGE 为 2.0MPa，仪表零点恢复正常。

维修小结 一开始拟进行调零，有人提出这表才用了半年，零点不应该变化的，建议先检查设定。用手操通信器检查发现，C21：LOW RANGE 为 0.03MPa，C22：HIGH RANGE 为 2.0MPa，把 C21 改为 0.00MPa 后，C22 变为 1.97MPa。EJA 变送器改变量程下限值时，上限值也自动随之改变，因此量程不变；而改变上限值时，下限值不会随着改变，因此量程改变。从型号知该表的出厂量程为 0.03～3MPa，订货时考虑全厂通用，没有提供实际量程；看来是安装人员只设定了变送器的量程上限，而忽视了零点的设置。

实例 6-8　氮氢气压缩机三级出口压力显示比就地压力表偏低。

故障检查　控制台的显示比就地压力表偏低 0.6MPa，对压力表及压力变送器进行检查及校准，都是准确的；但两表的显示仍不一样。反复检查才发现压力变送器的排污阀有泄漏。

故障处理　更换排污阀后，两表的显示值一致。

维修小结　仪表正常，就应该对导压管路及附件进行检查。本例由于厂房环境嘈杂，排污阀的泄漏声被淹没，没能及时发现。检查气体导压管路有无泄漏，可在接头、管口涂肥皂水来发现泄漏点。

实例 6-9　冷凝罐负压显示为正压。

故障检查　到现场观察，就地的 U 形管压力计指示的仍是正常的负压值，检查变送器正常，按经验判断导压管有积液。

故障处理　拆开与变送器连接的导压管接头，待一会再接上导压管，负压显示正常。

维修小结　拆开导压管后，导压管的一端通大气，一端通负压设备，这样靠负压把导压管中的积液吸进到设备中去，导压管畅通后仪表显示恢复正常。

(4) 压力显示超过量程上、下限

实例 6-10　发酵工段蒸汽压力控制系统失灵，压力显示最大，电动调节阀全关。

故障检查　将系统切换至手动，检查发现现场来的压力信号超过 20mA，检查变送器零点不正常，判断变送器有故障。

故障处理　更换变送器后，系统恢复正常。

维修小结　换下的 1151 变送器经检查，把故障范围缩小在电流控制输出部分，进一步检查，发现电流转换器三极管 Q3 的 C、E 极的电阻仅有数十欧，看来 Q3 已击穿损坏致使输出电流过大。

(5) 压力显示不变化或变化缓慢

实例 6-11　检修更换变换蒸汽压力变送器后，输出电流反应迟缓，有时电流突然跑高，停表卸压变送器很缓慢地回到零点。

故障检查　怀疑导压管或阀门有堵塞现象，但从排污看堵塞不像有堵塞。拆下变送器接头，发现垫片内孔几乎看不出来。

故障处理　重新更换垫片，变送器恢复正常。

维修小结　垫片选择不当，上紧接头时垫片被挤压内孔收小，导致压力传递不通畅，使变送器的输出电流反应迟缓，有时压力高冲开垫片，电流又突然跑高，卸压时变送器输出电流很缓慢地回到零点，就是垫片的原因造成的。

6.6 压力开关的维修

压力开关常见故障现象、故障原因及处理方法见表 6-1。

表 6-1 压力开关常见故障现象、故障原因及处理方法

故障现象	故障原因	故障处理
压力开关无输出信号	微动开关损坏	更换微动开关
	开关设定值调得过高	调整到适宜的设定值
	与微动开关相接的导线未连接好	重新连接使接触可靠
	感压元件装配不良,有卡滞现象	重新装配,使动作灵敏
	感压元件损坏	更换感压元件
压力开关灵敏度差	传动机构如顶杆或柱塞的摩擦力过大	重新装配,使动作灵敏
	微动开关接触行程太长	调整微动开关的行程
	调整螺钉、顶杆等调节不当	调整螺钉和顶杆位置
	安装不平和倾斜安装	改为垂直或水平安装
压力开关发信号过快	进油口阻尼孔大	把阻尼孔适当改小,或在测量管路上加装阻尼器
	隔离膜片碎裂	更换隔离膜片
	系统压力波动或冲击太大	在测量管路上加装阻尼器

实例 6-12 球磨机的油泵停了，压力开关还是显示正常的绿色。

故障现象 观察现场就地压力表显示基本为零，从 DCS 查看，该测点置“off”，状态是活动（active）的。

故障处理 更换压力开关后恢复正常。

维修小结 当球磨机的油压低于报警值时，压力开关应动作并显示红色，但还是显示绿色（正常）。从经验判断，应该是压力开关有问题，拆下调校不正常，确定压力开关有故障。

第7章

流量测量仪表的维修

7.1 流量测量仪表故障检查判断思路

检查流量仪表故障的原则是先工艺后仪表。由于工艺的原因，工艺负荷变化；工艺的实际流量太小超过了仪表测量死区；干饱和蒸汽变成了两相流的湿蒸汽；过热蒸汽变为饱和蒸汽，蒸汽相变将导致密度变化；工艺管道满足不了仪表安装要求等因素，都会使流量测量出现误差或出现流量显示不正常的问题。因此，应与工艺联系，确认工艺正常后，再对流量仪表进行检查和处理。

与其他工艺参数相比，流量参数的波动较频繁，为了判断流量参数的波动原因，可将控制系统切至手动观察波动情况，如流量曲线波动仍较频繁，一般为工艺原因，如波动减小，一般是仪表原因或参数整定不当引起的。流量的显示值在较长时间内不变化，可能是仪表有问题，因为流量参数是不可能很稳定的。

流量显示值变为最大时，对流量控制系统，可手动操作调节阀，看流量能否降下来，如果流量仍然降不下来，大多是仪表的原因，先检查现场仪表有无故障。

流量测量、控制系统的流量显示值变为最小，除工艺原因外（如停车、停机泵、工艺管堵塞等），通常流量显示值是不应该为最小的，否则故障大多是由仪表原因造成的。

出现流量显示几乎为零时，最好向工艺操作人员询问并落实原因，如果工艺条件正常，就应检查现场仪表。变送器导压管的正管堵塞、变送器正压室泄漏；浮子流量计浮子卡住；椭圆齿轮流量计的椭圆齿轮卡、过滤网堵塞、发讯簧片失效等，都会造成流量显示几乎为零的故障。对流量控制系统，应切换至手动操作状态，然后观察调节阀的状态，如阀门开度为零，则大多为仪表或控制系统的原因，如控制器或调节阀单元有故障。

差压式流量计出故障时，首先检查导压管、阀门及管路附件，有无泄漏、堵塞现象，然后再检查变送器及相关附件，如隔离器、安全栅等，如果现场仪表都正常，再检查控制室的相关仪表。

检查变送器或转换器的故障时，要先检查现场的仪表及附件，无电流输出，检查供电电源是否正常，接线有无断路，安全栅是否正常。输出电流有偏差，可用标准表测量来判断。输出电流波动，在排除工艺的原因后，应检查阻尼时间的设置是否合适。电磁流量计应检查前后法兰及壳体的接地是否正常。

流量显示偏高、偏低、显示不正确，先检查仪表及变送器的零点是否正确；然后再检查参数的设置是否正确，如流量标定系数、流量单位、量程等参数。导压管路有泄漏；导压管路中的气体带液，或者液体带气；流量计的直管段长度不足；传感器安装不合理等；把有开方功能及不具有开方功能的变送器混用了，也会出现以上的故障现象。

没有流量有显示是指工艺管道已确定没有流量了，但仪表仍有流量显示值。先检查变送器及仪表的零位是否正确；然后再检查参数的设置是否正确。还应检查变送器的安装位置是否存在液柱静压力的影响问题，必要时可通过迁移来消除影响。变送器出故障也会出现有输出电流的问题，可通过检查来判断。

7.2 差压式流量计的维修

7.2.1 差压式流量计的工作原理及结构

差压式流量计测量系统如图 7-1 所示，流体在管道中流动，经节流装置时，由于流通面积突然减少，流速必然产生局部收缩，流速加快，根据能量守恒原理，动压和静压能在一定条件下可以互相转换，流速加快的结果必然导致静压能的下降，因而在节流装置的上、下游之间产生了静压差，这个静压差的大小和流过此管道的流体的流量有关。通过差压变送器测量出节流装置前后的压差就可以知道被测流量的大小了。

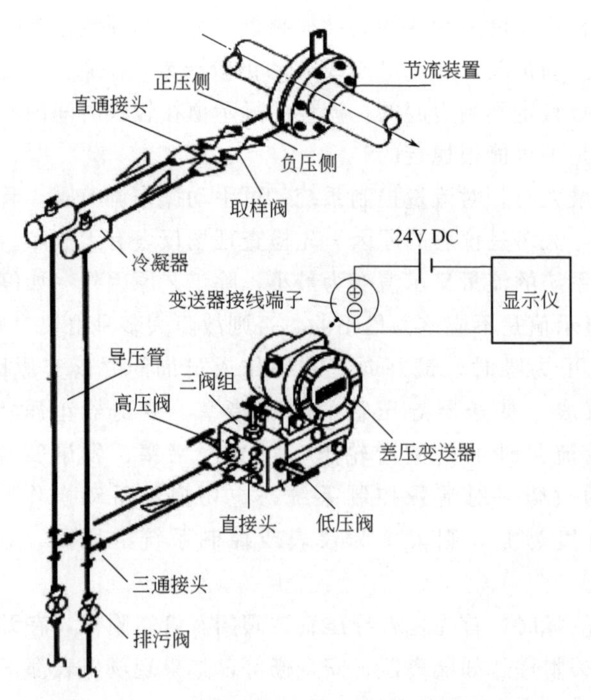

图 7-1 差压式蒸汽流量计测量系统图

7.2.2　差压式流量计故障检查判断及处理

差压变送器与显示仪、积算仪、DCS 卡件配合使用，信号回路如图 7-2 所示。图中 A 为常规仪表回路，由电源箱或隔离栅供电，B 为 DCS 回路，由 DCS 卡件供电，两种回路的故障现象及检查方法一样，结合图 7-1、图 7-2 对故障检查及处理做介绍。

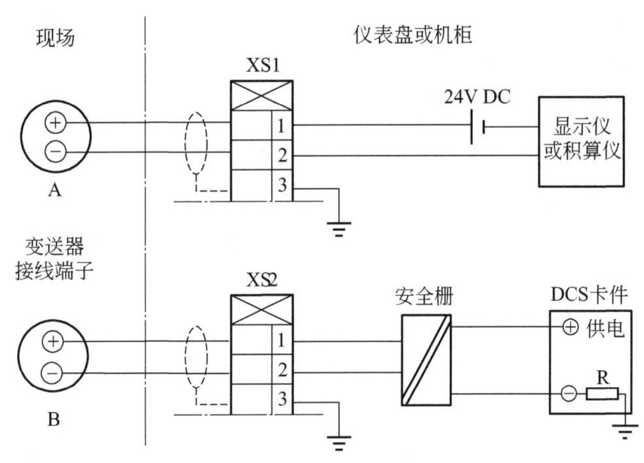

图 7-2　差压式流量计测量回路图

(1) 流量显示最小或无显示

流量显示最小，实际上就是没有流量显示值，也就是变送器没有电流信号输出。原因有：取样阀门没有打开，导压管堵塞，蒸汽流量的冷凝水未完全冷凝，排污阀门没有关闭，变送器供电、连接电缆有故障，变送器的元器件损坏。工艺原因有：工艺管道内真的没有流体流动。按以下方法检查和处理。

① 观察显示仪及变送器表头有无显示值，表头指示零下或 LCD 表头没有任何显示，说明变送器供电中断，检查供电开关是否合上，熔丝是否熔断，连接电缆有无断线。

② 用万用表测量 24V DC 供电箱的电压，或 DCS 卡件的供电电压，供电正常，再测量 XS 端子 1、2 间的电压，或者变送器接线端子间的电压，该电压在 18～23V，说明线路与变送器的连接基本正常。所测电压为“0V”，可能是测量回路开路，回路中将没有电流；或者是回路出现了短路，则回路中的电流将很大。可断开任一根接线，串入万用表测量电流判断。

③ 没有电流，应检查信号接线是否松动或断开，接线端子有无氧化、腐蚀现象，必要时紧固螺钉。检查安全栅的输入、输出电流，可判断故障在安全栅前还是后，都没有电流，应该是变送器有故障。

④ 新安装或更换的变送器，应检查量程是否正确，智能变送器的参数设置是否正确。如果量程设定大了仪表的显示可能会很小。

⑤ 工艺管道有流量，但变送器仅有 4mA 左右的电流信号，流量输出电流就是上不去，在显示仪上就是没有流量显示，可按图 7-1 对导压管路进行检查。取样阀没有打开，排污阀或平衡阀没有关闭，平衡阀内漏或没有关严，正压管堵塞，变送器的高压室有泄漏，都会引发本故障。智能变送器可用手操器检查，检查变送器是否被设置为固定输出 4mA 模式。

⑥ 现场的变送器可以采取人为加大差压的方法来检查，快速地打开负压管的排污阀，

再快速地关闭它，用突然排污使负压管的压力下降，间接增大正、负导压管的压差；进行以上操作，变送器的表头有增大变化，说明变送器可以工作。

(2) 流量显示在零点以下

流量显示在零点以下，表明输入给显示仪或卡件的电流小于4mA，检查变送器能否调零，调零位没有作用可能变送器有问题。变送器能调零位，可人为加大差压，检查变送器的输出电流能否增大。确定变送器正常，但显示仍在零点以下，可用电流信号对安全栅、隔离器进行检查，判断其是否正常，查出故障对症处理。

以上检查没有问题，再检查电流信号极性是否接反；正、负导压管是否接错；正压管是否严重泄漏。仔细观察大多可以发现问题，即可对症处理。

(3) 流量显示偏高

流量偏高就是显示的流量明显比正常的流量多，即变送器的输出电流偏高。工艺参数偏离设计条件也会使流量显示偏高，如饱和蒸汽流量，当工作压力低于设计压力时，蒸汽密度的变化会使流量显示偏高。水流量工作温度低于设计温度，水密度的变化也会使流量显示偏高。

不是工艺的原因，就应检查显示仪及变送器，先查零位是否有偏差；新安装或更换的节流装置或变送器，检查变送器及DCS的量程设定是否正确，变送器与节流装置是否配套。还应检查负压管是否泄漏，测量液体的负压管积有气体，应进行排气处理。

工艺管道已经没有流量，显示仪还有流量显示或累积值，这也属于流量显示偏高。首先要确定变送器或显示仪有没有问题，检查仪表的零位是否正确，零位正确时，可用手操器设定智能变送器的输出为任意的电流值，观察流量显示，有输出并能正确显示，则变送器及显示仪正常，可重点检查仪表的测量管路，来判断差压失常的原因，查出原因进行处理。

(4) 流量显示偏低

流量偏低就是显示的流量明显比正常的流量少，即变送器的输出电流偏低。仪表的原因有：差压测量信号传递失真，导压管、阀门、隔离器、冷凝器出现堵塞、泄漏，隔离液、冷凝水正、负管的液面不相等，都会造成差压信号失真，使流量测量出现误差。工艺参数偏离设计条件也会使流量显示偏低，如过热蒸汽流量，当工作温度低于设计温度时，蒸汽密度的变化会使流量显示偏低。水流量工作温度高于设计温度，水密度的变化会使流量显示偏低。

排除工艺的原因，可对显示仪及变送器进行检查，检查显示仪或变送器的零位是否有偏差；新安装及更换的节流装置或变送器，应检查变送器及显示仪的量程设定是否正确，变送器与节流装置是否配套。可重点检查测量管路，如正压管是否泄漏，测量液体流量的正压管如积有气体，应进行排气处理。

平衡阀门关不严或内漏也会使流量显示偏低，变送器正常工作时，同时关闭三阀组的高、低压阀，使变送器保持一个固定的压力差，记录下显示值，经过一段时间后，观察显示值的变化，没有变化则平衡阀没有内漏，显示值下降，说明平衡阀内漏。检查时导压管接头必须无泄漏，否则会误判。

(5) 流量显示波动

流量参数波动较频繁，其属于正常波动，有别于显示值不稳定。检查时将控制系统切换至手动，观察波动状态。手动操作流量波动仍很频繁，大多是工艺的原因。波动减少，可能是仪表的原因或PID参数整定不当。调整变送器阻尼时间，也可减少流量波动。

流量波动明显，显示时有时无、时高时低，先检查测量回路接线端子的螺钉有没有松动、氧化、腐蚀造成的接触不良。怀疑变送器或显示仪有问题，可断开变送器与显示仪的接线，在有流量的状态下把三阀组关闭，使变送器保持一个固定的差压，观察变送器的输出电流是否稳定，以判断变送器是否有故障；或者输入给显示仪一个固定电流值，观察显示是否稳定，以判断显示仪是否正常。

测量管路或附件的故障率远远高于变送器。不能忽视测量管路及附件的原因。液体或蒸汽流量应检查导压管、变送器测量室内是否有气体，气体流量应检查导压管、变送器测量室内是否有液体，有气、液体可通过排污阀排放，或用变送器测量室的排空旋塞排放。导压管的伴热温度过高或过低，使被测介质出现汽化或冷凝，也是流量显示波动的原因之一。导压管内有杂质，污物出现似堵非堵状态，也会造成显示波动，解决办法是排污或冲洗导压管。

(6) 流量显示反应迟钝

流量显示反应迟钝，先排污及冲洗导压管，并检查导压管及阀门有没有堵塞现象。没有问题时可试减少变送器的阻尼时间，如无改观，应对变送器进行检查及处理。

(7) 流量显示最大

新安装或更换的仪表出现流量显示最大，应检查显示仪的设定是否正确，核对变送器的量程与设计是否相符，如果都没有问题，到现场检查导压负管有没有严重泄漏。变送器的输出电流超过 20mA，可停表检查零位，变送器有故障其零位大多会不正常。可更换变送器的电路板来判断故障。

工艺的实际流量超过仪表的量程上限，在生产中是常遇到的问题。只有重新设计孔板进行更换。应急方法见 7.2.3 节中的：“(3) 标准孔板改量程的计算”。

7.2.3 差压式流量计常用计算

差压式流量计维修中计算工作是不可缺少的，以下计算应该掌握。

(1) 差压与流量关系的换算

差压式流量计的差压与流量的平方成正比，或者说流量与差压的平方根成正比，用以下公式表示：

$$\frac{\Delta p}{\Delta p_{max}}=\left(\frac{Q}{Q_{max}}\right)^2 \tag{7-1}$$

$$\frac{Q}{Q_{max}}=\sqrt{\frac{\Delta p}{\Delta p_{max}}} \tag{7-2}$$

式中　Δp——任意差压；

Q——任意流量；

Δp_{max}——差压上限；

Q_{max}——流量上限。

流量仪表的刻度单位为流量百分数，差压的下限量程为 0 时，根据式(7-1) 得：

$$\Delta p=\left(\frac{n}{100}\right)^2\times\Delta p_{max} \tag{7-3}$$

式中　Δp——任意差压；

Δp_{max}——差压上限；

n——任意的流量百分数。

计算实例 1 某差压变送器的量程为 0～40kPa，对应的流量为 0～160m^3/h，输出信号为 4～20mA，变送器输出电流为 8mA 时，流量应该是多少？差压又是多少？

解：A. 用式(7-2) 计算流量：

$$Q = 160 \times \sqrt{\frac{8-4}{20-4}} = 80m^3/h$$

输出为 8mA 时，流量是 80m^3/h。

B. 已知变送器输出 8mA 时，流量是 80m^3/h，流量是满量程的 50%，用式(7-3) 计算差压：

$$\Delta p = \left(\frac{50}{100}\right)^2 \times 40 = 10kPa$$

输出电流为 8mA 时，差压是 10kPa。

(2) 标准状态和工作状态下的体积流量换算

标准状态和工作状态的体积流量换算公式如下。

$$q_v = q_n \frac{p_n T Z}{p T_n Z_n} \tag{7-4}$$

式中 q_v，q_n——工作状态和标准状态下的体积流量，m^3/h；

p，p_n——工作状态和标准状态下的绝对压力，Pa；

T，T_n——工作状态和标准状态下的热力学温度，K；

Z，Z_n——工作状态和标准状态下的气体压缩系数。

计算实例 2 某空气流量计设计量程为 0～2000m^3/h（20℃，101.325kPa 状态下），工作状态下的压力为 0.5MPa，温度为 60℃，求工作状态下的体积流量。

把数据代入式(7-4) 计算：

$$q_v = 2000 \times \frac{101.325 \times (273+60) \times 1}{500 \times (273+20) \times 1} = 2000 \times 0.230 = 460m^3/h$$

本台流量计工作状态下的体积流量范围为 0～460m^3/h。

(3) 标准孔板改量程的计算

在现场有时会遇到被测流量超过了最大量程，或者流量太小仅能显示在最大量程的 30%以下；可通过扩大或缩小差压量程来满足应急。改量程的依据是式(7-1)，在用流量计的最大差压、最大流量是已知的，有这两个参数就可以进行改量程的计算工作。

计算实例 3 有台孔板流量计，原设计差压量程为 0～60kPa，流量量程为 0～10000kg/h。生产规模扩大工艺流量已超过仪表的最大流量，拟把量程扩大为 0～15000kg/h，根据式(7-1) 对应的最大差压为：

$$\Delta p = \left(\frac{Q}{Q_{max}}\right)^2 \times \Delta p_{max} = \left(\frac{15}{10}\right)^2 \times 60 = 135kPa$$

以上简单计算出来的差压值会有一定误差，不是贸易结算，用于一般生产现场是可以的，不确定度不会成为问题，但压力损失会增大。孔板改量程应综合考虑很多参数变化的影响，正规的应选择迭代计算法。迭代计算与简单计算的差别有多大？以下是个对比实例：

计算实例 4 某蒸汽流量计原来的最大流量为 70000kg/h，最大差压为 100kPa，因实际流量太小，拟改最大流量为 35000kg/h，用计算机迭代计算的结果是 35000kg/h，对应的最大差压为 24.837kPa。

根据式(7-1) 用简单方法计算，35000kg/h 对应的最大差压为：

$$\Delta p=\left(\frac{35}{70}\right)^2\times 100\text{kPa}=25\text{kPa}$$

如把迭代计算的结果作为标准值，简单计算的误差为：

$$\Delta=\frac{25-24.837}{24.837}\times 100=0.656\%$$

两种方法相比，简单计算方法产生的误差为 0.656%，很多生产现场还是可以接受的，尤其是应急，因为重新更换孔板需要订货及停车进行。为了减少误差，还可在智能积算仪，或 DCS 中对有的参数进行间接修正（如流出系数、膨胀系数、流体密度等）。

自行改变标准孔板的量程，先进行计算，再按计算结果设置差压变送器的量程，并进行校准；对流量显示仪、积算仪、DCS 进行新参数的设定工作，就可投用。

自行改孔板量程是受条件限制的，即新改的量程不能超过标准孔板 3∶1 的可调量程范围，有条件时还是采用迭代计算法，或者重新设计孔板。

7.2.4　差压式流量计维修实例

(1) 显示最小或无显示

实例 7-1 某蒸汽流量计开表无显示。

故障检查 检查该故障系由于开表不当引发的。

故障处理 待冷凝水充满导压管后，仪表显示正常。

维修小结 测量蒸汽的差压变送器投运时，需要将正、负导压管内的冷凝液充满，或者等待一段时间后，正、负导压管中形成了稳定的冷凝液，才能开表，变送器才能准确的测出压差。本例由于新来的仪表工直接开表造成两侧的液柱不平衡，致使仪表无显示或显示不正确。该类故障在现场偶有发生。因此，应严格按操作规程开、停表。

(2) 流量显示在零点以下

实例 7-2 操作工反映，某装置液态丙烯流量显示在零点以下。

故障检查 到现场观察，变送器显示为 −5%，打开平衡阀后，显示接近为“0”。决定进行排污。

故障处理 通过排污后，开表仪表显示为 60%，操作工说这才是正常流量。

维修小结 液态丙烯流量的导压管虽然已保温，但液态丙烯仍有可能出现气化，这样在导压管内就会产生积气，导致差压传递失真，出现负管的压力高于正管，这就是流量显示 −5% 的原因。进行排污可排空导压管内液体中夹杂的气体，使流量显示恢复正常。

实例 7-3 原料气流量显示在零点以下。

故障检查 变送器与显示仪的零位均正常。检查发现导压正管有泄漏现象。

故障处理 更换正管的接头垫片，并对导压管进行排污疏通。

维修小结 变送器与显示仪零位正常，不用过多考虑它们有问题。从故障现象看应该是正管的压力小于负管，才会使变送器输出电流小于 4mA，对测量管路进行检发现了问题。

(3) 流量显示偏高

实例 7-4 更换空气总管 HR 流量积算仪后，操作工反映流量显示偏高。

故障检查 到现场检查 1151 $\sqrt{\Delta p}$ 变送器，变送器正常，表头显示为 70%。积算仪显示为 420m^3/h，是满量程的 84% 左右，明显偏高。检查积算仪设定参数，发现二级参数 $b_1=14$，从说明书知该设定为：不补偿及未开方的输入信号。

故障处理 将 HR 积算仪二级参数改为 $b_1=21$，不补偿及已开方的输入信号，仪表显示恢复正常。

维修小结 这是差压式流量计重复开方的例子。在 $\sqrt{\Delta p}$ 变送器中开了方，又在积算仪中再开一次方，就产生了显示偏高的误差。重复开方仅会发生在 $\sqrt{\Delta p}$ 变送器的测量系统中，仪表工稍不注意就会设定为在积算仪中开方，这错误还很难发现。操作工反映流量偏高，是根据所开空压机数量估算的。

实例 7-5 某锅炉出口蒸汽流量，白班及中班显示正常，夜班用汽量小显示反而偏高，天天如此很有规律。

故障检查 反复检查没有查出流量偏高的原因，跟班观察，发现导压负管排污阀泄漏。

故障处理 更换排污阀后，显示恢复正常。

维修小结 查找故障费了不少时间，安排人跟班观察，感觉仪表负排污管有温度，检查是排污阀泄漏。为什么只影响夜班？因为夜班有个工段不生产，用汽量下降锅炉负荷轻了，供汽压力比白班高了近 0.4MPa，蒸汽压力升高后泄漏大，造成仪表偏高的故障。由于负排污阀泄漏不严重，在蒸汽压力低时泄漏不明显，加之排污管口又是接入地沟，不易发现泄漏。

实例 7-6 甲醇计量表不送料时，开方积算器还跳字计数。

故障检查 查开方积算器 DJS-3220 有输出，检查小信号切除正常。观察变送器有输出，估计工艺管道有物料流过。

故障处理 经询问工艺肯定没有物料流过。怀疑导压管路液带气，关闭伴热蒸汽后故障消失。

维修小结 甲醇计量的差压变送器由于有蒸汽伴热管，尽管伴热管位于两导压管的中间，但由于温度高造成甲醇出现汽化现象，致使正、负导压管存在差压，使变送器有电流输出。关闭伴热蒸汽后故障消失。

(4) 流量显示偏低

实例 7-7 某蒸汽流量计原来显示一直正常，近期操作工反映显示偏低。

故障检查 检查变送器的零点正常。导压管路没有发现泄漏。再查发现平衡阀泄漏。

故障处理 更换三阀组，仪表显示恢复正常。

维修小结 流量显示偏低变送器的零点正常，不用过多考虑变送器有问题，应对导压管路及阀门进行重点检查，因为，导压管路及阀门与工艺介质直接接触，与变送器相比更易出故障。检查平衡阀泄漏的方法，详见本章："7.2.2 中的 (4) 流量显示偏低"一节。

实例 7-8 煤气流量显示偏低。

故障检查 检查变送器零位正常，重新开表仍偏低，

故障处理 对导压管进行排污后，流量显示恢复正常。

维修小结 排污时正压管排出的气体与以往相比，感觉有点小，判断导压管有堵塞现象，因此，排污时用木棒敲打导压管，使附在导压管的杂质在振动下脱落，并被气流冲出。

实例 7-9 给水流量显示偏低。

故障检查 询问工艺给水流量没有减小，检查变送器零点正常，三阀组的平衡阀没有内漏，导压正管也没有发现泄漏；排污也没有发现堵塞现象，但显示无改观。有人建议对差压变送器测量室进行排气检查。

故障处理 旋开变送器高压室丝堵排气，排气后流量显示恢复正常。

维修小结 本例仅是一种故障原因。流量显示偏低，先确定 DCS 与变送器的显示是否一致，如果没有问题，应检查变送器及管路附件，导压正管及阀门有无堵塞、泄漏问题。安全栅有问题，量程设置不正确，没有进行开方，都有可能使流量显示偏低。

实例 7-10 操作工反映氨流量计显示偏低，流量越小偏差越大。

故障检查 检查变送器的零点正常，关根部阀门再检查变送器零点，发现零点偏负，怀疑变压器油被冲跑。

故障处理 重新灌装变压器油，按正确步骤进行开表，流量显示正常。

维修小结 该例属于操作不当引发的故障，仪表工开表时，同时打开正、负压阀门

后，才关闭平衡阀，在差压的作用下，把隔离罐正管的变压器油冲到负管内，使负管的变压器油油位高于正管的油位，这就是关根部阀门检查变送器零点时，零点偏负的原因；也是流量显示偏低的根本原因。

(5) 流量显示波动或显示不正常

实例 7-11 新安装的煤气炉上下吹蒸汽流量有时有显示，但不会回零，有时显示零点以下，有时显示最大，有时工艺阀门开、关时蒸汽流量没有反应。

故障检查 检查变送器零点，发现有异常且零点经常变化，调好的零点过一会又变了，把变送器拆下校准后，再投运以上故障又出现，在检查发现工艺用汽时，导压管有温度，经检查三阀组方向装反了。

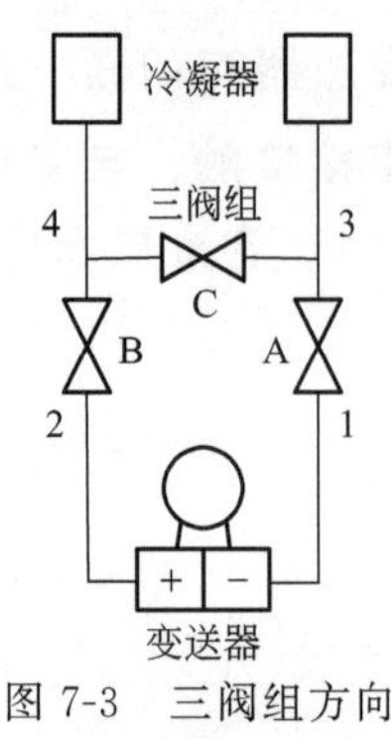

图 7-3 三阀组方向装反示意图

故障处理 正确安装三阀组，仪表恢复正常。

维修小结 该三阀组没有标注方向还把红、黑阀手柄装错。按红色手柄为高压阀的习惯安装，结果把三阀组装反，如图 7-3 所示。按常规方法操作三阀组，将高、低压阀关闭，开平衡阀，拟平衡正、负导压管内的压差，但实际是无法平衡的，在此状态下对变送器进行调零只会越调越乱。三阀组装反正、负冷凝器与平衡阀组成了个 U 形管，有流量时冷凝液被冲跑，变送器无法正常工作。

三阀组安装前要检查上、下方向，按图 7-3 进行判断，关闭高、低导压阀 A、B，打开平衡阀 C，分别向四个接头吹气，如果向 3 接头吹气，从 4 接头会出气，说明接头 3、4 相通，则 3、4 接头应该与变送器连接；1、2 与接头与导压管连接。

实例 7-12 某流量测量值一直偏低且带有波动

故障检查 检查导压管、阀门、调校变送器都正常，但操作工就是认为该表偏低，且记录曲线带有无规则的波动，最后查出信号线有破皮现象。

故障处理 对信号线进行包扎处理，该表恢复正常。

维修小结 信号线破皮点发生在穿线管的接线盒处，信号线破皮使导线的绝缘性能下降，产生漏电流引起测量值偏低，且不稳定。

(6) 流量显示反应迟钝

实例 7-13 某饱和蒸汽流量显示值上不去。

故障检查 多次检查变送器、导压管没有问题，怀疑工艺原因，建议工艺排放蒸汽冷凝水。

故障处理 操作工排放蒸汽冷凝水后，仪表的流量显示值上去了。

维修小结 本例属于工艺原因引发的故障。当时调节阀已全开，但蒸汽流量就是上不去。正常时工艺管道上的疏水阀是可以排放冷凝水的。后来了解由于疏水阀坏了，机修工安装了一个切断阀代替，又没有人去排放冷凝水，使工艺管道内蒸汽冷凝水积液太多把压力憋高，阻止了蒸汽流量增大。

(7) 流量显示最大

实例 7-14　吸氨工段操作工反映氨气流量计显示最大。

故障检查　本表用变压器油作隔离液，检查发现导压管排污阀的地沟中有很多油渍，怀疑有漏油现象。再开表观察，发现负管的排污阀有油滴出，确定排污阀泄漏。

故障处理　更换排污阀门，重新添加变压器油后，开表正常。

维修小结　经与工艺沟通，近期操作工感觉氨气流量偏高，这已是故障的前兆，由于负管的排污阀泄漏不太严重，没有引起注意。时间一长，负管中的变压器漏得太多，正管中的变压器油位高于负管，形成了较大的静压差，再加上流量产生的压差，两个综合压力使仪表显示最大。

7.3 电磁流量计的维修

7.3.1 电磁流量计的工作原理及结构

电磁流量计是利用法拉第电磁感应定律进行测量流量的，其工作原理犹如变压器的工作原理，即电源向励磁线圈提供电流，励磁电流经线圈产生磁场，该磁场作用于导电的介质中形成感应电势，最后，从电极上获取与被测流体流速成正比的电压信号。

电磁流量计通常由传感器和转换器两部分组成。被测流体的流量经传感器变换成感应电势，然后再由转换器将感应电势转换成统一的 4～20mA DC 信号输出，以便进行显示或控制。其结构如图 7-4 所示。

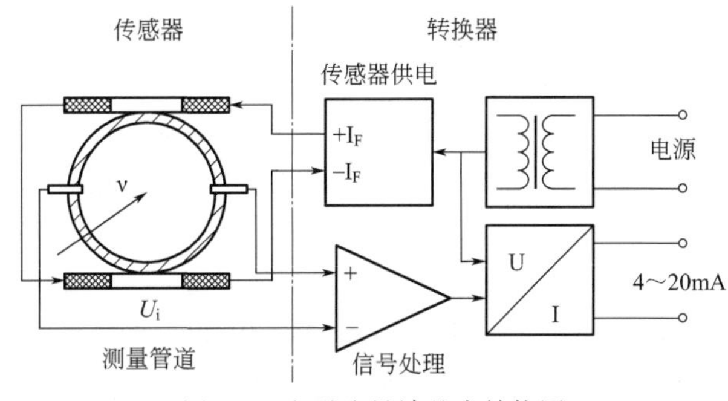

图 7-4　电磁流量计基本结构图

7.3.2 电磁流量计故障检查判断及处理

电磁流量计有一体式和分体式两种结构，两种结构方式的故障现象与检查方法基本是相通的，现结合图 7-5 进行介绍，图中 A、B 为流量信号，C 为公共端，SA、SB 为屏蔽端；EX1、EX2 为激磁电源；G 为接地。

电磁流量计的信号一般为 2.5～8mV，流量较小时可能只有几个微伏。检查故障先检查显示仪是否正常，按显示仪→转换器→传感器→测量管道的顺序进行检查，如图中虚线箭头所示方向。大口径的流量传感器，更换工程量大、涉及面广，一定要反复检查，根据各项检

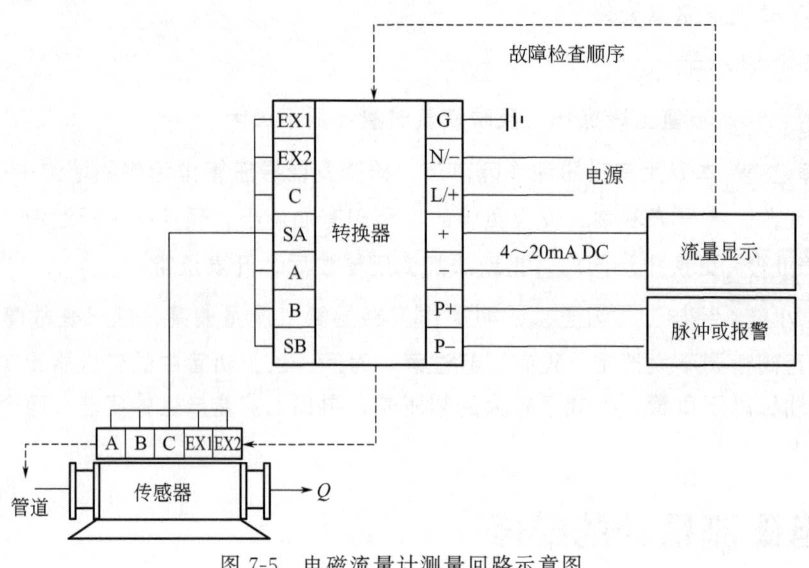

图 7-5 电磁流量计测量回路示意图

查确定传感器是否应该卸下更换和修理。

(1) 仪表显示最小或无显示

传感器没有流量信号输出。原因有电源故障，连接电缆故障；传感器或转换器元器件损坏；工艺原因有液体流动状况改变，工艺管道内壁附着层出现问题。可按以下方法检查和处理。

① 观察仪表有无故障报警显示，按报警代码的含义进行相应检查和处理。没有报警显示，检查仪表供电是否正常，开关是否合上，熔丝是否熔断。用万用表测量各级电压判断故障。

② 供电正常，再对连接电缆进行检查，激磁电缆及信号电缆的接线是否松动，接线端子有无氧化、腐蚀现象，必要时紧固螺钉。

③ 检查激磁线圈电阻值是否正常，线圈是否开路、匝间是否短路，端子或线圈的绝缘电阻是否下降。用万用表测量激磁线圈 EX1、EX2 端子间的电阻值，但要断开与之相连的电缆线，电阻值通常在 80～150Ω 左右，各产品略有差异。对匝间短路判断就较困难，只能与原来的记录值比较来判断。由于传感器安装现场环境的原因，激磁线圈回路绝缘电阻下降是常出现的故障，其绝缘电阻小于 100MΩ 时，应检查传感器的电缆密封圈、端子盒的密封垫片是否受损，传感器是否浸入水或潮气；可用电吹风的热风进行烘干，能拆卸的激磁线圈受潮时可整体放入电烘箱烘干。重视引线口密封是克服受潮的重要措施。

④ 新安装或更换的传感器，应核对传感器箭头与流体方向是否一致。要工艺配合确定传感器是否充满液体。传感器能否充满液体与其安装位置有关联，要按规定安装。

⑤ 传感器衬里层有污物附着会使仪表绝缘电阻下降，可拆下传感器进行观察，没有条件拆下传感器时，可测量电极的接触电阻和电极的极化电压，间接检查和判断附着层状况。

a. 电极接触电阻的测量　测量电极与液体的接触电阻，实际上是测量电极对地的电阻值，来间接判断电极和衬里层表面的状况，为分析故障提供依据，前提是必须有原始测量数据作基础。新安装的仪表投运正常，就应测量并记录两电极的接触电阻值，以后定期进行测量与记录，分析比较这些记录数据，两电极的接触电阻值之差应小于 10%～20%，否则可能有故障。

两电极的接触电阻值之差增加，可能有一只电极的绝缘性能有较大的下降。某电极对地电阻值增大，有可能是该电极表面被绝缘层覆盖。某电极对地电阻值减小，有可能是该电极表面或衬里表面附有导电层积物。

测量电极接触电阻时，应断开传感器的接线，并应在液体满管状态下测量。所用指针万用表要用同一型号、同一量程的表；如×1k 挡，红表笔接地，黑表笔接电极；测量时表笔接触端子后马上读取指针偏转的最大值，不要反复测量，以免极化而产生误差。

b. 电极极化电压的测量　可用数字万用表的 2V DC 挡，测两电极对地之间的极化电压。两次测量值基本相等，说明电极未被污染或未被层积物覆盖，否则说明电极被污染或被层积物覆盖。极化电压通常在数毫伏至几百毫伏之间。

⑥ 转换器没有流量测量信号显示，先检查传感器和转换器的接线有没有问题；确定传感器正常，怀疑转换器有问题时，可用备件，或同型号正常仪表的电路板替换检查、判断。

(2) 仪表显示最大

仪表显示最大实际上就是流量显示超过量程上限，仪表自身的原因有：信号回路断路，连接电缆故障，接线错误等；传感器与转换器配套错误；仪表设定错误。工艺原因有管道中没有流体。可按以下方法检查和处理。

① 用第 3 章介绍的对分检查法。对转换器前后进行分割检查，以缩小故障查找范围。将转换器信号输入端子 A、B、C 短接，流量显示为零，说明转换器及显示仪表正常，可判断故障在转换器之前。

② 对传感器的输出信号线 A、B、C 进行短接，流量显示为零，说明信号电缆良好。流量显示仍为最大，仍保持 A、B、C 短接，用万用表在转换器 A、B、C 端子处测量信号电缆及连接端子的电阻值，判断信号电缆是否正常。信号电缆正常再进行以下检查。

③ 用万用表测量两电极的电阻值，电阻值很大，或者无穷大，有可能是传感器的电极未被液体浸泡，即两只电极或一只电极未接触到液体，可能是测量管道没有充满液体，在正常情况下仪表应该有空管报警信号。

④ 第③项检查都正常，可用模拟信号检查仪表的零点及满度是否正常；还应检查设定参数，如管径、量程、测量单位、仪表常数等的设定是否正确。分体式仪表应检查传感器与转换器有没有配错。

⑤ 显示仪表或转换器有故障也会使流量显示最大，可用模拟信号进行检查判断。怀疑转换器有故障，可用备用电路板代换现用电路板，以判断转换器有无故障。

(3) 仪表显示偏高或偏低

流量显示值与实际流量不相符。原因有：仪表的零点没有调校、设定好，传感器安装位置不符合要求，传感器前、后直管段达不到要求，不能满管或液体中含有气泡；传感器电极的电阻发生变化，电极的绝缘电阻下降；信号电缆的绝缘下降；转换器设定有错误。工艺原因有：传感器上、下游流体的流动状况不符合要求。可按以下方法检查和处理。

① 仪表测量值是否准确，工艺大多是根据经验来判断的，而仪表则是根据校准数据及校准时限来评判的，因此，要参考历史测量数据，并与其他流量计的测量结果进

行比对，再从工艺流程的物料平衡来估算，使工艺与仪表达成共识，以利故障的检查和处理。

② 新安装的仪表如果出现测量不准确的问题，应检查传感器和转换器是否配套，核对口径、量程、测量单位的设定是否正确。可用模拟信号输入给转换器，对零点及满量程进行检查。检查管路是否充满液体，液体中有没有气泡等。传感器安装位置不符合要求，直管段不够，传感器前有调节阀门，都将影响传感器上游流体的流动状态，使测量出现误差。

③ 检查电缆与端子接触是否良好，电缆及屏蔽层的接地是否合乎要求。用兆欧表对电缆及电极的绝缘电阻进行测试，检查电极的绝缘电阻必须在传感器离线状态下进行，拆下传感器，放空液体，用干布擦干衬里表面并使之干燥，然后用500V的兆欧表，分别测试两只电极对金属法兰盘的电阻，要求电极的绝缘电阻大于100MΩ。小于该阻值，应对电极进行烘干处理，用电吹风吹热风使电极的绝缘电阻上升。

④ 传感器是与工艺流体直接接触的仪表，受工艺介质的影响最大，有条件拆卸时，一定要对传感器管内进行检查及清洗，检查管内壁是否有层积物，电极表面是否有层积物或结垢，这些都会导致电极绝缘电阻下降，而使测量出现误差。

(4) 仪表显示波动

电磁流量计的信号一般为2.5～8mV，流量较小时可能只有几个微伏，信号小易受外界干扰影响。干扰源主要有管道上的杂散电流、静电、电磁波、磁场。电磁干扰是导致仪表显示波动的原因之一。而仪表自身的原因有：电缆与端子氧化、锈蚀出现接触不良，电路板接触不良，电子元件虚焊等，传感器安装时不认真，把入口垫片内圈做小挡住流体通道而产生涡流，对测量造成影响。激磁线圈的绝缘电阻下降，测量电极受污染、结垢、绝缘电阻下降。工艺原因有：工艺流体具有脉动性质，如往复泵出口流量。设计、安装不当使传感器安装位置不符合要求，或者测量管未能充满液体，被测量的液体含有较多气泡，也会造成显示波动。可按以下方法检查和处理。

① 克服电磁干扰最有效的措施就是良好的接地，传感器的接地电阻要小于100Ω。有时虽然有良好的接地，但由于管道的杂散电流干扰，也会影响流量计的正常显示，可在原接地外侧数米处再增加新的接地点。静电或电磁波也会对仪表造成干扰，因此，信号线一定要用厂家配套的电缆，并做好接地，尽量缩短传感器与转换器的距离，仍然解决不了仪表的波动故障时，只能将分体式的仪表更换为一体式的。

② 仪表显示一会正常一会波动，大多是电气线路接触不良引起的。应检查转换器的接线及接线端子，可拨动接线、摇动电缆、用螺丝刀敲打转换器外壳，观察显示有没有变化。

③ 进行了第②步检查，没有发现问题，可到现场检查传感器，检查线路的接触状态，检查信号插座有没有被腐蚀，插座受腐蚀只有更换。激磁线圈的绝缘电阻如果明显下降，应采取烘干的方法来提高绝缘电阻。传感器的接线盒受潮，绝缘电阻下降也会引起显示波动，用电吹风吹干水汽，使绝缘电阻上升到20MΩ以上。除测量绝缘电阻外，大多时候需要停用传感器，才能对电极及测量腔室进行检查，才能发现测量腔室内结垢、电极沉积污垢等问题，对症进行清洗或更换。

④ 显示波动很多时候是工艺原因引起的，流体本来就是脉动的，如往复泵输送的液体，只能把传感器安装在远离脉动源的地方，利用管道的阻力来减弱流体的脉动，条件所限，只

能在传感器前加装滤波器或缓冲器来减弱脉动。传感器的安装位置选择不当，使测量管道有气泡或液体不能充满管道，工艺液体含有气体，都可能使仪表显示出现波动。以上原因需要工艺配合查找及共同处理。

(5) 仪表的零点不稳定

零点不稳定是指没有流量时显示的零点不稳定。原因有：仪表的零点没有调校、设定好；仪表测量回路绝缘电阻下降；传感器接地不符合要求，接地不完善，受电磁干扰等。工艺原因有：管道未充满液体或者液体中含有气泡；工艺流体有微小的流动等。可按以下方法检查和处理。

① 信号测量回路的绝缘电阻下降，大多是电极绝缘电阻下降引起的；但也不要忽视了信号电缆、接线端子绝缘电阻下降的可能性。表壳、导线连接处密封出现问题，现场的潮气、酸雾、粉尘就会侵入到仪表接线盒或电缆保护层，使绝缘电阻下降。信号测量回路的绝缘电阻可用兆欧表测试，可分别对信号电缆及传感器进行测试。

② 传感器电极如果被污染或层积物覆盖，常会出现零点不稳定或输出波动的故障。对电极进行检查，应在满管状态下测量电极的接触电阻，再在空管状态下测量电极的绝缘电阻。操作方法如下。

a. 满管状态下测量电极的接触电阻，需拆下信号电缆线，用万用表测量每个电极与接地点的电阻值，两电极接触电阻之差应在 10%～20%范围内，超过了该范围就会引发仪表零点不稳定。

b. 空管状态下测量电极的绝缘电阻，要先对测量管道进行放空，并拆下传感器及相关接线，用干布擦干净传感器的内表面，待完全干燥后，用 500V 兆欧表测量每个电极与接地点电阻值，绝缘电阻必须要大于 100MΩ，否则有可能引发仪表零点不稳定。

③ 传感器的接地电阻要小于 100Ω。当传感器用于绝缘管道或防腐衬里管道的测量时，检查传感器两端是否加装了接地短管或接地环；整套仪表不要和电机、电器共用接地点。原来使用正常的仪表，突然出现零位不稳定或显示波动的故障，应观察在传感器附近，有没有新增加的电器设备，如大功率电机、变频器、电焊机等，这些设备在使用时可能会影响接地电位的变化，从而使仪表的零点不稳定或显示波动。

7.3.3 电磁流量计维修实例

(1) 仪表显示最小或无显示

实例 7-15 某柴油机厂工具车间，用电磁流量计测量和控制饱和食盐电解液流量，间断使用两个月后，发现流量显示值越来越小，直到流量信号接近为零。

故障检查 现场检查测量电极的电阻很小，拆下传感器检查，发现传感器绝缘层表面沉积薄薄一层黄锈，黄锈层是电解液中大量氧化铁沉积所致。

故障处理 擦拭清洁后仪表恢复正常。

维修小结 本例是导电沉积层使电极短路而出现的故障，传感器测量管绝缘衬里表面若沉积导电物质，流量信号将被短路而出现故障。导电物质是逐渐沉积的，要运行一段时间才会显露出来。开始运行正常，使用一段时间，出现流量显示值越来越小现象时，应考虑有此类故障的可能性。

实例 7-16 操作工反映在用的水流量计突然没有显示。

故障检查 检查供电正常。用万用表测量显示仪输入端的电流信号，没有电流信号，用模拟信号输入转换器没有电流信号输出，判断转换器有故障。

故障处理 没有备用电路板进行代换，只能返厂修理。

维修小结 电磁流量计突然没有显示，应先查找电源，如果电源正常，只有两种可能，一是接线断线，二是电子元件器件损坏，可围绕该两点进行检查。

（2）仪表显示最大

实例 7-17 AXFA14 型电磁流量计，显示为最大并伴有报警，报警显示如图 7-6 所示。

Process Alarm 30：Sig Overflow Check Signal Cable And grounding

图 7-6 报警显示图

故障检查 第一行显示故障为过程报警；第二行从字面看为超量程，查用户手册为输入信号错误；第三行提示检查接线或接地。按提示检查，到现场检查传感器电缆及接线，结果发现接地线断路。

故障处理 把接地线接好后，报警消除，仪表显示恢复正常。

维修小结 查用户手册知，该报警为“过程报警”，说明仪表正常，但是出现了过程方面的错误，使仪表工作失常；要求检查信号电缆和接地是否正常。由于在参数设定时把 G21 设为 20mA，故报警发生时输出电流固定为 20mA，因此，报警时仪表显示最大。引起此类报警故障的原因还有：信号电缆、电源电缆、激磁电缆有问题；信号线圈损坏；接地不正常。

实例 7-18 某电磁流量计在下大雨后显示最大且系统报警。

故障检查 检查各项参数设置没有问题，拆开后盖发现有进水现象。

故障处理 用电吹风将有水的地方吹干。检查接线时发现励磁线圈短接处有被压破的痕迹，重新用胶布将压破处包好；重新开表，流量显示正常且报警消除。

维修小结 本表拆卸检查时发现导线有被压破的痕迹，看来是产品在装配时不小心将线的绝缘层压破，又碰上下雨天使得表头进水，由于励磁线接地导致仪表的输出超过量程，这一错误信号还引发了系统报警。

（3）仪表显示偏高或偏低

实例 7-19 一台新装分体式电磁流量计，比实际流量偏高 40%左右。

故障检查 反复检查及参数设置多次，故障无改观。后来偶然发现转换器和另一台库存仪表的转换器混错了。

故障处理 更换转换器后，故障消除。

维修小结 本例故障安装时只注意传感器而忽视了转换器。两套仪表测量口径不相同，一台 *DN*80，另一台是 *DN*100。分体式电磁流量计出厂时，传感器和转换器是按规定的口径、流量范围、设定参数实流校准的。传感器和转换器必须配套使用，只要观察传感器和转换器的编号是否一致，就可避免以上故障发生。

实例 7-20 某纸厂同一管道上装有两台相同的流量计，流量累计值不一致，造纸车间的流量计比制浆车间的流量计偏低了 $4m^2$，同时还伴有流量显示波动现象。

故障检查 先怀疑由流量不满管引起，把传感器后面的阀关小，试图通过阻流使传感器满管，没有作用。更换转换器仍没有改观。拟停车时拆传感器进行检查；在拆卸中发现传感器的密封垫片有损坏，有一小块连着的垫片一直悬在管道中。

故障处理 更换密封垫片后，流量显示稳定，且两台流量计的累计值一致。

维修小结 传感器的密封垫片损坏后，悬在管道中的坏垫片，影响了纸浆的流动，从而使仪表出现了波动及测量误差。

实例 7-21 某化工厂总表的显示与两台分表不符，总表偏高20%～30%。

故障检查 电磁流量计 FIQ201、FIQ202 分别测量两根管道的稀酸，经加热混合后进入总管，电磁流量计 FIQ203 测量总管流量，如图 7-7 所示。反复检查没有找到原因，后请厂商帮助解决。找到故障原因是：分表与总表的流体温度不同造成了总表的偏高。

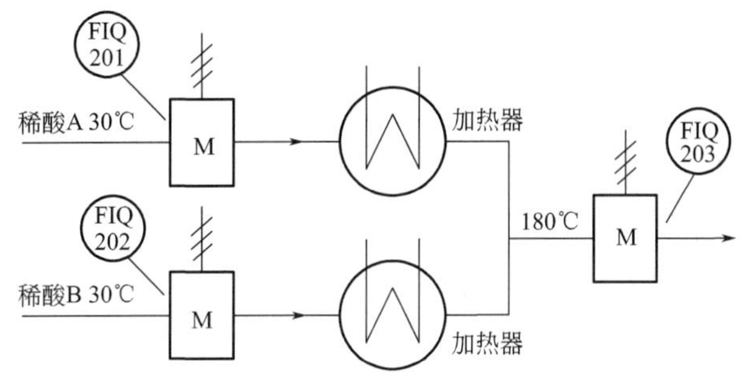

图 7-7　稀酸流量测量示意图

故障处理 更换总管仪表。

维修小结 两分表的稀酸温度为 30℃ 左右，被测流体进入总表前加热到了 180℃。电磁流量计是一种体积流量计，被测流体从 30℃ 升高到 180℃ 体积增大 12.3% 左右，由于体积膨胀体积流量相应增大，就是总表流量偏高的原因。

实例 7-22 操作工反映某总管流量计的显示越来越小，几乎为零。

故障检查 总管流量计显示变小时，分管道流量仍有 50% 的显示，工艺开大分管道的阀门，总管流量计的显示有上升趋势，判断故障在转换器之前。对传感器进行检查，测量励磁线圈电阻有 120Ω 左右是正常的。拆除信号电缆，测量信号端子对地电阻仅有 1.5kΩ 左右，电极的绝缘电阻明显下降。

故障处理 停车拆下传感器检查，发现测量导管内壁及电极上有污垢，清洗、擦拭、干燥后，仪表显示恢复正常。

维修小结 本例是由电极的绝缘电阻下降引发的故障。电磁流量计内壁及电极上有污垢产生故障是很常见的。本例属高电导率污垢，污垢的形成有个时间过程，电极间的电阻也是在慢慢下降的，实质是电极间的电动势被短路，反映在仪表上就是流量的显示越来越小。

实例 7-23 某化肥厂用有 4 台西门子电磁流量计，使用中发现流量显示会越来越小。

故障检查 检查发现传感器两电极的接地电阻不相等，判断传感器有故障。

故障处理 停车检修拆下传感器检查，发现内壁沉积有结晶体，最厚处达 30mm 左右，电极表面已被结晶体覆盖，清洗之后，电磁流量计恢复正常。

维修小结 本例属于电极污垢引发的故障，传感器中的结晶体造成电极短路时，导致流量显示会越来越小。

(4) 仪表显示波动

实例 7-24 一台新安装的电磁流量计，显示总是剧烈波动，甚至达到全量程的 50%。

故障检查 检查了很久一直没有找到原因，后来才知道车间试车用的是去离子水。

故障处理 换成自来水后仪表显示恢复正常。

维修小结 这是一例仪表所测介质与设计介质不符的特例。新安装的电磁流量计有问题时，除检查仪表自身的问题外，可能更需要了解现场的测量条件是否符合仪表的设计条件。

实例 7-25 某污水处理站的排放流量计显示波动或跑最大。

故障检查 本例故障现象与管道未充满液体极相似，用指针式万用表 × 1k 挡测量两电极间的电阻值，表针只有微小的摆动，说明电阻值很大，判断电极回路呈开路状态。再观察该流量计就安装在排放口前，排放出的液体明显没有充满管道，排放量小时故障就出现了。

故障处理 重新将流量计安装在 U 形管道内，确保传感器能在满管状态下测量。

维修小结 该电磁流量计原先是安装在排放口前，当排放量小的时候，管道内液面高度低于电极表面，电极会裸露在空气中，测量回路等于在开路状态；使流量计的测量值和输出处于一种随机状态，使显示不停地波动或到满度。当排放量大的时候，管道内液面高度高于电极表面，流量计还能正常显示，但由于液体中含有气体体积，测量误差会很大。

(5) 仪表的零点不稳定

实例 7-26 某台水流量计工艺管道无流量时，仍有显示值在不停地变化。

故障检查 停产前该表是正常的，检修期间还拆下传感器进行检查及处理，传感器及电极应该没有问题，决定先校正零点。

故障处理　请工艺将管道中充满水，然后关闭传感器两端的阀门，使流体在管道中处于满管静止状态。进入转换器菜单，将流量零点修正为±0.0000。零点重新校正后，流量计零点显示值稳定且不再变化。

维修小结　停产时曾对传感器进行过检修，排除了许多故障的可能性。而仪表使用时间久了，零点有所变化是有可能的，直接对仪表零点进行调整。通过转换器菜单，可检查各菜单内容是否符合初始设定值，以排除流量计在使用中被其他人员调整过设定值的可能性。

实例 7-27　新安装的 FIR601 水流量计显示波动较大。

故障检查　向工艺落实水是满管，基本不会有气泡产生；请工艺关闭传感器下游阀门，使管道充满不流动的水，数字显示为 0.00%，输出电流为 4mA，仪表的零点是稳定的。要使显示波动减小，可适当调大仪表的阻尼时间。

故障处理　调整阻尼时间为 10s，显示相对稳定。

维修小结　本例显示波动不是仪表的问题。而是由于水流量不稳定造成的波动，而仪表显示的是真实的水流动状态。调大阻尼时间是使仪表显示的流量看着稳定点，但其会对测量的反应速度有所影响。长的阻尼时间能提高仪表显示及输出信号的稳定性，常用于流量控制系统；短的阻尼时间可以加快测量的反应速度，常用于总量累积的脉动流量系统。

7.4　涡街流量计的维修

7.4.1　涡街流量计的工作原理及结构

涡街流量计在流体中安装一根或多根非流线型阻流体，流体在阻流体两侧交替地分离释放出两串规则的旋涡，这种旋涡称为卡曼涡街，如图 7-8 所示。在一定的流量范围内旋涡分离频率正比于管道内的平均流速，采用各种形式的检测元件测出旋涡频率，可以推算出流体的流量。

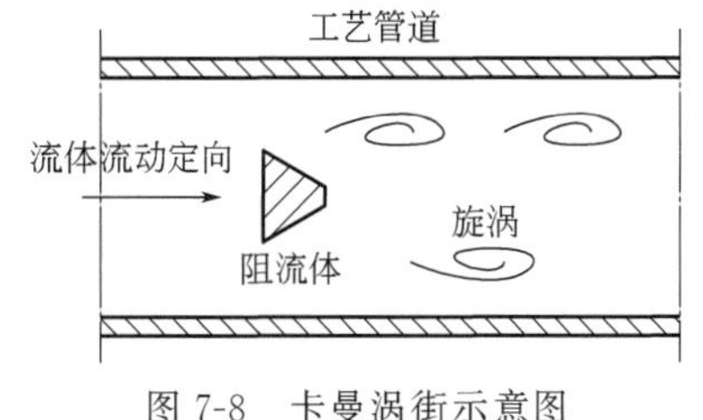

图 7-8　卡曼涡街示意图

涡街流量计由传感器和转换器两部分组成，传感器由阻流体（即旋涡发生体）、检测元件、壳体等组成；转换器由前置放大器、滤波整形电路、D/A 转换器、输出接口电路等组成，如图 7-9 所示。智能型的除上述基本电路外，还把微处理器、显示、HART 通信等功能模块组合在转换器内。

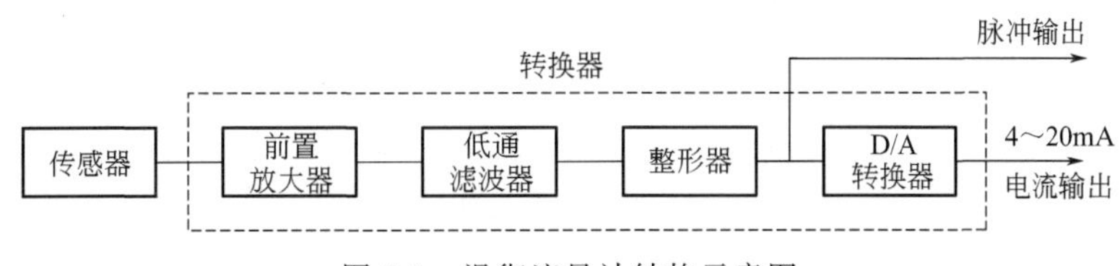

图 7-9　涡街流量计结构示意图

7.4.2 涡街流量计故障检查判断及处理

(1) 仪表显示最小或无显示

这种故障是指工艺有流量但仪表没有流量显示值或显示最小，通常是转换器没有信号输出。仪表自身原因有：电源故障，连接电缆故障；传感器或转换器电子元件损坏；工艺原因有：工艺管道内流量过小或没有流量，工艺管道堵塞。按以下方法检查和处理。

① 先检查仪表供电是否正常，开关是否合上，熔丝是否熔断。用万用表测量各点电压，24V 供电、250Ω 负载电阻两端的电压、转换器接线端子的电压来判断故障。供电正常，再检查连接电缆及接线是否松动，接线端子有无氧化、腐蚀现象，必要时紧固螺钉。

② 用 HART 手操器测试仪表，进行回路测试（loop test)，观察转换器的输出电流是否为 4mA；进行脉冲输出测试（pulse output test)，观察转换器有无脉冲输出，来判断测量回路、显示仪或积算仪是否正常。或者按 HART 手操器快捷键“1，2，1，1”查看已发生的错误信息，对症处理。

③ 新安装或检修更换的传感器，应核对传感器口径及箭头与流体方向是否一致，组态参数是否正确。向工艺询问流量是否正常。如果工艺流量很小，流速很慢在传感器内无旋涡产生，转换器将输出跟踪流量的饱和电流，其下限值为 3.9mA。仪表有故障的报警输出电流下限值为≤3.75mA。这为判断是流量减小还是仪表故障提供了方便。

④ 使用时间较长的传感器，应考虑旋涡发生体上是否污物附着太多或结垢，检测元件损坏也会没有输出信号。这类故障只有拆下传感器检查，污物多或结垢可进行清洗。原来使用正常，突然没有信号输出，可能是传感器内壁或旋涡发生体上有黏附物使流态紊乱，或者使传感器的灵敏度大大下降，导致输出信号不正常。

⑤ 怀疑传感器有问题，先检查传感器同轴电缆是否有裂缝；然后用螺丝刀轻敲检测元件头部，显示仪的显示如果有波动，说明检测元件完好，检测元件损坏将无法修复。

⑥ 检测元件及转换放大器的检查方法：

a. 检测元件的检查。电流输出型仪表检测元件与转换放大器的连接如图 7-10 所示。图中端子 1、2 与检测元件相连，+、−端是放大器的输出端子。怀疑电容检测元件有问题时，可测量电容值来判断是否损坏。表 7-1 是横河 DY 型涡街流量计在常温下的电容参考值。测量红、白两引线间的电容值时不要用手接触被测点，避免把人体的附加电容加入而造成误判。

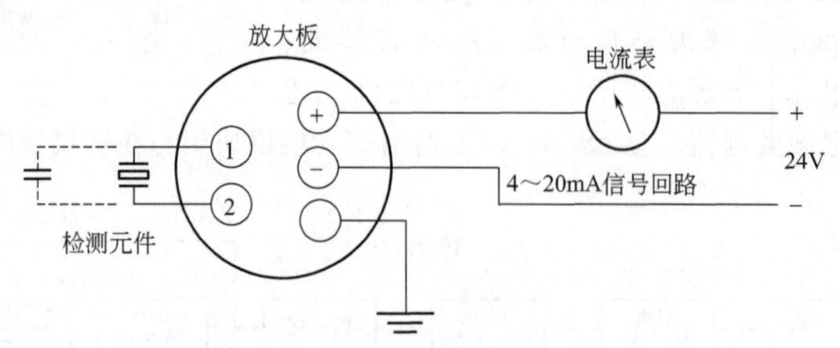

图 7-10 电流输出回路连接示意图

表 7-1　DY 型涡街流量计常温下电容参考值（±20%）

通径	普通型/pF	通径	普通型/pF
15	100	100	780～1295
25	150～300	150	520～890
40	150～300	200	790～1370
50	245～455	250	1700 左右
80	490～855	300	2700 左右

脉冲频率输出仪表检测元件与转换放大器的连接如图 7-11 所示。图中端子 1、2 与检测元件相连，是放大器的输入端子，+、−端子是放大器的供电端，P 端子是脉冲输出端子。怀疑压电检测元件有问题，可以测量电阻值来判断是否损坏。LUGB 型涡街流量计，当检测元件为压电式时，用万用表×10k 挡，分别测 1 与 2 的电阻，1、2 与外壳的电阻，阻值应为无穷大，有阻值则检测元件性能下降，如果在几十千欧以下，可能检测元件已损坏。检测元件为电容式的用数字万用表的电容挡，测 1 与 2 的电容值，无流量时电容应在 0.15～0.35nF 之间恒定不变。有外界振动或流量时电容值应发生变化，且比 0.15～0.35nF 要大，则检测元件正常。

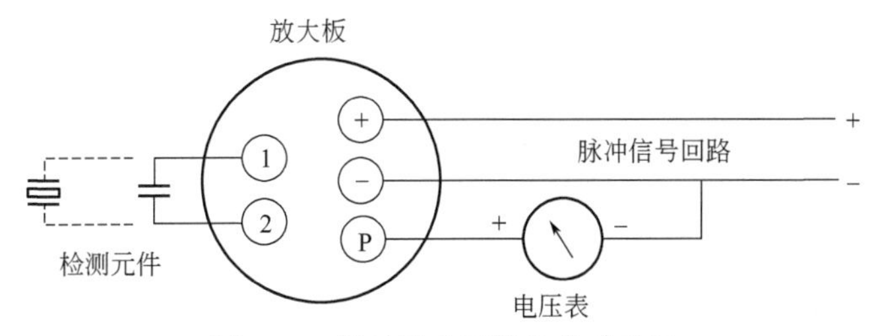

图 7-11　脉冲输出回路连接示意图

b. 转换放大器的检查。转换放大器可用人体感应信号进行检查，用手触摸 1 或 2 端子，电流输出型无信号时放大器输出电流为 4mA，用手触摸 1 或 2 端子放大器输出电流将大于 4mA，说明放大器正常。横河 DY 脉冲输出型，无信号时放大器 P 的输出电压为 23V 或 0V，用手触摸 1 或 2 端子，放大器输出电压为 11V 左右说明放大器正常。

⑦ DY 型涡街流量计，可按图 7-12 的流程进行检查和处理。

(2) 仪表零位偏高

是指工艺管道没有流量时仪表有流量显示，即无流量时转换器仍有大于 4mA 的电流信号，使显示仪的读数大于零。仪表自身原因有：传感器或转换器电子元件损坏，有电磁干扰。工艺原因有：工艺管道振动。可按以下方法检查和处理。

① 确保流量计的流体流量确实为零，这是涡街流量计校对零点的基础。工艺阀门关闭后能做到无内漏是很难的；所以校对零点时，要确认工艺阀门是真的已关严，否则调校零点将无法进行或适得其反。

② 放大器损坏会使输出电流大于 4mA，可用电流表串入转换器输出回路检查或判断。

③ 到现场观察工艺管道的振动状态，属于机械振动应采取减振措施，用支架固定管道，或采用橡胶垫片、橡胶接头减少振动的影响。有轻微振动可调整电气参数来消振，DY 型涡

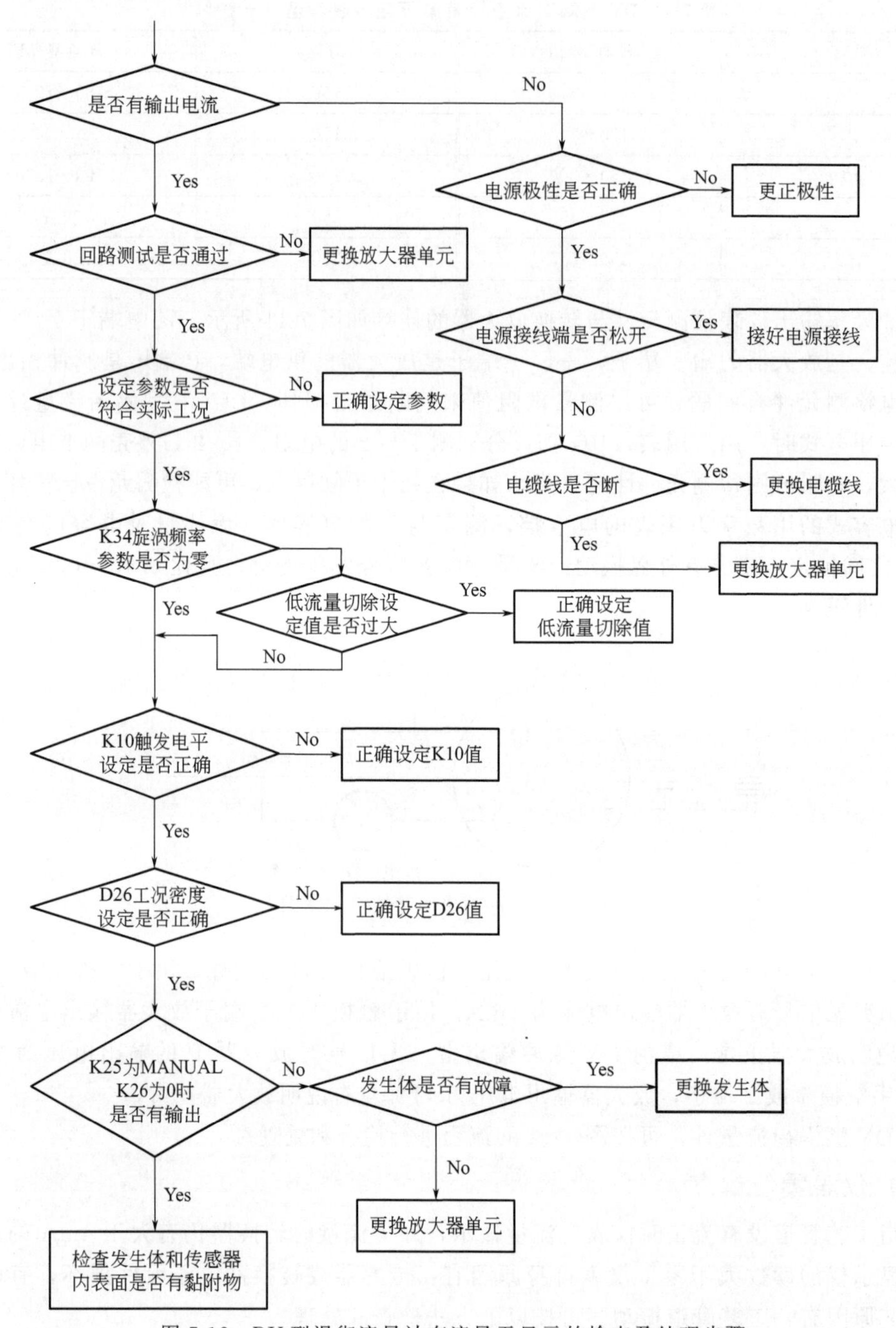

图 7-12　DY 型涡街流量计有流量无显示的检查及处理步骤

街流量计，先将参数 K25 噪声平衡模式（N. B. MODE）选择为手动模式，MANUAL 为(1)。顺时针调整 K26 噪声平衡（N. B），再调 K10 触发电平（TLA），最后调整 K20 增益(db)。上述参数的调整，都会影响流量的下限，特别是增益的调整，因此调整时要逐步微调。振动剧烈的现场，采取抗振措施无效果时，只有改变传感器的安装位置。

④ 传感器前置放大是采用可变增益放大器，在零流量时易引入干扰。应检查是否有电磁干扰，尤其是工频干扰，克服干扰的有效措施是使转换器外壳接地。没有条件接地可采取

转换器浮空的方法来克服干扰。对N.B、TLA、db参数略作调整已会有效果。原来使用正常，突然不正常了，则到现场观察，仪表附近是否有电焊机或变频器，其产生的高频谐波对放大器会造成干扰，也会出现无流体有流量信号的故障。

⑤ CD、E系列涡街流量计把输出信号方式搞错，也会出现仪表零位偏高的故障。要求为电流输出设定成了脉冲信号输出，由于脉冲输出的静态电流大约有8mA。新安装或更换的分体型传感器，应检查传感器与转换器连接电缆的红线、白线（旋涡检测输入端），黑线（公共端）是否接错，对症处理。现场接线盒进水也会引发本类故障，可对症处理。

(3) 仪表显示不稳定及波动

仪表自身原因有：参数设定错误，传感器或转换器连接线路接触不良，放大器的电子元器件损坏，传感器或密封垫片安装不同心，发生体上有缠绕物，有电磁干扰等。工艺原因有：工艺流量不稳定波动大，流体没有充满管道，管道振动，管道的直线段不符合要求，被测介质为两相流或脉动流，可按以下方法检查和处理。

① 用HART手操器检查仪表的设定参数，对设定错误的参数进行更正。怀疑放大器有故障，用正常的放大器进行代换来确定故障。检查现场及控制室该测量回路接线端子及接线，是否有腐蚀、氧化，螺钉松动现象，对症处理。

② 涡街流量计很多故障与参数设定有关。如DY型涡街流量计，D10低切除流量值（LOW CUT），K10触发电平（TLA），K20信号电平（SIGNALLEVEL），K26噪声比率（NOISE RATIO）等参数，会对流量显示的稳定性产生影响，可适当对参数进行微调使流量显示稳定。

③ 检查判断传感器与工艺管道是否同心。密封垫片内径过小突入管道内，发生体上有缠绕物，都会影响流体的流动状态使显示波动。这类故障只能停表拆下检查或处理。传感器前、后直线段不符合要求，需要改变传感器安装位置，以保障仪表测量准确性。对工艺管道前、后直线段的要求是：测量气体时传感器前20D，后10D；测量液体时传感器前10D，后5D。管道上有调节阀、球阀、90°弯头、缩径、扩径等管件时，传感器前、后直线段，要在上述基础上再加长2倍以上。

④ 涡街流量计只能测量单相流，被测液体带有气体，或者被测气体带有液体，对于气固两相流，涡街流量计是测不准的，而且输出信号还会出现波动现象。被测流体是否为两相流，只能请工艺配合来判断。液体出现液固两相流，可在传感器的上游加装过滤器；对液气两相流，可在传感器的上游加装消气器。

⑤ 涡街流量计与流量控制系统配用，流量显示有波动，要考虑流量控制系统是否产生振荡，将控制系统切换至手动，手动调节阀门的开度，观察流量的变化曲线，如果流量曲线比较稳定或波动幅度很小，说明存在系统振荡，可重新对控制系统的PID参数进行整定，看能否解决问题。

⑥ 没有发现明显故障原因，应考虑是否有电磁干扰或工频干扰。克服干扰最有效的措施就是使仪表一点接地。原来正常现在突然显示有波动，应到现场观察，仪表附近是否有电焊机、变频器在使用，其产生的高频谐波对放大器造成干扰，也会出现流量信号波动的故障。

⑦ 涡街流量计是最怕振动的仪表，工艺管道的机械振动会影响到仪表输出信号的波动，消振措施可参考本节：“（2）仪表零位偏高”中的③小节。

调整阻尼时间，或放大器的增益（灵敏度）有助于改善流量显示不稳定或波动故障，根据实际情况适当地调整试一试。

(4) 仪表测量误差大

涡街流量计常会出现显示与实际流量不符的问题，如显示偏高，或是显示偏低；大流量时显示还可以，小流量时无显示、流量有变化但显示变化缓慢等现象。仪表自身原因有：参数设定错误，模拟放大器不稳定造成的零点漂移，设定参数不正确，仪表的量程设置有误，仪表长时间没有进行检定或校准等。工艺原因有：工艺管道的直线段不符合要求，传感器与工艺管道不同心，发生体上有缠绕物，都会出现流量的测量误差，可按以下方法检查和处理。

① 本节："(3) 仪表显示不稳定及波动"中的③、④、⑥、⑦小节中的故障，也会造成仪表测量误差大，对相似的故障可参照上一节中的检查和处理方法。

② 对仪表的零点及量程进行校准，观察仪表的零点是否稳定，有没有零点漂移现象，新安装及更换使用的仪表应检查量程、测量单位、被测介质密度的设定是否正确。

7.4.3 涡街流量计维修实例

(1) 仪表显示最小或无显示

实例 7-28 一台横河 DY 涡街流量计突然没有了电流输出。

故障检查 检查供电电源正常，用 BT200 手操器进行回路测试，在 J10 参数中分别设定 0%、50%、80% 的量程，都没有电流输出，判断放大器有故障。

故障处理 更换放大板，并重新设定参数后仪表恢复正常。

维修小结 更换放大板，一定要重新进行参数的设定，对原来用的参数全都重新进行设定，如 *K* 系数、口径、量程等，由于生产急用，没有对仪表进行标定。有条件时最好去计量部门对仪表进行标定，以保证测量的准确性。

在现场可利用显示仪观察信号，来判断放大器是否正常，用手指碰触放大器检测元件引线输入端产生人为感应信号，可大致判断检测放大器是否有故障；有信号反应说明放大器基本正常，否则，可用正常的放大板进行代换作最后的判断。

实例 7-29 某过热蒸汽流量计，无流量显示。

故障检查 这是一台才使用了一个月的仪表，检查转换放大器没有信号输出，现场检查传感器，敲击管道转换放大器仍然没有信号输出。停产时拆下传感器检查，发现检测元件瓷封部分已出现裂纹，有一根引线也脱落，检测元件已损坏。生产厂来人指出该故障系选型有误所致。

故障处理 把普通型仪表更换为高温型。

维修小结 涡街流量计分为普通型和高温型，普通型的工作温度在 250℃ 以下，高温型的工作温度在 350℃ 以下。本例使用了普通型流量计，过热蒸汽的工作温度在 300℃ 左右，因此，高温造成了检测元件损坏。分辨普通型和高温型仪表最直观的方法，看转换器与传感器连杆的长度，连杆短的是普通型，连杆长的是高温型。使用前如果进行认真核对，就可避免本故障的发生。

(2) 仪表零位偏高

实例 7-30 某装置工艺已经没有流量，仪表仍有显示。

故障检查 先是怀疑小信号切除的设定问题，改 D10 (LOW CUT) 低流量切除值参数没有效果，仪表仍显示一个稍微变化的流量数值。检查发现 E10 参数设置有误。

故障处理 把 E10 由 7 改为 8 后显示恢复正常。

维修小结 这是一台上海横河口径为 250mm 的 DY 涡街流量计。本故障是口径设置错误引发的。菜单项 E10 (NOMINAL SIZE) 为流量计口径设定，参数 7 对应的口径为 200mm，参数 8 对应的口径为 250mm。智能仪表有故障，对设置参数进行检查是很有必要的。

实例 7-31 一台罗斯蒙特 8800D 涡街流量计，没有流量时仍有 4.5mA 电流输出。

故障检查 与工艺联系确定没有流量，是正常使用的仪表，决定略作调整。

故障处理 对低通滤波进行调整，使输出电流为 4mA。

维修小结 按说明书：“在零流量时仍有一个输出误差被检测出来，则可通过调节小流量切除、触发水平或低通滤波来消除”。该表的小流量切除已到规定值不能再调，触发水平厂家不建议用户自调，只对低通滤波 (手操器快捷键：1，4，3，2.4) 进行了调整仍有效果。

(3) 仪表显示不稳定有波动

实例 7-32 某石化厂空气流量控制系统，使用 E+H 涡街流量计，输出信号在一定幅度范围内上下波动，影响了控制系统的工作。

故障检查 阅读仪表规格书，发现该流量计的通径与工艺管道内径只是相近而不匹配。

故障处理 在保证 15D～18D 直管段的前提下，制作安装大小接头进行平滑过渡，使仪表通径与工艺管道内径较匹配，改造后流量波动现象消失。

维修小结 E+H 涡街流量计内径为德国标准 (DIN)，与我国标准 (GB) 的管道内径相差较大。本台 DN150 的仪表实际内径为 159.3mm，而 GB 国标管道的实际内径为 150mm，两者之差达 6%，由于管径的突变，流体在该处因分离而形成了重复循环的二次流动，使流速分布受到了扰动发生了畸变。安装上合适的大小接头作为过渡段，使速度分布恢复到正常状态。

(4) 仪表测量误差大

实例 7-33 某 8800D 型饱和蒸汽流量计显示偏低。

故障检查 是新安装的，对设定参数再次进行检查，发现把流量测量单位搞错了，把量程上限 16000kg/h 设置成了 16000m^3/h。

故障处理 把量程上限的 16000m^3/h 更改为 16000kg/h 后，仪表显示恢复正常。

维修小结 8800D型涡街流量计参数设定完成后，要求先进行试运行，以确认流量计运行是否正常。通过试运行可检查参数的设置及输出变量是否正确，同时也能检查硬件设置是否正确，以纠正仪表在正式使用前存在的问题。本例忽视了试运行环节，所以才出现本故障。

实例7-34 某罗斯蒙特涡街流量计，显示突然从120kg/h左右下降到15kg/h左右。

故障检查 自诊断显示："NO communication"，判断变送器有问题。

故障处理 更换变送器后无法组态，把原来的变送器换上，仪表居然正常了。

维修小结 按说明书自诊断信息提示是："接收到信息不可读，或HC不懂设备的响应，"对其含义不太理解，估计变送器坏了，决定更换变送器，但由于规格不同组态没成功，无奈把原来的变送器又换上，仪表居然正常了。一拆一换有个重新接线的过程，看来本故障是接线接触不良引起的。此前曾测量过供电电压仅有10V，显示又是突然下降的，这两个现象都与接触不良有关联。但在处理故障时只想到是变送器的故障，导致走了弯路，浪费了不少时间。

7.5 转子流量计的维修

7.5.1 转子流量计的工作原理及结构

转子流量计是根据阿基米德浮力和力平衡原理工作的。转子流量计主要由一个扩口向上的锥形管，和一个置于锥形管中可上下浮动的转子组成，当向上的流体经过直立的圆柱形空腔时，带导向的锥形转子向上浮动，当作用在转子的浮力A、阻尼力W、转子重量G处于平衡状态时，转子的位置代表了当时的流量，转子行程的任一高度，都代表着一个流量瞬时值。在转子中安装一块永久磁铁，它的高度位置变化通过磁感应带动指针运动，指针也就显示了流量的变化，如图7-13所示。智能型转子流量计采用微处理器控制，转子位置变化的磁力线，通过双霍尔传感器测量磁场的垂直和水平分量，测量结果与磁场标定检查表和流量送进比较，储存在微处理器中；瞬时流量用内插法导出，并转换成测量值进行显示，并输出对应的4～20mA信号，进行显示或控制。

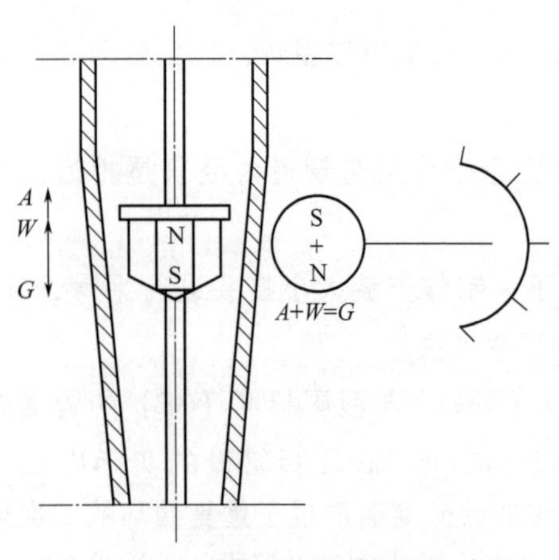

图7-13 金属转子流量计结构示意图

7.5.2 转子流量计故障检查判断及处理

(1) 转子或指针停在某一位置不动

转子或指针停到某一位置不动，最直接的原因就是转子被卡死不会旋转了，是转子流量计最常出现的故障。仪表自身原因有：转子导向杆与止动环不同心，造成转子卡死；工艺原因有：流体太脏或结晶卡死，开启阀门过快，使得转子快速向上冲击止动器，造成止动器变形而将转子卡死。可按以下方法检查和处理。

① 观察转子是否真的被卡住。使用橡胶锤敲击仪表安装法兰来振动转子。转子由于磁性吸附作用，会有许多金属颗粒附着其上，致使转子上下移动受阻卡住。敲击振动后，部分颗粒渣滓会随介质流出流量计，转子能随流体变化而旋转，说明杂质较少，可随流体冲走，使流量计恢复正常。

② 敲击仪表安装法兰振动转子没有效果，应拆下仪表检查和清洗，铲除附着物或污垢层。导向杆如弯曲，对导向杆进行校直。金属转子流量计的磁耦合转子组件，磁铁上附着的大多是铁粉或颗粒。新安装的仪表运行初期应利用旁路管，充分冲洗管道；为防止管道产生铁锈，可在表前装设过滤器。转子组件在清洗完成后，应检查转子运行的灵活性，可用手指推动转子到上导向，松手后转子应能自由下落到下导向，并且有很清晰的金属撞击声，在导向杆上多试几个位置，观察转子的滑行状况，都很灵活，说明转子组件装配良好。

(2) 流量有变化但转子或指针移动迟滞

也就是流量有变化但仪表的反应不灵敏。转子与导向杆间有微粒等异物，磁耦合转子组件上附有磁性物质或颗粒，都会使转子转动迟滞，处理办法仍然是拆卸清洗。

转子导向杆与止动环不同心也会造成转子卡死。处理时可将变形的止动器取下整形，检查与导向杆是否同心，不同心应进行校正，然后将转子装好，手推转子，感觉转子上下通畅无阻尼及卡住现象即可，转子流量计一定要垂直或水平安装，不能倾斜，否则容易引发卡表或使转子、指针移动迟滞。

检查指示部分的连杆、指针是否有卡住现象，可手动磁铁耦合连接的连杆，用手感觉传动是否灵活，否则进行调整；检查旋转轴与轴承是否有异物阻碍运动，对症进行清除或更换零部件；磁铁磁性下降也会出现本故障。用手上下移动转子，观察指针能否平稳地跟随着移动，不能跟随或者跟随不稳定，则应更换磁铁。维修时为防止永久磁铁的磁性减弱，严禁两耦合件互相撞击。

(3) 没有流量显示

该故障是针对远传仪表而言，检查及处理方法如下。

① 现场仪表无显示

a. 液晶显示器不亮无显示，先检查仪表的供电是否正常，再检查接线是否正确。线路或电路板是否接触不良，可重新上紧螺钉或拔插电路板试一试。

b. 指针不会动，可利用磁耦合原理，改变现场远传显示部分与转子部分的上下相对位置，来模拟转子的移动位置，在移动显示部分时指针能够正常改变显示，证明显示部分正常。如果指针没有改变显示，应检查远传显示及信号电源有无故障。指针变形或松动，玻璃面板损坏挤压指针或将指针卡住，都会出现现场仪表无显示；可调整、更换指针或更换玻璃面板。

② 控制室仪表无显示　控制室仪表无显示是指现场有电流信号输出，但控制室的仪表无显示的故障。用一个回路的概念来分析判断、查找故障点，用现场校验仪对控制室仪表、卡件、隔离栅进行检查，从仪表的输入端送电流信号，测量输出端的电流信号是否正常，通过测试大多能发现故障。怀疑电路板有问题，可用相同的备件进行代换来确定故障。

(4) 测量误差大

是指实际流量与指示流量不一致。原因及处理方法如下。

① 工艺介质的腐蚀，造成转子质量、体积、直径有变化；锥管内管径的变化会影响测量精度。更换转子后仍有较大误差，只有返厂重新标定，或者更换新表。

② 转子、锥管附有污垢、杂质等异物，应拆卸进行清洗，清洗要用棉布等软物，不能用金属件，不要用砂纸擦除污物，防止损伤锥管内壁和转子的直径、体积。

③ 工艺流体的物性与设计的流体密度、黏度等不一致；气体、蒸汽、压缩性流体温度或压力的变化；只能按变化后的物性参数来进行流量值的修正。

④ 流体脉冲，气体压力急剧变化都会使流量指示值波动，也会造成转子的偶发跳动，或周期性的振荡；只能在工艺管道安装缓冲装置，或者调整仪表的阻尼。

⑤ 被测液体中混有气泡，气体中混有液滴，测量液体的仪表内部死角会存留气体，将影响转子的浮力，对小流量仪表及低流量测量影响较大，只有采取排液、排气措施来解决。

⑥ 新安装投用的仪表应检查安装是否符合要求，垂直度及水平夹角是否优于 2°，仪表安装的直线段，是否达到表前 $5D$，表后 250mm 要求。转子流量计出厂前是按照用户提供的流体条件，如密度、温度、压力等，经过换算后用水进行标定的，在现场是不能互换使用的，安装时用错了仪表就会出现测量误差。同理，如果工艺流体的密度、温度、压力等参数偏离设计条件太多时，也会出现测量误差。

⑦ 转子流量计在使用中，受工艺管道振动的影响，磁铁、指针、配重、旋转磁钢等活动部件可能会出现松动现象，使测量出现较大误差。可用手推指针的方法来判断该类故障。首先将指针按在 RP 位置，看输出是否为 4mA，流量计显示是否为 0%，再依次对其他刻度进行检查。若发现不正常，可对部件进行调整及紧固。

(5) 电流输出信号不正常

该类故障包括无电流信号输出，输出电流小于 4mA，输出电流与流量不符，流量为零时仍有较大的电流输出等。可能的原因及处理方法如下。

① 先检查仪表供电是否正常，接线有没有错误，接线端子有没有氧化、锈蚀而出现接触不良的现象。

② 机械机构出故障，可检查矢量连杆机构，是否移位或变形；可适当进行调整，可通过矢量连杆机构对零点和量程进行粗调，再通过转角放大器对零点和量程进行细调。

③ 现场仪表有指示，输出电流不正常大多是变送电路有故障。可采用分部检查来缩小故障范围，通过测量电流信号，来判断接线、卡件、DCS 端的故障点。可用手将转子向上移动，观察电流是否增大，带指针的可以用手推动指针，看电流有没有反变化，如果有变化，说明变送电路基本正常。

④ 仪表的输出电流小于 4mA 或者大于 20mA，有可能是仪表设置了故障报警输出，一般仪表的故障报警输出分别为 3.8mA 或 22mA，可通过检查设定值来确定。

7.5.3 转子流量计维修实例

(1) 转子或指针停在某一位置不动

实例 7-35 新装置进行试车，流量计经常出现堵塞及转子卡死的现象。

故障检查拆开流量计发现转子上吸了很多的铁锈，还有很多电焊渣把转子卡死。

故障处理条件允许时，可先用水、氮气或者空气对工艺管道进行冲洗，然后把流量计拆下换上短节，待工艺管道置换完成后再装流量计，大多能解决问题。

维修小结新投运的装置，安装施工过程中在工艺管道里，或多或少都会有焊渣、铁锈、及各种尘粒等存在，这些物质进入流量计，常会造成转子被卡的故障出现。在用的流量计可以加装磁性过滤器。在装置停车检修时要拆下流量计进行清洗，开车时使用旁路阀门，投运时不要猛开阀门，以避免瞬时流量过大造成转子被卡死的故障。

（2）仪表显示不稳定有波动

实例 7-36　某装置上新安装的 4 台金属转子流量计，电流输出波动大。

故障检查观察 DCS 显示，流量读数在 20% 范围内波动，而现场的机械指针并没有波动，断开 24V 电源用现场校验仪对仪表供电，仪表显示正常。怀疑仪表供电有问题或受到干扰，检查 DCS 控制柜，发现仪表电源线的屏蔽层没有接地。

故障处理将电源线的屏蔽层接地，故障消失。

维修小结后来发现仪表线缆桥架上边有高压电缆，这是一例由于电磁干扰引发的故障。电磁干扰的出现具有随机性，有时可能漏接地线仪表仍能正常工作，有时接了地线就有很大的改观。为了避免干扰引发的故障，一定要遵守仪表安装、维修规程的规定。

（3）流量有变化但转子或指针移动迟滞

实例 7-37　操作站的流量显示不正常

故障检查从经验判断现场仪表转子卡的可能性很大，现场检查发现现场表的指针移动迟滞，敲击振动流量计，指针移动迟滞没有改观，与工艺联系拆下处理。

故障处理拆下流量计，用尖嘴钳拆下卡簧，卸下取出转子，发现有许多金属颗粒附在转子上，用水进行清洗并正确安装后，现场表的指针及操作站的显示恢复正常。

维修小结工艺管道中总会有杂质存在，尤其是铁锈等磁性物质，被转子的永久磁铁吸住，致使转子上下移动受阻，从而使指针移动迟滞，严重时会将转子全卡死。

实例 7-38　某转子流量计指针移动迟滞

故障检查敲击并振动流量计，指针移动迟滞没有明显改观，拆下仪表进行处理。

故障处理发现转子上附着的污物并不多，但移动转子不灵活，怀疑部件变形，调整转子及变形部件使之上下同心，重新组合安装，投运后仪表恢复正常。

维修小结转子卡的原因大多是转子上附有污物或金属颗粒，而部件变形造成转子移动不灵活的故障在现场偶有发生。校正同心后要用手推动转子，或者上下晃动，观察转子能否灵活地自由移动，再进行正确的装配。转子部件变形，除受介质冲击力引起外，可能与安装也有一定关系，仪表要垂直安装不能倾斜，上固定螺钉时，要对角上紧使之受力均匀。

(4) 没有流量显示

实例 7-39 新安装的转子流量计，现场指示正常，但DCS无流量显示。

故障检查 流量计的输出电流仅有4mA，拆下信号线，用现场校验仪送电流信号，DCS有显示，说明故障在变送器端；检查发现电路板松动。

故障处理 断电，重新拔插电路板后，流量计输出电流正常。

维修小结 现场指示正常，重点应检查输出电流是否正常。确定故障在变送器后，找了一块同样的电路板进行代换，在拆卸的过程中发现电路板有松动现象，估计问题出在这，断电重新拔插电路板后，输出电流正常。电路板的松动有可能是运输、搬运中，仪表受到振动和颠簸造成的。

实例 7-40 FIR503转子流量计现场有显示，但操作台突然显示0%。

故障检查 经测量现场仪表输出电流有16mA左右，安全栅输入端电流与其相符，但安全栅的输出电流仅为4mA左右。

故障处理 更换安全栅后，操作台有流量显示。

维修小结 正常使用中突然没有显示，大多是电源、线路出故障，或者仪表内部电路有故障。现场仪表有电流输出，说明供电、接线没有问题，可从现场电流回路着手，分步检查到控制室，当发现电流到什么地方不正常时，这也就是故障点了。

(5) 测量误差大

实例 7-41 某金属管转子流量计，现场仪表指示正常，但电流输出偏高。

故障检查 与工艺协商停表，关闭工艺阀门观察，仪表指针能回到零点，但DCS的显示仍偏高，显示60%流量值，测量回路电流有13mA左右，检查供电正常。用兆欧表测试电缆的对地电阻，发现正极对地电阻值小于5M ，看来电缆的绝缘性能也大大下降。

故障处理 更换电缆线后，仪表恢复正常。

维修小结 本例曾怀疑是供电电源的问题，另外供电仪表恢复正常；后将有故障的仪表信号接至其他测点上试，故障现象仍然存在，这时才怀疑信号电缆可能有问题，测量电缆对地绝缘电阻才发现了故障的原因。

实例 7-42 某转子流量计的流量常会缓慢下降，直到显示为零。

故障检查 检查阀门、流量计都没有堵塞现象。观察发现被测介质有液体夹带气体现象。

故障处理 加装排气装置后，问题基本解决。

维修小结 仪表测量的是180℃左右的乙二醇，在高温工况下通过阀门时由于有压降会使乙二醇部分气化，使流过转子流量计的介质中含有大量的气泡，导致转子的升力不够，而出现转子慢慢下降的现象，出现了流量显示值缓慢下降的故障。只有消除气化现象才能从根本上解决问题，但难度很大，目前能做的就是定期进行排气。

7.6　质量流量计的维修

7.6.1　质量流量计的工作原理及结构

科氏力式质量流量计运用流体质量流量对振动管振荡的调制作用为原理。传感器由振动管（测量管）、信号检测器、振动驱动器、支撑结构和壳体组成，如图 7-14 所示。变送器以微处理器为核心，它向传感器提供驱动力，并将传感器测量的信号转换为质量流量信号，还有根据温度参数对质量流量和密度测量进行补偿、修正的功能，变送器输出电流信号或频率信号，可按一定的协议与 DCS 通信。

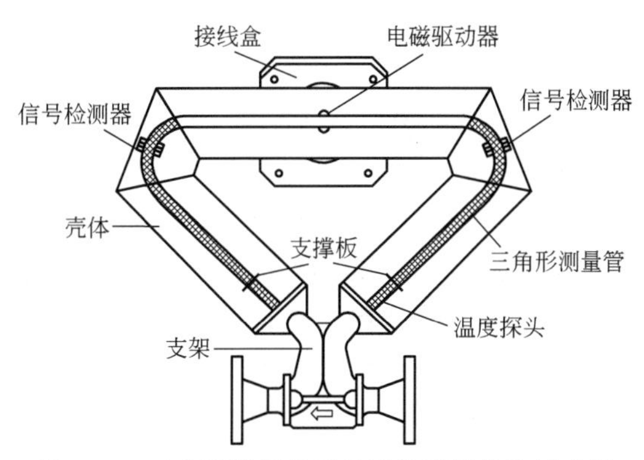

图 7-14　三角形管质量流量计传感器结构示意图

质量流量计管型结构很多，各厂产品、不同型号、规格的质量流量计，日常维护和故障处理的内容有所不同，但基本方面是相同的。本小节仅介绍一些共同性的内容，应结合企业实际使用的仪表，进行维护和故障处理。

7.6.2　质量流量计故障检查判断及处理

一体式质量流量计电流输出回路如图 7-15 所示。用显示仪或 DCS 卡件，现场至控制室的接线回路基本是一样的。一体式质量流量计脉冲输出回路如图 7-16 所示。两种输出电路的故障检查方法基本是相通的。分体式质量流量计，需要 3 组电缆，电源、信号输出、传感器/变送器连接线。现根据图 7-15 及图 7-16，结合具体的故障现象，对故障检查及处理进行介绍。

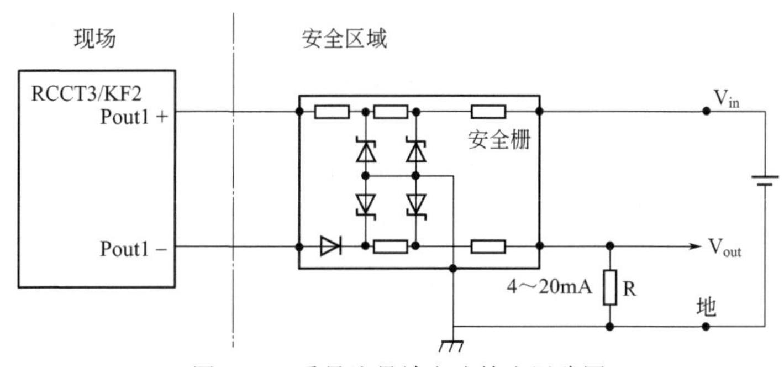

图 7-15　质量流量计电流输出回路图

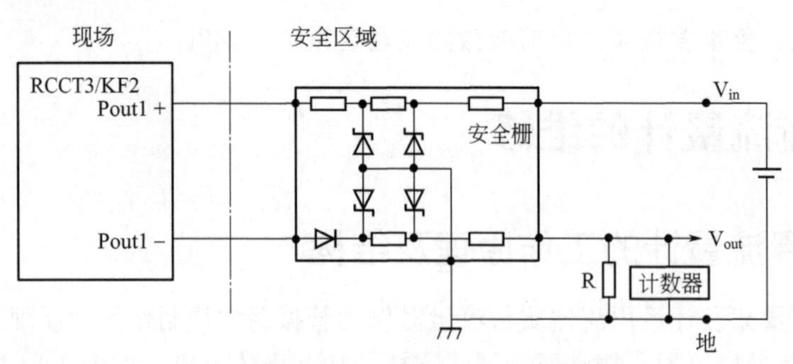

图 7-16 质量流量计脉冲输出回路图

（1）没有流量显示或无输出

该故障是指变送器或转换器已供电，工艺管道中有流量，但仪表没有流量显示或输出信号，通常应从以下几方面着手进行检查。

① 先观察仪表有没有报警，先按报警信息提示进行检查和处理。如高准的质量流量计，进入菜单：同时按住“Scroll”和“Select”4s 左右松开可以进入菜单查看报警代码。

② 科氏力式质量流量计都有驱动线圈，通电后驱动器就会发生振动，因此，可先到现场听传感器有没有嗡嗡的响声，用手摸传感器有没有振动感，有响声和振动感，说明供电及驱动线圈正常。但嗡嗡声和振动空管时较明显，介质满管时不太明显。

③ 如果没有响声和振动感，先检查供电是否正常，电源是否真的供上，可测量图 7-15 及图 7-16 中的 V_{in} 与地之间的电压。检查电源输出板的熔丝是否熔断。更换熔丝能送上电，说明没有短路，再烧保险说明有短路故障，应仔细检查负载电路，没有查出短路点不要轻易再送电以免故障扩大。

④ 检查接线是否正确，新安装仪表的接线是检查重点。检查传感器与变送器之间电缆的通断，艾默生质量流量计的 9 芯专用电缆，检查棕和红、绿和白、蓝和灰、黄和紫各线对之间的屏蔽是否与各种颜色导线短路，有短路、断路故障的电缆应更换。检查变送器端是否已把 4 根屏蔽线绞合在一起单点接地。传感器检测线圈或驱动线圈断路，接线盒进水受潮也会出现没有流量显示的故障。

⑤ 检查组态数据是否正确，可重新设置组态参数。如关闭了电流输出功能，也会出现无电流输出现象。没有输出电流及脉冲时，可测量图 7-15 及图 7-16 中安全栅输出和输入端的信号，来判断故障在安全栅前还是后，还是安全栅有问题，对症进行处理。硬件故障可分部进行检查。若被测介质含气量太大，请工艺人员配合解决。

（2）零点漂移

零点漂移是科氏力式质量流量计在运行中经常遇到的问题，即管道中已经没有流量但仪表仍显示流量值。造成质量流量计零漂的因素很多，解决仪表零漂问题，一是定期进行零点检查和调整，二是请工艺配合来解决。

① 工艺原因引发的零点漂移故障现象及处理如表 7-2 所示。

表 7-2 质量流量计零点漂移故障及处理方法

故障现象	可能原因	处理方法
零点慢慢移动，且各次漂移状况相同	停流后液中微小气泡积聚于测量管上部，或浆液中悬浮固体分离沉淀	停流后立即调零，使调零时流体分布状态与流动时相近。调零完成后出现的零漂可予忽略。若考虑零漂后的信号输出，提高小信号切除值

续表

故障现象	可能原因	处理方法
零点大幅漂移，且各次漂移差别很大。驱动增益上升，严重时超过 13V 而饱和	停流时气泡滞留在测量管内，特别是弯曲测量管容易发生	①勿使进入气泡 ②偶尔发生漂移可予忽略，不必每次调零 ③提高管道静压，使气泡变小达到零点
零点漂移量大，很多情况下无法调零	测量管内壁黏附流体内沉积物	清洗或加热熔融清除之
因流体温度的漂移，同一口径的科氏力式流量计温度值越小，零漂越大	液体温度变化	①以实际使用测量时温度调零 ②停流时温度变化形成的零漂，不予处理 ③测量温度相差 1℃时再调零
零点不稳定，但移动量很小	管道有振动	很多情况不产生测量误差，可以不予处理
温度变动形成应力变化，传感器前后机械原因形成应力变化	流量传感器所受的应力变化	①出入口中任一处换装柔性连接管 ②若出入口设置橡胶软管，在传感器与软管之间，置 2 个以上支撑点
零点漂移	液体密度与原调零时密度有差别	密度相差±0.1g/cm^3 以内，影响测量值很小，超过此值即以最终实液调零
压力变化造成液体微量流动	停液时管道中滞留气体因压力变化而膨胀或收缩，使液体移动	①手动截止阀装在邻近流量传感器，关阀使处于完全零流状态 ②在管系适当场所设置排气口，消除气腔

检查故障时到现场观察传感器受振动的状态，有振动影响时，应增加或加固传感器两端的支撑件。可通过设定小流量切除值，适当增加阻尼值来解决问题。采取以上措施零漂还是没有改观，可能就是仪表本身的零点漂移了，可对流量计进行调零。

② 零点调校方法

a. 接通流量计电源，并充满介质运行 1 小时至数小时。

b. 先关闭传感器下游阀门，再关闭传感器上游阀门，确保传感器已是满管状态；且被测流体已完全停止流动，让其稍微稳定几分钟。

c. 用手操器对高准质量流量计进行调零，如图 7-17 所示。

d. 检查调零点前后零点的波动情况，并做记录，调零点可反复做几次，直至实际零点在零附近波动，且波动范围小于其零点稳定性指标，则调零点成功。

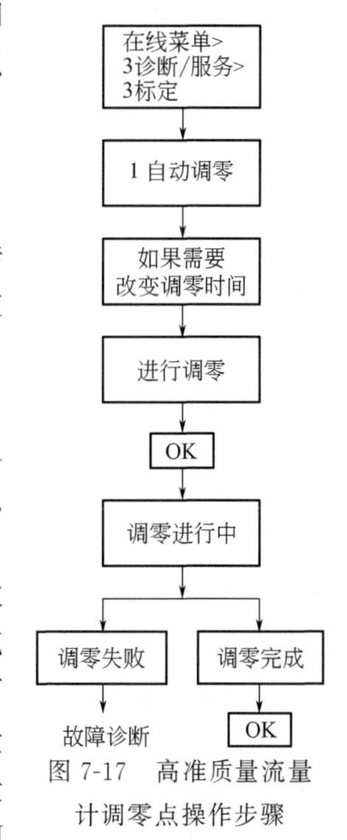

图 7-17　高准质量流量计调零点操作步骤

调零时把小流量切除值改为零，零点调好后才便于观察零位的波动情况。零点正常后再将小流量切除加上。新安装的质量流量计，建议用手操器或者变送器界面调出“调零菜单”记录出厂零点预设值，调零完毕后与预设值进行比较，两值要在一个数量级，两值差异较大，说明安装应力太大，应重新安装。有的质量流量计，在传感器出厂铭牌上就标有出厂零点预设值，如 E＋H 公司的 83 系列仪表。

③ 无法进行调零的原因及处理方法

调零操作时会出现无法调零的现象，原因有：仪表存在关键报警；某些功能被打开，如含气模式，贸易交接模式等；实际流量过大。传感器前后的阀门泄漏没有完全关闭，使介质仍处于流动状态；介质含两相流即气液混合、固液混合；以上问题只能请工艺帮助解决。传感器测量管内壁黏附沉积物；传感器本身有故障；可拆下传感器进行清洗及更换传感器。

④ 工艺原因引起的零漂及处理方法

很多零漂是工艺原因引起的，如两相流或不满管。这类零漂不可能通过调零来解决。只有提高小流量切除值，可取到最大流量的 0.5%～1.0%。开启团状流（slug flow）功能，改变传感器的安装朝向或安装位置，通过管线循环使介质充满管道及传感器。

(3) 瞬时流量显示负值

先进行零点的检查，关闭传感器上下游的阀门，使工艺流量为零，仪表能显示零流量，可判断仪表是正常的，不用过多纠结仪表自身有故障，应重点检查是什么原因使信号极性改变了。检查组态设置有没有错误，流量方向是否设置为反向；瞬时流量的绝对值与显示值相符，则可能是接线极性有误。接线正确，可检查前装放大器有没有问题，可通过代换来判断。

传感器的驱动电压为零也会出现负流量显示，可测量驱动线圈的电阻值来判断。把线夹从接线端子板上拔出，用数字万用表测量线夹每个线对的电阻，各线对间应该不存在无穷大的电阻读数，左检测线圈（LPO）和右检测线圈（RPO）的电阻值应相同，阻值差别应≤10%。出现不正常的读数，应在传感器的接线盒上重复线圈电阻的测量，以排除电缆故障的可能性。所有线圈对地是开路的，测量的线对电阻有短路或开路现象，说明传感器损坏。各种规格型号的科氏力式质量流量计，线圈电阻值是不相同，具体数值可参考相关使用说明书。表 7-3 是艾默生质量流量计 9 芯线对的颜色表。

表 7-3　艾默生质量流量计 9 芯线对的颜色表

测量项目	驱动线圈	左检测线圈	右检测线圈	温度传感器	导线长度补偿器
线对颜色	棕和红	绿和白	蓝和灰	黄和紫	黄和橙

(4) 流量显示不准确

流量显示不准确是指显示流量与实际流量有较大的偏差。对仪表的零点进行检查，还应检查以下项目：工艺管道变形或者支撑件变形，使传感器受到应力的影响；原来的接地线由于氧化、腐蚀而出现接地不良现象；在重新设置参数时，不熟练而出现参数设置错误；变送器有故障等都会引发流量显示不准确，可按以下步骤检查及处理。

① 零点检查：在传感器充满介质后关闭传感器上、下游的阀门，检查流量计的零点是否正常，否则进行调零操作。

② 管道介质的实际工作压力与设计值是否出入太大，以确定是否需要进行补偿。

③ 检查设置的流量系数及其他参数是否正确，否则进行更正。

④ 与工艺联系确定被测介质是否处于满管，或被测介质有两相流状态。如果不是满管，则被测介质的缓慢流动，对传感器管子造成不平衡振动，将会影响传感器的性能和准确度，而出现仪表显示不准确。工艺介质的不满管情况，应会同工艺采取必要措施，如提高工作压力，开大阀门来提高介质的流量。有两相流状态则应安装排气装置，或改变安装方式。工艺管道有较大振动，应采取固定或支撑措施。

(5) 显示和输出值波动

流量显示有波动或波动范围较大，应检查电源屏蔽线的接地电阻是否小于 4Ω，检查接线有没有问题，还应检查驱动电压的波动情况及振动频率是否稳定。怀疑驱动放大器不稳定时，可用相同型号的代换以确定故障；如果阻尼时间设定小了，可以适当加大。如果变送器周围有较强的电磁场或射频干扰，则应采取屏蔽及接地措施。对于工艺原因：管道振动应加固支撑件，支撑件最好固定在水泥墩上；流体有两相流，应在传感器上方管道开孔安装阀门，用来排放气相组分；传感器管道堵塞或有污物积垢，检查并清理管道、清洗传感器。流量显示波动可按图 7-18 的步骤检查和处理。

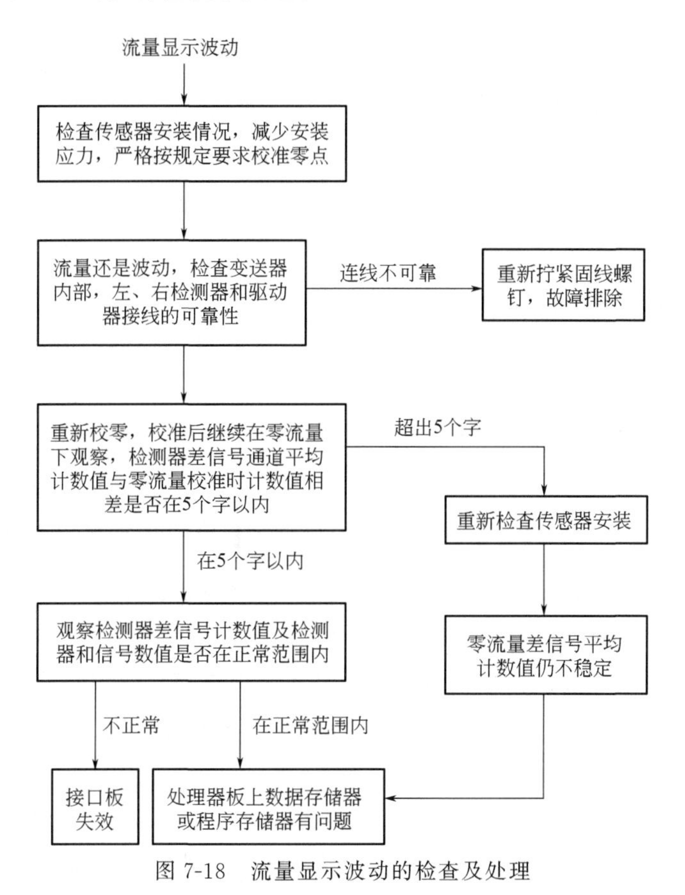

图 7-18　流量显示波动的检查及处理

7.6.3　质量流量计维修实例

(1) 没有流量显示或无输出

实例 7-43　工艺管道有流量，但流量计显示数值不会变化。

故障检查　现场检查打开接线端子盒发现有水，再检查发现没有密封塞。

故障处理　对接线端子及端子盒进行干燥处理，加装密封塞。

维修小结　质量流量计接线端子盒的密封性能是很好的，由于施工人员粗心，把密封塞给弄掉了没有补装，导致雨水进入接线盒，使流量计失常。

实例 7-44　横河 FIR306 型质量流量计突然没有输出。

故障检查 面板显示 E-08 报警，表明内置热电阻有故障，经测量热电阻开路。

故障处理 为了不影响生产，在测量处安装了一支热电阻，接入表内代替内置热电阻来应急，解决了问题。

维修小结 查说明书知，$T<-210℃$ 或 $T>450℃$，表明温度已超限，只要检查热电阻就可确定故障。智能仪表的故障自诊断信息很多，记不住时查阅说明书就可以知道是怎么一回事了，不用强记，但保管好说明书很重要。

实例 7-45 RCCT3 型流量计无输出。

故障检查 查看面板出现 E-01 报警信息，表明驱动频率超出量程。检查仪表没有发现问题。与工艺共同查找原因，是被测液态流体汽化造成的。

故障处理 把工艺的出口阀门适当关小后，仪表恢复正常。同时在传感器下游安装了一只压力表来监视管道里的压力。

维修小结 本例故障是工艺原因引起的。工艺管道出口阀门开得太大，使压力降过大出现液态流体汽化现象。适当关小工艺出口阀门，相当于增加了传感器下游的压力，就可以减少或消除液态介质气穴和闪蒸现象的出现。

(2) 流量显示不准确

实例 7-46 某厂一台质量流量计在工艺没有流量时，仍有累积流量。

故障检查 检查后发现传感器两端的安装支撑不符合要求，一是两端支撑距离不等，二是支撑的底部与地面悬空，没有起到支撑作用。

故障处理 对传感器两端的支撑件进行整改，使其符合安装要求。

维修小结 质量流量计安装时要求传感器法兰与管道法兰平行，以避免应力产生。工艺管道在使用中由于重力的作用，总会出现下坠情况，本例中传感器的支撑底部与地面是悬空的，根本没有起到支撑作用。管道下坠所产生的应力会作用到传感器的测量管上，引起检测探头的不对称性或变形，从而导致零点漂移，造成流量的测量误差。

(3) 显示和输出值波动

实例 7-47 某在用的流量计常出现显示波动。

故障检查 怀疑接线接触不良，多次检查及紧固接线端子，没有改观。后来发现是转换器与传感器之间的接线接触不良。

故障处理 重新紧固接线，故障排除。

维修小结 怀疑有干扰但理由又不充分，本表使用以来一直是正常的。一开始按经验判断怀疑是导线有接触不良现象，多次检查没有发现问题，有时动动线，故障消失，还以为已正常，过数日或数小时，故障又出现。通过扩大检查范围才发现问题所在。

第8章

液位测量仪表的维修

8.1 液位测量仪表故障检查判断思路

检查判断液位仪表故障，最直观的就是与现场的就地液位计比较，观察仪表显示值、液位变化趋势是否与就地液位计相符。

液位参数的变化速度与容器的容积有很大关联，应根据实际情况来判断它的变化速度是否正常。锅炉汽包液位变化就很快，但液体储罐的液位变化就较缓慢。液位显示突然出现大的变化和波动，显示最大或最小，仪表出故障的可能性大。

液面显示值为最大或最小先检查变送器，如果变送器正常则显示仪表有故障。变送器的输出与DCS的显示基本一致时，可将液位控制系统改为手动操作，改变调节阀的开度，观察液位的变化，液位有变化一般为工艺的原因，没有变化则仪表有故障。

工艺液位有变化，仪表无输出、液位显示最小、液位显示最大，应重点检查变送器及显示仪或DCS卡件。不能忽视对平衡容器的检查，检查冷凝液、隔离液是否被冲跑。检查雷达液位计发射天线及周围是否结垢，是否有水珠等现象，该现象会使微波没能真正发射到实际物位上，可通过清除结垢、擦拭天线来排除故障。

液位显示或记录曲线波动很大且较快时，有可能是PID参数整定不当。变送器阻尼设置不当，取样阀门、导压管路泄漏都会引起液位显示曲线波动。

液位测量最怕的是出现虚假液位，怀疑有虚假液位现象时，一定要冷静判断；将控制系统切换到手动操作，对变送器及系统进行检查或校准，检查导压管路、阀门有没有问题，直到找出问题所在。

液位显示偏低时，浮球液位计应检查主体管内是否有沉淀物质，否则应进行排污及吹洗。浮筒液位计可通过排污对浮筒上的黏附物进行冲洗，并可检查有无堵塞现象。吹气式液位计应检查气源管路有没有泄漏现象。

8.2 差压式液位计的维修

8.2.1 差压式液位计的工作原理及结构

(1) 差压式液位计的工作原理

差压式液位计是根据流体静力学原理工作的，即容器内液位的高度 H 与液柱上下A、B两端面的静压差成比例，如图8-1所示，静压力 p_B 对与其自由表面上的压力 p_A 之差 Δp，等于液体密度 ρ、重力加速度 g 和液柱高度差 H 的乘积。

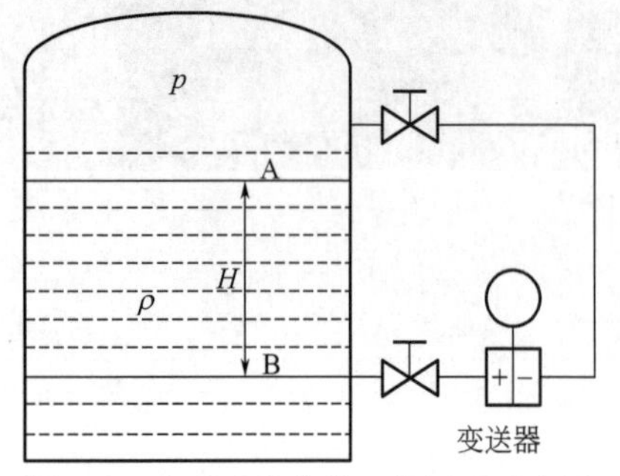

图8-1 差压式液位计工作原理示意图

$$\Delta p = p_B - p_A = H\rho g \tag{8-1}$$

开口容器是通过测量容器内变动的静压力与大气压之差来测量液位；密闭容器是通过测量容器内变动液位的静压力与其蒸汽压力之差来测量液位。

(2) 差压式液位计的零点迁移

在差压式液位计维修及故障判断时，初学者很难理解差压式液位计的零点迁移，为了维修工作的顺利进行，很有必要对零点迁移问题进行一些说明。

差压变送器测量液位，变送器取压中心线与液位零点处于同一水平线，气相为不凝气体对测量没有影响，变送器就不需要零点迁移。气相为可冷凝气体导压管中有冷凝液时，变送器就需要零点迁移。变送器取压中心线与液位零点不处于同一水平线，被测介质是高温液体或强腐蚀性的液体，必须用冷凝液或隔离液来传递差压信号，为了克服介质及冷凝液或隔离液的液柱对仪表读数的影响，使仪表正确显示液位高度，必须根据变送器的安装情况，对变送器的零点进行迁移。

零点正负迁移是指变送器零点的可调范围，它和零点调整不一样。零点调整是在变送器差压输入信号为零，而输出不为零时的调整；而零点正负迁移，是在变送器的差压输入不为零时，将输出调至零的调整。差压变送器的低压室有输入压力，高压室没有，将输出调至零时的调整称为负迁移；差压变送器的高压室有输入压力，低压室没有，把输出调至零的调整称为正迁移。因此，迁移是在变送器有差压输入时的零点调整工作。

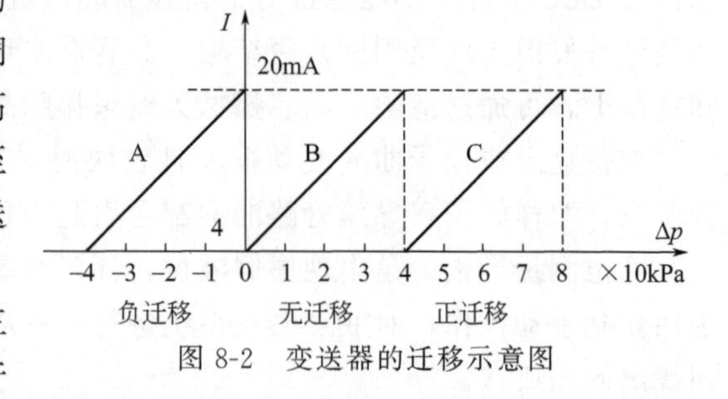

图8-2 变送器的迁移示意图

迁移可分为负迁移、无迁移、正迁移三种，如图8-2所示。变送器的测量范围等于量程和迁移量之和，即测量范围＝量程范围＋迁移量。图中A量程为40kPa，迁移量为－40kPa，测量范围为－40～0kPa；B量程为40kPa，无迁移量，测量范围为0～40kPa；C量程为40kPa，迁移量为40kPa，测量范围为40～80kPa。

从图8-2可知，正、负迁移的输入、输出特性曲线为不带迁移量的特性曲线沿表示输入量的横坐标平移。正迁移向正方向移动，负迁移向负方向移动，移动的距离即为迁移量。因此，正、负迁移的实质是通过调校变送器，改变量程的上、下限值，而量程的大小不变。

可以这样记忆：当液位 $H=0$ 时，若变送器感受到的差压 $\Delta P=0$，则不需要迁移；若变送器感受到的差压 $\Delta P<0$，则需要负迁移；若变送器感受到的差压 $\Delta P>0$，则需要正迁移。

(3) 法兰式差压液位计的量程及迁移计算

法兰式差压液位计由差压变送器、毛细管和带密封隔膜的法兰组成，法兰式差压液位计有单法兰和双法兰两种。

迁移计算时应考虑毛细管充灌液的密度，计算式如下：

a. 被测液位高度对应的差压为：　$\Delta p=H\rho g$　(8-2)

b. 负迁移量为：　$p_-=H\rho_0 g$　(8-3)

c. 差压变送器的量程范围为：$-H\rho_0 g\sim(H\rho g-H\rho_0 g)$　(8-4)

式中　H——被测液位高度，mm；

p_-——负迁移量，kPa；

ρ_0——毛细管充灌液密度，g/cm^3；

ρ——被测介质密度，g/cm^3；

g——重力加速度，m/s^2。

双法兰差压液位计在测量容器的液位时有三种安装方式：变送器在两个安装法兰中间；变送器在两个安装法兰下面；变送器在两个安装法兰上面。这三种安装位置变送器的零点迁移量是相同的，其零点迁移量为 $-H\rho_0 g$。这说明双法兰差压液位计在迁移量及量程确定后，变送器的安装位置高、低对液位测量结果没有影响，但在维修中，是需要考虑变送器所承受的静压影响问题的，详见本章 8.2.2 中（8）液位变化迟缓一节的介绍。

计算实例　双法兰变送器测量密闭容器的冷凝水液位，如图 8-3 所示。已知最低液位 $b=100$mm，液位变化 $c=2000$mm，两法兰距离 $e=2200$mm，冷凝水密度 $\rho_y=822kg/m^3$，蒸汽密度 $\rho_q=15kg/m^3$，毛细管充灌液密度 $\rho_f=960kg/m^3$，求变送器的量程和零点迁移量。

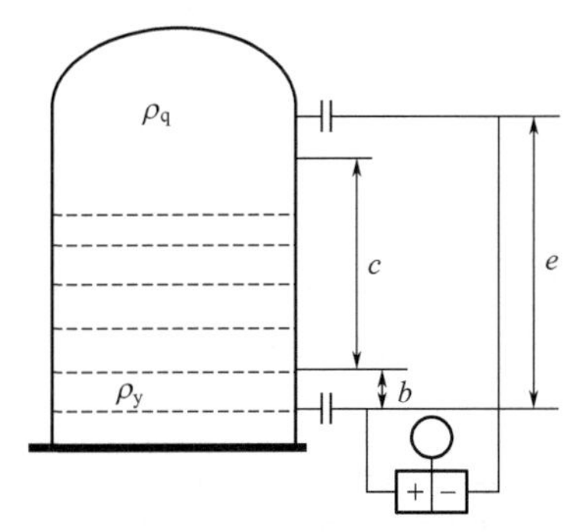

图 8-3　双法兰变送器测量液位示意图

解：最低液位时，变送器高压侧压力 p_1 为：

$$p_1=b\rho_y g+(e-b)\rho_q g$$

最低液位时，变送器低压侧压力 p_2 为：

$$p_2 = e\rho_f g$$

最高液位时，变送器高压侧压力 p_1' 为：

$$p_1' = (b+c)\rho_y g + (e-b-c)\rho_q g$$

最高液位时，变送器低压侧压力 p_2' 为：

$$p_2' = e\rho_f g$$

变送器的量程 S_1 为：

$$\begin{aligned} S_1 &= p_1' - p_1 \\ &= (b+c)\rho_y g + (e-b-c)\rho_q g - b\rho_y g + (e-b)\rho_q g = c(\rho_y - \rho_q)g \\ &= 2\times(822-15)\times 9.806 = 15.827\text{kPa} \end{aligned}$$

变送器迁移量 S_2 为：

$$\begin{aligned} S_2 &= p_1 - p_2 \\ &= b\rho_y g + (e-b)\rho_q g - e\rho_f g \\ &= 0.1\times 822\times 9.806 + (2.2-0.1)\times 15\times 9.806 - 2.2\times 960\times 9.806 \\ &= -19.595\text{kPa} \end{aligned}$$

本台变送器的测量范围为：

$$-S_2 \sim (S_1 - S_2) = -19.595 \sim 3.768\text{kPa}$$

8.2.2 差压式液位计故障检查判断及处理

掌握了负迁移的原理，对正迁移、无迁移的液位测量系统故障判断可以举一反三。

(1) 带迁移的差压变送器现场故障判断方法

判断带迁移的差压变送器测量是否正确，就是检查量程上、下限的输出电流是否符合要求。

① 负迁移故障判断　图 8-4 是锅炉水位测量系统，测量范围为 $-h\rho g \sim 0$kPa，迁移量为 $-h\rho g$。

a. 先关闭三阀组的高、低压阀，再打开平衡阀，必要时还应旋开变送器测量室的丝堵，使变送器高、低压测量室的压差等于零，此时仪表的显示应为 100%，变送器的输出应为 20mA。

b. 关闭正、负压取样阀，仪表将显示关闭取样阀时的水位值；然后旋松变送器高、低压测量室的放空丝堵，把导压管内的压力泄除后旋紧放空丝堵，此时变送器处于常压状态；作用在变送器低压侧的压力为 $h\rho g$，变送器的输出应为 4mA。也可以把正压侧的活接头慢慢旋松，有水流出的同时液位的显示值应下降，待没有水流出时仪表的显示应为 0%。

c. 进行以上检查时，变送器的输出电流不是 20mA 或者 4mA，应检查变送器高、低压测量室放空丝堵是否堵塞，迁移量是否改变，零点是否准确，冷凝液是否流失。

② 正迁移故障判断　图 8-5 的液位测量系统，测量范围为 $H_{min} \sim H_{max}$，变送器安装位置低于液位零点，需正迁移，迁移量为 $h\rho g$。

a. 关闭三阀组的高、低压阀，再打开平衡阀，使变送器高、低压测量室的压差等于零，变送器的输出应小于 4mA。不小于 4mA，正压管或三阀组有堵塞现象，或者迁移量改变。

b. 关闭正、负压取样阀，仪表将显示关闭取样阀前的液位值。旋松变送器高、低压测量室的放空丝堵，把导压管内的压力泄除后旋紧放空丝堵；这时作用在变送器高压侧的压力为 ρhg，变送器输出应为 4mA，如果输出小于 4mA，应检查迁移量是否变小或零点偏低；

如果输出大于4mA，可能是迁移量变大或零点偏高，还有就是正压取样阀关不死。打开正、负压取样阀，仪表能显示正常的液位值，说明变送器正常。

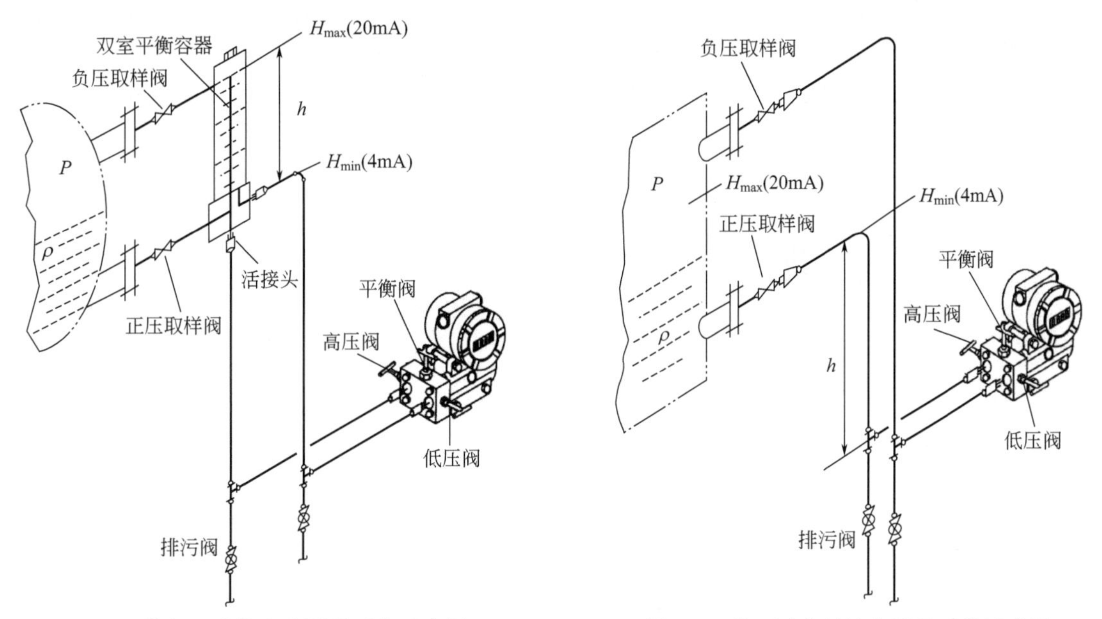

图8-4 带负迁移的水位测量系统示意图

图8-5 带正迁移的液位测量系统示意图

(2) 液位变送器安装方式不同时的故障判断方法

差压式锅炉汽包水位测量都用平衡容器，平衡容器利用连通器的原理工作，并利用水蒸气产生的冷凝水建立一个标准水位，通过测量标准水位与汽包水位之间的差压来间接测量汽包水位。

化工系统常将平衡容器的标准水位连接至变送器的低压侧，将汽包水位液相管连接至变送器的高压侧，称为变送器的反安装；反安装方式的变送器承受的差压为负。反安装方式变送器输出电流与差压、水位的关系如图8-6所示。是按$0\sim\rho Hg$设定变送器的量程，再把零点负迁移ρHg，使水位在0%时输出电流为4mA，水位在100%时输出电流为20mA，则水位与电流的关系符合人们的习惯。

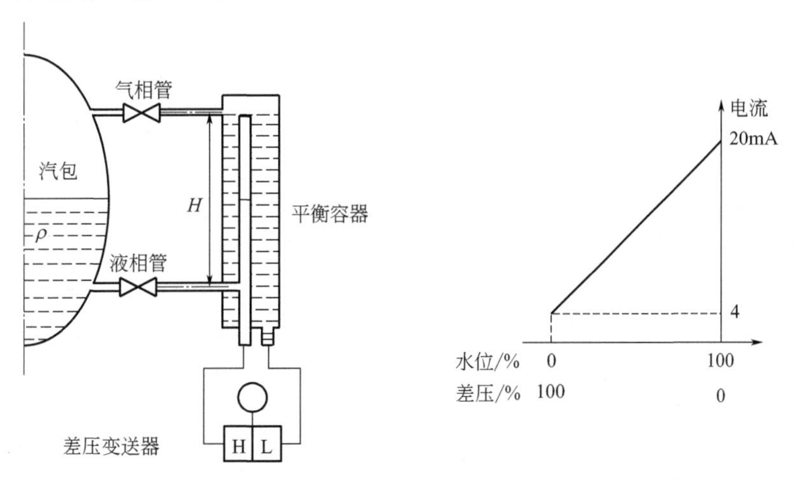

图8-6 变送器反安装及输出电流、差压、水位的关系示意图

电力系统常将平衡容器的标准水位连接至变送器的高压侧，将汽包水位的液相管连接至变送器的低压侧，称为变送器的正安装；正安装方式的变送器承受的差压为正。正安装方式变送器输出电流与差压、水位的关系如图 8-7 所示。水位为 0%时，差压为最大；水位为 100%时，差压为最小，按 $0 \sim \rho Hg$ 设定变送器的量程，正常（正向）电流输出为：水位在 0%时输出为 20mA，水位在 100%时输出为 4mA，该水位与电流的关系并不符合人们的习惯。

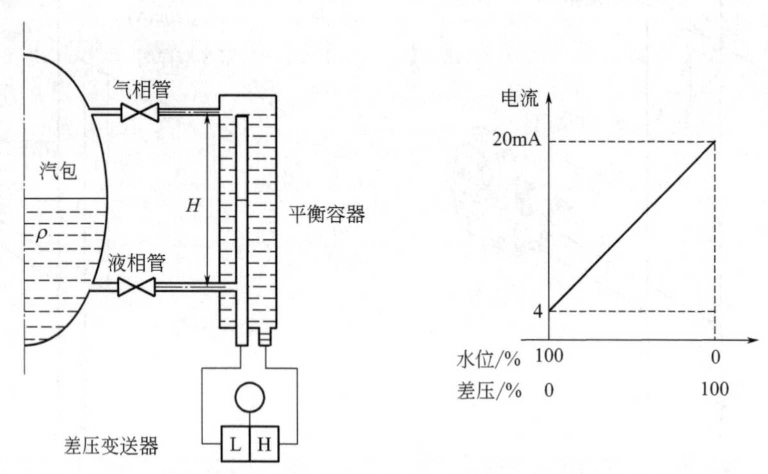

图 8-7　变送器正安装及输出电流、差压、水位的关系示意图

两种安装方式的变送器在判断故障时，可根据水位、水位产生的差压、变送器的零点与量程、变送器的输出电流关系，来判断工作是否正常，这些关系在图 8-6 及图 8-7 中已标出，在判断故障时可作为参考。

以上分析是针对模拟变送器，在判断智能变送器故障时，还应考虑安装中是否已对高、低压侧进行过转换；或者已用手操器进行过输出电流的逆转设定，如将 4～20mA 改为 20～4mA 输出；否则就有可能造成错误的判断。

(3) 没有液位显示

没有液位显示，仪表的原因有：取样阀门没有打开，导压管堵塞，平衡容器的冷凝水流失，排污阀门没有关闭；变送器供电故障，连接电缆故障，变送器的元器件损坏；工艺原因有：工艺容器的液位很低。可按以下方法检查和处理。

① 观察显示仪及变送器表头有无显示，指针式表头指示零下，LCD 表头没有任何显示，有可能是变送器供电中断，检查供电开关是否已合上，熔丝是否熔断，连接电缆有无断路。

② 用万用表测量供电箱电压，或 DCS 卡件的供电电压，供电正常，再测量变送器接线端子间的电压，电压在 18～24V 之间，说明线路与变送器的连接是正常的。所测电压很低或接近 0V，有可能是测量回路开路或短路，可断开任一根接线，串入万用表测量电流判断。

③ 没有电流，检查信号电缆的接线是否松动或断开，接线端子有无氧化、腐蚀现象，必要时紧固螺钉。可检查安全栅的输入、输出电流，来判断故障在安全栅前还是后。如果仍无电流，可能是变送器故障。

④ 新安装或更换的变送器，检查变送器的量程及迁移量是否正确，智能变送器的参数设定是否正确。量程或迁移设定错误，仪表的显示可能会很小。

⑤ 用 HART 手操器进行回路测试，以确定测量回路接线及变送器输出是否正常。操作方法详见本书第 9 章“9.3 变送器 4～20mA 回路的故障检查及处理中的：(4) 用手操器对智能变送器进行测试”。

观察变送器表头及 DCS 的显示，显示值与手动输入的电流值相符，说明变送器、回路接线、组态都正常。数值不相符，可能接线有问题，变送器需要进行调整，或者安全栅有故障。

⑥ 容器有液位，但变送器仅有 4mA 左右的电流信号，输出电流就是上不去。负迁移的变送器可根据图 8-2 进行检查，关闭三阀组的高、低压阀，打开平衡阀使变送器高、低压测量室的压差等于零，变送器的输出能上升至 20mA 或以上，变送器是正常的。用手操器检查智能变送器是否设置成固定输出为 4mA 模式。

⑦ 取样阀门没有打开或堵塞，排污阀泄漏或没有关闭，导压管泄漏或堵塞，变送器测量室泄漏，冷凝液流失等都会引发本故障。可通过排污及冲洗导压管路来进行检查。

(4) 液位显示在零点以下

变送器供电正常液位显示仍在零点以下，先检查变送器的零点迁移是否正确，迁移有没有变化；能否进行零点调整，调零点没有作用，可能变送器有问题；变送器能调零点说明变送器正常。可采用电流信号对安全栅、隔离器进行检查，以判断是否正常。

电流信号极性接反，正、负导压管接错；正取样阀没有打开或堵塞，正压管严重泄漏，都会引发本故障，仔细观察大多能发现问题所在，对症处理即可。

(5) 液位显示最大或超过量程上限

先确定液位变送器是否正常，可人为减少差压来判断，将系统切至手动控制。快速地打开正压管排污阀，再快速关闭它，通过突然排污使正压侧压力下降，间接改变正、负压侧的压差；进行以上操作时，变送器的表头及输出电流有下降变化，说明变送器是可以工作的。

超过量程上限有可能是工艺液位的确很高，如果工艺液位正常，可对平衡容器及导压管路进行检查。负压管有泄漏使平衡容器内的冷凝液流失，也会使液位显示偏高，严重时液位显示超过量程上限。泄漏故障比较容易发现，对症处理即可。

使用隔离液的液位测量系统，当隔离液被冲跑后，变送器低压室将没有静压力作用，但高压室始终有静压力作用，变送器输出电流将达 20mA，使液位显示最大。怀疑隔离液流失时，可将正、负取样阀关闭，用排气旋塞把压泄除，然后打开隔离器上部的加液堵头，观察隔离液的流失情况，补充隔离液即可。

(6) 液位显示偏高或偏低

先检查变送器的零点及迁移量是否正常，否则应检查安全栅及 DCS 的通道是否正常，可输入电流信号来判断其是否正常。排除电路原因后，应把检查重点放到测量管路。

① 显示偏高的检查　带负迁移的液位测量系统，负压侧有泄漏故障时，平衡容器或隔离器内的冷凝液或隔离液会流失且难以补充，导致负压侧的静压力降低，相当于负压管里面的液体没有达到所设定的负迁移量，而使液位显示偏高；通过观察找出泄漏点进行处理，或补充流失的冷凝液、隔离液。

平衡阀门泄漏使正、负压两侧的差压减小，使液位显示偏高，平衡阀门严重泄漏甚至会使差压为零，使液位显示为最大值。

② 显示偏低的检查　带负迁移的液位测量系统，正压侧有泄漏现象时，会使正压侧的静压力降低，使液位显示偏低。正压管的隔离液流失，对液位显示影响不大，但没有了隔离液，正压取样管堵塞的概率会增加，正压管有杂质而出现堵塞现象，也会使液位显示偏低。对于轻微堵塞通过排污冲洗导压管大多可恢复正常。

③ 双法兰变送器的检查　双法兰变送器测量液位偏高，检查负压取压法兰膜盒是否泄漏，负压膜盒是否破损、毛细管是否泄漏。测量的液位偏低，检查正压取压法兰膜盒是否泄漏，正压膜盒是否破损、毛细管是否泄漏，以上现象可通过观察来发现。

双法兰变送器安装不规范，取压法兰的垫片在安装中压住了膜盒；正、负毛细管没有并列敷设在同一环境，都会使测量的液位出现偏高、偏低故障。

(7) 液位显示波动大

液位变化速度与容器的容积有很大关联，故障检查中应根据测量对象进行判断。液体储罐的容积大，液位的波动就较小或缓慢，锅炉汽包的容积小，水位的波动就大或快速。可通过观察其他液位计（如玻璃液位计等）来判断仪表是否有问题。可按以下方法检查和处理。

① 先将控制系统切换至手动来观察液位的波动情况。手动时液位曲线波动仍很频繁，大多是工艺的原因。手动时波动减少了，可能是仪表的原因或 PID 参数整定不当。适当调整变送器的阻尼时间，重新设置滤波常数，重新进行 PID 参数的整定，可减少液位波动。

② 液位显示突然出现大的变化和波动，显示最大或最小，显示时有时无，显示时高时低，重点检查测量回路的连接情况，接线端子的螺钉有没有松动、氧化、腐蚀造成的接触不良。怀疑变送器或显示仪有问题，可断开变送器与显示仪的接线，在有液位的状态下把三阀组关闭，使变送器保持一个固定地差压，观察输出的电流是否稳定，以判断变送器是否有故障，或者输入显示仪一个固定的电流值，观察是否能稳定地显示，来判断变送器及显示仪是否正常。

③ 测量管路及附件的故障率远远高于测量仪表。因此，应检查导压管路、变送器测量室内是否有气体；导压管路是否有杂质而出现似堵非堵状态，以上原因都有可能造成显示波动，解决办法就是进行排污，冲洗导压管路。

(8) 液位变化迟缓

液位变化迟缓，先进行排污及冲洗导压管，来检查导压管及阀门有没有堵塞现象，或对症冲洗导压管及疏通阀门。以上都正常，可试着减少变送器的阻尼时间，无改观可对变送器进行检查及处理。

理论上讲双法兰差压变送器在迁移及量程确定后，变送器安装位置高、低对液位测量结果没有影响，从现场实践来看，有时还是会有影响。把变送器安装在两个引压法兰的中间，当液位很低或长期处于较低液位状态时，正压侧膜盒将受到毛细管充灌液静压力的作用，使膜盒向外鼓出，会出现液位变化迟缓或测量不准确的故障，即使更换了新的变送器也无济于事，只有改变变送器的安装位置，使变送器处于或低于正压取样口的水平中心线，才可消除影响。

工艺原因造成的，如果被测介质黏度较大，随着使用时间的推移，会在正压侧取样口附近聚集沉淀物而堵塞取样口，而出现液位变化迟缓及测量不准确的故障。解决办法：拆下法兰清洗膜盒或清除取样口的沉淀物。经常发生堵塞，可改用插入式法兰变送器或带冲洗环的双法兰变送器。

(9) 仪表显示与就地液位计有偏差。

操作工常用就地液位计与仪表的显示值进行对比，来判断仪表是否准确，这一做法并不可取，但要一分为二地看问题，有可能是工艺的原因，也有可能是仪表的原因，可按以下方法检查和处理。

① 仪表显示与就地液位计指示对不上，先通过排污检查就地液位计和变送器的导压管有没有堵塞。向工艺询问就地液位计是否更换过，安装尺寸与原来是否一致；变送器及就地液位计的取样点高度是否一致。变送器的量程及零点迁移设置是否正确。

② 工艺介质成分的变化也会影响到差压式液位计的显示，当工艺介质的密度发生变化，会导致变送器的量程发生变化，变送器测得的差压将出现偏差，使仪表显示值与就地液位计对不上。工艺介质密度如果属于短时间波动，工艺正常后显示也就恢复正常；如果确定工艺介质密度已改变，要对变送器的量程重新计算及设定。

③ 双法兰变送器的膜盒受高温、介质腐蚀、过压，两根毛细管不在同一温度环境，或处于高温环境，或受到日光的强烈照射等因素的影响也会增大仪表测量误差，而出现与就地液位计对不上的问题。

④ 锅炉汽包水位大多配有差压式水位计、玻璃水位计、双色水位计、电接点水位计等多台仪表，会出现多个水位计的指示不对应，司炉工不知以谁为准的问题。玻璃水位计经常会维修或更换，重新安装时会出现上、下移位，造成水位中心线的变动。差压式水位计的平衡容器却很少拆卸，水位中心线相对稳定；更换玻璃水位计后，可用透明塑料或胶管组成一个连通器，以平衡容器的中心线为基准，在玻璃水位计上做记号标出中点，有了统一的中点作参考，就可对比其他水位计的指示偏差。

8.2.3 差压式液位计维修实例

(1) 没有液位显示

实例 8-1 碳酸氢铵装置解吸塔冷凝器 LT-2 双法兰液位变送器指示最小。

故障检查 怀疑膜片上有结晶或膜片损坏，拆开法兰检查，发现正压室膜片已被腐蚀。

故障处理 更换变送器后显示正常。

维修小结 本例膜片被腐蚀而损坏，致使正压侧的硅油流失而减少，造成毛细管传递的压力减小，而负压侧没有损坏，仍然承受和传递正常的压力，使仪表低压侧的压力大于正压侧，而出现显示最小的故障，故操作工反映没有液位显示。

实例 8-2 液位变送器开表时显示液位下限。

故障检查 对变送器进行排污，正、负取样阀都有介质排出；再检查变送器是正常的。再次排污才确定是正取样阀根部堵塞。

故障处理 对根部阀进行疏通后液位显示正常。

维修小结 本例由于根部阀开度太小，导致结晶堵塞的发生。在进行第一次排污时，由于仪表工怕氨气呛人，所以一开阀有液体喷出就迅速关闭了阀门，而实际上只是排出了导压管中的部分介质，故造成了误判。再次排污时，把导压管中的介质全排完了才发现堵塞。

(2) 液位显示在零点以下

实例 8-3 某蒸发器液位显示在零点以下。

故障检查 怀疑变送器断电，经检查供电正常。关闭三阀组后，打开平衡阀，液位显示最大，说明变送器正常。排污时发现负管排污量大且稳定，而正管排污量小且时有时无，说明正管堵塞。

故障处理 进行排污及冲选导压管，液位显示恢复正常。

维修小结 本例为负迁移，可打开平衡阀门使变送器高、低压测量室的差压为零，检查变送器及迁移量是否正常，以缩小故障检查范围。有的工艺介质由于本身性质，容易出现结晶，本例就是工艺介质结晶形成导压管堵塞，有效措施就是缩短排污周期，有条件改为法兰式变送器可减少维护工作量。

(3) 液位显示到量程上限或超过量程上限

实例 8-4 吸收塔液位显示最大，且不变化。

故障检查 用手操器检查变送器迁移及量程正常，回路测试也正确。检查发现负压取样阀门堵塞。

故障处理 决定用蒸汽加热的方法使阀门疏通。用橡胶管缠在阀门上，通蒸汽加热数小时后，终于疏通了阀门，投运了仪表。

维修小结 本例有平衡容器，如果平衡液流失也会使仪表显示最大，在故障处理中先检查和重新充灌了平衡液，但仪表仍显示最大。检查导压管路并打开取样阀门，没有被测介质流出，说明阀门堵塞，由于生产无法拆下取样阀门，只能用蒸汽加热的方法来疏通阀门。为方便以后疏通阀门已将截止阀改为球阀。

实例 8-5 检修后开车除氧器水位显示最高。

故障检查 检查发现，负压侧平衡容器中没有水。

故障处理 重新加水，排气后水位显示正常。

维修小结 本例故障系疏忽造成。停产时曾更换导压管的排污阀门，因更换阀门把平衡容器中的水全排掉，后来没有加水。该系统变送器的正压侧连接液相，负压侧连接气相，正常时平衡容器中的冷凝液是满的，变送器为负迁移，迁移量为 11.27kPa，当负压侧的静压失去后，进行过 11.27kPa 负迁移的变送器将输出至电流上限，故显示水位最高。

实例 8-6 新安装的 EJA 双法兰变送器开表输出就超过 20mA。

故障检查 观察内藏指示器显示为“Er 07”输出超出上、下限，检查发现变送器量程为 0～25.8kPa，并不是正常的 −20.5～5.3kPa。

故障处理 在现场进行负迁移及保存设置后，变送器输出电流正常。

维修小结 本例是量程设置不对引发的故障。差压式液位变送器的迁移有两种做法：一种是按正常的量程校准完成后，就进行零点迁移；另一种按正常的量程校准完成后，安装到现场再进行迁移。本例属于后者，但已迁移过的仪表为什么量程没有变化呢？当事的仪表工也说不清楚是什么原因。分析有两种可能：一种是操作不熟练；另一种是设置完就马上断电（30s 内），导致数据没有保存，又回到了原来的设定值，但这种可能性不大。

实例 8-7 工艺冷凝液汽提塔液位突然显示最大。

故障检查 检查变送器的零点没有变化，再检查正、负压导压管也没有泄漏现象。排污时发现负压管排出来的是蒸气，判断负压侧隔离器已没有隔离液。

故障处理 重新灌隔离液后开表正常。

维修小结 本例系设备产生负压，把变送器负压侧的隔离液都抽光了，变送器是负迁移，故出现满液位显示。

（4）液位显示偏高或偏低

实例 8-8 汽水分离器液位显示偏高。

故障检查 通知工艺解除联锁。检查双法兰变送器的零点，拆开上、下取压法兰，将其置于同一高度，仪表能回零；重新投运，显示还是偏高。检查变送器的量程、迁移等设置是正确的，再拆下法兰检查膜盒，发现负压侧硅油缺失。

故障处理 更换变送器后，液位显示正常。

维修小结 在检查膜盒时，发现正压侧膜盒弹性正常不变形，负压侧膜盒不变形，但无弹性，根据经验判断这是缺失硅油的表现，负压侧硅油缺失会出现显示偏高的故障。

（5）液位显示波动大

实例 8-9 某饱和蒸汽锅炉汽包水位投运时显示波动很大。

故障检查 观察记录曲线，波动有一定的规律性，在一定范围内来回波动。检查仪表没有发现问题，考虑是才投用的新表，决定先调整 1151 变送器的阻尼时间试试。

故障处理 把阻尼时间调至 1.5s 左右，波动现象改观，并满足了投水位自控的要求。

维修小结 本例曾通过排污检查确定导压管没有堵塞现象。再观察玻璃水位计有较明显的上下波动，经与工艺探讨，工艺说由于锅炉的汽包容积较小，水在高温下沸腾会引起汽包水位的波动，这属于正常现象。变送器的输出电流有规律地波动，实际上就是检测到了汽包水位的波动。调整变送器的阻尼时间，可减少变送器输出电流的波动，但阻尼时间要调得合适，否则水位控制就会出现迟缓现象。

实例 8-10 某厂油罐底 EJA118N 双法兰液位计，当环境温度低的时候波动很大。

故障检查 工艺条件正常，已排除有干扰。拆开法兰检查没有发现堵塞现象。发现波动都出现在环境温度降低的时候，还发现只是法兰的根部有伴热，上、下法兰至变送器各5m 左右的毛细管没有伴热。

故障处理 对毛细管进行了伴热处理，环境温度低时没有再出现液位大幅波动的现象。

维修小结 该液位正常时在 40%～80%之间，当环境温度持续偏低，尤其是零下七八度以下就会出现很大的波动，波动范围为 5%～13%。怀疑与毛细管不伴热有关，考虑本故障可能与硅油有关，可能使用时间长了硅油变稀，一般型硅油的最低环境温度为 -10℃或 -15℃，而本例环境温度为 -7～8℃接近最低下限，是否会有影响? 加了伴热就正常，说明是有影响的。

实例 8-11 某液位控制系统时而正常时而波动。

故障检查 首先怀疑有接触不良现象，检查各接线端子没有发现问题。检查变送器、调节阀、调节器没有发现问题。控制系统的 PID 参数整定也是恰当的，用手动控制液位并不波动；最后把调节器拆下检查调校，才发现调节器多芯接插件接触不良。

故障处理 重新调整插片，使其接触良好。投运后波动现象消除。

维修小结 本例故障检查时只注意了外部问题，忽视了表内问题。费了不少时间还没有结果。在无奈的情况下才决定拆下调节器检查，在调节器调校中，拉出或推回机芯时发现电流表会变化，深入检查才发现是多芯接插件的问题。

(6) 液位变化迟缓

实例 8-12 脱醛塔液位控制，工艺反映仪表反应迟缓，有时会停留在某一位置不动。

故障检查 拆下变送器校准，重新装上后液位显示正常，第二天工艺反映该表又不随液位变化了。既然变送器正常，重点检查控制系统，发现调节阀不会随着调节器的输出信号动作，拆下调节阀检查发现阀体内已被结晶物堵满。

故障处理 清洗、检修调节阀后系统恢复正常。

维修小结 液位控制系统最容易出现故障的就是测量管路、附件及调节阀。检查处理液位控制系统时，应把这两部分作为检查重点，因为电气部件的可靠性比机械部件要高。通过排污检查大多能发现管路、附件的问题；切换到手动控制，就可检查调节阀动作是否正常。

(7) 仪表的显示与就地液位计存在偏差。

实例 8-13 差压变送器 LT302、LT303 测量同一汽包水位，两台表的显示不一致，影响了水位控制系统的正常运行。

故障检查 分别检查差压变送器 LT302 和 LT303，都正常，怀疑导压管路及附件有问题，决定进行排污。

故障处理 对两台变送器进行排污、冲洗导压管及平衡容器加水。重新开表两台表显示基本一致，水位控制系统正常投入运行。

维修小结 两台变送器基本为同一测量点，量程及负迁移量是相同的。而导压管通畅不泄漏，负压侧的基准冷凝水位一致，是保证两台仪表水位显示一致的重要条件。本例在检查导压管路及附件时，没有发现泄漏现象，排污观察也没有堵塞现象，重新对平衡容器加水后两表显示一致，看来偏差是两台变送器负压侧的冷凝水位不一致造成的。

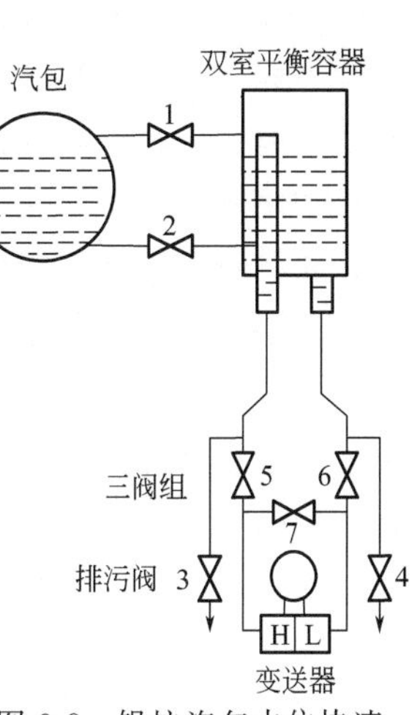

图 8-8　锅炉汽包水位快速排污操作示意图

锅炉汽包水位排污后要有足够的冷凝水才能投运，要用一个多小时，快速排污法可以排污后马上投运；结合图 8-8 介绍快速排污法。

a. 同时关闭三阀组的高、低压阀 5、6，开平衡阀 7。

b. 关液相阀 2，开气相阀 1，交替开关排污阀 3、4，用蒸汽冲洗正、负导压管。

c. 关气相阀 1，开液相阀 2，交替开关排污阀 3、4，再用锅炉汽包的热水冲洗正、负导压管。

d. 先关排污阀 3，后关排污阀 4，这样双室平衡容器正、负压室及导压管内都充满了热水。

e. 开高压阀 5，关平衡阀 7，开低压阀 6，再开气相阀 1，变送器即投入运行。

8.3　浮球液位计的维修

8.3.1　浮球液位计的工作原理及结构

浮球液位计主要由浮球组件及电子转换电路组成，浮球是一个内空的金属球，通过连接法兰安装在容器上，浮球浮于液面之上，当容器内的液位变化时浮球也随着上下移动，机械结构的浮球液位计如图 8-9 所示，它将浮球的移动位移通过连杆机构转换为轴的转动，再通过转换装置把液位高度变为电信号，转换装置是个圆形滑线变阻器，浮球轴的角转动引起滑线变阻器阻值变化，经过变送器处理输出与液位对应的电流信号；通过显示仪表显示液体的实际高度，以达到液位检测和控制目的。浮球液位计根据测量范围、浮球连杆长度可分为普通型和宽量程型。

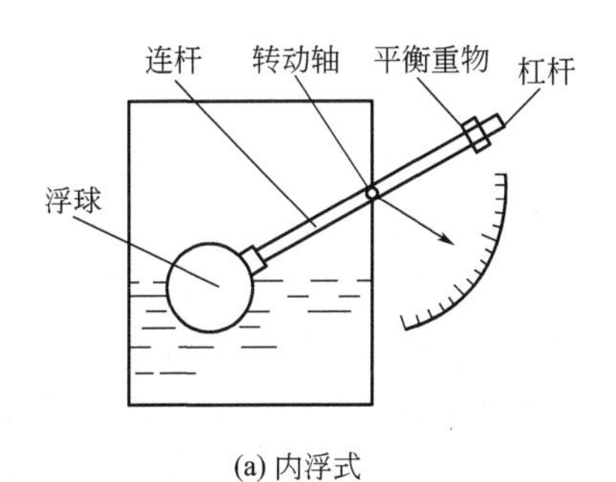

(a) 内浮式

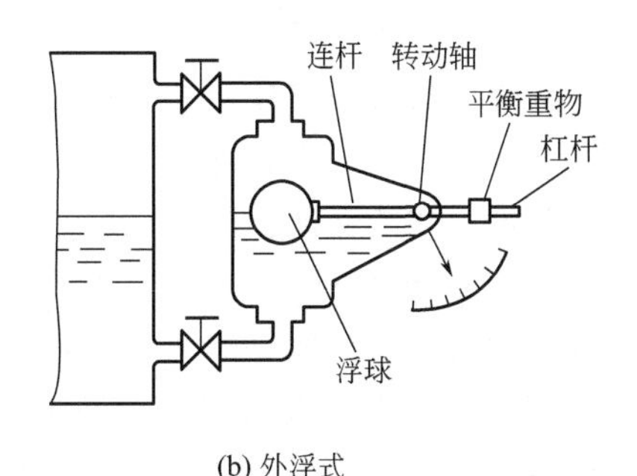

(b) 外浮式

图 8-9　浮球液位计结构示意图

8.3.2 浮球液位计故障检查判断及处理

浮球液位计出现的故障有零点漂移，满度不准确，大多系电子电路受温度的影响，或者仪表安装环境有振动对电路造成影响所致，可通过调整电路参数、校准仪表来解决。工艺液位有变化但仪表显示不变化，很多是紧固螺栓没有拧紧，或者振动造成螺栓松动引发的，连接轴松动使变送器与浮球轴脱离。液位显示迟缓，可能是轴承损坏出现摩擦力过大。密封盘根老化及泄漏也是常见的故障。

(1) 浮球的检查及维修

浮球组件是机械结构，都安装在塔、罐内部，生产中无法维护和维修，只能在工艺停车时才能观察其状况和故障现象。因此，检修时应认真仔细地进行检查，浮球机械结构的好坏将直接影响装置的运行，在生产过程中曾发生过塔、罐内浮球脱落，浮球被腐蚀出现失灵等故障，塔、罐内的浮球组件出现问题仪表工作就很波动。

浮球是将两个半球焊接在一起的空心球，浮球的壁较薄，在使用中受介质腐蚀易出现穿孔、磨损现象，两个半球的焊接处容易受到腐蚀，应特别注意检查。浮球与连杆采用螺栓连接，为了避免浮球的机械部件，在使用中不出现脱落、松动故障，所有的机械紧固部件螺栓、螺纹连接处、固定螺母等，拧紧后最好采用点焊将其焊死。

(2) 连杆的检查及维修

浮球连杆长度较长，在介质高温、腐蚀和液体的波动冲击下，易出现变形弯曲，从而会改变浮球的测量范围，并加大了死区，同时也会存在连杆弯曲折断的隐患，维修时发现连杆弯曲变形，应进行校正或加固处理，甚至更换。浮球连杆的紧固螺母如果腐蚀严重，应更换。

(3) 转换机构的检查及维修

宽量程浮球液位计的机械结构较复杂，部件较多，检查的地方也多；转换机构的活动部件或固定件在介质中易受腐蚀，如活动限位孔被腐蚀变大，限位螺栓被腐蚀变薄变小等。维修时应检查摆臂限位螺栓、摆臂坚固螺母的腐蚀程度，要对转换机构及轴套，螺栓等进行详细的检查，腐蚀严重的部件应进行更换和修理。

浮球位移转换器由于受腐蚀使球杆与主轴的间隙变大，会产生较大的死区使仪表产生很大的测量误差，但只要消除间隙也就消除了死区。可将球杆的末端与主轴的凹陷处进行焊接；还可在浮球杆末端套丝，把球杆与护杆套连接的螺纹加长，在主轴凹陷处钻孔攻螺纹，使球杆末端与主轴变为螺纹连接。

(4) 装配调校及维护要点

上述检查及修理都涉及浮球组件的拆卸，维修后的装配工作仍很重要，浮球配重杆、浮球位移变送器、连接板这三个部件的安装很重要，安装中注意浮球角位移传感器、浮球轴的同心度要符合要求，才能保证轴的摩擦力小，使用寿命才会长。

拆卸的浮球液位计安装到设备上，需要调校合格后才能使用。通常是先调变送器后方固定板，使变送器的角度处于零点的大致位置，上紧固定板螺栓；然后进行变送器零点、量程细调，用手抬起平衡杆使其处于最高位置，旋动变送器的调零旋钮，使输出电流为 4mA；然后用手压平衡杆使其处于最低位置，旋动变送器的量程旋钮，使输出电流为 20mA。调校时在测量回路中串入数字万用表读取电流值，比变送器的表头读数要准确。

日常维护要注意变送器轴承的润滑，定期检查紧固螺栓的松动，浮球主轴盘根螺母的松紧程度，盘根是否漏油或缺油，主轴是否被抱死等问题。主轴盘根螺母的松紧程度会影响浮球液位计的测量误差，液位测量不准确，除变送器的零点漂移外，有可能是浮球配重调整不当所至，判断浮球配重调整是否合适，可用手抬起平衡杆然后放开，平衡杆应能回到初始位置；用手压下平衡杆然后放开，平衡杆应能回到初始位置，则说明力矩合适。

(5) 浮球液位计常见故障及处理方法

浮球液位计常见故障及处理方法见表 8-1。

表 8-1　浮球液位计常见故障及处理方法

故障现象	故障原因	处理方法
液位变化，输出不灵敏	密封腔的填料过紧	调整密封部件
	浮球变形	更换浮球
无液位，但显示为最大	浮球脱落、或浮球变形	更换浮球
浮球不随液位变化，可放在任意位置，没有液位时浮球重	浮球被腐蚀穿孔或浮球破裂	更换浮球
显示误差大	连接部件松动	调紧松动点
	平衡锤位置不正确	调整平衡锤位置
液位变化，但无输出	变送器损坏	更换变送器
	电源故障、或信号线接触不良	修理电源或处理信号线故障
指示不随液位变化，扳动平衡杆感觉沉重	被测介质温度升高导致密封填料膨胀抱住主轴	调整散热器后的两个螺栓，同时转动平衡杆调节到松紧适合为止，重新调平衡
有泄漏现象	使用时间过长，密封腔的调料与主轴摩擦产生间隙	调整散热器后的两个螺栓，转动平衡杆调节到松紧合适为止

8.3.3 浮球液位计维修实例

实例 8-14 浮球液位计无规律地大幅度波动。

故障检查 查看实时趋势和历史趋势曲线，波动一会大一会小。到现场抬起配重查看仪表的零点、量程显示正常。拆开变送器的指示面板检查，没有发现异常，但在装回指示面板时发现，靠近变送器安装方向选择开关的螺栓一上紧，变送器显示会大幅波动，松开螺栓显示恢复正常，观察发现开关焊点与面板接线柱有短接现象。

故障处理 用绝缘胶布包住选择开关焊点，上紧面板后，没有再出现显示波动现象。

维修小结 本例故障的发现具有偶然性，此前曾检查浮球配重、浮球固定板、浮球转轴的灵活性都没有发现问题。检查变送器电路板是否有虚焊和松动的地方，也没有查出问题。就是在装回指示面板时偶然发现了故障点。

实例 8-15 工艺反映 LI412 的显示经常波动，没有波动时显示明显偏高。

故障检查 现场的玻璃液位计指示接近 0% 时，DCS 的显示有 38%，在现场压动配重杆，DCS 的显示有变化，反复调零点、量程后投用，仍有波动现象，怀疑变送器有问题。

故障处理 更换变送器后，显示恢复正常。

维修小结 拆下的变送器经检查，系电路板有问题，对于波动的故障，通常可采取在现场送电流信号来观察是否还有波动现象，先判断线路是否有接触不良故障。

实例 8-16 工艺液位有变化，但仪表显示保持在 60% 左右不动。

故障检查 到现场把浮球配重杆压下，变送器显示 100%，放开配重杆显示有变化，但没有回到原先的 60%，按经验怀疑轴承的摩擦力过大。

故障处理 对轴承的石墨填料加注润滑油，并反复抬、压浮球配重杆，显示恢复正常。

维修小结 本例属于维护不到位出现的故障，浮球液位计密封采用石墨填料，受温度和环境的影响，石墨填料在使用中会逐渐老化，出现泄漏或摩擦力增大现象。摩擦力增大会造成浮球的回程误差加大，甚至出现液位不变和跳变的故障。因此，液位计的盘根要定期检查和维护，发现泄漏现象要紧固，出现摩擦力大的现象要加注润滑油。

实例 8-17 L203 液位无显示。

故障检查 检查供电箱电源正常，在变送器端测量电压稍高于 24V。抬、压浮球配重杆，变送器显示不变化，判断变送器有问题。

故障处理 更换变送器后正常。

维修小结 变送器端有电压，说明供电及线路正常。抬、压浮球配重杆模拟了液位的变化，变送器没有反应，可确定变送器有故障。

实例 8-18 工艺反映控制室的液位显示比现场仪表偏高。

故障检查 到现场发现表头指示仅为 60%，与工艺确定现场指示基本正确。抬动浮球配重杆，检查浮球零点、量程均显示正常，手感也不觉得摩擦力大，变送器才更换不到一个月，怀疑故障点应该在控制室或线路上，决定先对线路进行检查。

故障处理 后来发现现场接线箱进水，信号线端子及导线有水，采取干燥措施后，DCS 的显示与现场仪表一致。

维修小结 处理故障前查看了 DCS 液位实时趋势和历史趋势曲线，从 11:00 开始有小的波动，到 11:15 分显示在 85% 左右变化。DCS 显示比现场仪表高 25% 左右，排除了浮球及变送器没有问题后，按经验判断可能与下雨有关，因为，在 11:00 前曾下了一场大雨，11:00 有小波动估计雨水也流入接线箱，最后彻底暴露了问题。检查接线箱时，发现箱盖已掉只挂在一颗螺钉上，根本没有防水功能，该例故障属于维护不到位造成的。

8.4 浮球液位控制器的维修

8.4.1 浮球液位控制器的工作原理及结构

浮球控制器由浮球组件、微动开关组件及外壳组成，如图 8-10 所示。相同磁极的磁钢 1 和 2 分别安装在浮球端部和微动开关组件上，当被测液位升高或下降时，浮球随着液位变化而上升或下降时，其端部的磁钢 1 随着上下摆动，通过非导磁的外壳推动微动开关组件上的磁钢 2 运动，从而使动、静触点断开或接通。使外接的信号装置发出声、光信号，或驱动泵或阀门动作，而达到液位控制目的。浮球随液位升降时，只有其处于动作界限上、下两个极限位置时，输出触点才会接通或断开，而在升降过程中没有信号产生。

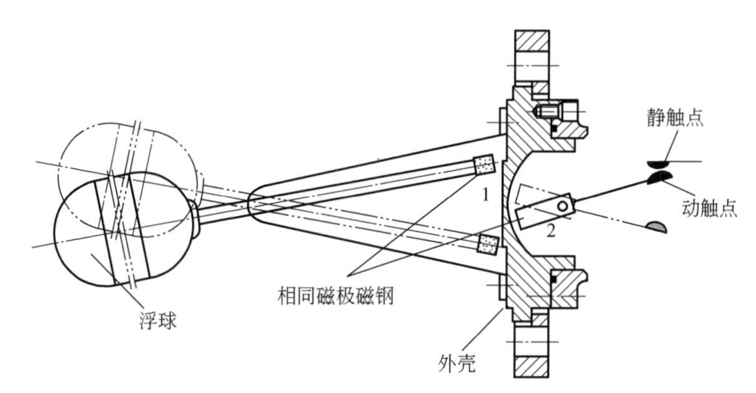

图 8-10　浮球控制器结构原理图

8.4.2 浮球液位控制器故障检查判断及处理

浮球液位控制器就是一个随着液位高、低变化的开关，出现故障就是失去了开关作用，现结合图 8-10 对常出现的故障及处理进行介绍。

① 浮球被卡住。故障现象就是控制室的报警灯常亮，或液位已过高、过低其既不报警也没有任何开关动作。浮球被卡住大多是被测液位表面的油污、杂质所致，常发生在冬季，液位下降时，上面的部分油污和杂质会堆积在浮球与杠杆连接处，造成浮球不能正常工作，这类故障常出现在检测高液位的控制器。可与工艺联系，把液位升高使其超过浮球，用容器内的液体温度将油污杂质融化，浮球就可恢复工作。

而检测低液位的控制器，大多是容器内的淤积物过多造成浮球被卡住的故障。这类故障只有在停用塔罐后，才能将容器内的淤积物清除掉。

② 浮球脱落。使用年限较长的仪表，由于浮球连接处受到腐蚀，造成浮球脱落，只有塔、罐设备停产时才能处理。

③ 磁钢退磁。长时间的使用，浮球端部磁钢 1 的磁性会减弱，当浮球上、下浮动时，就没有足够的磁力来推斥相同磁极磁钢 2 进行上下摆动，使微动开关的状态无法切换，也就失去了开关作用，只能更换浮球液位控制器。

④ 开关误报警，误动作。有可能是微动开关由于氧化、腐蚀出现接触不良，导线接触不良，端子进水引发的故障，可断电后用万用表测量开关及导线间的电阻值，或导线对地的绝缘电阻进行判断。

安装位置不当，把液位控制器安装在液体进、出口附近，受液体快速流动的影响，液位波动会很大，从而使浮球波动变大，导致开关动作频繁而出现本故障，要彻底解决问题，只有重新选择浮球液位控制器的安装位置。

8.4.3 浮球液位控制器维修实例

实例 8-19 排污泵在液位高时不启动。

故障检查 液位控制器的输出开关电接点锈蚀严重，出现接触不良。

故障处理 更换开关后正常。

维修小结 排污泵置于“自动”时，其启、停是由液位控制器的输出开关电接点控制的，该类开关所处环境就决定了其易出现氧化、锈蚀的情况，故障已出现过多次，首先就检查浮球液位控制器的输出电接点。最稳妥的办法是换用其他类型的液位控制器。

实例 8-20 液位控制器控制的污水泵不工作。

故障检查 检查发现控制箱内进水，造成电气元件损坏。

故障处理 更换损坏的按钮及转换开关，投运手动、自动时排污泵能正常运行。

维修小结 该故障属于人为故障。由于卫生清理工人用水直接冲洗控制箱，导致电气元件损坏，使污水泵不能正常工作。

实例 8-21 浮球液位开关故障导致造粒单元联锁停车。

故障检查 对浮球控制器进行排污，排污阀只有少量的水流出，还掺杂有很多粒料，判断粒料卡住了浮球。

故障处理 用铁丝清理浮球腔内的粒料，复位后，开关输出恢复正常。

维修小结 本例的联锁要求是正常时液位开关闭合，液位过低时液位开关断开使联锁动作。现场观察造粒水槽液位是满的，用万用表测量液位开关的输出触点，处于断开报警状态，分析是浮球被卡死造成开关误动作。

实例 8-22 气水分离器液位开关动作迟缓或者不动作

故障检查 检查确认故障系测量筒内的水结冰所致。

故障处理 对测量筒加装蒸汽伴热后，液位开关动作正常。

维修小结 该水位测量设计采用保温层保温，冬天气温低，取样管内的水结冰，导致液位开关动作迟缓或者不动作。

实例 8-23 某装置试车时高液位联锁不动作。

故障检查 在高液位时，用万用表测量液位控制开关是闭合的，是开关没有动作。拆卸检查，发现磁性浮子上附有不少的铁性杂质，使浮子的质量增加使其难于上浮。

故障处理 清洗浮子及浮筒，并反复排污冲洗取样管道及外浮筒，试运行联锁动作正常。

维修小结 除本例原因外，工艺设备、管道中有焊渣、铁锈等磁性杂质；工艺介质中含有磁性物质；被测介质的温度过高，也有可能去磁。都会导致液位控制开关失灵，使联锁系统动作失灵。

8.5 浮筒液位计的维修

8.5.1 浮筒液位计的工作原理及结构

浮筒液位计由检测、转换、变送三部分组成；检测部分由浮筒、连杆组成；转换部分由杠杆、扭力管组件、传感器组成；变送部分由 CPU、A/D、D/A 及 LCD 显示器组成。如图 8-11 所示。浮筒浸没在外浮筒内的液体中，与扭力管系统刚性连接，外浮筒内液体的位置、或界面高低的变化，引起浸没在液体中的浮筒的浮力变化，从而使扭力管转角也随之变化。液位越高时，浮筒所受浮力越大，扭力管所受的力矩就越小，扭角也越小；反之则越大。扭角的变化被传递到与扭力管刚性连接的传感器，使传感器输出电压变化，被放大转换为 4～20mA DC 电流输出。

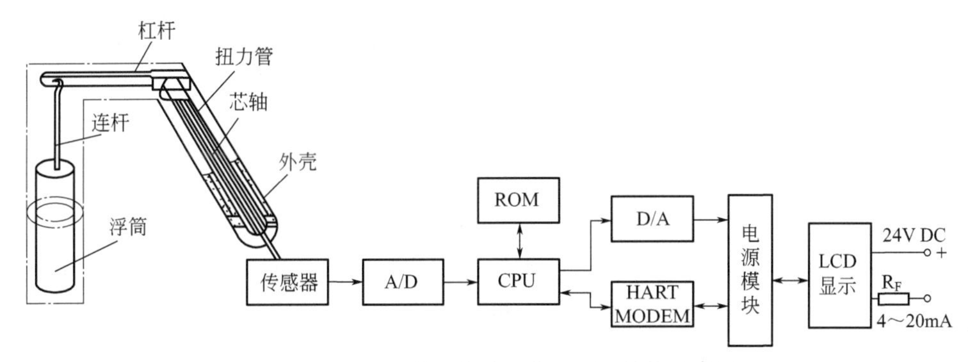

图 8-11　智能浮筒液位计工作原理及结构示意图

8.5.2 浮筒液位计故障检查判断及处理

(1) 没有液位显示或显示最小

本故障是指工艺的液位正常，但仪表无显示或显示最小、甚至显示负值。可进行排污，来检查取样阀门、取样管路有没有积垢、堵塞故障；可通过清洗、吹洗的方法来疏通堵塞，取样阀门堵塞严重或泄漏只有更换。可对外浮筒内部进行检查，浮筒破裂、浮筒挂料都会使液位显示变低或显示零下。

变送器连接电路出现断路，供电失常，变送器的放大板，显示板损坏都会使变送器无显示，或者输出电流下降，显示与输出电流不吻合。更换电路板需要重新进行参数的设置。

变送器没有电流输出，检查接线是否正确；观察液晶表头是否有显示，有显示但无输出电流，可能是输出管损坏，可更换电路板来确定。EEPROM损坏，会造成仪表标定数据的丢失，也会引起无电流输出故障。

（2）液位显示最大

可按先机械后电气的次序检查。工艺介质的腐蚀、结晶、沉积物附着，工艺介质密度变化大，浮筒被卡，浮筒脱落，安装的垂直度不合乎要求，都会使液位显示最大；机械部分与工艺介质直接接触，故障率高于电气部分。浮筒被卡可拆卸处理或清洗浮筒的污物，浮筒脱落需要拆卸后挂浮筒，进行调校才能使用。工艺介质密度有较大变化，介质温度超过设计值太多，与工艺协商后，要重新计算按新的量程进行调校使用。

确定机械部分没有问题，可对变送器的供电、零点、量程进行检查，零点是否有漂移或偏高现象，量程设置是否正确，可测量变送器输出电流来判断变送器、安全栅是否正常。

（3）液位显示偏高或偏低

液位显示有偏差时，用手操器检查变送器的参数设置是否正确，浮筒液位计显示有偏差，很多时候与所测介质有关，介质密度变化与设计、设定值相差较大，液位显示值就会不准。有的气体、汽油等介质含硫量较高，易在浮筒吊杆处结晶或结块造成测量不准。

信号线路的原因引起DCS液位显示偏高或偏低，其现象是浮筒液位计与就地液位计的显示是对应的，但DCS的液位显示偏差较大，这类故障很多是由于信号线路的接线端子，分线箱端子进水使信号线对地的绝缘电阻下降，或使信号线正负极间的绝缘电阻下降；严重导致信号线接地，信号线间的短路故障；信号分流会使DCS的显示比现场仪表偏低，引入了地电流干扰会使DCS的显示偏高。故障常在雨季或卫生大扫除后发生，端子盒、分线箱密封不良很容易进水，可用塑料布包扎或用防爆胶泥密封来防水。

（4）液位显示波动

观察被测液位的历史记录曲线，看是什么样的波动，缓慢波动可能是介质波动或浮筒有机械故障。浮筒浸在介质中会有一定的惯性和阻尼，所以波动是不可能突变的。有很大的波动或者是突然出现的波动，大多是电路或信号线有问题，如变送器的接线接触不良或松动，可分段测量导线的电阻值来判断，还应检查仪表是否受到电磁干扰。

工艺液位经常波动，可加大阻尼时间和滤波来克服。被测液位波动较大可考虑配置防波管。要了解工艺被测介质的性质，如某公司用浮筒液位计测量冷凝器液位，介质为氟利昂，液位显示经常出现波动，后来查明引起波动的原因是氟利昂里气泡太多，导致浮筒波动；可见生产工况对仪表测量的影响是很大的。因此在判断和处理故障时，不能只从仪表方面作手，还要考虑工艺方面的影响。设计选型有问题，浮筒的计算密度不对，安装位置不佳；被测介质的性质与设计值不符；工艺的压力、流量波动过大，都有可能引起液位显示的波动。

变送器输出电流不稳定，对变送器测量回路进行检查，检查变送器端子上的电压是否稳定，检查变送器连接线路有没有接触不良或接地等现象。用手操器使变送器输出4mA或20mA等固定电流，来判断变送器或安全栅是否有问题，并对症处理。

机械部分有故障，如扭力管的工作性能不稳定，浮筒挂钩损坏，会使仪表的输出电流不稳定，零点附近量程波动大，还会影响仪表的线性。机械故障要拆卸检查才能确定。

(5) 液位变化迟钝

工艺液位变化时仪表显示也变化，但变化速度与实际液位不一致，可排污检查取样阀门及取样管有没有堵塞现象；液位变化迟钝很多是由于浮筒上有附着物或浮筒与外套筒有摩擦；可定时用蒸汽吹扫，或在仪表外套筒增加伴热。

液位计的气、液相取样管或取样阀门堵塞，尤其是气相管路堵塞时，会导致测量筒与容器上部压力不平衡，浮筒上部憋压，使浮筒移动缓慢导致液位显示变化缓慢。取样阀门开度过小，也会出现液位变化缓慢，与实际液位有偏差的故障，气相管有堵塞时该故障更突出。

(6) 液位显示不变化

工艺液位正常并有变化但液位显示长时间没有变化，DCS 液位趋势曲线为直线，可通过排污来发现问题，排污时可敲打外浮筒，有时浮筒被卡住，浮筒与外浮筒相碰，通过敲打外浮筒就有可能恢复正常；机械部分没有问题，就应该在变送器的电路上查找原因，变送器的显示板或放大板有问题，可用备件代换来确定故障。更换电路板，需要重新输入参数并进行线性调整。

液位计的气、液相取样管或取样阀门堵塞，取样阀门开度过小，都会使被测液位长时间不变化，而液位趋势曲线为直线，尤其是液相取样管，经常会被管道内的杂质堵塞，管线较长时被堵塞的概率更高。气相取样管或取样阀门堵塞，取样阀门开度过小，会出现液位变化缓慢，与实际液位有偏差的故障。

测量介质易结晶，或者温度、压力的变化导致物料结晶，结晶物将浮筒、扭力管、挂钩卡死都会造成液位显示不变化的故障。该类故障只有拆下修理，没有好办法彻底消除，但可采取一些措施来减小影响，如把外浮筒用保温材料包裹起来，减少外部温度的影响，以消除挥发物在浮筒内的结晶、结焦现象；如果被测介质可以吹蒸汽、热风，则可使用吹扫法来减少结晶、结焦现象。采取以上措施仍然受困于结晶问题时，只能考虑用其他测量方法。

8.5.3　浮筒液位计维修实例

(1) 没有液位显示或显示最小

实例 8-24　蒸汽冷凝器的液位无显示。

故障检查　对浮筒液位计进行排污，只有少量的冷凝水流出来，判断浮筒堵塞。

故障处理　拆下外浮筒打开后发现，污物杂质几乎将浮筒塞满。清洗并重新校准后，仪表恢复正常。

维修小结　本例是工艺原因造成的堵塞故障，该容器工艺没有按期进行清洗和排杂，使冷凝器中沉积了大量的杂质和污物，并堵塞了浮筒。

(2) 液位显示最大

实例 8-25　硫黄装置汽提塔液位，玻璃液位计显示 60%，而 DCS 显示为 100%。

故障检查 到现场检查玻璃液位计是正常的。进行排污检查发现有污物阻塞现象。

故障处理 停表将浮筒内的污物清理干净，开表后液位显示正常。

维修小结 本例是由于筒内的污物将浮筒卡在了 100% 处，造成了浮筒输出电流最大。检查浮筒是否被卡，最有效的方法就是排污，关闭浮筒与设备相连的取样阀，打开排污阀排污，若仪表显示回零则判断浮筒未卡，如果仍为 100% 则可判断浮筒被卡。测量容易结晶、堵塞的介质液位时，首先要判断就地液位计是否存在堵塞的故障，就地液位计在正常的基础上再对仪表进行检查，以避免走弯路。

(3) 液位显示偏高

实例 8-26 工艺反映 DLC3000 浮筒液位计显示偏高。

故障检查 用 375 手操器进行两点液位标定，没有改观。经分析后认为：浮筒扭力管的刚性有可能发生变化。

故障处理 重新标定干耦合点，具体操作如下。

① 将表头下方的滑块推开，露出锁紧孔内锁紧扭力杆的六角螺母。使浮筒处于最低液位位置（即浮筒最重的位置），用套筒扳手伸入锁紧孔把螺母锁紧，将滑块推回原位。

② 进入 On line（在线菜单）后，选 Basic Setup（基本设置）→Sensor Calibrate（传感器标定）→Mark Dry Coupling（标记干耦合点）。干耦合点标定完成，仪表显示应基本在零点。若偏差较大可进入 PV Setup（PV 设置）检查 Level Offset（零点迁移量）是否恢复为零，否则再重复做一次。

③ 进入 Two Point（两点校准）进行两点液位标定，仪表恢复正常。

维修小结 本例仪表使用有 8 年多，扭力管的刚性有所变化也不奇怪，标定干耦合点的目的就是使扭力管工作在正常范围。

实例 8-27 操作工反映油罐玻璃液位计指示油位已为零，但浮筒液位计显示 40% 左右。

故障检查 与工艺落实油位的确已很低。查看 DCS 历史曲线，浮筒液位显示在 8:50 分就保持在 40% 左右且不变化。到现场排污检查发现正侧取样管有堵塞现象。

故障处理 继续排污至正压侧通畅，仪表投运后显示恢复正常。

维修小结 本例属于运行维护不到位导致的故障，排污制度能有效地执行和检查，本故障是可以避免的。

实例 8-28 玻璃液位计和浮筒液位计都显示液位接近零，但 DCS 显示有 20% 的液位。

故障检查 在机柜里的安全栅前、后分别测量电流，发现安全栅前的电流为 4.5mA，而安全栅后的电流为 7.2mA，该电流与 DCS 的显示相符，看来安全栅有故障。

故障处理 更换安全栅后，DCS 的显示恢复正常。

维修小结 按经验两台仪表同时出故障的情况很少，应相信玻璃液位计和浮筒液位计的显示，DCS 显示偏高应该是电流信号偏高造成的，可测量电流来检查问题所在。经测量安全栅的输入、输出电流不一致，就可确定安全栅有问题。如果安全栅的输入、输出电流一致，就应该查找 DCS 板卡的原因。

（4）液位显示偏低

实例 8-29 除碳塔控制系统的液位显示偏低，控制失灵导致工艺液位上升。

故障检查 观察玻璃液位计的指示为 80%，而仪表仅显示 60%。检查变送器电路正常，拆下浮筒液位计进行校准，发现浮筒被腐蚀泄漏而进水。

故障处理 更换浮筒，重新校准后，液位显示及控制恢复正常。

维修小结 仪表显示偏低，把错误信号传递给控制系统，致使调节阀不断关小，造成除碳塔的液位不断上升。用水校准，发现每灌水校一次零点和量程的变化非常大，怀疑浮筒有问题，取出检查才发现浮筒被腐蚀已进水。

实例 8-30 新安装的浮筒液位计，随着液位的升高输出电流逐渐减小。

故障检查 浮筒内漏会出现该故障，新表除质量问题，是不会出现内漏的。手操器检查设置，发现输出信号被设置成“反作用”。

故障处理 把输出信号设置为“正作用”，仪表输出电流与液位变化一致。

维修小结 智能变送器的设置项目较多，菜单大多是英文，稍有不慎就会出现设置错误，或者漏设的情况。新安装或更换的仪表，安装至现场后，再用手操器检查一遍设置，最好是由两人共同完成，出错情况将大大下降。

（5）液位显示波动

实例 8-31 锅炉汽包液位低负荷时波动小，高负荷时波动大。

故障检查 观察工艺供汽压力基本稳定，经检查浮筒及变送器没有问题，仔细检查发现液相取样阀没有全开。

故障处理 把液相阀全打开后，液位稳定。

维修小结 液位计的液相阀门开度小，进入液位计的水量少；气相阀是全开，蒸汽把液位计内的水再加热，使体积膨胀液位虚高。锅炉减负荷后蒸汽压力升高，液位计内水位下降，如此反复就出现了波动。按规定锅炉水位的气、液相阀门要全开，这也是安全检查的主要内容；任何操作上的不到位都会给维修工作带来不必要的麻烦。

实例 8-32 氨分离器液位控制系统的液位波动。

故障检查 检查液位变送器及相关线路，没有发现异常，决定进行排污。

故障处理 排污及冲洗浮筒后，液位控制正常。

维修小结 在开车时压缩机带出许多油污，有油污积聚在浮筒中，在低温下结为油泥，浮筒动作不灵活使液位信号滞后，调节器不能及时调节液位还产生误调节，使液位波动很大。

实例 8-33 工艺反映 LT205 液位波动很大。

故障检查 排污后确定浮筒取样管畅通。用铁钉从下放空处伸入，触碰浮筒并上下移动，表头显示有变化但变化很小。

故障处理 将浮筒拆下调零点及量程，输出电流基本没有变化。再检查发现扭力管固定螺栓松动，扭力管位置已移动。重新调好扭力管位置并上紧螺栓，仪表恢复正常。

维修小结 调校时发现输出电流变化很小，怀疑扭力管有问题。正常时扭力管有初始扭力存在，使浮筒传动连杆处于悬空位置，可以灵敏的感受浮筒所受浮力的微小变化。当扭力管固定螺栓松动时，扭力管在扭力的作用下，其初始扭力为零，且感受不到浮筒连杆的位移变化，在调校时输出电流基本没有变化。

(6) 液位变化迟钝

实例 8-34 母液槽的玻璃液位计有变化，远传的液位显示长时间不变化。

故障检查 判断取样管堵塞的可能性较大，到现场进行检查发现液相管不通畅。

故障处理 关闭取样阀门，对取样管路进行疏通后，仪表显示恢复正常。

维修小结 当液相取样管有堵塞现象时，母液槽内的液体不能流入外浮筒，则外浮筒内的液位不会变化，导致变送器的输出电流也不变化。

实例 8-35 某冷凝塔的液位不变化。

故障检查 检查供电及变送器都正常。现场排污发现显示有稍微变化，拆卸检查发现浮筒有被卡的现象。

故障处理 停车检修时对液位计重新进行安装，一年内没有再出现此故障。

维修小结 本例故障曾出现几次，当初发现筒体的垂直度不合格，但没有返工就验收留下后患。重新安装解决了遗留问题。

(7) 液位显示不变化。

实例 8-36 某厂汽油分液罐的 LT-106 液位显示在 25% 无变化。

故障检查 估计是罐底污物积累过多，清理完毕投运，一周后又出现上述故障。再次排污清理投运，仍然显示在 25%，用水校准仍无变化，用铁丝通浮筒，表头显示会变化。

故障处理 用水反复冲洗浮筒内部后，调校、投运仪表恢复正常。

维修小结 液位显示在 25% 无变化，实际是浮筒内部太脏使浮筒贴壁，而不随液位变化。本例说明定期排污是保障浮筒液位计正常运行的重要条件。

8.6 磁翻板液位计的维修

8.6.1 磁翻板液位计的工作原理及结构

磁翻板液位计的结构如图 8-12 所示，翻板液位计的安装方式有：侧装式、顶装式，悬挂式。由于磁翻板还有柱状的，有的产品称其为磁翻柱液位计，两者工作原理相同，本书按习惯统称为磁翻板液位计。它是根据浮力原理和磁性耦合作用工作的。当被测容器中的液位升降时，液位计测量导管中的磁浮子也随之升降，浮子内的永久磁钢通过磁耦合传递到磁翻板指示器，驱动红、白翻板翻转 180°，当液位上升时翻板由白色转变为红色，当液位下降时翻板由红色转变为白色，磁翻板指示器的红白交界处即为液位的实际高度。

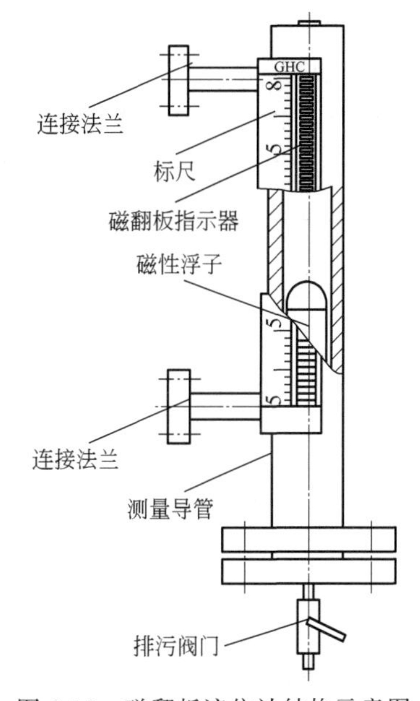

图 8-12　磁翻板液位计结构示意图

8.6.2 磁翻板液位计故障检查判断及处理

(1) 液位有变化，磁翻板不会动作

先观察玻璃液位计的指示，仪表显示与其不符，确定工艺液位正常，可对翻板液位计进行排污冲洗，排污时要先关闭上部的取样阀，排污过程中开、关阀门一定要缓慢，排污后故障依旧，可用磁铁从下往上对翻板进行磁性吸引，翻板能正常变化，则翻板没有问题。在磁性吸引时翻板不能随着变化，应检查玻璃或塑料护板有没有变形，护板变形会造成翻板中轴不同心而不能翻转。浮子中的磁钢使用时间过长，磁性减弱，浮子中的磁钢与翻板的小磁钢之间失去磁连接作用，也会出现翻板不会动作的故障。

(2) 磁翻板指示混乱

就是通常说的“乱磁”现象。磁翻板指示混乱的原因有：翻板的部分小磁钢磁性减弱，会产生程度不同的“乱磁”现象；随着仪表用磁钢质量的提高，磁稳定性得以提高，与以往相比出现该类故障的概率也大大下降。

测量易汽化介质液位，工况稳定时被测介质的气相和液相相互转化达到平衡，这时的液位测量值是正常的。但从储罐内抽出液体时，液面上部空间增大，气相压力降低，会有部分液体汽化，会有大量气泡产生，小气泡上升过程中聚变成大气泡，大气泡进入液位计测量导管，就可能形成一个上升的气相段，气相段在上升过程中遇到浮子，气体将从浮子周围通过，使浮子运动速度过快，与测量导管外部的磁翻板失去磁连接作用，就会造成“乱磁”现象，而出现液位指示混乱故障。有“乱磁”现象出现，可用磁铁对翻板进行磁性吸引，使翻板能正常变化。

(3) 液位显示有偏差

生产中由于各种原因会在液相中混杂许多气泡，液带气的现象会随着生产的变化而变化，当液带气的介质进入液位计测量导管，测量导管内的介质密度将发生变化，浮子所受的浮力也将发生变化，浮子的位置就会改变，翻板指示器所指示的液位就会产生偏高或偏低的误差，通过变送器反映在DCS上的显示也会偏高或偏低。这时只有联系工艺，改进操作条件来消除或减少液带气的现象。

(4) 远传信号与就地指示的液位不一致

先检查变送器、供电电压、信号线路是否正常；还应检查干簧管及电阻组件是否出现接触不良、短路、开路故障；受到其他磁场的干扰会使干簧管误动作，导致标称电阻值变化而出现液位显示偏差故障。干簧管粘连不释放也是常见的故障，只需轻轻敲打测量导管一般都可以消除此故障。

智能变送器的输出电流超过20mA或小于4mA时，有可能是报警信号输出值，可借助自诊断功能来检查故障，按提示信息对症进行处理。

(5) 常见故障的检查及处理

磁翻板液位计常见故障的检查及处理如表8-2所示。

表8-2　磁翻板液位计常见故障检查及处理

故障现象	可能原因	处理方法
翻板液位计指示正常，但变送器无信号输出	24V供电不正常	检查供电电源
	变送器至安全栅的接线松动或脱落	检查变送器至安全栅间的接线端子或接线箱的接线
	安全栅损坏	更换安全栅
液位变化时，翻板液位计的翻板不动作，变送器输出信号也不跟着变化	翻板液位计浮子的磁钢已退磁	更换浮子组件
	取样阀门开度过小或没有打开	开大或打开取样阀门
变送器有输出信号，但误差大	使用条件不符合仪表的要求	检查相关条件进行改进花更换仪表
	变送器的零点有变化	检查零点进行调校
	变送器的量程设定出错	检查并进行更正
	信号线接触电阻过大	检查接线
变送器的零点或量程不能调至相应值	24V供电偏低	使供电电压符合要求
	变送器与翻板液位计不配套	更换相应的变送器或翻板液位计
	变送器故障	更换变送器
	信号线接触电阻过大	检查信号回路接线
翻板液位计指示混乱	排污时阀门开得太快	缓慢进行排污，用磁铁复位
	浮子脱落	拆下液位计进行处理
翻板板液位计的指示器不正常	磁钢的磁力减弱	更换磁钢
	指示器个别翻板失磁	用磁钢刷理顺指示，否则更换该翻板
	由于振动，指示浮子脱离磁耦合	用磁钢把指示器引到浮子磁力范围内使之进入耦合状态
	测量导管内有异物或沉淀物，浮子卡死不能下降	进行排污冲洗或清洁处理
	卡死或人为原因造成指示混乱	查出原因，进行更正或修理

(6) 阀门、附件的故障检查及处理

磁翻板液位计最容易出现的就是堵塞，测量导管内污物杂质过多，会使浮子卡涩而出现不灵活现象，反映在显示仪上就是液位变化迟缓或跳跃式变化，可通过排污冲洗来解决，如果太脏或油污过多时可通过上部放空阀门接入水或蒸汽、汽油来清洗浮子及测量导管。

安装液位计时法兰连接螺栓一定要拧紧，要对角上紧螺栓，以避免法兰垫片松紧不均匀出现泄漏。阀芯填料松紧度要合适，既不能出现泄漏又要开关灵活。用在高温、腐蚀介质场合的阀门容易出现问题，应加强检查或定期更换阀门。

液位计投运时，应先打开上部的取样阀门，再缓慢打开下部的取样阀门，使介质平稳进入测量导管，投运时应避免介质快速冲击浮子，引起浮子剧烈波动影响显示的正确性。排污时要先关闭下部的取样阀门，再打开排污阀，让测量导管内液位下降，最后再开下部的取样阀门。对侵蚀性、毒害性等特殊液体的排污应严格按操作规程进行。

液位计测量导管上部有个放空阀，是为了防止长时间工作，测量导管内含有气体，浮子无法正常工作而用来放气的。有的产品没有放空阀，而是用了一个丝堵，但作用相同。

8.6.3 磁翻板液位计维修实例

实例 8-37 顶装式液位计仅在气液位分界的地方指示红色，液位以下全部指示白色。

故障检查 到现场用磁钢在外面刷，翻板翻转正常；拆卸检查发现浮子与连杆脱落。

故障处理 重新将连杆与浮子连接安装后，液位指示正常。

维修小结 顶装式翻板液位计的磁钢不在浮子内，浮子只与连杆相连接，连杆与上部测量导管内的磁钢连成一体，液位变化时，浮子带动连杆使磁钢在测量导管内上下运动，来带动指示部分的红、白磁板翻转。当浮子与连杆脱落瞬间，连杆在自重作用下快速下落，磁翻板还没有来得及从红色翻转到白色，磁钢就已离开了翻板，翻板又恢复回白色。这就是液位以下全部指示为白色的原因。

实例 8-38 顶装式液位计指示与实际液位偏差很大，且变化迟缓。

故障检查 用磁钢在液位计有机玻璃盖板上上下刷动，翻板能正常转换，怀疑浮子有问题。与工艺联系停车后进行检查及处理。

故障处理 检查发现浮子与连杆上附有很多污物，清洗后仪表恢复正常。

维修小结 检查中曾垂直向上提起液位计本体 50cm，正常情况下，磁翻板的指示应下降 50cm，但指示基本没有变化。再检查才发现污物附在连杆与浮子上，造成浮子动作迟缓，甚至不会动的故障。

实例 8-39 磁翻板远传的显示不正常，有跳变或画直线的现象。

故障检查 用磁钢在翻板液位计上下刷动，翻板可正常转换但显示仪变化不灵敏，排污后没有改观。判断是浮子的问题，拆卸检查发现测量导管内壁及浮子上附有许多黑色污物。

故障处理 清洗测量导管及浮子后，显示恢复正常。

维修小结 磁翻板液位计的显示不准，液位跳变，DCS 趋势曲线画直线等现象，很多是浮子脏污，被测介质黏稠和结晶造成的；要停车才能拆卸检查、清洗或处理。

8.7 磁浮子液位计的维修

8.7.1 磁浮子液位计的工作原理及结构

磁浮子液位计也是根据浮力原理和磁性耦合作用工作的，有侧面安装，顶部安装，底部安装三种结构，其既可测液位也可测量界面。

当被测容器中的液位升降时，磁浮子也随之升降，浮子内磁钢的磁力线穿过测量导管，通过磁耦合控制干簧管的通断，以改变与干簧管相连的电阻组件的电阻值。传感变送原理如图 8-13 所示，其采用分压电路对液位进行测量，产生的电压与液位成正比关系，变送器进行的是 V/I 变换工作。

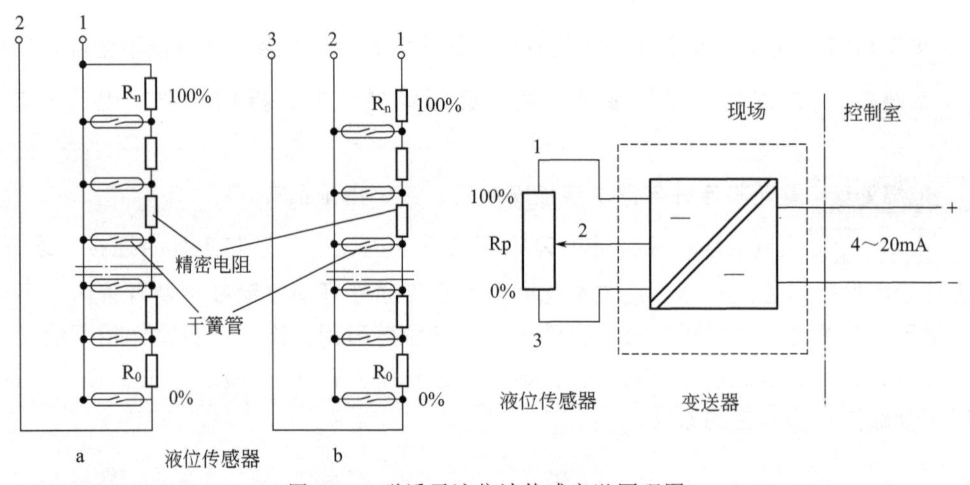

图 8-13　磁浮子液位计传感变送原理图

8.7.2 磁浮子液位计故障检查判断及处理

(1) 磁浮子的检查及处理

侧装式浮子的测量筒体内如有固体杂质和磁性杂质进入；顶部安装或底部安装的浮子，如果有杂质和磁性杂质附在浮子及导向管间，都会对浮子造成卡阻及浮力减弱等现象。对侧装式的可通过排污、冲洗来解决。其他安装形式的只有空罐时拆卸检查处理。

当液位显示不准，液位有跳跃性变化，液位显示曲线画直线等现象，大多是磁浮子脏污造成的，也是磁浮子液位计使用中最常见、最易引发故障的因素。磁浮子内装有磁钢，被测介质含有杂质，磁钢会将杂质吸附在浮子表面，使用时间越长越聚越多，极易造成浮子质量增加产生沉没失去检测作用，即使脏污杂质的附着不会造成浮子沉没，但附着物在浮子表面会使浮子在测量筒中的上下活动受限，出现卡阻、卡死现象，测量筒内壁附着杂质，更是阻碍了浮子的上下浮动，使液位变化出现跳变或者卡死不动的故障。

浮子卡只有拆卸液位计下方的法兰，取出浮子进行清洗。在测量碱液、酸液、酸性气液、瓦斯气及各种腐蚀性的介质时，要严格遵守操作规程，防止维修过程中，腐蚀性介质、有毒有害介质对人体造成危害。

(2) 传感器的检查及处理

磁性浮子液位计传感变送原理如图 8-13 所示。传感器由干簧管及电阻组件构成。传感器接线方式有：a. 两线方式，国产的大多为此类接线；b. 三线方式，如柯普乐浮子液位变送器。干簧管与电阻组件排列很紧密，检查故障时，可将其等效为一个线性电位器 Rp；按图 8-13 对检查方法作一介绍。

浮子移动正常，可测量电阻组件的电阻值，浮子向上移动电阻值应增大，浮子向下移动电阻值应减小。浮子在 0%附近，电阻值应很小或接近 0Ω；浮子在 100%附近，电阻值很大或接近最大。产品不同电阻值也不相同，在变送器上有标注，没有标注的，可测量最大电阻值以备日后维修参考。

电阻组件或连接线路出现接触不良、短路、断路等故障，或受到电磁场的干扰，会导致标称电阻值的变化，出现液位显示不正确的故障。

可用万用表测量电阻值判断故障。以液位测量范围为 2000mm，分辨率为 10mm，最大电阻值为 2kΩ 的产品为例。当浮子在 0%位置，其电阻值应该为 0Ω，浮子向上移动，电阻应该为 10Ω/10mm 逐级递增变化，满度时的输出电阻值为 2kΩ。输出电阻变化时，变送器的输出电流也应随着变化，否则变送器有问题。

(3) 变送器故障的检查及处理

有的产品带有一个校正器，其实就是一个永久磁钢，可用来检查传感器及变送器。将校正器置于 0%，变送器的输出电流应为 4mA，将校正器置于 100%，变送器的输出电流应为 20mA，说明仪表工作正常。否则可对零点和量程电位器进行调整。

观察变送器的输出电流来判断故障，如柯普乐浮球液位变送器，当传感器与变送器的接线有开路故障时，变送器的输出电流变化见表 8-3，表中线号可参考图 8-13 的标示。

表 8-3　传感器有开路故障时与变送器输出电流的关系

故障发生部位	变送器的输出电流
1 号接线开路	约 20mA
2 号接线开路	约 25mA
3 号接线开路	≤4mA
1、3 号接线同时开路	约 25mA

智能变送器具有传感器自诊断功能，当标称阻值测得后，一旦检测到阻值变化超过了预设的百分率，就会输出报警信号，通常报警信号时的电流输出可设定为 3.8mA 或 22mA，以便与最低和最高液位区别开。

(4) 变送器输出信号波动

磁浮子液位计变送器输出信号产生波动，先检查信号线路是否有氧化腐蚀、松动导致的接触不良。检查没有发现问题，应考虑是否有干扰，可检查电缆屏蔽层是否可靠接地，接地电阻值是否符合要求，变送器附近是否有新的大功率用电设备投用，如果干扰难于完全消除，可试用信号隔离器来解决。

8.7.3 磁浮子液位计维修实例

实例 8-40 油罐已空，但DCS的液位显示仍有45%。

故障检查 到现场观察，磁翻板已全部显示为白色，排污流出少许油后就没有任何油再流出，曾怀疑DCS显示有问题，但测量变送器的输出电流为11.2mA，看来问题还是在变送器之前，是否还是测量导管内太脏把浮子卡死了，决定用蒸汽进行吹洗。拆卸保温层时，发现有几道铁丝缠绕在磁浮子液位计上用来固定传感器，原来故障原因在这里。

故障处理 用钳子把铁丝剪断拆卸后，用厂家配来的不锈钢抱箍带固定传感器，DCS的显示变为0%。

维修小结 铁丝属于弱磁性物质，在磁场的作用下会磁化，外磁场消失后还会有剩磁，在剩磁作用下传感器内的干簧管被吸合，干簧管与电阻组件电路就是一个分压电路。磁性浮子低于铁丝位置时，显示的是铁丝的高度，磁浮子高于铁丝位置时，显示的是真实的液位高度，在液位正常很难发现，只有液位低于铁丝位置时才暴露出问题，由于铁丝剩磁导致干簧管吸合，使变送器的输出电流为虚假液位。按规定固定传感器要用厂家配来的不锈钢抱箍带。有人图省事就用铁丝来代替，造成了仪表有可能显示虚假液位的隐患。没有不锈钢抱箍带，可用粗的铜线或铝线来代替。

实例 8-41 现场调校发现液位计的浮子移动不够灵活。

故障检查 该仪表是新安装的，浮子移动不灵活与杂质没有关系，检查仪表的垂直度，发现上下法兰的中心线有偏差。

故障处理 联系安装人员进行返工后，调校顺利进行。

维修小结 安装人员工作马虎，焊接液位计取样管上下法兰时，只有一个临时工在协助，造成取样管上下法兰的中心不在一条线上，由于液位计不垂直，使浮子上下移动不灵活。

实例 8-42 停产后开表，H312液位计没有显示。

故障检查 停产检修时曾校准正常的仪表怎么就开不起呢？检查发现浮子上部变形。

故障处理 更换浮子后，仪表顺利开启并运行。

维修小结 本例属于人为故障，浮子上部变形是开表不当引起的。新来的仪表工开启取样阀门时，先全开了测量导管的下部阀门，后开上部阀门，浮子在介质压力作用下冲顶，致使浮子受损。按规定磁浮子液位计在开表时，先稍开上部阀门，接着再适当打开下部阀门，然后将两阀门全打开。

实例 8-43 控制室的LI324液位显示反应迟缓。

故障检查 检查变送器正常，该表使用时间较长，怀疑浮子上附有污物，与工艺联系停表检查，拆卸后发现浮子上附有很多污物。

故障处理 清洗浮子后投运，仪表恢复正常。

维修小结 液位显示反应迟缓，大多是传感器问题，浮子与工艺介质直接接触，介质里难免会有杂质、铁性物质，磁浮子沾有铁屑或其他污物，使浮子上下移动的阻力增大，导致浮子的动作不灵活。浮子上附的污物不太多时，侧装式的通过排污冲洗大多能解决问题，其他安装形式的只有拆卸、取出浮子，才能清除磁浮子上沾的铁屑或污物。

8.8　磁致伸缩液位计的维修

8.8.1　磁致伸缩液位计的工作原理及结构

磁致伸缩液位计由测量杆（内置超磁伸缩线）和浮球（内置永久磁铁）、变送器三部分组成，如图8-14所示。变送器电路单元产生的电流脉冲沿着磁致伸缩线向下传递，并伴随产生一个环形的磁场，测量杆外配有浮子，浮子沿测量杆随液位的变化而上下移动。浮子内装有磁铁，浮子同时产生一个磁场。当电流磁场与浮子磁场相遇时，二者的磁场相互作用，产生瞬时扭力并在磁致伸缩线上形成一个机械扭力波脉冲，该机械扭力波以一定速度传递返回到电子部件，电子部件拾取脉冲。通过测量发射电脉冲与返回扭力波脉冲之间的时间差，就可计算出被测液位高度。

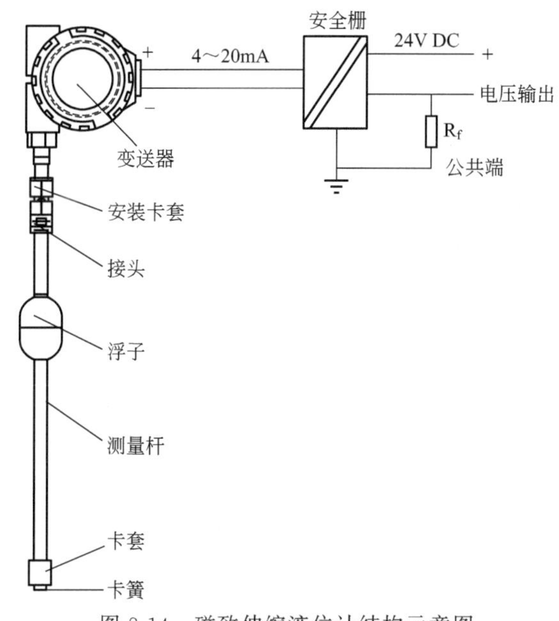

图8-14　磁致伸缩液位计结构示意图

8.8.2　磁致伸缩液位计故障检查判断及处理

（1）没有液位显示或显示最小

输出电流一直为最小值，有可能是浮子卡在底部，或者浮子泄漏，与工艺联系停表拆卸检查，检查测量杆内及浮子上是否有污物，进行清洗，如果浮子已泄漏只有更换。

输出电流小于4mA，仅有3.62mA，早期的K-TEK型液位计，可检查变送器模块左上角最左边的跳线开关，如果跳线短接环在上端，则处于“FAIL LOW”报警模式，如图8-15所示。有信号丢失或变送器有故障时，输出电流被置为3.62mA。

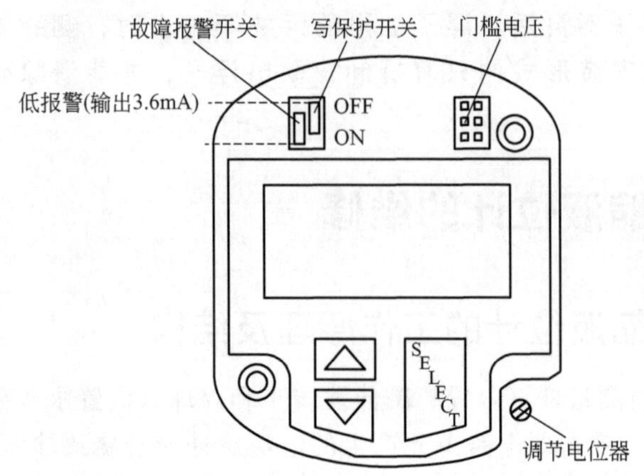

图8-15　K-TEK型液位计变送器跳线设置示意图

变送器没有电流输出，先检查供电是否正常，再检查连接电路有无断路或接触不良现象。用万用表测量变送器的输出电流，通电时输出电流应为4mA至少1s，然后，要么为所测的液位数值，要么为报警状态。否则可能是变送器供电有问题，或者主要的电子部件损坏。

(2) 液位显示有偏差

液位显示有偏差，检查浮子、取样管路等没有发现问题，可对变送器的量程重新标定。同时按下UP和DOWN键1s可进入标定模式。将浮子置于0%处，按住DOWN键1s使输出电流为4mA。将浮子置于100%处，按住UP键1s使输出电流为20mA。

仪表显示与实际液位不一致的故障有：工艺介质量含有气泡，介质的密度和浮子的密度不一致，联系工艺进行解决。仪表的零点参考点不对，重新进行标定。接线端子受潮、进水，可对受潮部位进行烘干处理。传感器或模块有问题，用备件进行更换，否则只能返厂修理。

(3) 液位显示有跳变

液位显示有或高或低的跳变现象，可能是接地不良或电磁干扰所致，可检查变送器及信号电缆的接地是否良好，检查运算模块与存储底板是否有接触不良的现象。

设备振动产生的杂波也会使液位显示有跳变现象，说明变送器的门槛电压无法过滤该杂波，可通过调整门槛电压来解决。门槛电压是用来屏蔽杂波信号，使返回信号更加清晰的一个参数，低于这个参数的信号一律被认为是杂波，全被滤除，高于这个参数的信号都被当作有效信号全部返回。当门槛电压设定过低时，部分杂波信号也会返回并被一同显示，同样会出现液位跳变的现象。并不是门槛电压高了就不会出现液位跳变，门槛电压过高，部分有效信号会被挡在门槛外，传回显示的信号也会出现液位跳变的现象。不同仪表的门槛电压设定范围也不同，但门槛电压可调范围还是相当大的。

DCS的液位趋势曲线为尖波状，可能是工艺液位有波动造成了杂波信号，可通过调高门槛电压来减少影响。不要忽视液位传感器周围环境温度变化的影响，过高、过低的环境温度都有可能使仪表显示出现波动。

测量杆有剩磁也会出现本故障，可通过消磁来解决。为了避免剩磁的出现，可以不定期沿着测量杆平行地滑动磁铁或浮子，从测量杆的一端滑动磁铁或浮子到另一端来消除产生的剩磁。

(4) 非正常报警的检查及处理

① 液位计偶尔跳变到报警状态，可能是门槛电压设置不当，应进行门槛电压的调整。调整时将浮子放到测量杆的底端，打开外壳，在电子模板的右下方有个调节电位器，如图 8-15 所示。变送器通电后顺时针旋转电位器，使输出电流为 3.6mA 或 21mA，相当于报警状态。慢慢地逆时针旋转电位器，直到有一个稳定的输出电流，该输出电流要与浮子的位置相对应。再慢慢地逆时针旋转电位器，并记录电位器的旋转圈数 N，直到输出电流不再稳定。再顺时针旋转电位器约 $N/2$ 圈，确认输出电流稳定。

② 液位计测量杆的末端有一段小小的盲区，一旦浮子停留在此，传感器发射的脉冲波便不能返回，会输出 21mA 的报警。此类现象在尚未进液阶段容易出现，一旦有液体进入，浮子上升至测量范围之内该现象也就自行消失。

③ 被测介质的温度处于或接近仪表的最高工作温度时，有可能会出现报警故障，因为磁铁在高温下会出现退磁现象。即便是耐高温的磁铁，随着介质温度的升高其磁导率也是成比例地下降，由于高温退磁的影响，会出现仪表工作不正常的问题，甚至反复出现高低限误报警的故障，把仪表的工作温度提高一挡大多能解决本问题。

④ 传感器或模块有故障也会出现上述现象，模块可用备件进行代换来判断，传感器有问题，只能返厂修理。

(5) 传感器的故障检查

MR 型液位计传感器的检查，用万用表检查地端与中间的磁致伸缩线是否短路，电阻值应该大于 20MΩ，如果小于 20MΩ，把电子单元与磁致伸缩线从传感器中取出，检查传感器管中是否进水或有导电性液体，如果没有，检查磁致伸缩线与信号线的连接处是否有导线外露，如果有则进行封堵。

检查传感器管是否有泄漏，可以取出电子单元与磁致伸缩线部分，用水测试传感器管是否泄漏。用水检查后，一定要晾干或烘干传感器管，再放入电子单元及磁致伸缩线。

(6) 常见故障的检查及处理

磁致伸缩液位计常见故障的检查及处理见表 8-4。

表 8-4　磁致伸缩液位计常见故障检查及处理

故障现象	可能原因	处理方法
工艺液位正常，变送器输出大于或等于 20mA	电子电路故障	更换电路板
	标定错误	重新标定
	输出电流达 21mA，可能是 FAIL HIGH 模式的故障报警	浮子位置超出了零点和满量程，重新进行标定
工艺液位已满罐，变送器输出达不到 20mA	测量回路的负载电阻过大	检查测量线路
	电子电路故障	更换电路板
	标定错误	重新标定

续表

故障现象	可能原因	处理方法
变送器的输出电流波动	工艺液位有波动	增大阻尼时间
	变送器供电回路或信号回路接触不良	检查接线，紧固螺钉
	电源线或信号线上有电磁干扰	检查干扰源，采用屏蔽线，改善接地等措施
侧装式传感器的显示不正确	浮子与测量筒内壁相碰	校正测量筒的垂直度
	浮子附有杂物	进行清洗
	测量筒内有气泡	排气及重新标定
	标定有误	重新标定
	测量筒的取样管路或阀门堵塞	疏通阀门及管路
液位有变化，但液位计固定在某一数值不变化	浮子被卡住	拆卸检查及清洗测量筒及浮子
	浮子损坏	更换浮子
	模块有故障	返厂修理
	供电电压较低	提高供电电压
变送器输出为 21mA 或者 3.6mA	量程设定有问题	重新进行设定
	传感器或模块有故障	返厂进行修理
	电路连接问题	重新进行拔插或连接
	浮子安装反了	更正浮子安装方向
	测量杆变形有弯曲现象	轻微变形的可进行校直

K-TEK 型磁致伸缩液位计 HART 变送器常见故障的检查及处理见表 8-5。

表 8-5　K-TEK 型磁致伸缩液位计 HART 变送器常见故障的检查及处理

故障现象	可能原因	处理方法
输出不稳定	门槛电压过高	逆时针旋转电位器一圈左右
	门槛电压过低	顺时针旋转电位器一圈左右
	液位变化速度过快	调大阻尼
输出电流不会随着液位变化	测量杆被磁化	用磁铁从上到下的擦过测量杆以消磁
	门槛电压太低	顺时针旋转电位器一圈以上
	浮子没有移动	检查浮子是否损坏 确定浮子是否适用于工艺介质 检查测量杆内是否有污物
液晶显示器不亮	变送器没有电	检查供电及信号接线是否正常
	电子模块故障	更换电子模块
输出电流与显示不相符	接线端子受潮或接触不良	烘干或重新接线
	测量值受电流和接线的影响	重新进行 D/A 调节
无法改变菜单设置	写保护跳线在“ON”位置上	把写保护跳线改至上部“OFF”位置”
	电子模块有故障	更换电子模块

续表

故障现象	可能原因	处理方法
HART 手操通信器与变送器无法通信	变送器处于报警状态	检查并解决报警问题
	回路电阻不合适	在回路中接入一个 250Ω 的电阻
	电子模块有故障	更换电子模块

8.8.3　磁致伸缩液位计维修实例

实例 8-44　液位白天显示波动，但夜班很正常。

故障检查　夜班电压会高点，难道供电不正常？分别对供电、传感器、变送器进行检查没有发现问题。后来看到离仪表三十多米处有台电焊机在作业，仔细观察只要电焊一起弧光，液位显示就波动。

故障处理　配合电焊工试着把电焊机的地线挪地方后，仪表显示恢复正常。

维修小结　本例是电磁干扰引发的故障。电焊工在几个地方焊接，懒得拉地线到处跑，就把电焊地线夹在仪表电缆桥架的支承架上，故对仪表造成了干扰。

实例 8-45　磁致伸缩液位计，显示波动然后跑最大，最后干脆没有显示了。

故障检查　检查供电正常，对显示有异常的变送器曾用单独的电源供电，但输出信号仍不正常。到没有显示时，再检查发现变送器的模块已损坏。

故障处理　更换模块应急。与供货商联系来厂帮助解决问题。

维修小结　该例故障属于产品质量问题，因为，在现场已有该批次仪表的多例相同故障，最后的结果都是变送器模块烧坏。更换产品后没有再发生此类故障。

实例 8-46　AT100 磁致伸缩液位计，出现超量程报警，电流达 21mA。

故障检查　供电及变送器均正常。检查发现空罐时浮子位置低于正常零点太多。

故障处理　在浮子底端加上不锈钢套管，重新设定量程后恢复正常。

维修小结　本例故障系浮子在没有液位时与正常零点的差值过大，浮子在测量杆最底部时，浮子的环形磁场与测量杆内的磁致伸缩线下端感应不灵敏，从而出现误报警现象。

8.9　雷达液位计的维修

8.9.1　雷达液位计的工作原理及结构

雷达液位计由发射和接收装置、信号处理、天线、显示等部件组成，如图 8-16 所示。

其采用发射—反射—接收的工作模式。雷达液位计的天线发射出电磁波，这些波被对象表面反射后，再被天线接收，电磁波从发射到接收的时间与到液位的距离成正比，

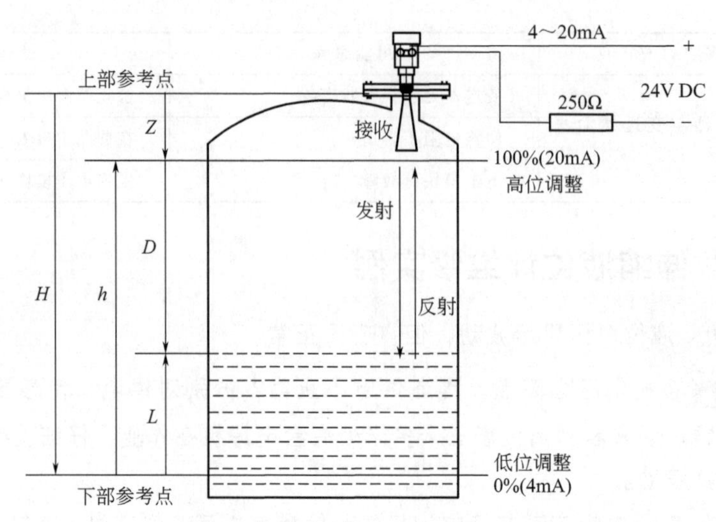

图 8-16 雷达液位计结构及测量示意图

H—空罐高度；*h*—满罐高度；*Z*—上盲区；*D*—上部参考点到被测液位的距离；*L*—被测液位实际高度

电磁波的传输速度为常数，则可算出液位到雷达天线的距离，从而知道液位的实际高度。

8.9.2 雷达液位计故障检查判断及处理

根据现场经验，仪表本身出故障的概率并不高，大多数故障都是由于现场使用环境恶劣引发的；在检查处理故障中应先对现场的仪表及部件进行检查，必要时进行整改，如改善雷达液位计的安装方式及条件，都会减少故障的发生。

(1) 液位有变化但显示为一固定值不变化

当容器将排空或将满时，仪表仍输出一个明显与液位变化不相符的信号，容器内液位将满时显示仍为一个低液位值。产生该故障的原因如下。

① 天线或天线附近有附着物，会产生干扰回波，天线上积聚有过多的污物会对微波产生强烈的反射，使仪表显示一个固定的高液位值。只要清理天线和天线附近的污垢及附着物，并擦拭发射天线后，故障大多能消除。

② 罐内有障碍物或固定物件，导致微波会有很强的反射，此时查看回波强度的数值都较大。故障大多发生在空罐状态时，先试用软件进行处理，目的就是抑制干扰回波，屏蔽虚假信号。注册干扰回波，把当前所测的回波作为虚假回波注册到回波列表中，注册后障碍物或罐内固定物件会引起干扰回波；或者采用“近现场抑制”功能来消除故障，通过设置近现场抑制距离，使仪表将此范围内的回波注册为干扰回波不进行测量。安装法兰的焊缝、天线或天线附近有挂料，效果较好。最有效的措施是重新选择仪表的安装位置，或与工艺联系对罐内障碍物或固定物件进行整改，以杜绝故障的发生。

(2) 液位显示有偏差

液位显示为一固定偏差时，先检查罐高的设置是否正确，使仪表的零点与工艺的参考零点一致。还应检查标尺液位与上位机的量程是否相同，不知道显示仪的量程时，如 VF03 液位计可通过动态设置（F11）的试验功能，使变送器分别输出4mA和20mA查询来解决。

先核实罐的高度，再检查基本参数的设置是否与罐高一致。可断电重启试试能否恢复正常，否则只有拆下发射头检查天线上是否附有冷凝水，有冷凝水或污物，将其清理及擦干净，再安装上观察是否正常，必要时进行一次回波搜索。

(3) 液位显示波动

工艺液位正常，可通过修改时间常数，增加仪表的阻尼时间来解决显示波动。

天线上有冷凝水或水珠，搅拌机使被测液位表面剧烈起伏，液位计安装在下料口上方，都会使容器内的干扰回波增强，使液位显示值波动。天线上有冷凝水珠，可采取断电重新启动的方法试试，没有改观只能将发射头拆下，把天线上的冷凝水擦干净，或重新搜索回波。

显示波动时考虑最多的是线路接触不良、有电磁干扰、电子电路有问题等；但不要忽视了显示仪或DCS卡件的影响，如有的DCS卡件带负载能力不足，会出现工艺液位正常，但仪表显示值频繁波动的故障。有时拔插一下卡件就可能恢复正常，否则应更换通道或卡件。

(4) 液位显示最大

产生此故障大多是雷达液位计发射天线或隔离窗下面有水珠或污物。拆下液位计，用干净柔软的棉布擦干天线或隔离窗下面的水珠或污物，重新启动一般都可恢复正常。擦洗液位计发射天线，要用柔软的棉布蘸酒精、汽油等溶剂擦洗，不能用碱性溶剂擦洗。发射天线被脏污的原因及处理方法如下。

① 容器内蒸汽冷却后形成的水珠附在发射天线上，阻碍了微波的发射。可采用隔离装置，有的厂采用特氟龙的隔离装置，取得了较好的效果。该材料既不妨碍微波的发射，又能起到隔离作用；隔离装置按一定方式安装后，可以将容器内的蒸汽与发射天线隔离，同时使附着在隔离装置上的冷凝水在形成后按一定形式分布，达到不影响微波发射之目的。

② 设备使用搅拌电机时甩浆，使安装套管及发射天线脏污，结垢。只要搅拌电机转动，都会扬起浆液，这是无法避免的。结垢问题可通过加大套管直径来解决，大直径套管结垢程度达到影响发射波在时间上要远大于小直径套管。而大直径的套管结垢达到一定程度后，在重力作用下，部分结垢会自行脱落。

③ 液位计安装不规范也会造成本故障，天线没有伸出套管、套管的直径太小、管壁粗糙有焊缝等，都有可能造成较多的干扰回波。通常可增大上盲区，用仪表的满罐处理功能对参数进行设置，没有效果应考虑重新定位安装。

④ 天线上结垢或污物较少时，回波强度会减弱，只是偶尔跳至最大，通常采取断电重启；或者用回波重新搜索功能，从仪表所测的多个回波列表中，选择和实际液位相近的回波作为表面回波，就有可能使仪表恢复正常。天线上结垢或污物积聚严重时，有可能造成回波的强度低于门限值，在平稳条件下设置门限值为表面回波的20%较妥。如果用软件处理无法恢复，只有拆下对天线上的结垢或污物进行清理。天线结垢或附有污物属于常见问题，定期清理天线上的结垢及污物，会使该类故障大大减少。

(5) 液位显示最小

空罐时显示值不为零，如5600型仪表会显示“Invalid”的失波报警，大多是空罐时雷达表面回波信号丢失。可利用显示面板重新搜索回波；或者用仪表的空罐处理功能，处理靠近罐底部表面回波丢失的情况，如果表面回波丢失，本功能会使变送器显示零液位。

仪表的实际量程过小，空罐时回波信号丢失，应重新核实量程，或选择尺寸大一些的天线。有时工艺液位已快要满罐，但仪表却显示一个很低的液位，由于液位升高时罐内多重回波增加，而仪表把一束时间行程较大的回波识别为测量回波，导致计算结果错误。应修改现场抑制距离，屏蔽虚假信号，来消除多重回波的影响。

(6) 雷达液位计常见故障

雷达液位计常见故障产生的原因及处理方法见表8-6。

表8-6　雷达液位计常见故障检查及处理

故障现象	可能原因	处理方法
LCD没有显示	电源故障或掉电	检查电源及接线是否正常
设置后出现不正确的测量值	参数设置与现场实际不相符	重新设置参数和功能
设置后显示为"0"或者有故障显示	仪表内部有故障	调出故障显示，按故障信息检查和处理，或返厂修理
液位显示100%	天线有污物堆积	清洗天线
	天线的安装位置过高	降低天线的安装高度或者缩短管口
液位有变化但是显示保持不变	不同信号离开追踪窗口太频繁	设置追踪窗口为关
液位显示一直保持在实际高度以上	容器内有障碍物产生回波干扰	设置回波抑制功能
实际液位已很高但显示却很低甚至为空罐	多重或间接回波替代了主要回波	打开回波追踪功能 根据所测量的容器试修改应用类型
液位显示变化缓慢	阻尼过高	降低传感器阻尼
	窗口追踪太低	关闭窗口追踪
液位显示的漂移太大	物料表面有斜坡	增大阻尼时间 使用瞄准器

8.9.3 雷达液位计维修实例

实例8-47　加热器上用的MT5000雷达液位计，怎么调表都没有作用。

故障检查　检查发现出厂时的门槛电压设得太低，仅有200mV。

故障处理　调高门槛电压后，顺利完成了调表工作。

维修小结　门槛电压要根据工况信号强度来定，一般为400～600mV。为了排除工况产生的杂波干扰，大多是减小增益，使正常信号波有所减弱，但过低后波峰低于门槛电压线时就无返回信号。

实例8-48　LT-2023液位计的显示为最大。

故障检查　检查发现石英窗下面有水珠。

故障处理　拆下罩子法兰和石英隔离窗法兰，用软布蘸酒精将石英玻璃擦干净，仪表显示恢复正常。

维修小结 雷达液位计发射天线或隔离窗下面有水珠或污物，通常用水冲洗后大多能恢复正常。天线石英沾上了物料或污物，必须进行清洗。在清洗过程中不要拆开石英固定螺钉，不要用尖嘴钳，以免损伤石英表面的涂层。装回石英隔离窗法兰时，石墨不锈钢缠绕垫圈要换用新的。

实例 8-49 雷达液位计在空罐的情况下显示有 50% 的液位。

故障检查 断电重启故障依然，调整“min level offset”没有作用，有人提议把另一台的参数复制过来试试。

故障处理 参数复制过来后，仪表正常。

维修小结 本例属于设置有问题故障。是人为还是什么原因引起的设定参数变化，到底是个别参数变化了还是几个参数变化了，谁也说不清楚。本例仅介绍一种故障处理方法。

实例 8-50 工艺的丙烯液位正常，但新装的 E+H 导波雷达液位计显示 60% 不再变化。

故障检查 断电试了一下没有效果，询问后知道调试人员怕麻烦设置时没有做抑制。

故障处理 决定在低液位时进入 MAPPING 菜单做抑制，完成后仪表显示恢复正常。

维修小结 虽然雷达的电磁波不依赖介质传播，但是对介质的介电常数很敏感，如果两种介质介电常数相差很少，反射波能量会很小，当两种介质介电常数相差很大时，本例中丙烯的介电常数较低，大部分的电磁波能量被反射，没有足够的能量到达液位并产生反射，仪表接收的是反射回波；水蒸气、介质结晶，雷达天线下的一些污物都会导致一定能量的回波，这样的回波就是干扰信号，做抑制就是把这些回波屏蔽掉，在容器没有液位时做抑制，效果最好，干扰都被屏蔽也就保证了测量的准确性。

实例 8-51 工艺液位正常，液位计的显示升到一定值后变化缓慢直至无变化。

故障检查 仪表的设置参数正常。拆卸连接法兰时，发现导波管内有微压力，判断导波管上部有气体。

故障处理 开气相补偿孔处理，后液位计恢复正常。

维修小结 本例仪表系顶部安装方式，容器为常压，为了有较好的测量效果，在容器内设置了 *DN*80 的导波管。使用中导波管上部慢慢积聚有气体，液位升高时造成导波管上部的气体憋压，液位升高时憋气压力也在慢慢升高，这就是液位变化缓慢的原因，当液位上升到一定位置后就不可能再上升了。

实例 8-52 乳化沥青罐倒罐检修时，工艺人员反映液位计不准确。

故障检查 检查接线及供电均正常，断电重启故障依然，到现场拆下天线擦拭后无改观，但天线对着设备围栏时显示有变化，判断仪表正常。拆天线入孔有很多呛人的气雾冒出来，跟平时不一样，决定与工艺联系。

故障处理 与工艺落实才知道，进入罐中的是其他罐检修吹洗的污油，油中还夹杂有铁锈等杂质，这类介质雷达液位计无法测量。只有待工艺吹扫完才能安装使用。

维修小结 在处理故障前曾查看 DCS 的液位趋势曲线，液位突然为最大，接着又大幅波动，数十秒后显示变为 85cm，后来又变为零，再也不变化。本例在处理故障中忽视与工艺的联系，耗费了时间和精力。

第9章

变送器的维修

9.1 变送器故障检查判断思路

各型变送器具有很多的共性，其故障判断方法也有很多相似的地方。变送器维修中，大多数不是变送器本身的故障，而是与之相关的外部故障。

被测量的压力或差压变化时，变送器的输出电流不变化，应先检查导压管接头、排污阀门是否泄漏，有无堵塞，然后再检查接线及供电是否正常，接线及供电正常，可通过加压来观察输出电流是否会变化，再观察变送器零点电流是否正常，若无变化可能变送器损坏；智能变送器应检查零点电流设定是否正确，最后检查外接电路及系统其他环节有无问题。

加压时变送器输出电流不变化或变化很小，但继续加压变送器的输出电流突然变化，泄压后变送器回不了零点，有可能是变送器高、低压测量室的导压管或三阀组有问题，有杂质堵塞，或者垫片孔径过小，加压时压力介质难进，但在压力大时突然冲开，使压力变送器的压力突变。可以把导压管或三阀组拆下进行检查。

变送器输出电流信号不稳定。有可能是被测介质压力波动，落实工艺的压力是否出现波动；观察变送器安装位置有无振动；有可能是变送器的抗干扰能力差，或者变送器有故障。再就是阻尼设定太小，可加大阻尼试试。

变送器与就地显示仪表对比误差大。有误差很正常，但要确认正常的误差范围，变送器的测量精度都是高于就地现场仪表的，可通过计算来判断误差。

微差压变送器测量范围较小，变送器安装位置的微小变化，都会影响微差压变送器的输出。要保持变送器的垂直安装，固定变送器后，应重新调整变送器的零点。

双法兰差压变送器要尽量使两根毛细管处于同一温度，并处于温度变化较小的环境，否则两根毛细管温场不同，会引起变送器输出的变化；毛细管远传时会有时滞现象，毛细管越长，量程越低，充填介质温度越低，反应时间越慢，不能把这个正常现象与阻尼设置混淆了。

智能变送器都具有自诊断功能，可使用手操器读取故障信息，或者读取内藏指示表显示的错误代号，再对照变送器的用户手册来检查或判断故障。

温度变送器失常时，应先排除热电偶、热电阻的问题，检查接线是否正确，热电偶的极性是否接反，热电阻的三根线是否混错；有没有干扰现象，所配用的安全栅是否正常。

一体化温度变送器在检查故障时，以检查外部元件为主，如：无电流输出，应检查供电电源是否正常，接线有无断路。输出电流有偏差，应先检查热电偶、热电阻是否有误差，可用标准表测量来判断。输出电流波动，大多是由于线路接触不良及有干扰，应检查接线端子接触是否良好，是否受潮。还可测量线路上的干扰电压来确定故障原因。

9.2 智能变送器的基本构成及日常维护

(1) 智能变送器的结构

我们所说的智能变送器是指目前应用广泛，信号制式是模拟、数字兼容的，且模拟信号与数字信号共用一条通道，并用 HART 协议通信的变送器。智能变送器的基本结构原理如图 9-1 所示。智能变送器由硬件和软件构成，对被测的过程数据进行计算及操作，智能变送器使用有微处理器，有数字信号，但它仍要与过程控制中的模拟信号（4～20mA DC）兼容，并作为主要信号。

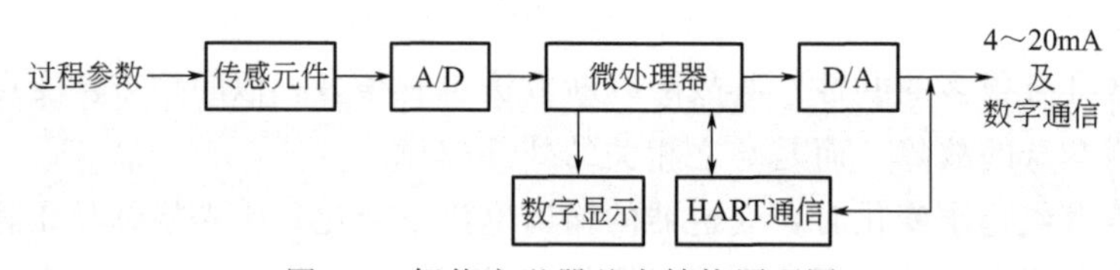

图 9-1 智能变送器基本结构原理图

可以把智能变送器的逻辑结构看成是由两台仪表组成，一台是数字仪表，另一台是模拟仪表。如图 9-2 所示。图中数字仪表由模拟信号调理和数字信号处理两部分组成；而模拟仪表则是数字仪表的模拟形式表现。按运算关系来看，有三部分运算电路，而且每一部分都可以单独进行测量和调试。

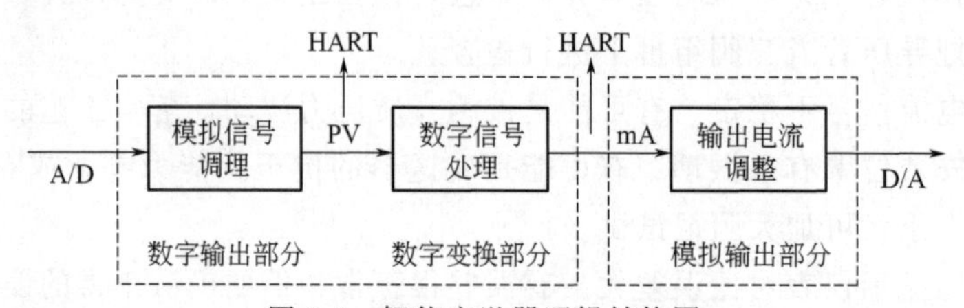

图 9-2 智能变送器逻辑结构图

数字仪表的输入部分，在微处理器进行运算前，先要进行 A/D 转换，把传感元件的测量模拟值转换为数字值。微处理器依据相应的方程式及数据表、传递函数进行计算，这过程就是模拟信号调理，又称为传感元件调整；这时的输出是被测过程变量的数字表示，也就是手操器上读得的数字值 PV。这个数字值只与传感元件的极限范围有关，而与所设定的量程及输出电流没有关系。

数字变换部分是把被测参数的数字值变成等效的直流电流，是依据仪表的零点和满量程值和有关函数进行计算，计算结果就是仪表输出的数字表示。许多智能变送器都支持用命令使仪表进入一种固定的输出测试模式，即用某一特定的输出值来取代被测参数的正常输出值，供维修时检查使用。在这部分改变量程会影响电流输出，但对手操器读取的数字过程变量没有影响。

模拟仪表主要是进行 4～20mA DC 输出电流的调整。其接收数字仪表传来的数字信号，并将该数字信号转换成电流，就产生了实际的模拟电流信号，该电流转换是否准确，是要进行校准的，所以校准模拟电流输出是智能变送器特有的。

（2）智能变送器的维护

智能变送器在日常维护中要做好以下工作。

① 防泄漏。变送器配用的导压管接头、阀门、三阀组有泄漏，会引起测量误差。液体或蒸汽容易发现泄漏，对于气体可用肥皂水来检查泄漏点，观察导压管接头、卡套接头、阀门接头、变送器高、低压室的排气排液丝堵是否有泄漏。

② 防堵塞。堵塞往往发生在导压管及阀门。当导压管或阀门中有杂质会使压力传递不畅，出现变送器测量值有滞后现象，不能及时、真实地反映工艺的压力或流量的变化。堵塞只发生在一根导压管时，会使变送器的输出信号偏大或偏小，使测量信号的波动明显减小，严格按规程对导压管进行排污、冲洗，发现有堵塞，要及时进行处理以保障导压管路的畅通。

③ 防腐蚀。现场的环境条件差，被测介质大多有腐蚀性，要根据所测介质，正确选择变送器的结构材料、密封圈；测量液体及水时，导压管与变送器测量室要采取保温、伴热措施；测量介质温度过高，要用隔离液来保护测量室及膜片；测量腐蚀性介质时要采取隔离措施。合理选择变送器的安装位置，现场安装的变送器要有保护箱。

打开变送器的外壳调试或检修后，一定要把外壳旋紧，如果壳体没有旋紧，电路板就会受到湿气、雨水侵蚀，使电路板受损或绝缘性能下降使变送器失常。壳体与高、低压测量室连接锁紧螺母是涂有密封胶的，拆动后应拧紧螺母及重新涂密封胶。

④ 防误操作。智能变送器需设定的功能较多，大多手操器又是英文界面，有可能会出现操作、设定错误，要多看多学习手操器及变送器的用户手册，透彻理解各参数的意义及设定方法，来避免操作设定错误的出现。

9.3　变送器 4～20mA 回路的故障检查及处理

（1）常规回路的检查及处理

图 9-3 为两线制 4～20mA 信号的常规回路，有 DCS 卡件供电和直流电源供电两种形式。判断故障时，可用万用表直流电压挡测量 V＋端对地或对电源负端的电压值，在 21～24V 左右，变送器都能正常工作；变送器内电路开路时，所测电压会略高于 24V。测出的电

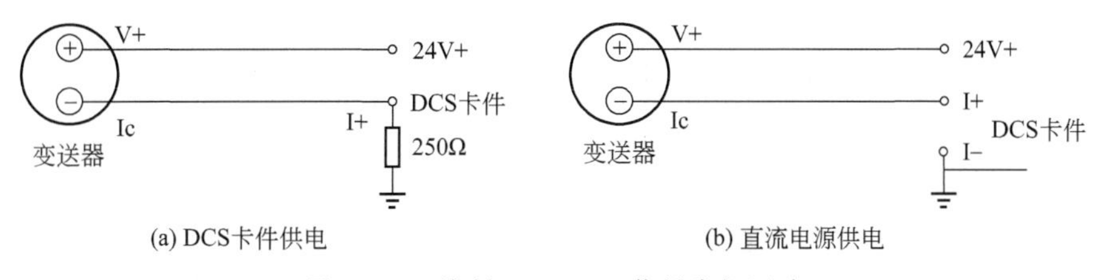

图 9-3　两线制 4～20mA 信号常规回路

压为0V，可能是变送器的供电中断，测出的电压很低，低于12V（模拟变送器）或18V（智能变送器）可能是回路有短路现象。进一步判断可断开V+端，测量电压，仍为0V，可能是供电中断或接线断路，也有可能是正线接地，或者正、负线短路。电压仍很低，说明输出回路有短路故障。

测量电压时再配合测量回路电流，可使故障判断更准确，即在I+端串入万用表，测量变送器输出电流是否在4～20mA DC范围内，也可通过测量250Ω电阻两端的电压是否在1～5V DC范围内，间接判断变送器是否正常。所测电流在4～20mA DC范围内，说明变送器能正常工作；所测电流≥20mA，可能是负载短路或输出回路有接地故障。如测出的电流为0，可能是变送器供电中断或者接线断路，还有可能是DCS卡件内的保险开路，或者卡件供电电源保护电路动作。所测电流≤4mA或≥20mA，可能是变送器有故障，输出回路中存在接地导致电流分流或并流。

有时只测量一根线上的电流，可能还难确定故障，如在现场就遇过变送器的输出电流值与手操器上的显示值一致，但DCS画面却显示为坏点，检查DCS的卡件正常，串入V+端测得电流为16mA［见图9-3(a)］与变送器表头显示是一致的，但测量DCS卡件I+端的电流仅有3mA，这电流就是DCS的输入信号，由于小于4mA，所以DCS画面显示为坏点。那13mA电流到哪儿去了？从Ic端至I+端的电流被分流了，结论只有一个信号负线漏电，用兆欧表测定负线的确漏电，对导线的绝缘处理后，DCS画面显示与变送器显示一致。在判断信号线有无短路、断路、漏电、接地故障时，分别测量变送器端及DCS卡件端的电流还是很有必要。

(2) 配用安全栅回路的检查及处理

图9-4为两线制4～20mA信号配安全栅的回路，可分为DCS卡件供电、24V直流电源供电、安全栅供电几种形式。故障判断可参考常规回路的方法，还需要对安全栅是否有故障进行判断。安全栅可以通过测量输入端及输出端的电流，来判断是否正常，但有的安全栅只能通过测量250Ω电阻两端的电压来判断故障。还可观察安全栅的故障灯是否常亮，红灯常亮可能输入回路有故障，如断线、接线松动，安全栅供电电压有问题等。一进二出的安全栅两组信号不一致，先确定是安全栅还是卡件有问题，测得安全栅两组信号一致，先检查卡件是否正常，可试把安全栅的输出信号换到空的AI通道上观察并判断，更换后两组信号仍不一致，应检查设置是否正确，两通道的量程是否一致，卡件的线制设置是否搞混。

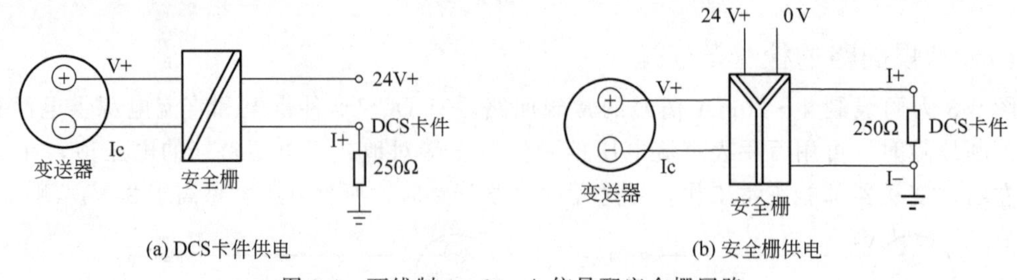

图9-4　两线制4～20mA信号配安全栅回路

(3) 三线制回路的检查及处理

图9-5为三线制4～20mA信号回路，三线制变送器电源都是单独供电，电源负端和信号负端共用一根线。有防爆要求或不能共地的场合应使用安全栅，其供电大多由安全栅提

供，如图中（b）所示，故障判断可参考以上输出回路的方法进行。

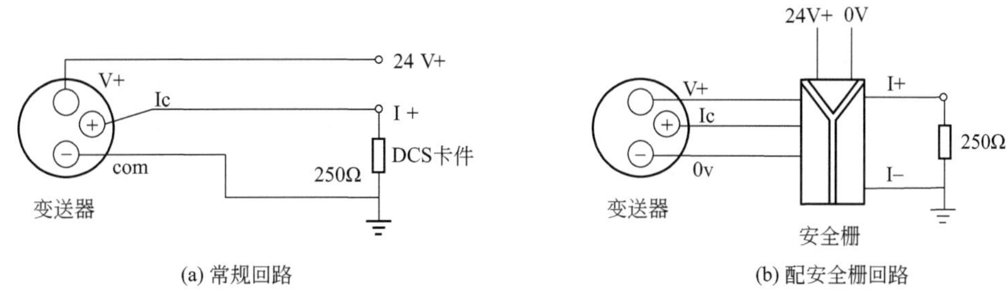

图 9-5　三线制 4～20mA 信号回路

(4) 用手操器对智能变送器进行测试

以上介绍的是最基本的变送器回路检查方法，目的是使初学者对变送器的信号回路真正了解。在现场使用手操器检查智能变送器的回路更方便。通常进行以下检测。

① 变送器测试　可快速识别潜在的电子元件问题，如果检测到有问题，手操器上就会显示相关信息。先将控制系统切换至手动，使用手操器快捷操作键：1，2，1，1。在驱动程序上单击右键并从菜单中选择：Diagnostics and Test（诊断和测试）→Self test（自检）→单击 Next（下一步）→Finish（完成）。

② 回路测试　可检查变送器的输出、与输出回路相连的其他仪表，就是检查变送器回路的完整性。先将控制系统改为手动，在 3051 变送器输出回路接入标准表，在手操器的屏上依次点选：1，Device Setup（装置设置），2，Diagnostics and Service（诊断和检修），2，Loop Test（回路测试）。点 OK，在 Choose Analog Output（选择模拟输出）下，根据需要选择 1：4mA（1V）或 2：20mA（5V），或选择 3：other（其他），手动输入 4～20mA（1～5V）之间的任一电流（电压）值。观察标准表的显示是否与变送器的输出电流一致，以判断变送器的回路是否正常。

(5) 安全栅的故障检查及处理

安全栅虽然不属于变送器的范畴，但由于与变送器配套使用很多，在检查和处理变送器故障时，少不了对安全栅的检查及判断，特作介绍。

变送器测量回路使用安全栅时，应考虑安全栅开启电压的压降问题、安全栅的内阻及与变送器的匹配问题。否则会出现一些意想不到的故障，如果安全栅的电压降过大，使测量回路的电压低于仪表正常工作的最小电源电压时（如 EJA 型≥16.4V，ST3000 型≥11V，SBW 型≥12V），变送器会出现供电电压不足而使回路无法工作；或者由于没有单独的供电电源而使抗干扰能力差，使变送器不能正常工作。在确定安全栅供电电压是否不足前，应该先对测量回路的电阻进行测量，一是检查信号回路是否存在接触不良导致的电阻增大问题，二是判断导线过长、导线太细出现的回路电阻过大，通常回路电阻在 250～600Ω 没有问题，但大于 700Ω 可能就会出现测量偏差或变送器无法正常工作的故障。除线路电阻有影响外，更换内阻较小的安全栅是一种更好的解决办法。

安全栅没有接地，或者地线断了，共模干扰会使变送器无法正常工作。已按以上方法检查，但没有发现问题时，就要考虑安全栅选型及使用是否有问题，是否使用了未取得与智能变送器配套许可证的安全栅；或者选型不当，在应该使用隔离型安全栅的场合，使用了本安型安全栅，出现供电电压不足的问题。安全栅常见故障及处理方法，如表 9-1 所示。

表 9-1　安全栅常见故障及处理方法

故障现象	故障原因	处理方法
无输出信号	电源输入端子连接错误或接线松动	检查并更正连接错误，紧固接线
	电源输入电压过低	检查电源电压是否过低，并调高
	电源的正负极性接反	更正电源的正负极性接线
	电源输入端熔丝熔断	整体更换返厂维修
	内部电源变换器损坏	检查输入电压是否高于上限15%
	信号输入线连接错误或松动	改正输入接线，紧固接线
	信号输入端熔丝熔断	整体更换返厂维修
	信号输出线连接错误或松动	更正输出接线，紧固接线
	外部输出回路开路或短路	检查出开路或短路点，进行处理
输出信号偏差大	信号输出正负极性接反	检查信号极性，并更正
	电流输出型的负载电阻大于规定的电阻值	检查负载电阻是否符合技术手册的规定，确保外接负载电阻总和小于规定的电阻值
	电压输出型的负载电阻小于规定的电阻值	检查负载电阻是否符合技术手册的规定，确保外接负载电阻总和小于规定的电阻值
	电源电压过低，驱动能力不足导致信号失真	检查输入电源电压是否过低，采取措施使电源电压合乎要求
输出信号不稳定	接线不牢固	检查接线并紧固
	有干扰	安装位置应避开干扰源，输入、输出信号线要尽量短，信号线和强电严格分开走线，检查接地是否正常
用兆欧表测试端子绝缘后安全栅损坏	测试前没有断开所有接线，大多会使仪表内部快速熔断器熔断	整体更换返厂维修
安全栅在现场进行编程后损坏	测试前没有断开所有接线，直接通电编程造成内部电路损坏	整体更换返厂维修

9.4　变送器的维修

9.4.1　变送器故障检查判断及处理

(1) 变送器无输出

变送器工作中无输出，可从以下几方面进行检查和处理。

变送器与显示仪配套使用时，如果显示仪没有显示，应该先判断是变送器没有输出，还是显示仪有故障，用万用表测量变送器的输出端，看其是否有 4～20mA 电流输出。如果与安全栅及 DCS 配用时，可用万用表测量电流来判断。

变送器无输出，首先应检查 24V 供电电源是否正常；如果 24V 电源及供电正常，但变送器仍无输出，就应检查电源线是否接反，信号正负极是否接错，接线正确，就要检查整个回路中是否有断线故障。

以上检查都正常，有可能是变送器的硬件有故障。变送器的电路板损坏，直接造成无电流输出；变送器过载或超压，导致变送器测量部件损坏，也会出现无输出电流；变送器现场表头损坏，也会出现变送器无输出，直接用两根线把表头短路，短路后能正常，说明表头损坏。液晶表头无显示，先检查 LCD 板，再检查电路板；仍无输出，再检查 EMI 板及电路板。

压力、差压变送器无输出故障的检查及处理方法，如图 9-6 所示。

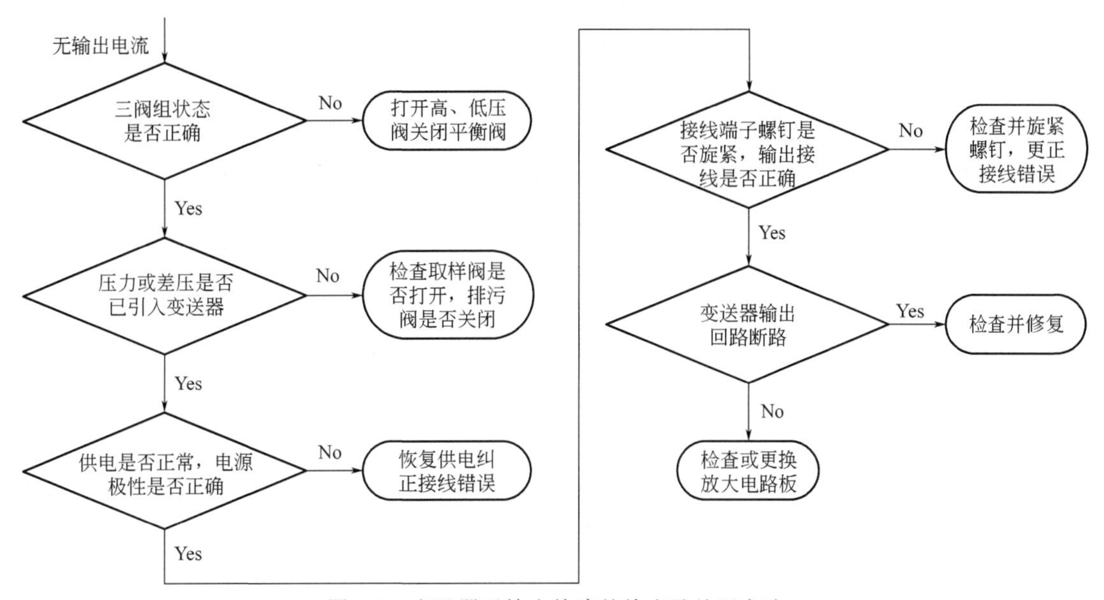

图 9-6　变送器无输出故障的检查及处理方法

(2) 变送器输出电流超过量程上、下限值

通常 DCS 系统把大于 20.2mA 和小于 3.8mA 才算作故障来对待，而变送器也有故障电流设置项目，如可把变送器的故障电流设为 3.6mA 或 22.8mA，或者根据需要设置且与故障报警设置有关。变送器输出电流小于 4mA 或大于 20mA 时，就是我们习惯说的，仪表显示零下或仪表显示最大；在此按超过量程来进行分析和判断故障。在检查变送器超量程故障时，先检查与工艺相关的部件，工艺参数是否有大的变化，仪表取样阀门、导压管路是否正常，连接线路或安全栅是否有故障或损坏。然后再检查变送器本体，变送器的量程选择是否不当，测量膜盒，电路板是否损坏等。

① 输出电流≤4mA。变送器与孔板配合测量流量时，变送器高压导压管堵塞或严重泄漏时，负压室的压力高于正压室，变送器的输出电流小于 4mA，通过排污、疏通导压管或密封泄漏点就可使变送器的输出恢复正常。变送器的高、低压导压管接反，会使变送器的输出电流小于 4mA，智能变送器只需在参数组态中选择反向输出即可解决问题。

现场环境条件差，导线或接线端子很容易氧化、腐蚀出现接触不良的故障，因此不能忽视对接线回路的检查，检查回路连接是否发生短路或多点接地，回路连接的正负极性和回路阻抗是否符合要求。

生产过程中有的电容式变送器突然输出电流不变化，即工艺参数有变化，但其输出电流就是不变化稳定在 4mA，检查供电电压正常，对导压管进行排污处理仍无效果，实践证明这类故障大多是电子转换部分的故障，由于变送器 δ 室传感器长期运行，使测量膜片或隔离膜片的弹性模量发生变化，就会出现上述故障。该故障大多能修复，只需将变送器测量室的压盖拆下，拆卸时注意不要碰伤δ室传感器，通过拆动就可使测量膜片或隔离膜片的弹性模量得到恢复，再重新将压盖装回；装压盖时，应放置好传感器与压盖之间的密封圈，确保测量室不会泄漏。变送器经过校准即可使用。

变送器输出超量程，显示为零的故障常会在雨季发生，现象是变送器输出电流太小，过会或过一段时间又好了，该故障是变送器的接线盒处进水出现短路，水干后又恢复正常。

② 输出电流≥20mA。最常见的是变送器的量程选择不当，或者量程设置有误，而使仪表显示最大；或者在液位测量时，没有进行零点迁移，使变送器的输出电流超过20mA。怀疑变送器电路有问题，可更换电路板来判断故障。变送器的膜片受损也会出现超量程故障，如测量蒸汽的压力变送器输出电流≥20mA，经拆卸检查发现有的膜片上有许多凸起小点，有的是冰冻后膜片发生变形，有的由于过热导致膜片鼓起等现象；分析故障原因有的是蒸汽伴热失常，导致冷凝水冻结；有的是泄漏导致蒸汽长时间接触膜盒。这间接说明了现场巡回检查的重要性。

雷电也会使变送器的输出电流超量程，如某企业雷雨天后多台3051变送器出现故障，表头LCD显示是正常的，连上HART手操器显示电流也正常，但控制室就是显示有故障，用万用表测量变送器的输出电流达40mA左右，检查发现都是电子电路板损坏。

(3) 变送器输出电流波动或不稳定

变送器输出电流波动，在DCS显示曲线上可以明显地看到，检查故障时，可先将控制系统切换至手动观察波动情况。如果测量曲线波动仍很频繁，应该是工艺的原因。如果波动减少了，则可能是变送器的原因或PID参数整定不当引起。有时适当调整变送器的阻尼时间，也可减少参数波动。

波动很明显，显示时有时无，显示时高时低，应重点检查测量回路的连接情况，接线端子的螺钉有没有松动、氧化、腐蚀而造成接触不良。怀疑变送器有问题，可以在有流量或压力的状态下，把三阀组或取样阀关闭，使变送器保持一个固定的差压或压力，观察变送器的输出电流是否稳定，如果电流仍不稳定则变送器有故障或有干扰。

测量管路及附件的故障率远远高于变送器。在判断故障时，应重点检查导压管路、变送器测量室内是否有气体（测量液体及蒸汽时）或液体（测量气体时）；导压管的伴热温度过高或过低，使被测介质出现汽化或冷凝，都是造成变送器输出电流波动的原因之一，可通过排污阀进行排放，或通过变送器测量室的排空丝堵进行排放。导压管内有杂质、污物出现似堵非堵状态，也会造成变送器输出电流波动，解决办法也是排污。

压力、差压变送器输出电流波动或不稳定故障的检查及处理方法，如图9-7所示。

变送器输出电流波动，除以上原因外，不能忽视与变送器相配用仪表有问题引发的波动，如隔离器、安全栅有故障，阀门定位器有故障，安装环境振动大，有电磁干扰都可能使变送器的输出电流波动。

(4) 变送器输出电流超差

本故障就是操作工常说的仪表显示偏高或偏低现象。变送器有问题出现该类故障的概率极低，大多数是与变送器配套的外围附件有问题引起。如流量测量时三阀组的平衡阀关闭不严或泄漏，等于间接减少了进入变送器的差压信号，造成变送器输出电流偏低。导压管堵塞或者泄漏，就会出现变送器输出电流偏高或偏低的故障。检查及处理方法可阅读本书第6、7章中的相关内容。

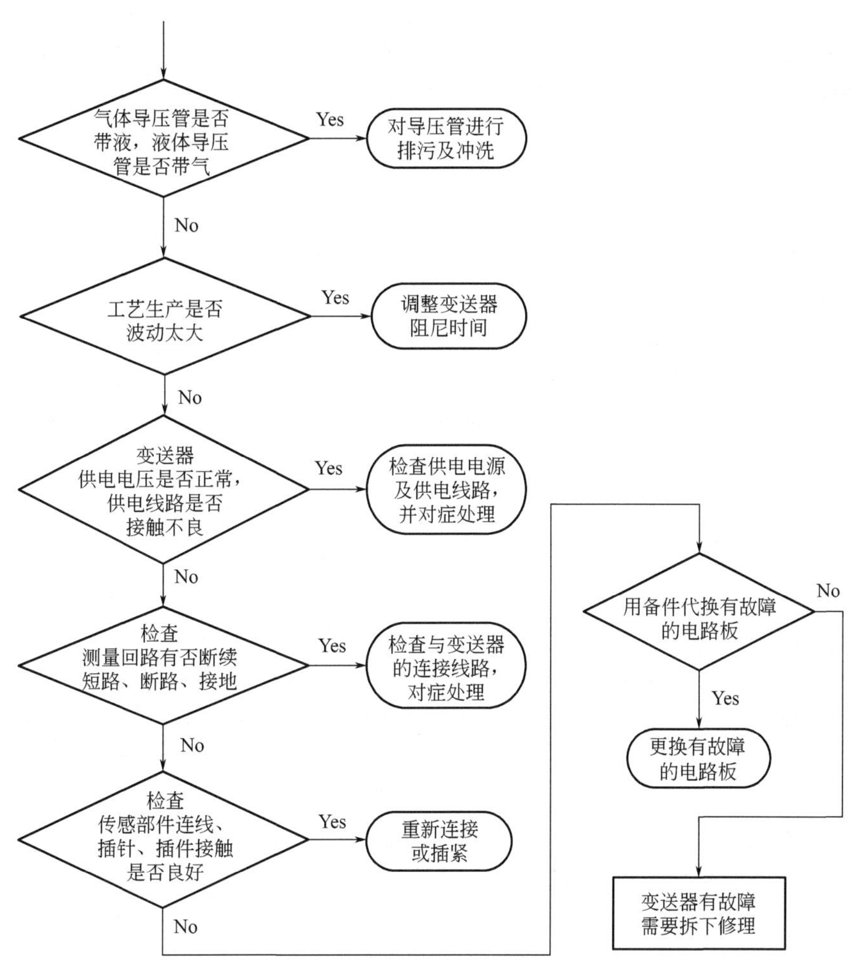

图9-7　变送器输出电流波动或不稳定故障的检查及处理方法

变送器本身有问题导致输出电流超差，一种是设置有误出现的偏差；另一种是长时间使用和环境的影响出现超差。分述如下。

① 设置有误出现的超差　变送器的零点在正常情况下，输出的0%与被测压力或差压的零点是一致的。使用中如果出现0%与被测压力或差压的零点不一致故障，大多不是变送器有问题，而是设置有误。如有一台EJA430变送器，在通大气的情况下，输出为0%，但显示的压力值却是0.14MPa，用BT200手操器检查，发现自动调零值（J10：ZERO ADJ）为0.0%；手动调零值（J11：ZERO DEV）为1.4%。用外部调零把压力显示调为0MPa，发现此时输出为－0.14%。我们知道输出百分数的值与量程上、下限值有关，进入BT200的量程设置，发现量程下限值为0.14MPa，上限值为10MPa。观察变送器的铭牌，出厂量程为0.14～14MPa。调校时的疏忽，只修改了量程上限，而没有修改量程下限，导致出现上述故障。

② 长时间使用和环境的影响出现超差

a.零点漂移的调校　变送器的零点漂移，即输入给变送器的压力已为零，但输出电流不是4mA或者显示误差超出允许范围，通常用手操器清零大多能解决问题。但遇到零点漂移无法清除，或者清零后，PV值读数误差大时，有合乎要求的标准仪器时，可采用以下方法调校。

有一台量程为0～1MPa，0.2级的压力变送器，其零点输出值I_c=3.9560mA，用手操器对其零点进行清零，输出值始终不变。用式（9-1）计算出要输入给变送器的标准压力值p_{zd}。

$$p_{zd}=\frac{I_c-I_z}{I_s-I_z}\times(p_s-p_z) \tag{9-1}$$

式中 p_{zd}——变送器输入端压力，Pa；

p_s——变送器输入端量程上限压力值，Pa；

p_z——变送器输入端量程零点（下限）压力值，Pa；

I_c——校准前变送器输出值，mA；

I_z——变送器零点理论输出值，4mA；

I_s——变送器量程上限理论输出值，20mA。

按式(9-1）计算出p_{zd}=－0.00275MPa，于是在变送器输入端加－0.00275MPa的压力，待压力稳定后，用手操器进行清零，然后将输入端压力调为零，变送器的零点输出值为3.9993mA，已在允许误差范围内。

b.线性超差的调校　变送器在量程内线性超差，可通过调整量程上限值来解决。当输入压力为上限值p_s，电流输出上限值超出允许误差时，通过手操器将变送器的上限值修改为p_{zd}，p_{zd}可用式(9-2）计算，除已注明外，式中的其他符号含义与式(9-1）相同。

$$p_{sd}=\frac{I_{sc}-I_z}{I_s-I_z}\times(p_s-p_z+p_z) \tag{9-2}$$

式中 p_{sd}——变送器输入端上限修改后内部设定压力值，Pa；

I_{sc}——校准前变送器上限输出值，mA。

从式(9-2）可看出变送器的实际上限值仍然为p_s，即量程不变，只是调整后使其实际输出值与理论值保持一致，来减小或消除示值误差。

有一台量程为0～0.4MPa，0.2级的压力变送器，输入上限压力值时，输出电流值I_c=19.9643mA。按式(9-2）计算得出p_{sd}=0.3991MPa，用手操器将压力变送器的上限改为0.3991MPa。输入端加上限压力0.4MPa，电流输出值为20.0008mA，已在允许误差范围内，再对零点及全行程进行校准。

以上方法基本可以解决变送器零点漂移及量程上限超差的问题，由于其属于一点或两点校准，所以并没有改变变送器的量程范围，只是减小或消除示值误差。

双法兰变送器的输出电流偏高时，应检查负（低）压侧是否漏油；输出电流偏低时，应检查正（高）压侧是否漏油。

(5) 手操器与变送器不能正常通信

① 手操器使用不当。手操器必须接在变送器的输入两端或负载两端，负载电阻不小于250Ω；不能接在电源两端，因为，电源的低阻抗相当于是同一个端点，手操器将无法从变送器内读取和存放信息。变送器的通信协议与手操器的通信协议不一致，也是造成两者不能通信的主要原因。

② 变送器有故障。通信中手操器显示“通信错误”，表示手操器的自检已经通过，故障出在变送器上。变送器的电源极性没有接反，有可能是以下问题。

a.变送器供电部分损坏。由于不能正常供电，导致变送器无法完成通信，需要更换电源模块。变送器接线端子块上有个二极管，当二极管被击穿或损坏，不能正常供电，会导致变送器无法进行通信，更换接线端子块就可恢复通信。

b. 感压膜盒的电路板损坏。这大多是变送器受雷击等强电流冲击，使电路板损坏，导致无法与手操器通信。这种故障无法修复只能做报废处理。

c. 电路板故障。无法完成通信工作，有的还伴有高报警，这时需更换电路板。更换过零部件的变送器，必须经过检定校准合格后才能使用。

d. 现场条件没有满足使用要求。回路负载电阻过大或太低，检查电阻是否低于250Ω。现场接线不正确，检查接线极性和连接是否正常，检查电缆屏蔽层是否在控制系统一端接地。变送器的回路电压和回路电流不足，可检查电压是否低于12V DC，电流是否小于4mA DC。

③ 手操器有问题。最常见的是手操器电池包没有电，可卸下电池包进行充电。手操器的电线有问题，检查或更换电线。475手操器有死机现象，且无法用正常关机方法来关机时，可同时按住Fn＋灯泡键几秒钟来关机，不要直接拔取电池来关机。

475手操器经常出现死机，可从系统卡中重新安装固件和软件，即RE-FLASH操作；故障仍然存在时，可重新安装475手操器的操作系统、系统软件以及应用程序，即RE-IMAGE操作，2.0及以上版本的475手操器才有RE-IMAGE操作功能。步骤：进入475手操器Main menu→Settings→About HART475；选择RE-FLASH或RE-IMAGE→YES。按OK开始后要耐心等待，RE-FLASH耗时约20min，RE-IMAGE耗时约50min。操作完成后，屏幕会有提示，根据提示操作即可。操作时一定要把充电器插上，因为本操作很耗电。操作过程中，禁用待机和自动关机计时器，否则可能会导致无法修复的严重后果。

点触笔无法对475手操器进行操作时，可对触屏进行校准。步骤：进入HART475手操器Main menu→Settings，Delete键进入下一级菜单→Touch Screen Alignment，按Delete键进入校准界面，在屏幕中央会出现一个十字符号，用点触笔点中十字符号，十字符号会依次出现在5个位置上，用点触笔依次点中十字符号后，触屏即可恢复正常。

④ 通信地址不对。检查变送器是否被设置为非零地址，处于轮询多点回路模式，可将手操器轮询模式设置为使用地址轮询，设置为“0”则为轮询非多点回路。轮询地址或位号与变送器不匹配，使用了不正确的轮询地址也会无法通信。检查变送器与手操器的通信是否被控制系统所禁止，可通过停止控制系统的HART通信，手操器与变送器之间的通信就能恢复正常。

9.4.2　变送器维修实例

(1) 变送器无输出

实例9-1 LT-S103液位显示一直没有变化。

故障检查 观察DCS历史曲线，液位曲线一直没有变化。怀疑液位变送器堵塞，拆下变送器法兰，将膜盒部分清洗干净，发现膜片已损坏。

故障处理 更换变送器，进行零点校正迁移后液位显示正常。

维修小结 本例测量介质中含有固体颗粒，容易使液位变送器堵塞，因此，开始判断故障是由于膜盒上附有结晶物产生的。实际上膜片也被腐蚀损坏。

实例 9-2 EJA110A 差压变送器开箱后送电，显示“Er. 01”。

故障检查 根据说明书知道，“Er. 01”表示膜盒损坏，新表膜盒就坏，不可能吧。打开表壳检查，发现驱动板连接放大板的接线插头未插上。

故障处理 重新插上后变送器恢复正常。

维修小结 出厂不插线是不可能的，估计是运输时的振动把插头振掉了。该型变送器由四块电路板组成，分别是驱动板、电源板、放大板、液晶板。该型号变送器的电路板是通用的，可以互换使用，只需要根据现场实际修改量程即可。

(2) 变送器输出电流超过量程上、下限值

实例 9-3 工艺反映 PT-505 变送器显示坏值。

故障检查 到现场检查表头指示零下，用万用表测量变送器的供电电压仅有 1V，在仪表盘上测量安全栅，确定至现场的 24V 电源正常，判断信号线有问题。拆开现场分线盒测量电压仍为 1V，断电后，拟在现场分线盒短接信号线，结果发现正线端子螺钉很松，并发现螺钉滑丝根本旋不紧。

故障处理 更换端子板后，显示恢复正常。

维修小结 安全栅供电正常，而现场变送器供电很低时，很多时候是信号回路电阻增大造成的，而大多又是接触不良故障。由于接触不良处有较大的电阻，造成该处的分压过大，导致变送器供电接触不良，当在变送器端测不到电压时，应重点检查信号回路。

(3) 变送器输出电流波动或不稳定

实例 9-4 一台 ST3000 变送器经常出现输出信号大幅度波动。

故障检查 仔细观察，发现该现象类似于 SFC 通信器调整变送器参数确认后，变送器重新初始化的状态，看来是有电磁干扰。

故障处理 在变送器信号输出端接了一只 4.7 F/100V 的电容器后，问题得到解决。

维修小结 从现场观察和现象上分析，是变频器产生的强电磁场及电机频繁启停的尖峰脉冲干扰。导致变送器自动复位，从而出现变送器重新初始化的现象。

实例 9-5 一台智能变送器在测量小信号时显示正常，随着测量信号的增大，变送器输出开始波动。

故障检查 调校变送器正常，反复查找原因，才发现是回路电阻过大导致的。

故障处理 采用内阻较小的安全栅后，变送器恢复正常。

维修小结 本例是由于回路电阻过大，使 ST3000 变送器的供电电压大幅下降，小于 11V 引发的故障，具体原因可参考 9.3 的“(5) 安全栅的故障检查及处理”。解决方法除更换安全栅外，还可以把 DCS 板卡内供电改为外接 24V 电源供电，对于距离较长的应用现场，可将信号线更换为截面较大的导线来减小回路电阻。

实例 9-6 工艺反映脱盐水总管流量计显示波动。

故障检查 现场与控制室的显示一致，检查导压管没有泄漏现象，变送器也正常。检查确认除氧器液位、压力显示稳定，液位调节阀正常，工艺及控制系统都没有波动现象。进一步检查感觉流量计导压管有温度，原来是导压管伴热蒸汽的疏水阀旁路阀没有关闭。

故障处理 将疏水阀的旁路阀关闭后，脱盐水总管流量计显示逐渐趋于稳定，故障消除。

维修小结 本例在检查故障中，只注重检查变送器、调节阀、及工艺的问题，忽视了对仪表附件的检查，根本没有想到是导压管的问题。伴热蒸汽疏水阀的旁路阀没有关闭，使伴热蒸汽压力低而温度高，导压管中的除盐水在伴热温度较高的情况下，汽化产生气泡，冒出的气泡因浮力作用上升而破裂，从而对导压管内压力产生扰动，导致脱盐水总管流量计显示波动。除氧系统水流量的波动，大多是除氧器液位调节系统的 PI 参数设置不合理引起的，或者是除氧器压力波动引起的居多。

(4) 变送器输出电流超差

实例 9-7 氢水分离器双法兰液位计显示偏高，与现场的磁翻板液位计指示不符。

故障检查 现场拆下上、下引压法兰，变送器回能零，再检查发现负压室膜盒没有弹性，是缺少硅油的表现。

故障处理 更换变送器，液位显示正常。

维修小结 曾在现场检查量程、迁移量设置都正确，重新投运仪表，显示依然偏高，再次拆下双法兰检查，发现正压室膜盒弹性正常，没有变形，负压室膜盒没有变形，但是无弹性，应该是缺少硅油的表现，由于负压室缺少硅油，导致液位测量偏高。

实例 9-8 某设备用 3051 测压力，但 DCS 的显示值比变送器表头低 0.5MPa 左右。

故障检查 DCS 的显示为 0.75MPa，变送器表头显示 1.25MPa，与就地压力表的显示接近；475 手操器显示的压力值也是 1.25MPa。检查后盖及电缆的绝缘电阻，排除了后盖漏水及电缆漏电的问题，怀疑 CPU 板出故障。

故障处理 用备件进行代换，变送器输出电流恢复正常。

维修小结 为什么 CPU 板有故障，变送器表头和 475 手操器的显示还正常呢？智能变送器从逻辑结构看，可以把它理解为是由两台仪表组成的，如本章中的图 9-2 所示，即一台是数字仪表，另一台是模拟仪表，变送器输出的 4～20mA 模拟电流信号是先接收数字信号，再经过 D/A 转换器转换为电流，也就是变送器输出的模拟电流信号。从图中可见变送器表头及 475 手操器读取的是数字信号，其读数正常，而 DCS 上的显示值是 D/A 转换器转换之后的输出值，本例故障就出在 D/A 转换器上，更换 CPU 板后故障消除。

实例 9-9 EJA 变送器用手操器设好量程，通入压力后输出与量程不符。

故障检查 输入 10kPa 标准压力给变送器，手操器读取压力为 12kPa，判断变送器内部压力基准不对。

故障处理 将变送器水平放置，使高、低压侧通大气，进行膜盒的零点校准。然后再加适当压力，如 10kPa，用手操器进入传感器微调校正，用手操器输入实际压力，调校完成。

维修小结 EJA 变送器的传感器微调，就是进行传感器的满度调整和零点调整。实际就是进行变送器的工厂特性化操作。所谓工厂特性化，就是一个在整个压力和温度范围内对变送器传感器模块的输出和一已知输入压力进行比较的过程。

实例 9-10 锅炉汽包左、右侧 3051 液位变送器 LT101 输出电流正常，但 LT102 输出电流却小于 4mA。

故障检查 分别对两台变送器进行排污，再开表 LT101 显示 76% 左右，LT102 显示 0%，看来是 LT102 有问题。而 LT102 是校准后才装上的，用手操器读取 LT102 变送器的设置参数，发现量程为 0～4. 4kPa。

故障处理 把 LT102 变送器的量程改为 －4. 4～0kPa 后，左、右侧液位显示基本一致。

维修小结 本例故障属于人为故障，校准时是按该表的量程校的，但校后装到现场没有进行负迁移，对于负迁移的液位变送器，当差压为 0 时对应的汽包液位是最高(100%)，而差压为 －4. 4kPa 时对应的汽包液位是最低 (0%)。当汽包液位在 76% 时，双室平衡容器的正压室还有 －1. 1kPa 左右的压差，所以变送器的输出仍小于 4mA。

实例 9-11 3051 压力变送器在工艺管道没有压力时，输出电流接近 22mA。

故障检查 怀疑变送器有问题，更换了一台变送器，用了几天又出现无压力时输出电流接近 22mA。检查供电正常，与手操器能通信，但在手操器显示过程变量压力为 0，电流输出仍为 22mA。直到分别测量变送器端及 DCS 输入端的电流后，才发现信号电缆有接地现象。

故障处理 处理信号电缆的接地，重新做导线绝缘后，变送器恢复正常。

维修小结 手操器测量的是数模混合信号，故手操器的显示是对的，由于电缆负线有接地现象，而且不是严重接地，即负线与地之间还有一定的电阻 (称为阻抗更恰当)，由于分流作用导致信号回路电流出现增大。

(5) 手操器与变送器不能正常通信

实例 9-12 3051 变送器与手操器无法通信。

故障检查 检查变送器供电、接线正常。但发现工艺管道中已没有流量，但变送器仍显示 48%，并联一只 0. 1μF 的电容器后，变送器的显示恢复为 0%，但还是无法通信。以前没有发生过不通信的故障，只是工艺最近安装使用了变频器，是否是变频器的影响? 决定在工艺停用变频器时再试通信，结果一切正常，确定是变频器的干扰。

故障处理 仍保留在变送器输出端并接的电容器，将原来的普通线更换为屏蔽线，使信号线与动力电缆的距离尽量远和不平行，保证信号线屏蔽层一点接地。采取以上措施后，在变频器运行时，变送器与手操器仍能保持通信。

维修小结 变频器都有载波频率，而2kHz左右的高频电磁干扰会影响HART手操器的正常工作；而且会使变送器产生错误的输出信号，如本例工艺管道中已经没有流量，但变送器仍有输出电流的错误信号。

9.5 温度变送器的维修

9.5.1 温度变送器故障检查判断及处理

(1) 温度变送器故障检查步骤

图9-8(a)为常规测量回路，输入端子3与2接热电偶及接两线热电阻，输入端子3、2、1接三线热电阻，输入端子4、3、2、1接四线热电阻，是644温度变送器的接线法。图(b)为温变有安全栅的测量回路，输入端子3与1接热电偶，输入端子3、1、4接三线热电阻，输入端子1、4、3、5接四线热电阻，是TML5000温度变送器的接线法。故障检查步骤如下。

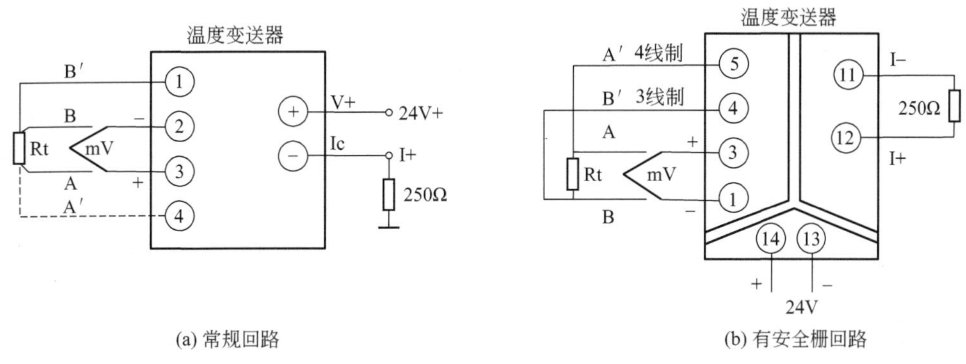

(a) 常规回路　　(b) 有安全栅回路

图9-8　温度变送器测量回路图

① 测温元件的检查

a. 热电偶测温回路的检查。用万用表测量A回路3与2端子间的热电势；B回路3与1端子间的热电势；并同时测量冷端温度，然后通过两次查表法来计算所测量的温度值，与现场实测温度比较来判断热电偶的好坏。

b. 热电阻测温回路的检查。拆开A回路3与2端子所接的热电阻，B回路3与1端子所接的热电阻，用万用表测量热电阻的电阻值后，对照热电阻的分度表查出该电阻值对应的温度，与现场实测温度比较来判断热电阻的好坏。热电阻的计算方法可参考本书第2章的“2.1.4电阻的测量”中的(2)。

② 温度变送器的检查

a. 热电偶测温的检查。检查前可先短路A回路的3与2端子，B回路的3与1端子，观察DCS的显示是否是温度变送器周围的环境温度，没有显示可能是温度变送器至DCS的线路，或者温度变送器有故障。能显示环境温度，再继续向下检查，断开A回路3与2端子接的热电偶，B回路3与1端子接的热电偶，按所用热电偶分度号，输入一个热电势信号，该热电势值为某个温度的热电势减去温度变送器环境温度对应的热电势。观察DCS是否显示对应的温度，来判断温度变送器是否正常。

b. 热电阻测温的检查。检查前可先短路 A 回路的 3 与 2 端子，B 回路的 3 与 1 端子，观察 DCS 能否显示最小；然后再拆除 3 端子上的热电阻接线，观察 DCS 的显示温度是否为最大或溢出。短路热电阻能显示最小，拆开热电阻能显示最大，说明温度变送器本体及连接导线基本正常，否则变送器本体或连接线路有问题。再继续向下检查，用电阻箱或者用一个固定阻值的电阻来代替热电阻，根据所用热电阻的分度号，输入一个电阻信号，该电阻值为某个温度所对应的电阻值。观察 DCS 是否显示对应的温度，来判断温度变送器是否正常。

③ 供电及外围设备的检查

A 回路可测量供电端子间的电压是否正常，B 回路可测量 14 与 13 端子间的电压是否正常。还可测量 250Ω 电阻两端的电压是否在 1～5V 范围内，用此电压来推算温度变送器的输出电流，再观察 DCS 的温度显示，来判断测量回路是否正常。温度变送器输出端接有隔离器或安全栅的，还应检查其输入与输出电流是否正常。

④ 端子及线路的检查

使用中接线端子常会发生氧化腐蚀、受水汽、油渍的污染，导致接触电阻过大，出现温度显示有偏差的故障，即热电偶显示偏低，热电阻显示偏高。通过观察大多能发现问题，用砂纸打磨、重新紧固螺钉，都能解决接触不良问题。新安装的回路，应检查接线是否正确，热电偶的极性，三线制热电阻的三根线是否混错。

(2) 温度变送器无输出

DCS 显示坏点，先判断是温度变送器没有输出，还是 DCS 板卡有故障，用万用表测量温度变送器的输出端是否有 4～20mA 输出。与安全栅配用时，可用万用表测量安全栅的输入或输出端有没有电流。

温度变送器无输出时，先检查 24V DC 供电是否正常；24V DC 电源及供电正常，仍无输出，就应检查电源线是否接反，信号正负极是否接错，接线正确，就要检查电流回路是否有断线或短路故障。

以上检查都正常，有可能是温度变送器有故障。如变送器的电路板损坏，变送器过载或超压，使变送器电子部件损坏，都会使变送器无输出。

(3) 温度变送器输出电流≥20mA

与热电阻配用的温度变送器重点检查输入端前的测量回路及热电阻，检查热电阻元件及接线是否有断路现象，可用万用表的电阻挡测量来判断；热电阻的三线制接线是否有错误，连接导线是否有松动、脱落故障，以上故障的检查及处理方法可参考本书第 5 章“温度测量仪表的维修”的相关内容。

有时工作失误将电源线接在温度变送器的传感元件端，造成变送器损坏；温度变送器的量程选择有误或者量程组态有误，温度量程选小或设置错误，都会出现温度变送器输出电流≥20mA 故障。损坏的变送器只能更换；量程选择或组态设置有错误，可重新设置。

温度变送器的输出电流一直为 21.75mA，这是变送器的故障报警输出电流，有可能是测温元件类型和线制设置有误，如双支输出的只用了一路，结果把两路都打开了，只要把不用的另一路关闭就会正常；有的变送器出厂的默认设置是四线制热电阻，而现场使用的是三线制热电阻，将其改为三线制就可恢复正常。

(4) 温度变送器输出电流≤4mA

先检查变送器供电是否正常，检查热电偶的正、负极是否接反；热电阻是否有短路故障，可用万用表测量热电阻的电阻值来判断；热电阻的三线制接线是否有误；工艺的实际温度是否低于变送器量程下限。

(5) 温度变送器输出电流波动或不稳定

检查变送器的接线端是否松动、氧化锈蚀、接线端子间有无积液积尘现象；表壳内是否有进水现象。温度变送器电路板的元件焊接点出现脱焊现象，温度变送器外壳没有接地，信号线与交流电源及其他电源没有分开走线而出现电磁干扰，都会使温度变送器输出电流波动。有无接地比较容易观察，电路板需要拆下检查。通过观察及测量大多能发现问题所在，对症处理即可。测温元件与保护套管的绝缘电阻在维修中容易忽视，尤其是测量高温时的漏电流影响，轻则出现偏差，重则出现干扰。

(6) 温度变送器输出电流超差

先检查供电及导线连接有没有问题，分度号及量程设置是否正确，如果都正常，可采取分部检查来确定是测温元件还是温度变送器有问题。断电后把测温元件与温度变送器的接线拆开，把毫伏信号或电阻箱接至温度变送器的输入端，根据温度变送器配用的测温元件类型，分别输入温度值对应的毫伏信号或电阻信号，再测量温度变送器的输出电流，通过计算来判断温度变送器输出电流是否超差，如果超差，有条件时可进行校准，通过调整温度变送器的零点（ZERO）和量程（SPAN），使之在允许误差范围内。

温度变送器没有超差，有可能是测温元件问题，用数字万用表测量热电阻的电阻值，或者测量热电偶的热电势，大致判断测温元件是否正常。如果测温元件明显有问题，如热电阻的电阻值过小，可能存在短路故障，电阻值过大，可能有接触不良或似断非断现象，温度显示偏低，有可能是热电阻本体或线路有短路现象，或者三线制的C线接触不良，导致电阻增大引起；热电偶的毫伏值与被测温度差得太多时，可能是热电偶老化变质，补偿导线接触不良等；确定测温元件有故障，则更换测温元件。

(7) 温度变送器的故障隐患

安装在现场的温度变送器，受环境的影响及维护不到位，会存在一些故障隐患，如温度变送器壳体密封不严，进线防水处理不当使变送器进水，最直观的就是LCD表头上有雾气，接线端子有水而导致短路故障，变送器内有水雾会使电路板焊接点或表内铝部件出现腐蚀现象，这些隐患随时都有可能引发故障，因此，在日常维护中要重视温度变送器壳体的密封问题，来消除故障隐患。

9.5.2　温度变送器维修实例

实例9-13　一体化温度变送器输出电流与实际温度不对应，偏差过大。

故障检查　检查24V供电正常。拆开温变输入端接线测量热电阻的电阻值，查Pt100分度表与就地温度表对比，两者温度值基本一致，判断热电阻正常。接入热电阻测温度变送器的输出电流，计算发现温度变送器输出电流与温度值偏差过大，判断温度变送器有问题。

故障处理　更换温度变送器后温度显示恢复正常。

维修小结 一体化温度变送器大多为简易型，电路功能受限，加上安装现场环境条件差，故障率比分体式的要高，坏了就报废。现场计算温度变送器输出电流与温度的对应关系，是种简易计算，是以电流与温度为线性关系来计算。

计算实例 温度变送器输出为4～20mA，对应的量程为0～200℃，输出电流为16mA时，温度是多少？

解：计算公式如下：

$$X=\frac{X_{max}-0}{20-4}\times(I-4) \tag{9-3}$$

式中 I——任意的输出电流值；

X_{max}——仪表量程上限。

当 $I=16$mA时，温度为：$X=\frac{200}{16}\times(I-4)=150$℃

实例9-14 工艺反映TT-0205出现坏点。

故障检查 查看历史曲线，该测温点在10:00时出现一次坏点，在10:21时坏点恢复，到10:35时坏点再次出现。按经验判断有接触不良现象；现场检查发现热电阻接线端有根线的接线螺钉很松。

故障处理 重新接线后，温度显示恢复正常。

维修小结 本例由于安装热电阻的工艺管道振动很大，加之三线制接线法，接线端子螺钉较小，有一个接线端子需压紧两根1.5平方的电线，在设备振动的影响下螺钉会慢慢松动，就出现了本故障。

实例9-15 某一体化温度变送器所测温度在DCS上显示为零。

故障检查 对DCS系统的输入信号进行检查，确定输入信号为4mA，说明温度变送器的输出信号就只有4mA。到现场把热电偶与温度变送器的接线断开一端，测量热电偶的热电势与工艺温度相符，确定热电偶没有问题，判断温度变送器有故障。

故障处理 更换温度变送器后，DCS的温度显示恢复正常。

维修小结 检查温度变送器输出电流为最小故障时，可采取分部检查，一分为二地进行检查，就可以把故障范围锁定。可先检查热电偶是否正常，如果热电偶正常，就是温度变送器有问题。但先检查温度变送器，一下确定不了故障范围，如温度变送器有故障报警设置，正好设置故障电流也为4mA，还要再检查温度变送器的设置及校准，才能判断故障是在温度变送器，还是在热电偶？显然比先检查热电偶要多一个步骤。

实例9-16 用744现场校验仪模拟热电偶信号，输入给TMT142温度变送器，输出电流一直为21.6mA，处于报警状态。但模拟Pt100热电阻信号，输出电流正常。

故障检查 检查DCS与变送器量程设置是相同的，该温度变送器可以接收TC、RTD

等信号，用手操器检查，发现该变送器的输入信号设置为 Pt100。

故障处理 把输入信号设置为热电偶后，温度变送器输出电流正常。

维修小结 该型变送器出厂默认设置的输入信号为 Pt100。调校人员不太熟悉该型变送器，想当然地认为接在热电偶接线端子上就是用热电偶了，所以在调校时只是注意了热电偶的接线及量程的设置。

实例 9-17 发酵室 SBWZ 一体化温度变送器随着环境温度的升高，附加误差最大达到 0.45%。

故障检查 近 50 只温度变送器都有以上问题，判断是温度变送器安装位置不当所致。

故障处理 将所有温度变送器从发酵室内移出，将其安装在控制室，消除了附加误差，满足了生产要求。

维修小结 SBWZ 温度变送器的温度漂移指标为≤±0.015%/℃，发酵烟叶时，发酵室内的温度由常温 20～30℃ 升温至 50℃ 左右，温度变化范围达 20～30℃ 左右，温度变送器原来安装在发酵室内，温度变化引起的温度附加误差可达到 0.3%～0.45%，个别温度变送器的温度漂移指标在高温段还超过标准。

实例 9-18 3144 温度变送器测量的温度会突然变小，然后又会正常。

故障检查 检查安全栅及接线没有发现问题。到现场拆开热电偶接线盒，发现补偿导线绝缘胶皮已老化破裂，补偿导线正负极几乎搭在一起。

故障处理 对补偿导线进行绝缘处理后，温度显示恢复正常。

维修小结 本例温度变送器配用 K 分度热电偶，一段时间以来，频繁出现温度显示突然大幅下跌，数秒钟后显示又恢复正常。由于热电偶接线盒的环境温度较高，受高温的影响补偿导线的胶皮慢慢老化，使两根导线碰在一起，加之设备有振动，就出现忽通忽断的短路故障。忽然短路时使热电偶的热电势下降，忽然断开时温度显示又正常。

第10章

调节阀的维修

10.1 调节阀故障检查判断思路

过程控制的作用最终体现在调节阀的动作上，检查判断故障时要观察调节阀的动作是否正常。可用手动控制来操作调节阀，阀门不能正常地打开和关闭，或者上、下行程运行卡滞，可以确定是调节阀有故障，调节阀不会动作，先检查供气、供电是否正常，在此基础上再检查其他部件。

了解调节阀的故障特征有助于判断或处理故障。新安装使用的调节阀故障有：泄漏、油污使传动机构卡涩或动作失灵，或动作不平稳、定位不准确等，可进行调试，把故障逐一排除。运行到中期的调节阀，通过调试和转动磨合，电气、机械零部件将处于最佳工作状态，其故障率是很低的，但薄弱环节也会出现故障，如：间隙加大导致漏油、黏附在管道上的污物、铁锈、杂质脱落会导致阀门出问题。运行后期，调节阀的各类电气元件、机械零部件因工作时间长了，元件老化及机械部件的磨损，常会出现位置反馈接触不良，定位精度低、稳定性差等故障，需要进行全面的检查和修理。

调节阀有故障应先观察机械部件是否有磨损、腐蚀、损坏等现象。检查聚四氟乙烯或者其他填料是否老化、缺油、变质，填料是否压紧，垫片及O形圈是否老化或裂损。检查阀杆与阀芯、推杆的连接有无松动，是否产生过大的变形、裂纹和腐蚀。检查阀座的接合面是否受腐蚀，法兰连接螺钉是否松动。阀芯直接与工艺介质接触，受介质冲刷、腐蚀最为严重，在高压差、空化情况下更易损坏，拆卸检查时要仔细观察阀芯的磨损、腐蚀，损坏情况，对症进行维修或更换。

气动执行机构动作失常，应检查膜片是否破裂、是否没安装好，膜片绝对不能有泄漏现象，膜片使用时间过长，材料老化很容易出问题；检查推杆是否变形、弯曲、脱落；弹簧有没有断裂等。

电动执行机构动作失常，先转动手轮观察阀门能否动作；然后再给信号，观察电动机能否转动，是否发热严重，观察执行机构能否正确执行；否则检查伺服放大器或进行调整。检查减速机构的齿轮、蜗轮、轴承是否磨损或损坏。智能电动执行器可通过故障自诊断功能的提示信息进行检查和处理。

不要忽视了对调节阀附件的检查，如供气压力是否正常、有没有含水、泄漏现象等；还要对定位器、电气转换器、电气阀门定位器进行检查，因为很多时候调节阀失控都是供电、供气或附件有故障引发的。

10.2　气动调节阀的维修

10.2.1　气动调节阀的工作原理及结构

气动调节阀由气动薄膜执行机构和阀体两部分组成。气动薄膜执行机构主要由波纹膜片、平衡弹簧和推杆组成，其结构如图 10-1 所示。执行机构是执行器的推动装置，它接受标准气压信号后，经膜片转换成推力，使推杆产生位移，同时带动阀杆及阀芯动作，使阀芯产生相应位移，通过改变阀门的开度，来达到控制流体流量之目的。

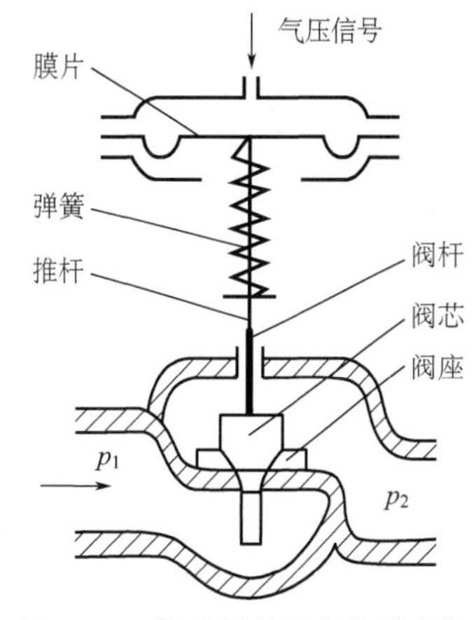

图 10-1　气动调节阀结构示意图

气动薄膜执行机构有正、反作用两种，其动作原理是相同的，当信号压力增大时，执行机构的推杆向下动作的叫做正作用式执行机构，信号压力是通入到波纹膜片的上方。当信号压力增大时，执行机构的推杆向上动作的叫作反作用式执行机构，而信号压力是通入到波纹膜片的下方。

调节阀有气关、气开两种形式，由气动执行机构的正、反作用和调节阀的正、反安装来决定。气关式调节阀有信号压力时阀关，无信号压力时阀开；气开式调节阀有信号压力时阀开，无信号压力时阀关。

调节阀的阀体都铸有公称压力、口径、介质流向等标志。若阀体上的字体是正的，阀芯和阀体属于正装，阀杆向下移时阀门关小。若阀体上的字体是倒的，阀芯和阀体属于反装，阀杆向下移时阀门打开。通过观察阀体上字体的倒正，可判断调节阀属于正装还是反装。阀体正装、阀上字体也是正的，且配用的执行机构是正作用式，调节阀是气关式，阀上字体是倒的就是气开式。小口径或角形阀，配用正作用执行机构，调节阀为气关式，配用反作用执行机构，调节阀为气开式。

10.2.2　气动调节阀故障检查判断及处理

图 10-2 对气动调节阀主要部件可能出现的故障及产生原因进行了介绍，气动调节阀出现故障时，可按图中所示进行检查。

(1) 气动调节阀不动作

先检查供气是否正常，供气管路泄漏，供气压力下降、管路堵塞，过滤器或减压阀堵塞，压缩空气中含有水分，都会使气动调节阀不动作。供气正常，应检查前级有没有信号送过来，可检查电气阀门定位器的输入、输出信号来判断。用万用表测量定位器的输入电流正常，说明定位器之前的电流回路是正常的。定位器没有输出，可检查定位器的供气是否中断、空气压力

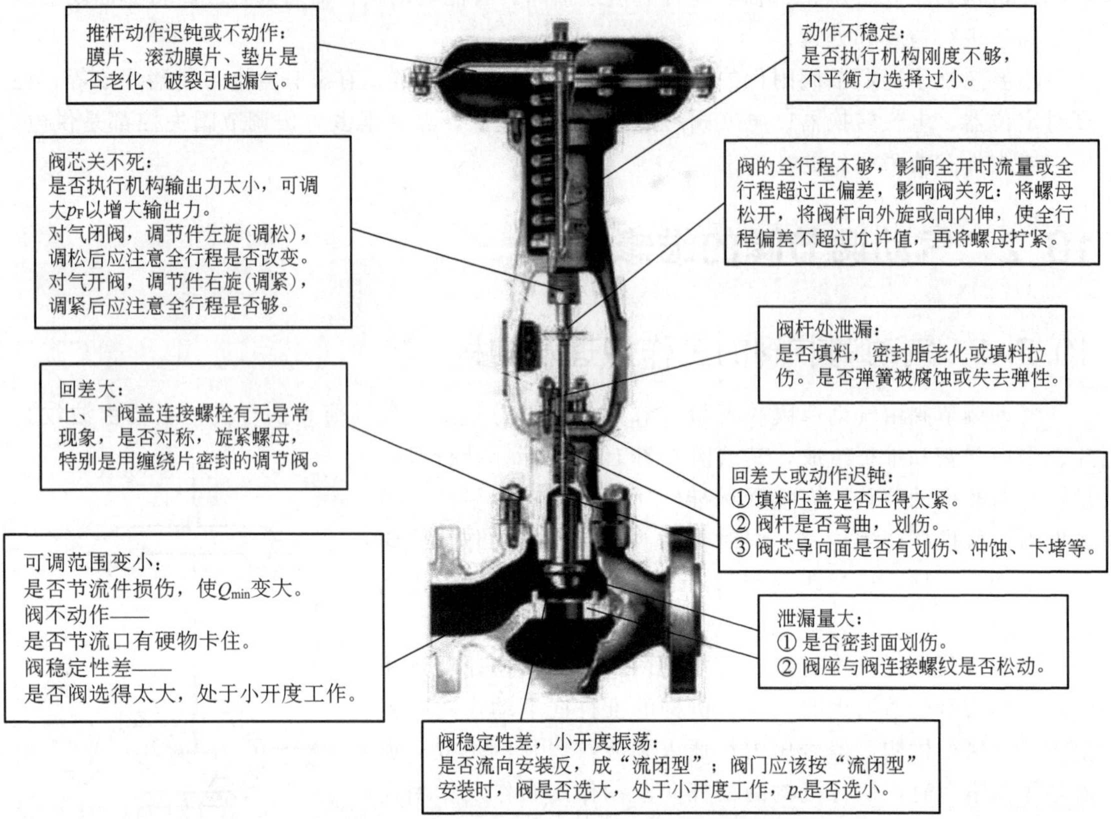

推杆动作迟钝或不动作：
膜片、滚动膜片、垫片是
否老化、破裂引起漏气。

动作不稳定：
是否执行机构刚度不够，
不平衡力选择过小。

阀芯关不死：
是否执行机构输出力太小，可调
大p_F以增大输出力。
对气闭阀，调节件左旋(调松)，
调松后应注意全行程是否改变。
对气开阀，调节件右旋(调紧)，
调紧后应注意全行程是否够。

阀的全行程不够，影响全开时流量或全
行程超过正偏差，影响阀关死：将螺母
松开，将阀杆向外旋或向内伸，使全行
程偏差不超过允许值，再将螺母拧紧。

阀杆处泄漏：
是否填料，密封脂老化或填料拉
伤。是否弹簧被腐蚀或失去弹性。

回差大：
上、下阀盖连接螺栓有无异常
现象，是否对称，旋紧螺母，
特别是用缠绕片密封的调节阀。

回差大或动作迟钝：
① 填料压盖是否压得太紧。
② 阀杆是否弯曲，划伤。
③ 阀芯导向面是否有划伤、冲蚀、卡堵等。

可调范围变小：
是否节流件损伤，使Q_{min}变大。
阀不动作——
是否节流口有硬物卡住。
阀稳定性差——
是否阀选得太大，处于小开度工作。

泄漏量大：
① 是否密封面划伤。
② 阀座与阀连接螺纹是否松动。

阀稳定性差，小开度振荡：
是否流向安装反，成“流闭型”；阀门应该按“流闭型”
安装时，阀是否选大，处于小开度工作，p_r是否选小。

图 10-2　气动调节阀主要部件故障检查示意图

是否过低；定位器的波纹管是否泄漏导致没有输出压力；定位器中放大器的节流孔堵塞，压缩空气含水并在放大器球阀处积聚，也会导致定位器出现有气源但没有输出的故障。

定位器有输出但调节阀不动作的原因有：气动执行机构的弹簧因长期不用被锈死，气动执行机构的膜片损坏，调节阀阀杆变形、弯曲或折断，阀芯与阀座卡死，密封填料压盖太紧使阀杆的摩擦过大而卡住，此时可稍稍松开填料压盖的螺母试试。

气动调节阀不动作故障的检查及处理步骤如图 10-3 所示。

(2) 气动调节阀动作迟钝

该类故障大多是由于阀杆、阀芯的摩擦力增大引起，可通过认真观察来发现。检查填料压盖是否压得太紧，否则可松开压盖进行调整，或滴点油对填料进行润滑来减少阀杆的摩擦力。经检查阀杆有弯曲、变形或划伤的现象，应更换阀杆。检查阀门外部没有发现问题，如果仍怀疑阀有问题，可对阀芯、阀座进行检查，阀芯导向面是否有划伤、腐蚀、卡堵等现象；对阀芯、阀座清洗和清除堵塞物。

仪表供气压力低，阀门定位器响应性能差，都可能使气动调节阀动作迟钝，或全行程时间缓慢。可提高压缩空气供气的压力和质量，对阀门定位器进行调校或更换来解决。

(3) 气动调节阀出现波动、振荡或振动

在现场气动调节阀出现的波动、振荡、振动现象有时是混杂交织在一起的，并且出现的原因及现象也有相似之处，如剧烈的波动可能就是振荡，强烈的振荡可能就是振动，有时很难区分。因此，我们将其归为同一类故障进行介绍。

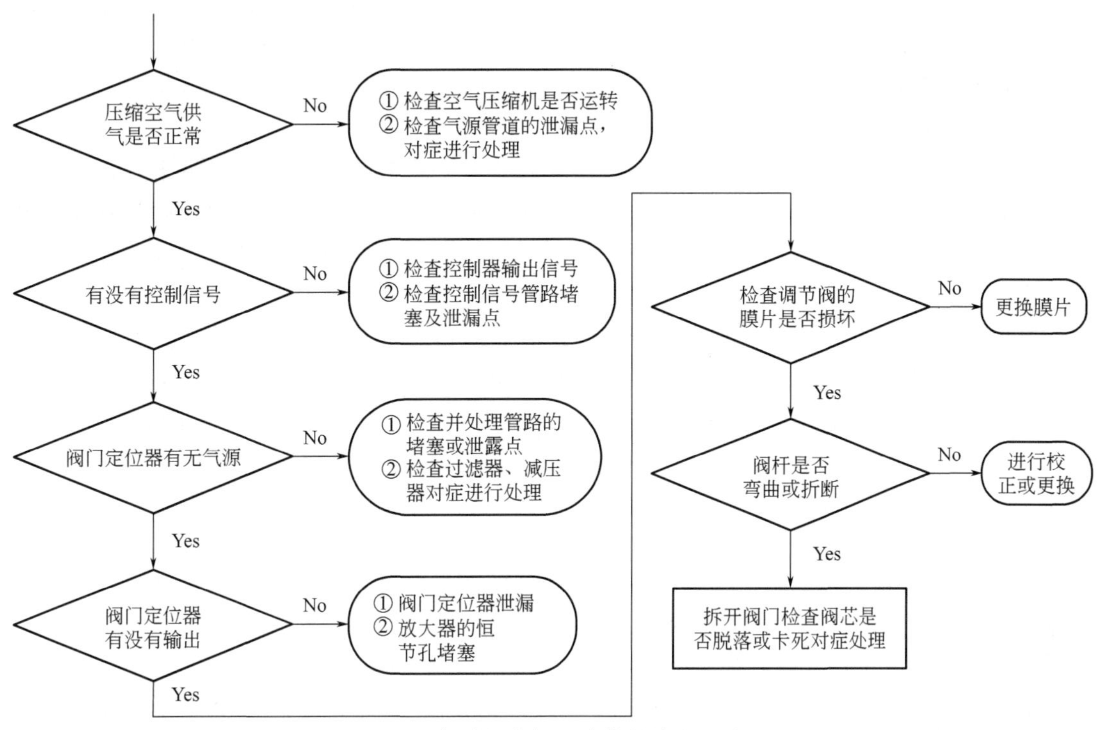

图 10-3　气动调节阀不动作的检查及处理

① 气动调节阀整体振动，即整个调节阀在管道或基座上频繁颤动，原因有：被控管道内的流体压力或流量波动很大，调节阀前后压差超过了额定压差，管道或基座振动大，引起整个调节阀振动；调节阀固有频率与系统固有频率接近会会产生共振，使管道跳动导致阀门的附件松动，并发出较大的响声，严重时还会造成阀杆断裂，阀座脱落，调节阀无法工作。对引起振动的管道和基座进行加固，来消除振动，且也有助于消除外来频率的干扰。

② 气动调节阀的阀杆上下频繁移动。先观察调节阀是否经常工作在小开度下，调节阀在接近全关闭位置时振荡，与工艺落实调节阀是否选大了，阀门长期处于小开度状态而出现振荡。

仪表气源含油、有微尘，会在电气转换器的喷嘴、挡板处逐渐积聚，时间长了积聚的污物太多时，排气通道不畅通，也会使调节阀在工作时产生波动。可清洁喷嘴、挡板来解决。

阀门定位器灵敏度过高，也会使调节阀工作不稳定而产生波动，可试调一下阀门定位器的灵敏度，观察阀门的波动有没有改观。阀门定位器正常但波动仍存在，说明调节阀有问题，检查执行机构的膜片是否漏气。膜片损坏漏气，定位器就会不停地调整输出，向气室内补充空气，导致调节阀不稳定。

有的控制系统要求调节阀的响应速度不能太快，如果阀的速度较快，或者是快速响应系统，当调节阀带定位器来加快速度时，很容易超调而产生振荡。可通过降低响应速度来解决，可将直线特性的阀改为对数特性的阀，或将定位器改用转换器或继动器。

③ 调节阀自身稳定性差出现振荡，可用不平衡力变化较小的阀门来代替原来的阀门，如用套筒阀代换单、双座阀。调节阀的填料压得太紧，会增大阀杆的摩擦力，使阀门动作迟滞而产生振荡；可观察阀杆上、下移动是否平稳，不平稳则检查填料是否过紧，适当旋松填料压盖的螺母，或加油润滑填料来减少阀杆的摩擦力。

调节阀的稳定性与阀关闭时的不平衡力 F_t 对阀的作用方向有关。调节阀使用流闭型阀芯，阀关闭时的不平衡力 F_t 对阀的作用方向是将阀芯压闭，阀的稳定性就差，容易使调节阀产生振荡；可通过改变阀的安装流向，把将阀芯压闭的 $+F_t$ 变成将阀芯顶开的 $-F_t$，来消除调节阀的振荡。

④ 若不能改变调节阀的流向，可通过增大弹簧范围来解决。弹簧范围是指一台阀在静态启动时的膜室压力到走完全行程时的膜室压力，如 20～100kPa，表示这台阀门静态启动时的膜室压力是 20kPa，关闭时的膜室压力是 100kPa。气动薄膜执行机构铭牌上标明的信号工作压力，就是弹簧范围的标称值，如 20～100kPa 的弹簧可调范围为 0～80kPa，其间可以有差值为 80kPa 的各对数值。为了得到更大的输出力以适应负载变化的要求，应尽量选用范围大的硬弹簧。对薄膜执行机构可充分利用定位器 250kPa 的气源，选用 60～180kPa 的弹簧，它对气开阀有 60kPa 的输出力，对气闭阀有 70kPa 的输出力，弹簧范围为 120kPa。而 20～100kPa 常规弹簧范围的弹簧，配 140kPa 的气源时的输出力，气开阀为 20kPa，气闭阀为 40kPa，无论从输出力还是刚度上讲，选择 60～180kPa 的弹簧范围远远优于常规弹簧范围。

⑤ 膜室弹簧预紧力不够，会在低行程中产生振荡。薄膜执行机构弹簧预紧力的调整就是执行机构的零位调整。可按以下步骤进行。

a. 脱开阀芯连接；在没有信号的状态下，对阀杆位置做好记号。

b. 充分放松预紧弹簧后，加上气压信号 20kPa，观察阀杆是否动作，否则应继续放松预紧弹簧，直到阀杆能动作。然后压紧预紧弹簧，直到阀杆回到原来所记录的位置。

c. 重复进行 b 步骤，直到信号在零位和低于零位变化时，用手能感觉到阀杆有动作即可。

d. 气开阀给膜室加上稍大于零位的信号，把阀芯推到关的位置，然后连接执行机构。气关阀给膜室加上稍小于满量程的信号，把阀芯推到关的位置，然后连接执行机构。

e. 给膜室加气压信号检查阀门的行程是否合乎要求。如果行程差得不是太多时，可以连上阀门定位器进行调校，如果行程差得太多，可按以下方法处理。

气压信号还不到满量程，阀门就已开完，说明行程过大，可能是弹簧推力不足，应检查弹簧是否老化，装配是否有问题。如果行程不足，气关阀可对阀芯与执行机构的连接距离进行调整；气开阀应考虑弹簧装配是否有问题。

⑥ 执行机构刚度不够，会在全行程中产生振荡。提高膜室的工作压力，加大膜室的有效面积，增大弹簧系数，减少膜室的体积都能提高执行机构的刚度。

执行机构输出力矩过小，不能克服阀芯的不平衡力和填料的摩擦力，使调节阀出现波动，除增加弹簧预紧力外；可适当松动填料以减小摩擦力；还可适当提高供气压力来解决或应急。

调节阀的波动、振荡现象必须结合整个控制系统进行分析，找出导致调节阀波动的真正原因，对症进行处理，才能从根本上消除调节阀波动、振荡的故障。

(4) 气动调节阀泄漏的检查及处理

① 外部泄漏比较容易发现，如填料压盖没有压紧，四氟填料老化变质，密封垫片损坏，阀体与上下阀盖间紧固螺母松动等。填料压盖没有压紧除螺栓自身松动外，大多是填料没有加够，在紧固前应增加填料，采取双层或多层混合填料的方式效果较好。四氟填料受温度的影响容易老化变质，可用柔性石墨填料来代换，没有使用密封油脂的阀门，可试加密封油脂

来提高阀杆的密封性能。

更换新的填料时要把旧的填料取出来，其步骤是：把执行机构和阀体分开；拆卸上阀盖后取出阀杆和阀芯；用一截比阀杆稍粗点的管子，从填料底部插入，用力把旧填料从上阀盖顶部顶出来。而分离式的填料不用拆卸执行机构，用尖头工具把旧填料挑或钩出来。

用在压力高、压差大场合的调节阀，阀杆处很容易泄漏，更换填料或压紧填料压盖后，用不了多长时间又出现泄漏，应核实调节阀的流向，“流闭型”介质是从阀芯的大端往小端流动，“流开型”介质是从阀芯的小端往大端流动。“流闭型”的可改为“流开型”来提高阀杆密封效果。该方法实际就是把阀芯前后压力 p_1、p_2 对换，当 p_2 处于阀杆端时，阀杆的密封性好。如图 10-4 所示。

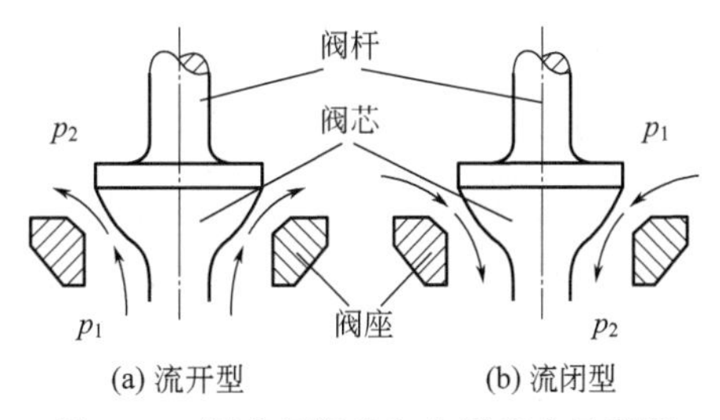

图 10-4　调节阀阀芯与介质流向示意图

② 内部泄漏最明显的现象就是阀门关不死。阀内有异物导致阀门关不死的故障，大多发生在新安装使用的阀门，如工艺管道吹洗时，没有关闭调节阀前、后的切断阀，或没有走旁路。很多时候需要将阀门拆卸下来进行检查、清洗和去除堵塞物。易结晶或易堵塞的场合，可改变阀门的结构形式来减少堵塞现象，可将直通单、双座阀改为套筒阀，用有自洁性能的角形阀。

调节阀前后的压差大，而执行机构输出力又不够也会出现内漏故障。应检查压差大的原因，是工艺的因素，还是选型有误。增大气动执行机构的输出力，是提高密封性能的常用方法，如调整弹簧的工作范围，改用小刚度的弹簧；增设定位器，调高气源压力；仍然没有改观时，只能改用更大推力的气动执行机构。

阀芯或阀座腐蚀、磨损是造成阀门内漏的主要原因。维修时需要对受损的阀芯、阀座进行修复或更换，调节阀是由于汽蚀磨损的，可以改用流闭型阀门。在调节阀出口加装节流孔板，来保持调节阀下游侧压力超过液体的蒸气压，可防止高流速低压区形成的气泡；对于大压差使用，可采用两台调节阀串联来分配和限定阀门的压降。

(5) 气动调节阀不能达到额定行程

调节阀使用一段时间常会出现此故障，先对阀门的行程进行调整。达不到要求，通常是执行机构或附件泄漏，执行机构弹簧的刚性达不到要求，推杆或阀杆弯曲、变形，阀芯损坏或阀芯、阀座内有杂物，介质流动方向不正确，填料摩擦力过大等原因引起的。损坏的弹簧、推杆、阀杆、阀芯、阀座应进行更换。

检查供气压力是否满足要求；检查执行机构或附件是否存在泄漏，可用肥皂水进行检查。介质流向不正确，进行反向即可。填料摩擦力过大时，可松开填料压盖，进行润滑、转动阀杆使阻力减小。不能忽视阀门定位器或电气转换器的正确调校，还应检查手动机构或行程止挡器的位置是否正确，必要时进行调整。

10.2.3　气动调节阀维修实例

(1) 气动调节阀不动作

实例 10-1　某厂开车期间，T-108 及 T-109 塔底蒸汽调节阀相继抱死，不动作。

故障检查　拆卸阀门检查发现阀杆与上阀盖导向套抱死。

故障处理 用工具强行拆开，清理焊渣，研磨阀杆，消除阀杆划痕，重新装配后调节阀工作正常。

维修小结 本例故障系工艺吹扫管道时，焊渣被吹入到调节阀内，焊渣黏附在阀杆表面。开车中调节阀门动作后，焊渣被挤在缝隙里，导致阀杆与上阀盖导向套抱死。根本原因就是在吹扫工艺管道时，没有关闭调节阀前后的阀门。因此，在工艺吹扫管道时应关闭调节阀，或者走旁路，没有旁路阀的则可用短节过渡。

实例 10-2 压力控制阀 PV-202 不动作。

故障检查 检查 DCS 的输出信号正常，检查压缩空气压力正常，检查阀门定位器，发现定位器没有输出信号，拆下定位器检查，电气转换部件损坏。

故障处理 更换电气转换部件后，阀门恢复正常。

维修小结 气动调节阀不动作的故障原因通常有：气源故障；电气阀门定位器故障；DCS 输出信号不正常，大多是 DCS 的输出卡件有故障。

(2) 调节阀动作迟钝，不灵活

实例 10-3 某厂的气动调节阀动作滞后严重。

故障检查 改为手动操作仍存在动作迟缓的现象，判断调节阀有问题，检查发现调节阀气源含有水分，阀门定位器气路有结冰现象。

故障处理 用蒸汽吹扫加热后，调节阀恢复正常。

维修小结 本例故障原因是该工厂为了省钱，简化了仪表供气系统设备，没有安装油水过滤器。到了冬天气温下降问题就暴露出来，事后加装了过滤器。

实例 10-4 蒸汽加热器水位控制曲线不平稳且有跳跃状，还伴有波动。

故障检查 检查变送器、调节器及参数整定都正常。切换至手动控制，液位显示曲线还是不平稳且有跳跃状，检查发现调节阀动作不灵活，经观察密封盘根压得太死。

故障处理 稍微调松了盘根压盖的螺栓，使调节阀阀杆动作灵活又不泄漏，液位控制恢复正常。

维修小结 本例调节阀动作不灵活，使被控水位出现跳跃状。当调节器的输出变化之后，调节阀迟迟不动作，而一动作又过了头，致使液位一直不能平稳，出现跳跃式的波动，工艺液位变化频繁时，故障现象更突出。该类故障通过观察水位曲线大都能发现问题。

(3) 调节阀关不严或开度不够

实例 10-5 工艺反映气动调节阀开阀时开度不够，关阀时关不严。

故障检查 到现场把电气转换器的节流孔拆下，用手挡住节流孔，调节阀能向下关闭，但动作缓慢；观察电气转换器输出气压接近 0.1MPa，试调过滤减压阀上的旋钮，发现已全开，看来供气压力有点低。

故障处理 观察压缩空气储罐的压力有 0.5MPa，仔细检查发现储罐出口阀没有全开，开大阀门后供气压力明显上升，调节阀恢复正常。

维修小结 从现象看本例阀门关不死也开不大，阀门使用年限长，阀芯受腐蚀关不严还说得过去，开度不够调行程并没有作用。本例故障，就是由于供气管路的阀门开启度太小造成供气压力低，调节阀由于推力不够而出现开和关都不正常的故障。供气压力低会影响所有使用的调节阀，但许多调节阀常使用在中间开度，因此没有明显感到异常。用手挡住节流孔使电气转换器的输出为最大（接近供气压力），是一种常用来判断故障部位的方法。

实例 10-6 某气动调节阀能工作，但阀门关不死。

故障检查 试调阀杆行程没有作用，怀疑阀芯磨损或阀内有异物，联系工艺改为旁路手动操作，拆卸调节阀进行检查及处理。

故障处理 检查时发现阀杆与膜头连接销子断裂，且连接螺纹磨损严重，阀杆与膜头处于非正常连接状态。更换阀杆调校后恢复正常。

维修小结 当时怀疑阀芯磨损或者阀内有异物，拆卸检查才发现故障的真正原因。没有配件更换时，可以请电焊工在损坏的阀杆上进行堆焊，再车出螺纹，并在阀杆上钻孔，可用 ϕ3～4mm 的电焊条或小螺钉作销子进行修复。

实例 10-7 LV-206 进料阀的阀位逐渐增大，但被控液位却不见上升。

故障检查 现场检查发现执行机构弹簧侧漏气，判断膜片有破损。

故障处理 更换膜片后，阀门工作正常。

维修小结 执行机构使用时间一长，膜片会老化导致破损；压缩空气处理装置有问题，使空气带油也会腐蚀橡胶，导致膜片老化破损。

实例 10-8 气开式调节阀已全关，但泵出口流量还显示 560kg/h。

故障检查 检查流量计正常。断开调节阀气源，排气后阀杆下降至零，确定阀门会动作。让工艺关闭调节阀前的手动阀门，流量显示没有下降，再关闭调节阀后的手动阀门，流量显示回零，判断调节阀及调节阀前的手动阀门泄漏。让工艺走旁路操作，拆下调节阀检查发现阀芯磨损。

故障处理 更换及研磨阀芯，安装后阀门不再泄漏。

维修小结 调节阀内漏是最常见的故障，大多数控制系统阀门全关闭的状况不多见，因此内漏的矛盾不突出。调节阀的阀芯是与工艺介质直接接触的，定期检查阀芯还是很有必要的一项工作。

实例 10-9 氨汽提塔出料流量控制的输出已为 0，但调节阀仍有 25% 的开度。

故障检查 关断执行机构输入气压，阀的开度仍为 25%。观察该调节阀的阀前压力为 14.7MPa，阀后压力为 1.7MPa，阀前后压差为 13MPa。怀疑执行机构输出力不够，使阀门关不到位。

故障处理 更换弹簧后执行机构的输出力达到使用要求。

维修小结 本例由于调节阀前后压差太大，而执行机构的输出力又不够，导致阀门关不到位，使工艺在低负荷下无法操作。执行机构输出力不够的原因有：一种是弹簧疲劳失效；另一种是弹簧在设计时计算有偏差。在大压差应用现场，通常要计算调节阀阀芯所受的不平衡力和执行机构的输出力，使其满足使用要求，计算方法可参考调节阀专业书籍。在使用现场增大执行机构输出力的方法有：一是增大弹簧预紧力，即调整执行机构的弹簧预紧力螺母；增长阀杆长度；二是更换弹簧来增大执行机构的输出力。更换的弹簧应比计算弹簧的结果大 5%，以确保执行机构的输出力。

(4) 气动调节阀工作不稳定，出现波动或振荡

实例 10-10 某液位控制系统波动大。

故障检查 检查液位变送器正常。看历史曲线，阀门动作很不规则，判断阀门有问题。

故障处理 联系工艺用手动旁路操作，拆下调节阀检查，发现阀芯处有焊渣，清理清洗后，液位控制正常。

维修小结 阀门动作不灵活常见原因有：机械磨损、阀芯内有异物、盘根压得太紧等，这些故障通过观察或拆卸检查大多能发现问题。

实例 10-11 某流量控制系统的气动调节阀出现上下波动。在有输入信号时，每隔两三分钟，执行机构膜室的气压会自动增大，阀位上升，然后膜室的气压又减小，阀门又回到正确的开度，如此反复动作，导致被控流量波动很大，影响了生产。

故障检查 串入万用表观察电气定位器的输入电流稳定且不波动，更换执行机构，检查阀芯等没有发现问题；最后决定更换电气阀门定位器。

故障处理 把智能阀门定位器更换为常规的电气定位器后，波动故障不再存在。

维修小结 开始怀疑有干扰。排除无干扰后又怀疑执行机构弹簧力不够，但更换执行机构后无起色，又怀疑阀芯有问题，更换阀芯后仍然波动。更换了几台定位器，仍然波动，最后在老师傅的建议下，更换为纯机械的阀门定位器，调校后投运，波动故障竟然消除了。

实例 10-12 PV-207 阀门波动过大，导致被控的压力参数波动很大。

故障检查 检查 DCS 输出信号正常，气源压力也正常。检查阀门定位器，输入信号时阀门反馈杆能跟着动作，但感觉不太灵活，检查发现反馈杆的轴上粘有很多的油泥污物。

故障处理 经过清除油污，清洗、擦拭后回装，调节阀恢复正常。

维修小结 由于反馈杆的轴被油泥污物粘住，使其转动不灵活，导致阀位反馈信号迟钝而不正确，从而使调节阀产生波动。调节阀波动故障的原因还有：DCS 的输出信号波动或不稳定，供气压力波动，阀门定位器输出波动，反馈部件不正常。只要认真检查，大多能发现问题所在。

实例 10-13　溶液泵出口调节阀在使用中有时会出现振荡现象。

故障检查　该阀已多次出现本故障，正常工况该阀的开度在 15% 左右，判断是阀门选型有误，决定先应急解决故障。

故障处理　在出现振荡时，用手轮强行使阀位小于振荡区后，再退出手轮，阀门恢复稳定，使其正常运行。最后对阀门的流量系数 C_V 值进行核算，更换阀门后再没有振荡现象。

维修小结　该阀门原设计 C_V 值为 430，根据实际工况进行核算，阀门全开时 $C_V=63$ 就可满足使用要求，由于产品原因，只能更换为 $C_V=175$ 的套筒阀，但已取得了满意的效果。(公、英制单位流量系数的换算公式：$C_V=1.167K_V$)

实例 10-14　某蒸汽压力控制系统出现大幅波动，改用手动控制仍很难操作。

故障检查　单独对调节阀进行检查及调校，阀门动作正常；测量变送器及 DCS 的输出电流都正常，且不波动；这时问题集中到了阀门定位器上，检查阀门定位器发现其输出一直有波动现象。

故障处理　更换阀门定位器后，波动故障消失，自动也可投运。

维修小结　处理本故障是走了弯路的，首先怀疑调节阀有故障，结果大动干戈地拆了调节阀进行检查和调校。该类故障的检查判断，应该是先检查变送器及 DCS 的输出信号是否正常，然后再检查阀门定位器的输出信号是否正常。或者先检查阀门定位器的输入及输出信号是否正常，一分为二地确定故障部位，以减少故障检查及处理的时间，而且可少走弯路。

实例 10-15　工艺反映精炼工段蒸汽压力调节阀波动大。

故障检查　检查压力变送器及调节器的输出信号基本没有波动。检查定位器的喷嘴、挡板也没有发现问题，进一步检查，感觉没有听到有排气声，检查定位器的排气通道，发现上面附有干油漆，判断是定位器排气不通畅引发的阀门波动。

故障处理　把油漆刮掉后排气正常，调节阀也不再波动。

维修小结　定位器工作时，其单向放大器是需要排气的，定位器的排气通道不畅通，就会使调节阀在工作时产生波动。

10.3　电动调节阀的维修

10.3.1　电动调节阀的工作原理及结构

电动调节阀由执行机构和调节阀两部分组成，如图 10-5 所示。执行机构接受来自调节器的控制信号，把它转换为驱动调节机构的输出；调节阀或挡板接受执行机构的操纵，通过改变调节阀或挡板的开度，达到调节被控介质流量的目的。

智能电动调节阀又称为电子式电动调节阀，由微处理器、驱动电机、减速器和位移检测机构组成，液晶显示器和手动操作按钮，用于显示各种状态信息和输入组态数据以及手动操

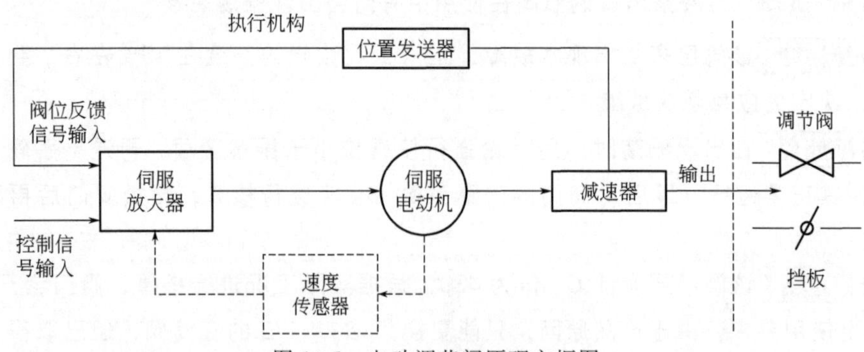

图 10-5　电动调节阀原理方框图

作等。其结构原理如图 10-6 所示。控制系统输入的 4～20mA DC 控制信号经 A/D 转换，在微处理器内与阀位信号进行运算处理，用来驱动伺服电机的正反转，经机械减速操纵作阀门的开度，使其自动定位在和输入信号相对应的位移行程，完成系统的控制。

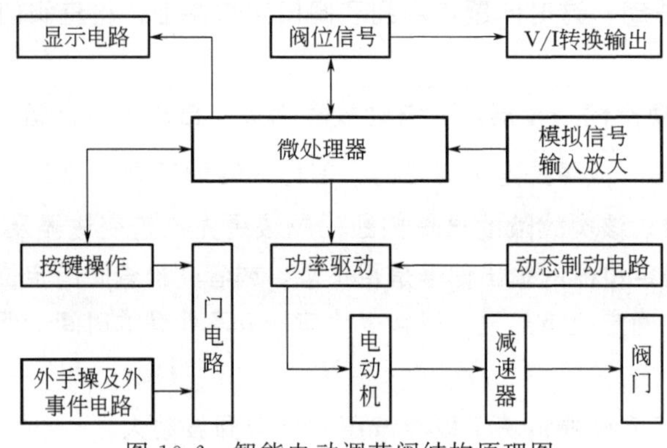

图 10-6　智能电动调节阀结构原理图

10. 3. 2　电动调节阀故障检查判断及处理

检查电动调节阀故障时，先确认供电是否正常，连接线路是否有断路、短路、接触不良故障；然后检查阀位反馈电流是否正常；应重点检查安装在现场的电动执行机构、电气定位器、调节阀等机械部件。先判断是机械故障还是电气故障，然后有针对性地进行检查及处理，通常可按图 10-7 的步骤检查。

（1）电动调节阀不动作，或者动作失常

电动阀不动作大多是指控制信号改变时阀门没有响应。可以按各个信号回路逐一排查，如检查供电回路、信号回路、阀位反馈回路的连接导线是否正常，限位开关是否已限位，或者限位不正常；机械部件有没有卡死情况，如阀门是否堵转等。

① 先检查电动阀在手动状态下能否正常工作，在手动状态下不能正常工作，应检查接线是否正确，接线有无断路或脱落现象；检查手轮离合器是否在脱离位置；执行机构机械部分有问题时，只有把执行机构从阀门上拆下来检查和判断。

② 在手动状态下能正常工作，可拆开一根控制信号线，将电流信号接入执行机构模拟控制信号输入端，观察阀门能否按电流信号的变化来动作。如果为开关量信号，可用万用表

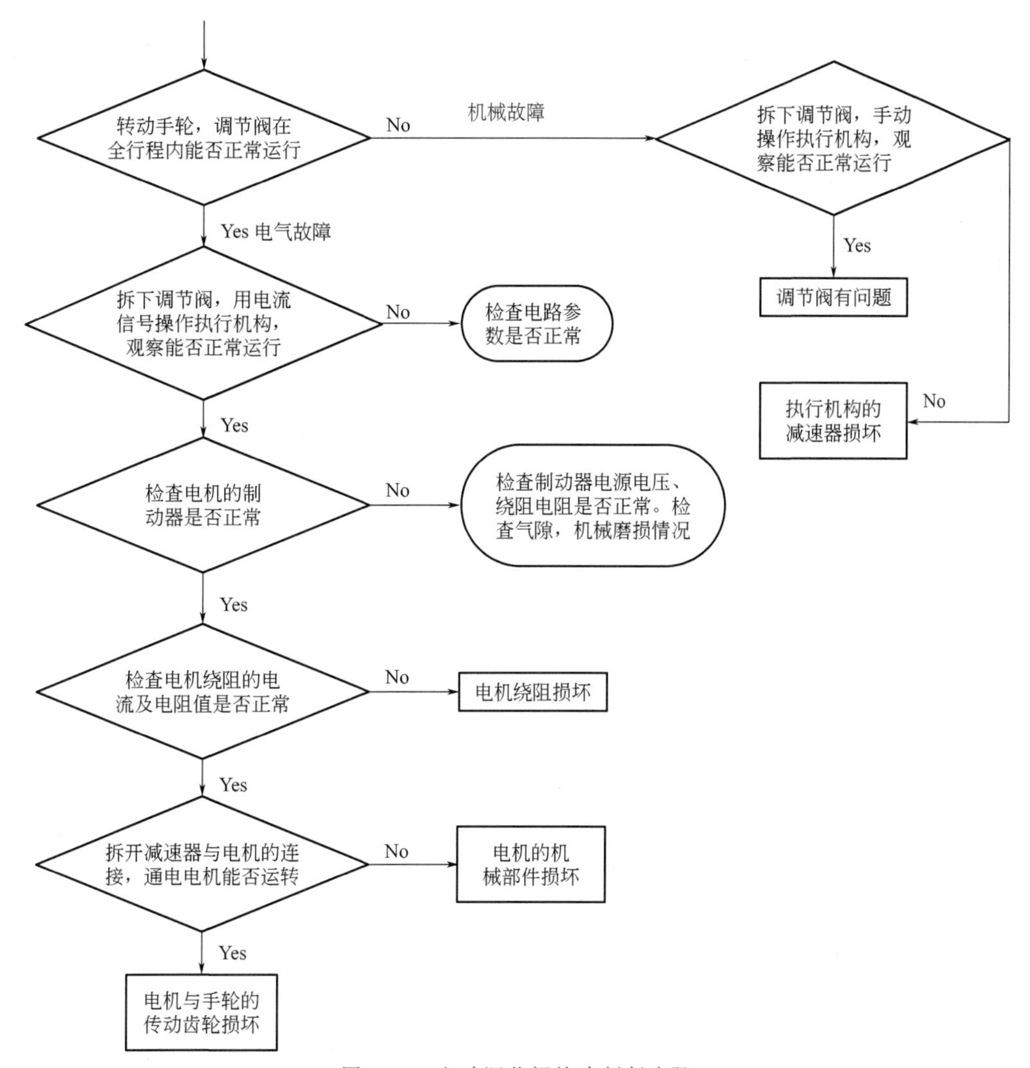

图 10-7　电动调节阀故障判断步骤

测量信号是否正常。执行机构及阀门能正常动作，故障可能在控制回路。如果执行机构仍不动作，需检查伺服驱动板电路或电机是否正常。

③ 有输入信号阀门仍不动作，可检查控制板输入端电阻是否正常，先断开执行机构电源，再断开输入信号，用万用表测量模拟输入端的电阻。电流输入型的电阻一般在 500Ω 以下；各型仪表的输入电阻是不相同的，说明书如果有输入端阻抗参数值，可对比测量值是否与说明书一致；开关型执行机构自带伺服控制板，输入电阻一般在 1kΩ 以上。输入电阻正常，有可能电路板的控制信号检测部分有问题，更换有故障的电路板即可。

④ 在用的调节阀突然不会动作，可对以下部件进行检查或处理：

a. 执行机构电源跳闸，可能是执行机构内部加热器短路。可用万用表测量有无短路，否则应排除短路故障或更换加热器。还应检查伺服控制板（如伯纳德的 CI2701 板）上的熔丝是否熔断，必要时进行更换。

b. 检查执行机构内部的交流接触器是否损坏，断开电源，拆开执行机构检查交流接触的线圈电阻，及几个触点是否接通，如果不通，则需要更换交流接触器。

c. 电动机外壳温度过高，可能是电机的热保护动作切断了电机的电源，等待电机冷却后，执行机构又可恢复工作，但应找出电机过热的原因，死区和惯性值设置不当，电机频繁启动次数太多，也会使电机温度升高。伯纳德的智能电动执行机构，可检查“TH”指示灯是否亮，电机过热保护装置跳闸会使“TH”灯亮，电机冷却后重新启动，“TH”灯会熄灭。

d. 怀疑电机有问题，可用万用表测量电机绕组的电阻来判断，电机电磁反馈开路，绕组首尾开路或者相间短路，说明电机已烧毁，应更换同型号的电机。

e. 检查力矩开关是否动作，力矩开关动作时 CI2701 板上的“TORQUE”指示灯会亮，如果是误动作导致力矩开关动作，可适当调整力矩开关，拧紧或者松动某一方向的弹簧，使该方向设定的力矩增加或者减少。

⑤ 设置有误也会使阀门不动作，伯纳德的智能电动执行机构如果置于菜单状态，可将选择旋钮置于“OFF”位置，然后再置于“LOCAL”位置，切换至工作状态。处于红外连接状态时，显示屏右上角会显示 IR，可关闭红外连接。PS 型智能电动执行机构在使用前应进行整定工作，整定的项目有执行机构的运转方向、阀位行程、死区、惯性常数。没有进行整定工作也会使执行机构不动作，可重新启动整定工作，采用手动整定即可。

(2) 电动调节阀泄漏

① 电动调节阀泄漏是指执行机构已全关，但阀门仍有比较大的泄漏量。先用就地手轮关闭阀门，观察阀门能否关死；具体操作：把执行机构切换到就地控制状态，有的执行机构在操作就地手轮时就会自动切换到就地控制状态，然后转动执行机构的就地手轮，观察阀门能否关死。执行本操作前应注意执行机构是否已经走到机构零位，如果有此情况，需要重新调整阀门与执行机构输出轴的相对位置。

用就地手轮关闭阀门，如果关不死，说明阀芯有损坏、或者阀内有异物，应拆卸阀门进行检查和处理。对阀体的检查及处理，请参照本章 10.2“气动调节阀的维修”10.2.2 中的：“(4) 气动调节阀泄漏的检查及处理”内容。

② 检查执行机构的反馈值与给定值是否在误差范围内，该误差一般应<1.5%。如果跟踪误差过大，会出现阀位显示已到零位，但阀杆及阀芯并没有全关死。

③ 阀门的行程未设置好，行程通常是指零点、或称全关位置。各型电动执行机构的行程设置方法不同，应按照说明书的行程设置方法进行操作。执行机构大多带有限位开关，还需要对限位开关进行调整。

(3) 电动调节阀出现波动或振荡

本故障是指电动调节阀在自动状态下，控制信号没有改变而调节阀在某一位置来回动作几下或永远动作，或者控制信号改变时调节阀运行到指定位置，要来回频繁动作许多下才能停下来或根本停不下来。执行机构及调节阀经常在振荡状态下运行，会使执行机构机械部件，调节阀的阀杆、阀芯严重磨损，大大缩短使用寿命，同时会造成被控参数不稳定和阀门开度不稳定等故障。解决方法如下。

① 调整阻尼电位器，直到运行与显示完全正常为止。有的执行机构称其为调节死区。可试着增大死区，增大死区能消除振荡，证明死区设得过小，死区通常设置为 0.75%～1.5%。死区与调节精度的关系是死区增大，调节精度就减小；因死区调大使精度减小到允许误差范围外，通过增大死区来消除振荡的做法就不可取。出现大幅度振荡，可试将转速传

感器连接端对换接线一试。

执行机构伺服放大器的灵敏度选用范围不当，也会引起执行机构出现振荡。可调整伺服放大器的不灵敏区范围，来提高执行机构的稳定性，以消除振荡故障。

② 在调节阀开、关行程正常的前提下，可把零点电流值调小一点，将满度电流值调大一点。这样可缓冲阀推杆与两个限位的冲击力度，以减少机械磨损。更换的调节阀流量特性与原用的不一样，也会引发振荡；应更换为流量特性一样的阀门，或者通过软件模块中的对应数据来改变特性，或按特性要求对输出值的上、下限进行必要的限幅。

③ 通过手轮来驱动执行机构，观察执行机构能否正常运行，运行迟钝，大多是减速器或终端控制器有问题，可进一步检查来排除故障。如果手轮驱动执行机构正常，可拆开信号输入线，输入电流信号驱动执行机构，执行机构不运行或运行迟钝，需检查伺服驱动板的电路参数或电机是否正常。

④ 检查调节阀的行程是否有变化。执行机构在使用前都已设定了行程，或限定了行程范围，执行机构的行程有变化，且超过了限定值，尤其是行程过小时，执行机构就有可能产生振荡。可根据现场实际对阀的行程重新进行调校，使之恢复正常。

⑤ 执行机构的输入信号不稳定，也会引起调节阀振荡。检查接线是否松脱，串入电流表观察，以确定故障部位在执行机构前还是执行机构及调节阀。被控对象变化引起信号源波动而造成执行机构振荡，可以在回路中加入阻尼器，或在管路中用机械缓冲装置，用机械阻尼方法来减少变送器输出信号的波动，以达到消除执行机构振荡之目的。

生产工况发生变化，PID整定参数选择不当，也会引发调节阀的振荡，单回路控制系统，比例带过小、积分时间过短、微分时间过大都可能产生系统振荡。可通过修改PID参数，加大比例带以增加系统的稳定性，来消除电动阀的振荡。多回路控制系统的输出值比较稳定时，电动阀有时还会出现反复的振荡现象，有可能是副环回路引起的，有可能是PID参数整定不合适产生各回路间的共振，可试着降低输出值的变化幅度，来提高稳定性。

⑥ 机械故障引发的振荡也是检查的重点。当阀门从开阀转变为关阀，阀位反馈电流不同步变化，很可能是执行机构的回差过大，可用就地手轮操作来判断，先往某一方向转动执行机构，反馈信号有变化，然后再转动执行机构往相反方向运行，如果反馈信号要过一会儿才有变化，证明执行机构的回差过大。引起回差过大的原因多数是机械间隙过大。可拆卸检查，修复或更换零部件来解决。

电机转子都有惯性，切断电机电源后执行机构输出轴会继续运行一段距离，执行机构都带有制动装置，当执行机构的刹车制动不良，阀门连杆松动、阀门连杆轴孔间隙增大，也会引起执行机构的振荡，可通过重新调试来恢复。

(4) 电动调节阀的阀位反馈信号不正常

① 电动调节阀的阀位反馈信号不正常，可按图10-8的步骤进行检查和处理。

② 电动执行机构的阀位变送器大多采用电位器，通过执行机构的机械传动，带动电位器转动轴上的小齿轮，使得电位器的阻值发生变化，经转换，输出伺放模件所能接收的4～20mA信号，以反映阀门0%～100%的开度。使用时间过长，电位器的炭膜磨损常会出现接触不良的故障，导致阻值跳跃变化，表现在阀位反馈电流上就是反馈信号波动；或者反馈电流与控制信号不一致，两者偏差很大时，导致执行机构被强制切换到手动操作工位。

电位器有故障应进行更换。直行程位置反馈电位器更换方法：先对齿轮组件的位置拍照，再进行拆卸；电位器轴上的齿轮有一个小孔是固定弹簧用的，要记好小孔的位置；对电

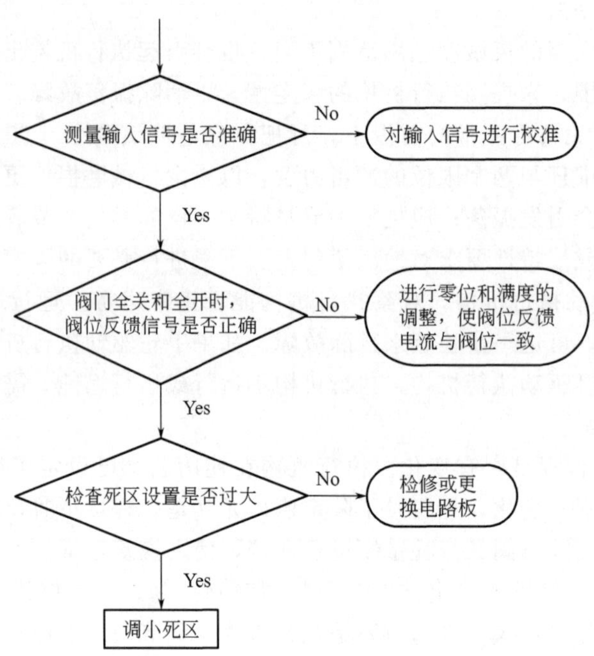

图 10-8　电动调节阀的阀位反馈信号不正常的检查处理步骤

位器及引线进行拍照，再进行更换；重新组装反馈组件时，应先把电位器、齿轮组件、弹簧组装好，固定安装板后再安装齿条，并检查从齿条底部往上推齿条到任意位置，松手后齿条应能自由下落。

③ 角行程电动执行机构运行时间过长，机械主轴与轴套之间有磨损，导致间隙增大，当主轴转动至某一角度时，会发生细微的抖动，主轴连着的齿轮转动也会产生跳动，在带动电位器小齿轮的同时，没有形成同步，使得电位器阻值不能正常反映挡板的开度。可对磨损的主轴和轴套进行修复或加工。

④ 检查阀位反馈信号是否正常。执行机构分别置于全关位置、全开位置和中间任意一个位置，观察反馈信号是否为 0%、100%和介于 0%～100%之间的一个数值。阀位反馈电流与阀位开度不一致，可手动操作执行机构，在达到全开和全关位置时，反复调整满度和零点电位器，使阀位反馈电流与阀位开度一致；这一过程相当于重新设置执行机构的行程。角行程执行机构也会出现同样的问题，解决方法也相同。

⑤ 智能电动执行机构出现显示阀位与实际阀位不一致，有可能是静电导致内部程序紊乱引起，可关断执行机构电源，然后再送电看能否恢复正常。或者重新设定上、下行程限位，然后再使执行机构动作几次，如果显示阀位与实际阀位还有偏差，有可能是计数器损坏，可更换计数器一试。

(5) 智能电动调节阀设置故障的检查及处理

智能电动调节阀的执行机构使用有微处理器，大多又是纯英文的设置菜单，在使用、调校中需要设置的参数较多，常会发生参数设置错误、拨码开关位置不对等现象。需要认真地按电动执行机构的说明书进行设置，并进行检查以避免错误的发生。

① 电动调节阀不动作。伯纳德执行器应检查逻辑控制板 CI2701 上的 13 个小开关和 16 个跳线块设置有无错误，逐一检查开关和跳线设置是否正确，按照说明书的功能表或用户订

单进行设置。还应检查阀门位置控制板GAM-K上的设置开关位置是否有错误。检查GAM-K板的10个设置开关是否正确，并确保本地控制开关打到“AUTO”位置。

② 电动调节阀只能运行本机方式，不能运行远程方式。伯纳德执行器应检查现场操作面板是否处于“远程”位置，应检查“GAM-K”板上的本机控制开关是否已处于“AUTO”位置。开关位置正确但仍有问题时，用万用表检查控制室来的电流信号极性是否接反。

③ 设置的数据参数无法保存。对照说明书检查设置操作是否正确，改变数据后，退出菜单时每次、每级都要选择“OK”退出。最后显示“CHANGE OK?”选择“OK”，数据就可以保存了。如果操作没有问题但仍无法保存设置的数据，很可能是主板损坏，需要更换。

④ PS型电动执行机构无法正确完成整定工作。通常会有提示信息，状态显示：“Time Out”，表示整定超时，可启动手动整定来解决。状态显示：“Travel Short”，表示阀门的行程过小，应重新设定阀门行程。状态显示：“Zero Too High”，表示阀门行程的零位过高，应重新设定阀门行程零位。状态显示：“Span Too Low”，表示阀门行程的满度过低，应重新设定阀门行程满度。

⑤ 阀门已全关或全开但不能停留在设定的行程位置。罗托克电动执行机构有可能是关阀及开阀限位（“LC/LO”）参数丢失，可通过帮助屏幕的显示来判断，如“H1”中的“阀位错误”指示条亮，说明当前阀位错误，应重新设定执行器的关阀及开阀限位。在现场有可能遇到装置停产时间长，电动执行器供电也关断，又恰遇到执行器的电池电量也耗完，在更换电池后应对执行器的关阀及开阀限位设定参数进行检查。

⑥ 控制信号丢失后阀门没能停在正确位置。生产中可能会出现电动调节阀失去控制信号的故障，如果对执行机构的功能没有完全了解，就有可能出现设置不当的情况，有的场合要求控制信号丢失时，执行机构应保持在原来的位置；而有的场合要求控制信号丢失时，阀门应全关或全开。如罗托克IQ型电动执行机构，如果控制信号丢失时的响应（FA）被关闭（OF），控制信号丢失后阀门只会全关。而通过故障保护方向（FF）设置，执行机构就可以按设置的安全位置运行，设为“SP”时控制信号丢失阀门保持原来的位置；设为“LO”时阀门运行至对应最小控制信号（4mA）的阀位；设为“HI”时阀门运行至对应最大控制信号（20mA）的阀位。

（6）智能电动调节阀机械故障的检查及处理

① 调节阀卡滞。调节阀的阀芯被腐蚀或磨损，阀杆或填料压盖过紧，调节阀前后压差太大，都有可能引发阀门卡滞，引起执行机构电动机过热或保护动作。断开执行机构电源，用手转动手轮试一试，转动手轮时感觉太轻，可能是手轮的卡销脱落或断裂；感觉太重或旋转不动，可能减速器内有异物卡塞，阀芯与衬套、与阀座卡死，阀杆已变形。若执行机构动作正常，但仍不能正常使用，大多是执行机构与阀门连接松脱，或者阀门有故障。

② 调节阀动作迟钝或运行不平稳。大多是阀杆、阀芯的摩擦力增大引起的，可检查填料压盖是否压得太紧，可松开压盖试试，或加点油对填料进行润滑来减少阀杆的摩擦力，如果阀杆有弯曲、变形或划伤的，应更换阀杆。检查阀门外部没有发现问题，应拆开阀门对阀芯、阀座进行检查，检查阀芯导向面是否有划伤、腐蚀、卡堵等现象，可对阀芯、阀座清洗和清除堵塞物。

③ 调节阀关不死。调节阀内有异物会导致阀门关不死，需要将阀门拆卸进行检查、清

洗和去除堵塞物。易结晶或易堵塞的场合，可以考虑改变阀门结构形式来减少堵塞现象的发生，如可将直通单、双座阀改为套筒阀，或用有自洁性能的角形阀。

阀芯或阀座被腐蚀，磨损是造成阀门内漏的主要原因。维修中需要对受损的阀芯、阀座进行修复或更换，调节阀是由于汽蚀磨损的，可改用流闭型阀门来延长使用时间。

调节阀前后的压差大，执行机构输出力又不够时也会出现内漏。压差大有可能是工艺的原因，也有可能是选型有误，增大电动执行机构的输出力，是提高密封性能的常用方法。

④ 调节阀的力矩故障。调节阀力矩设定值设置过低，一般应设置为70%～80%力矩值。调节阀有卡塞现象，如阀杆锈蚀，阀套未加润滑油，阀芯中有异物出现卡塞；可根据检查的情况对症进行处理。

⑤ 手动正常，电动不能切换。手自动离合器卡簧在手动方向卡死；可拆卸手轮，释放卡簧，重新装配。

(7) 智能电动调节阀电气故障的检查及处理

① 电动机故障。功率较大的执行机构通常采用三相交流电动机驱动，执行机构动作频繁，使交流接触器的触点烧坏，而出现接触不良，会引发电动机缺相过热，正转或反转不能动作的故障。要对交流接触器进行重点检查，防止以上故障的发生。

功率较小的执行机构，一般采用单相交流电动机驱动，常用固态继电器来控制电动机，启动电容变质或损坏，固态继电器烧坏，会引发电动机不动作，或正转、反转不动作的故障。

电机发出连续的嗡嗡响声，通常是缺相或者出现堵转。缺相应检查三相电源是否都接通；堵转有可能是机械卡塞，也有可能是电机进水或受潮，可拆开电机检查和判断。送电就跳闸，应检查继电器控制板，或测量电机绕组的电阻值，来判断电机绕组是否已烧毁。

② 控制模块故障。智能电动执行机构的主要控制模块有：主控模块、位置发送模块、电源模块。用万用表测量位置发送模块的反馈信号是否正常；电源模块的输出电压是否正常。位置发送模块出现故障，会使反馈信号失常，导致自动控制失灵。

主控模块大多采取更换备用模块，或在正常的执行机构上试验的方式来检查。常见故障有：模块的接线松脱、断开、虚连，致使模块工作失常，通过观察大多可以发现问题所在，对症处理即可。维修时要保证模块接线牢固可靠。

③ 电位器和限位开关故障。电位器和限位开关与执行机构的机械传动部件相连，如果与传动部件连接不良将出现故障。电位器与传动部件的连接松脱，使位置发送模块的输出信号不能正确反映阀位的实际位置，从而使电动执行机构控制失灵；显示阀位与实际阀位不一致时，需重新整定，限位后，连续动作几次并设置限位，如继续发生漂移，应更换计数器板。限位开关连接不当或接触不良，不能反映阀门的实际运行位置，使保护不起作用，导致机构的机械受损。

④ 电磁干扰故障。电动执行机构的电子电路，受到干扰会使执行机构动作不正常，使阀门频繁动作稳定不下来。怀疑有干扰，应检查信号线的屏蔽接地是否良好，信号线应避开强电干扰源，以保证信号的正确传输。

(8) 电动调节阀常见故障与处理方法

① 模拟电动调节阀常见故障与处理方法，如表10-1所示。

表 10-1　模拟电动调节阀常见故障与处理方法

故障现象	故障原因	处理方法
电机不旋转	火、零线接错	对调接线
	电机绕组短路或开路	检查或更换电机
	分相电容损坏	更换分相电容
	制动器失灵或弹簧片断裂	修复或更换损坏件
	减速器的机械部件卡死	清洗、加油或更换损坏件
电机热保护动作	周围环境温度过高	降低周围温度
	电机动作频率过高	降低动作频率或调低灵敏度
	电容击穿	更换电容器
电机振荡、发热	输入信号有干扰	检查排除输入信号的干扰，或在输入端并 470μF/25V 电容
	灵敏度过高	调整电位器降低灵敏度
无阀位反馈信号	差动变压器损坏，谐振电容损坏	更换或修理
	位置发送器元件或电路板有故障	查出有故障元件，进行更换
	阀位反馈信号线接触不良或断路	查出问题对症进行处理
阀位反馈信号过大或过小	电位器安装不良	检查或重新安装电位器
	零位和行程调整不当	调整零位和行程电位器
无输入信号，前置放大器不能调零，放大器有输出	电源变压器有问题，使输出电压不相等	重绕或更换电源变压器
	校正回路两臂不平衡	检查或更换电位器或二极管
有输入信号，伺服放大器无输出	放大器线路断开或焊点接触不良	接通线路或重新焊接
	触发级三极管、单结晶体管损坏	检查出故障元件，进行更换
	SCR 可控硅损坏	
无输入信号，伺服放大器有输出	主回路元件损坏	检查出故障元件，进行更换
	触发级三极管损坏	
伺服放大器调不到零	调零装置或元件损坏	修理或更换
到限位后电机不停止	上、下限凸轮调整不当	重新调整限位凸轮
	限位开关故障	更换限位开关
输出轴振动	伺服放大器太灵敏	重新调整灵敏度
	机械部件的间隙过大	更换零部件以减少间隙
	制动失灵	修理或更换制动装置
减速机构不起作用	齿轮之间间隙过大	调整间隙或更换部件
	齿轮、蜗轮磨损太大或有损坏件	修理或更换
	零件损坏不能传动	更换受损的零件
手动操作费力	填料压盖上得太紧	拧松压盖
	阀门内部有问题	拆卸阀门进行检查

② 智能电动调节阀常见故障与处理方法如表 10-2 所示。

表 10-2 智能电动调节阀常见故障与处理方法

故障现象	故障原因	处理方法
执行机构不动作或只能进行短时动作	电压不足、无电源或缺相	检查主电源
	不正确的行程、力矩设置	检查设置
	电机温度保护动作	检查电机温度升高原因并处理 检查保护开关是否误动作
	电机故障	进行更换或维修
	阀门操作力矩超出执行机构最大输出力矩	检查配套的阀门是否正确
	执行机构到达终端位置仍旧向同一方向转动	检查执行机构运转方向正确否
	超出温度指定范围	观察温度范围是否合乎要求
	电源线上的电压降过大	检查电源线的线径是否过小
不能进入调试状态	操作步骤是否正确	按说明书进行正确的调试
	操作板故障	更换操作板
送电后跳闸	固态继电器或交流接触器故障	更换损坏的部件
	电源线是否破损碰壳或接地	检查电源线的绝缘电阻
操作跳闸	空气开关配置容量太小	更换空气开关
	电机绕组短路或接地	检查电机的绕组及绝缘电阻
反馈信号波动	电位器或组合传感器故障	检查电位器或更换传感器
显示阀位与实际阀位不一致	静电导致内部程序紊乱	对执行机构断电后再送电
	阀门上、下限位设定有偏差	重新设定开关限位
	计数器损坏	更换计数器
阀门关闭不严	限位开关设定有误	重新设定限位开关
	阀芯、阀座被腐蚀	更换阀芯或阀座
	阀芯内有杂物	清理阀门及清除杂物

10.3.3 电动调节阀维修实例

(1) 电动调节阀不动作

实例 10-16 电动调节阀停在某一位置不再动作。

故障检查 到现场用手摇执行机构动作正常，单独给电机送电仍然不转动，拆下抱闸电机还不转，测量电机绕组的电阻值正常，拆下电机转子用手根本拧不动，拆开电机端盖检查，发现转子与端盖间有许多污垢。

故障处理 清除污垢并加注润滑油后，用手就可很轻松地转动转子。电机装入执行机构通电试机正常，稍作调校后投用调节阀工作正常。

维修小结 电动调节阀不动作，如果供电及输入信号都正常，大多数是机械故障，实践证明电动调节阀机械部件的故障率明显高于电气部件。处理这类故障时，应把检查重点放在机械部分。

实例 10-17 引风机挡板开正常，但关不动作。

故障检查 手动操作执行机构，关闭挡板时，交流接触器能吸合，但执行机构不动作，电动机声音较大，且很快发热，检查发现关闭挡板用的交流接触器有一相触点已烧坏。

故障处理 更换交流接触器后恢复正常。

维修小结 本例电动执行机构用的是三相电源，两只交流接触器分别控制开和关挡板。关闭挡板用的交流接触器有一相触点烧坏，接触不良或缺相，使电动机不会转动，而出现电动机声音较大，且发热的现象。

(2) 电动调节阀的阀位反馈信号失常

实例 10-18 有台电动调节阀的阀位反馈信号大范围的波动，变频器一停就恢复正常。

故障检查 可以肯定是干扰引发的故障。反复检查接地，费了不少时间，最后发现 PLC 模拟量模块的地线没有接。

故障处理 接上 PLC 模块的地线后，阀位反馈信号不波动了。

维修小结 首先检查阀位反馈信号电缆的屏蔽层没有接地，接地后阀位反馈信号还是波动，又发现信号线保护管和电机线是并排走的，把信号线抽出来单独放在一边，还是没有任何改观。最后发现 PLC 模拟量模块上的地线没有接，一接地就好了。

实例 10-19 锅炉给水控制失灵，DCS 显示给水调节阀已全开，但给水流量几乎为零。

故障检查 将系统切至手动操作，发现阀位反馈信号一直为最大，检查阀位反馈电位器正常，决定更换位置发送模块。

故障处理 更换位置发送模块后，阀位反馈正确，给水控制系统恢复正常。

维修小结 本例阀位反馈电位器的电阻值能随阀门的开度变化，说明其正常，但测量位置发送模块的输出电流，固定在 30mA 左右不会变化，由于位置发送模块故障；传送给 DCS 的阀位信号是虚假信号，造成阀位反馈显示为全开状态，而给水流量没有的故障，导致控制系统失灵。

实例 10-20 某电动调节阀可以手动操作，但一投自动阀门不是全开就是全关。

故障检查 检查发现手动或自动操作时，电动操作器的阀位小表指针不动，看来没有阀位反馈信号，检查接线路正常。对电动执行机构的阀位反馈电路进行检查，发现差动变压器次级没有电压，测量电阻后证实次级绕组断路。

故障处理 更换差动变压器，调校后投运阀门恢复正常。

维修小结 该故障是 DKZ 执行机构没有阀位反馈电流输出。通常需要检查反馈电路的电源是否正常，然后再检查差动变压器的初级和次级电压是否正常，以判断绕组及相关电路元件是否正常；以上各项正常，再检查电压及电流转换电路。本例拆下差动变压器检查，发现次级绕组有根引线在焊点处断开，重新焊接后又可使用了。

实例 10-21 发酵室蒸汽压力电动阀的阀位反馈信号仅有 3.8mA，且不随输入信号变化。

故障检查 首先对位置反馈模块与主板的连接进行了检查，发现连接不够紧密。

故障处理 重新进行拔插后再送电，阀位反馈输出信号居然正常了。

维修小结 该故障系阀位反馈模块没有输出。此类故障大多是由位置反馈模块与主板的连线接触不良，反馈模块的电缆没有接入到主板，接触不良引起的居多。

实例 10-22 新增加的电动调节阀没有阀位反馈信号。

故障检查 对组态进行检查没有错误，检查接线发现把线接到了有源端子。

故障处理 更正卡件接线后，阀位反馈信号正常。

维修小结 本例是在用系统新增加一台调节阀，因此对 DCS 进行了组态；反馈信号通过安全栅至 DCS 的卡件，在接线时没有认真地看卡件接线端子接线图，就接上了线，结果接在了卡件有源端子上，导致阀位反馈信号无显示。

(3) 电动调节阀电机发热故障

实例 10-23 一台新安装的 ZDLJm 型电动调节阀，电机热保护经常动作，无法投自控。

故障检查 手动开关调节阀很灵活，说明阀门的机械部件正常，有人说该阀门从控制室过来只用了一根 8 芯电缆，会不会有干扰?

故障处理 单独放了一对电源线至调节阀，电机不再出现过热保护动作。

维修小结 安装人员图省事，该调节阀的输入信号、阀位反馈信号、电源就只用了一根 8 芯电缆，这样弱电信号受到 220V 交流电源的干扰，导致电机热保护频繁动作。事后检查了其他几台调节阀的电源线，都是单独的一对线。

实例 10-24 某压力控制系统在用的电动调节阀电机发热严重。

故障检查 该电动阀曾更换过控制单元及过载模块，是否更换元件时忽视了什么环节。检查没有发现问题，拟再拆下检查时有位仪表工说了一句：“会不会是灵敏度太高了?”

故障处理 试将控制单元的灵敏度调低了一些，阀门经数小时的运行，电机的温度居然从原来的 85℃ 左右下降到了 38℃ 左右，电机温度再没有出现升高的现象。

维修小结 本例属于更换零部件后，忽视了相关参数的设置及影响问题。看来控制单元的灵敏度对电机的温升具有举足轻重的作用。再翻阅该调节阀的说明书，在电机发热故障原因一节中有：“灵敏度是否过高；环境温度是否过高” 等提示。

(4) 电动调节阀振动或振荡

实例 10-25 某温度控制系统调节阀不停地频繁上下动作。

故障检查 温度系统的滞后很大，经验判断应该先从 PID 参数整定作手，不应过多怀疑阀门有问题。

故障处理 对 PID 参数重新进行了整定，为了使调节阀稳定，增大了 P、I 参数，并修改了 D 参数，达到了满意的效果，调节阀不再频繁动作。

维修小结 本例原来设定 $P=2$、$I=180$、$D=10$，现改为：$P=10$、$I=450$、$D=5$，并把采样时间增加到 5s。原来微分参数 D 设的过大，比例参数 P 又太小，其带来的扰动使调节阀根本没有停转的时间；环境温度过高时电机发热更快，导致电机热保护动作。

实例 10-26 DJK-410 电动执行器出现振荡。

故障检查 检查线路正常，检查电动执行器的制动机构也正常。调整伺服放大器的调稳电位器，没有作用。

故障处理 试在调稳电位器中间抽头串接了一个 115kΩ 电阻，解决了振荡问题。

维修小结 调稳电位器并联在磁放大器的输出端，它把一部分输出电压，接到磁放大器的反馈绕组，作为负反馈，用来改善磁放大器的性能和调节放大器的放大倍数，使系统工作稳定。在调稳电位器中间抽头串接电阻，目的是加大调节电阻值，实际上等于减少放大器的放大倍数，但是带来的负作用是死区加大，达到满量程的 6%，对于工艺要求不太高的场合，不失为一种故障应急处理方法。

10.4　阀门定位器的维修

10.4.1　阀门定位器故障检查判断及处理

（1）故障初步判断及处理

观察供气气源压力是否足够驱动阀门，再检查膜室、气缸的连接管有无泄漏；检查供电是否正常，用万用表测量接线端子上的电压是否在 9～32V 之间，检查接线是否正确有无松动现象；观察调节阀是否停在正确位置，检查反馈机构的连接是否正确；检查系统与阀门的通信是否正常。

阀门定位器有故障时，可人为改变喷嘴与挡板的位置，看输出压力是否有变化，如果有变化说明定位器正常，否则有故障。

断开一根信号线，看定位器的输出压力是否变化，没变化可能电源或信号有故障。可用万用表测量安全栅的输入、输出电流是否正常，来判断故障。

排除气源、电源、信号故障后，有可能是节流孔堵塞。用螺丝刀旋松节流孔螺钉，输出如果有反应，则节流孔堵塞，卸下节流孔用细钢丝疏通。

智能阀门定位器的故障率较低，应先检查气源、管路、电源、电流信号是否正常，智能阀门定位器都具有故障自诊断和显示功能，使用 HART 手操器获得的故障诊断信息，有助于查找故障的原因，还可设定输入和输出组态参数。智能阀门定位器可通过自校正（又称为自动校验、自动标定、自整定、初始化等）解决很多问题。

(2) 输入电流信号，定位器不动作

① 观察有输入电流时定位器的挡板能否动作。

a. 挡板不动作。检查信号线极性是否接反，信号接线是否松动，接线端子有无氧化、腐蚀引起的接触不良。怀疑力矩马达线圈断线，用万用表测量判断，如 ZPD 型正常电阻值为 250Ω 左右，断线或烧毁只有更换线圈。怀疑定位器主板有问题用新的主板替换来判断。

b. 挡板能动作。检查喷嘴挡板位置是否正常，间隙是否过大，否则应重新调整；松开固定螺钉，输入 20mA 电流调整喷嘴与挡板的间隙，使小表的指示为 0.10～0.11MPa，上紧螺钉后再重复一次操作。检查挡板杠杆连接弹簧是否变形或断了，或者弹簧的刚度不够，喷嘴的固定螺钉是否有松动，必要时进行紧固。检查放大器前，先检查放大器的气路、恒节流孔、排气孔是否有堵塞现象，有堵塞用细钢丝进行疏通，要定期更换空气过滤元件。

② 检查供气压力是否正常，减压阀有没有堵塞或泄漏现象；检查电流信号及接线是否正常；检查喷嘴是否被堵住，手动调节挡板时喷嘴没有空气输出，说明喷嘴被堵；定位器只有通过“手动”才有压力输出，大多表明喷嘴有堵塞现象。

用小螺丝刀轻压喷嘴挡板，定位器应输出最大气压，同时调节阀应动作，如果阀门不动作，可能气路有问题，或者执行机构、调节阀有故障，可进一步检查。定位器输出没有变化，可能是 I/P 转换器入口气源堵塞或气动放大器有故障，需要进行更换。在拆卸 I/P 转换器前，先测量它的电阻值应在 1.8kΩ 左右（DVC6000 型），阻值偏差大应更换 I/P 转换器；阻值正常可检查过滤网是否堵塞，若堵塞需要进行清洗。I/P 转换器没有问题，可能是气动放大器的问题，可通过替换来确定。

③ 反馈杆脱落，或者量程固定销钉变位时，可对症进行修复或调整。还应检查调零弹簧是否过软，否则进行更换。零点如果不正确，可输入 4mA 电流信号，转动调零螺钉使拖架移动，拉紧调零弹簧，直至执行机构开始动作。放大器的膜片有损坏只能进行更换，滑阀式放大器内的滑阀被异物卡死，可拆卸清洗。拆卸、更换定位器部件前用手机拍照，可避免装配时出现错误。

④ 手动操作调节阀不会动作，可能是 I/P 转换器有问题；也有可能是位置反馈电路有问题，TZID-C 定位器，当显示“ERROR12”时大多为位置反馈电位器的位置不对或损坏。定位器参数设置有误，也会造成阀门不能正常工作，可通过恢复出厂设置使定位器正常。TZID-C 定位器，进入设置菜单的 P11 安全设置，进“P11.0”，按下“ENTER”键直到倒计时结束；再进入“P11.1”，按下“ENTER”键直到倒计时结束；最后进入“P11.3”保存激活状态，就使定位器恢复到出厂设置状态。

手动操作调节阀如果能动作，可试进行一次整定，以适应阀门参数的变化。

(3) 上、下行程定位器输出压力变化缓慢

① 首先检查输入气室、气源管路有无泄漏，恒节流孔有无堵塞现象。再检查喷嘴与挡板的间隙是否正常，观察衔铁与线圈架之间是否有摩擦现象，必要时进行调整。以上检查没有发现问题，应对放大器进行检查，放大器的进气球阀是否附有污物，放大器球阀关不严，导致流通能力下降造成反馈力减小或没有，可通过清洗放大器来解决。

② 机械传动部分缺油卡滞或卡死；输出或输入管路漏气；执行机构膜室漏气，都会使定位器的输出压力变化缓慢。缺油可通过润滑来解决；泄漏可用肥皂水进行查找并对症进行处理。执行机构膜室漏气应更换膜片。

反馈杆上的固定弹簧过于松懈，也会使定位器的输出压力变化缓慢，可通过调整反馈杆上的固定弹簧，来消除反馈杆和阀门连接杆的间隙。还应检查执行机构推杆和阀杆连接件上的反馈连接棒是否松懈，否则应进行重新固定。

③ 智能定位器对气源的质量要求较高，有的要求用能滤掉 40μm 直径颗粒的空气过滤器。I/P 转换器滤网、喷嘴堵塞也会使定位器出现输出压力变化缓慢，导致调节阀动作迟滞；甚至使定位器无法完成自动校验行程的工作。可拆卸 I/P 转换器，清洗或更换滤网或过滤器，疏通转换器喷嘴或更换。

(4) 定位器线性不好或误差大

定位器、调节阀阀杆、反馈杆三部件应构成闭环负反馈，要保证定位器工作在最佳线性段；调试时，将调节阀的阀位置于 50%，使反馈杆处于水平位置，再固定反馈杆与阀杆。调试时使定位器安装位置正确。输入 12mA 电流信号，相当于阀门行程的 50%，观察反馈杆是否保持水平，不水平则应调整支架和反馈连接件，使反馈杆成水平，如图 10-9 所示。

检查反馈杠杆与固定销钉的位置是否有变化，否则应重新按照行程调整销钉位置。还应检查喷嘴挡板的平行度是否正常，喷嘴固定螺钉是否松动，否则进行调整及紧固，使之符合精度要求。调节阀使用时间过长，由于磨损使径向位移加大；背压气路泄漏等都会增大误差。

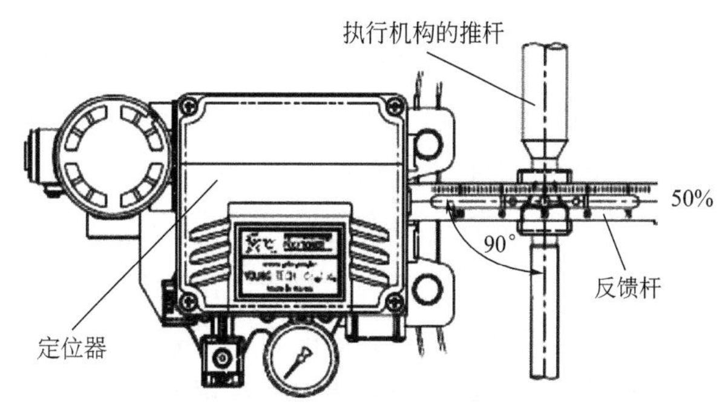

图 10-9　YT-1000A 型定位器反馈杆安装示意图

对零位和量程进行检查，以确定阀门行程是否正确；检查零位是否过低，量程是否过高，如果零位设定不正确，也会导致量程不正确；首先把零位调好，再进行零位和量程的统一调整。气源的供气压力不稳定，可能会导致线性不良；气源压力不稳可能是过滤或减压的问题，可对过滤或减压器进行清洗或更换。

反馈机构安装不当，反馈杆松动；反馈凸轮或弹簧选择或安装不当；喷嘴或挡板有杂物；滑阀式放大器内的滑阀与其接触面有摩擦现象；背压有轻微泄漏现象，调节阀有卡涩现象，都可能造成定位器线性不良的故障；通过观察大都能发现问题，对症处理即可。

(5) 无输入信号，定位器有输出压力

先检查手动、自动切换开关位置是否有误，正常时应放到自动位置。检查喷嘴是否有堵塞现象，挡板是否把喷嘴盖住，可清除堵塞及重新调整喷嘴和挡板的位置。检查放大器的进气球阀是否有污物将其卡死，或密封面受损，放大器的膜片是否变形，造成阀杆把进气球阀顶开；放大器各气路板的连接是否有问题，新更换的放大器还应检查放大器各气路的连接是否有误。

(6) 定位器输出压力达不到最大值（行程不足）

① 首先检查行程范围是否正确，否则进行调整，分别输入 12mA 和 20mA 信号，阀门行程应对应 50%和 100%，行程过小，应使反馈弹簧靠近主杠杆支点；行程过大，应使反馈弹簧远离主杠杆支点；可调节主杠杆的螺钉使之符合要求，每次调节后都需要重新调整零位，反复调几次，直至达到满意的行程范围。

行程正常，应检查反馈杆与执行机构推杆连接位置是否不当，必要时进行调整。使用年久的定位器，应检查永久磁铁的磁性是否下降，必要时应进行更换。已拆卸过的定位器，应检查反馈凸轮的初始位置是否选择不当，主杠杆平衡弹簧的安装是否不正确，必要时进行更正或重新调整位置。检查喷嘴与挡板的配合是否不当，反馈凸轮的初始位置选择是否不当，主杠杆平衡弹簧安装是否不正常，以上问题可通过调整或重新安装来纠正。

② 智能阀门定位器与DCS的阻抗不匹配，也会出现行程不足的问题。常规定位器一般输入阻抗为250Ω，智能定位器的输入阻抗均大于250Ω，品牌和型号不同其输入阻抗也略有不同。阻抗越大，要求DCS卡件带负载的能力越大，否则会使系统运行受影响，如DCS的输出为100%，调节阀却到不了100%，有的甚至还到不了40%的行程，可更换为输入阻抗较小的安全栅。

(7) 输入电流信号已下降，但定位器的输出压力不降低

该故障大多是喷嘴与挡板的间隙过小造成的。可检查喷嘴端面，喷嘴与挡板接触部位有无污物，因为污物会使喷嘴与挡板的实际间隙减小，通过清除喷嘴端面或挡板与喷嘴接触部位的污物，大多能恢复正常。如果是喷嘴与挡板的安装间隙太小，应重新调整喷嘴与挡板的间隙。调校后没有紧固喷嘴底座的螺钉，也会使喷嘴与挡板的间隙发生变化，重新紧固喷嘴底座螺钉。喷嘴与挡板的间隙正常，则应检查恒节流孔是否有零件脱落，导致节流孔变大，只需重新安装脱落的零件即可。

(8) 定位器工作不稳定，输出波动或振荡

定位器的工作稳定与否，与所配用的调节阀特性有一定关系，在检查前应先收集所配用的阀门型号、流量特性、流通能力、安装方式等参数，以方便故障判断。有自整定功能的定位器，先进行一次自整定，通过自整定来识别零位和满度，执行机构的作用方式，输入信号的上、下限，执行机构尺寸选择，摩擦系数设定等。

① 首先检查仪表供气的输入输出管接头是否泄漏，定位器的输出管路、气动执行机构膜室是否泄漏，用肥皂水检查泄漏，查出泄漏进行密封处理。定位器安装倾斜，会使挡板盖不住喷嘴，可调整定位器安装位置来校正。检查放大器或背压气路中是否有污物，通过清除污物排除故障。检查反馈杠杆的固定螺钉是否松动，拧紧固定螺钉。调节阀的阀杆径向松动也会使调节阀出现振荡，重新紧固或调整即可。凸轮反馈部件安装不当，与其他部件相碰，或者松动，可重新调整凸轮位置，或者紧固。电磁干扰引发的定位器输出振荡也是常见的故障，干扰会使定位器输入信号中的交流成分增大，消除干扰最简单的方法，就是在定位器的电流信号输入端并联一只电容器。

② 智能定位器的死区设置越小，定位精度越高，但死区设置太小，就会使压电阀、反馈杆等部件的动作频繁，引起阀门振荡；定位器的死区设置不宜过小，有振荡现象时可试着调大定位器的死区，可将默认的0.1%调大至0.5%或更大。

③ 出现有规律性的波动时往往是I/P转换器不良造成的，I/P转换器在到达设定位置时内部是闭锁的，当输出口有出气或排气时就打破了这个平衡，在有剧烈振动的现场也会如此。当环境温度变化较大时，I/P转换器内的弹性元件会有一定的变化而影响稳定性，一般体现在控制速度及振荡次数上，可更换I/P转换器来解决以上问题。

④ 调节阀工作在小开度容易出现振荡。应避免调节阀在小开度状态下工作。智能定位器设定一下参数，振荡现象就可得到较大改善。如DVC6000定位器，可以运行稳定/优化阀门响应（stabilizing/optimizing valve response）来改善调节阀的运行情况。在基本菜单

里，点击 stabilize/optimize（稳定/优化），再选择 decrease response（削弱响应）来稳定调节阀的运行，实际是选择了一个比现有整定参数值低的整定值来改善。

⑤ 阀门在全行程范围内振荡或抖动，原因和处理方法如下。

a. 单座阀用于高压场合，可试将调节阀上游的工艺阀门稍微开大一点来分压。

b. 定位器的灵敏度太高，可进行增益调整，或者运行 stabilize/optimize（稳定/优化）来改善调节阀的运行情况。

c. 反馈臂上的偏置弹簧松动或安装不正确，或失去弹性，会使反馈死区增大而出现较大的时滞，造成定位器的输出不断波动，导致调节阀也跟着波动。可对偏置弹簧重新进行安装或调整，或者更换，如图 10-10 所示。如果没有备件，可采用直径相近的钢丝，按其形状自行制作，但要保证所制偏置弹簧的刚度、弹性。调整臂销钉必须置于偏置弹簧之上，这样死区必然就小，精度也就高。

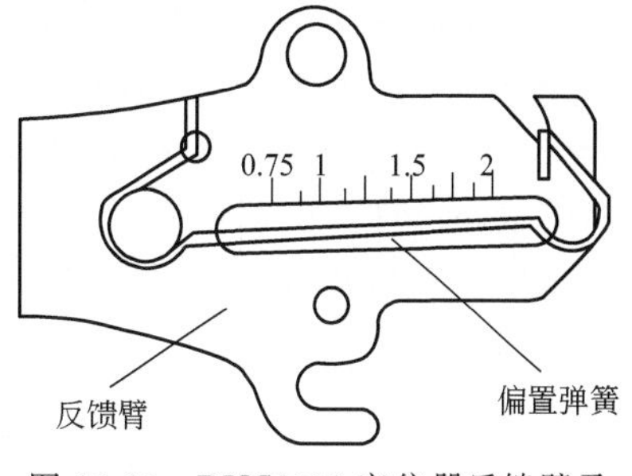

图 10-10 DVC6000 定位器反馈臂及偏置弹簧示意图

d. 反馈臂支点（又称为交叉点）位置不准确。重新调整反馈臂的支点位置，再进行阀门行程校验工作。DVC6000 型定位器可按以下方法调整：以气开阀为例，使阀门处于自由状态，将定位销插在图 10-11 中的 A 位置，松开连接臂和调整臂的连接螺母，把调整臂和反馈臂的交点调整到阀门行程的 3/4in（1in＝25.4mm）处，上紧螺母后取下定位销。若调节阀不能正常调校，有可能是反馈臂支点位置不正确，需调整好反馈臂的支点，直到反馈臂与执行机构推杆成 90°位置。采用手动交叉点调整，在手动方式下选择模拟（analog），然后一边调整电流值，一边观察反馈臂的位置，直到反馈臂与阀杆垂直成 90°，选择 OK，就可开始行程校验。

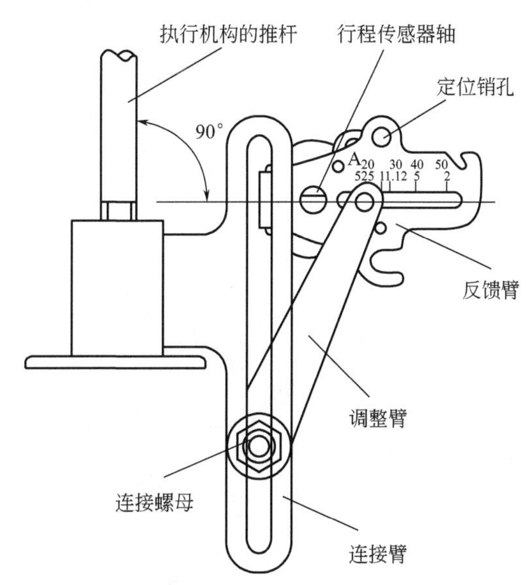

图 10-11 DVC6000 定位器反馈臂与执行机构推杆位置图

(9) 定位器阀位反馈不正常

检查供气气压是否正常，观察气路板的压力表示值是否正常，输出压力应小于输入压力。阀位反馈模块输出电流小于4mA，且不会随着输入信号变化，或者阀位反馈没有输出电流时，有可能是阀位反馈模块与主板连接出现松动或接触不够紧密，或者是反馈模块的电缆没有接入到主板或接触不良，可通过检查或重新插拔来确定。阀位反馈杆松动或脱落，应把反馈杆找对位置并把螺栓拧紧，重新进行初始化。

(10) 智能阀门定位器维修的两个重要环节

① 智能阀门定位器气路部件的清洗

智能定位器对气源的要求很高，由于现场使用环境的变化，定位器使用时间过长，以及种种不利因素的影响，定位器的气路、压电阀组件、I/P转换组件常会发生堵塞，使定位器工作失常，出现在手动位置阀位波动或两位式动作、无法完成自动校验等故障，这大多是定位器的气路部件滤网、喷嘴、挡板、放大器有污物或堵塞造成的。经过仔细清洗大多可以修复。现以AVP300定位器为例进行介绍。

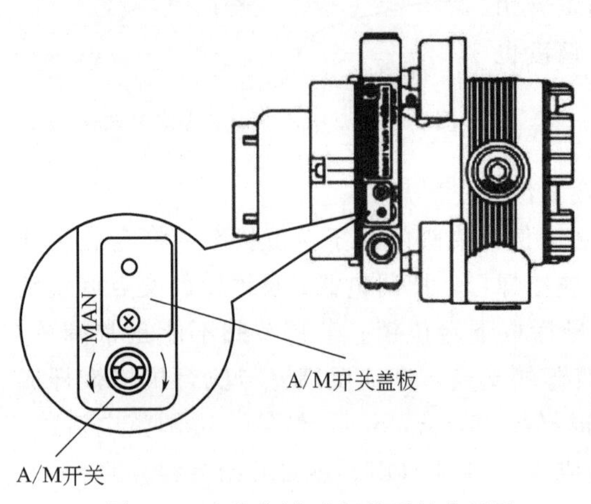

图10-12 手动/自动切换开关位置图

a. 滤网和喷嘴的清洗。滤网和喷嘴在A/M切换开关内，滤网和喷嘴的位置如图10-12所示。切断定位器的气源；从A/M开关铭牌部分卸下固定螺钉；将A/M开关转到MAN（手动）位置，继续逆时针方向旋转，取下滤网和喷嘴；用酒精清洗滤网后用仪表空气将其吹干。

滤网如果太脏应更换，用镊子去除夹具，卸下旧滤网，用ϕ0.3mm的钢丝清除喷嘴中的污物。将新滤网缠在A/M开关上，用夹具将它压紧到位；顺时针方向旋转A/M开关，直到旋不动为止；用螺钉将A/M开关铭牌部分固定在A/M开关盖板上。

b. 挡板的清洗。挡板的位置如图10-13所示，在白色齿轮下靠近A/M开关方向，卸下辅助盖螺钉；用厚度为0.2mm的纸片或普通名片，清洁喷嘴和挡板的间隙内的脏物；清洁间隙后，将辅助盖重新装上。

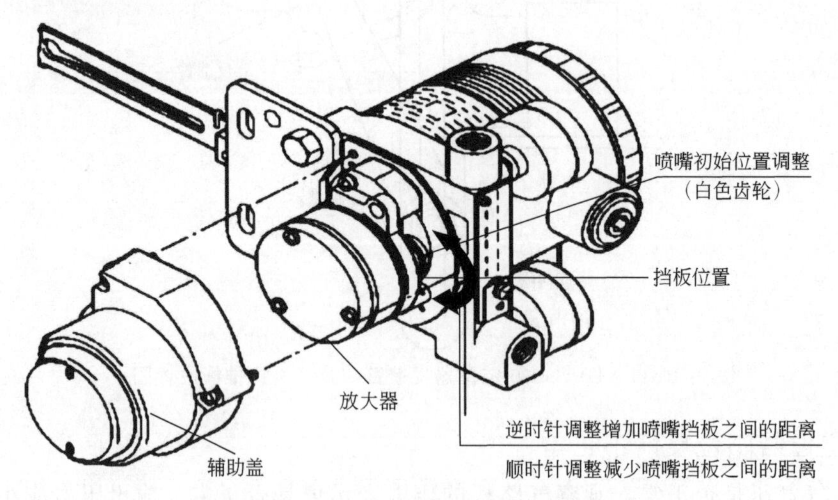

图10-13 放大器、挡板位置图

c. 放大器的清洗。放大器的位置如图10-13所示，拆卸时要注意定位销的位置。先卸下辅助盖螺钉，再卸下放大器的固定螺钉，最后卸下放大器螺钉，用酒精清洗膜片、阀芯、阀座、气路。

d. 喷嘴初始位置的调整。通过白色齿轮可以调整喷嘴的初始位置，正对齿轮方向，逆时针调整增加喷嘴挡板之间的距离，同时增加定位器的排气量（当输出跑最大时逆时针调整），定位器输出量减小；顺时针调整减小喷嘴挡板之间的距离，同时减小定位器的排气量（当输出压力偏低时顺时针调整），定位器输出量增加。

② 智能阀门定位器自校正失败的原因及处理方法

智能阀门定位器结构复杂，控制参数多，且都需要进行设定，人工设定不仅工作量大，还不一定能达到满意的效果。智能定位器都有自校正功能（又称为自动校验、自动标定、自整定、初始化等），该功能可自动进行最优状态的控制调整。能够完成自校正是调节阀正常运行的一个重要环节。在现场遇到自校正失败时。可按以下方法检查和处理。

a. 定位器的气路部件或管路有泄漏点。单作用式定位器具有一个输入口和两个输出口，不用的口要用堵头封死，输入输出口都配有压力表，压力表接头、堵头、管接头、模块基座、气动放大器密封部件等都存在泄漏的隐患；由于空气泄漏导致控制偏差过大而使自校准失败。处理方法是用肥皂水检查出泄漏点，然后进行密封处理，如更换密封件，或用生料带、螺纹胶对连接点及堵头进行密封处理。

b. 行程传感器（又称为阀位传感器、位置传感器）失常。自校正时，定位器会优先确定零点、满行程之间的线性位置，当出现反馈位置与控制位置不一致时，定位器就会判定偏差过大而导致自校正失败。

行程传感器失常，最常见的就是电位器接触不良或损坏，连接线开路或短路，与电路板的插头松脱，可用万用表测量来判断并对症处理。反馈杆和电位器是机械连接，检查反馈杆是否运转自如，有无卡滞现象，轴套组件是否完好，夹紧弹簧位置及弹性是否正常，发现问题进行更换或调整。

c. 调节阀有机械故障。调节阀门卡涩，填料盘根过紧，弹簧调整不当，阀杆变形或与轴套摩擦力过大等，都会使调节阀动作不畅，导致定位器控制失效而使自校正失败。该类故障的处理方法见本章10.2.2“气动调节阀故障检查判断及处理”中的（1）～（3）。

d. 自校正前的设置有问题。除以上几种原因外，设置有问题也会导致自校正失败，如DVC6000型的自校正输入电流小于3.8mA，则应使自校正时的电流大于4mA。定位器如果处于protection（组态保护）状态，应将其设为none（不）；仪表模式应处于out of service（非投用状态）。

如果选择的自校正参数太慢，阀门在分配的时间内没有达到行程终点，可选择stabilize/optimize（稳定/优化），然后选择increase response（增加响应），选择下一个更高的自校正参数。

选择的自校正参数太高，阀门运行不稳定，不能在分配的时间内稳定在行程终点；按hot key（热键），选择stabilize/optimize（稳定/优化），然后选择decrease response（削弱响应），选择下一个较低的自校正参数。

SIPART PS2定位器的1号参数YFCT（执行机构类型）或2号参数YAGL（定位器轴的额定旋转角度）设置错误，也会使初始化通不过，初始化前应认真检查。55号参数PRST设置错误使初始化通不过时，可通过本参数移动调节阀，使反馈杆达到水平位置，调整摩擦离合器调节轮，使显示一个介于P48.0～P52.0之间的值，然后再用4号参数INITA进行自动初始化。

e. SIPART PS2定位器在初始化的过程中，如果出现ERROR信息，说明初始化通不过，可根据显示观察是在哪一步出错，对症进行检查及处理。

停在RUN1（确定执行机构的正、反作用）。先检查调节阀是否处于正常的行程范围，阀门开或关过头时，应将执行机构移动到正常位置；然后从气路方面找原因，仪表的供气压力是否过低，反馈部分是否松动，进气与出气管是否接反；还应检查压电阀模块。

停在RUN2（调节零点和量程）。有可能与行程相对应的参数设置不合理，可试着改变定位器2号参数YAGL的反馈轴转角，如果反馈轴的旋转角度小于最小转角，也会导致初始化失败，可试将33°变为90°再进行初始化，看能否成功。通常反馈轴转角的设置是：直行程执行机构行程小于20mm，设置为33°；直行程执行机构行程大于20mm，设置为90°；角行程执行机构此项参数会自动设置为90°。自动初始化无法进行，可选择手动初始化。

选择角度需要与传动比选择器相对应，因为杠杆比率开关的位置对定位器非常重要，这一参数必须与杠杆比率开关的设定值相匹配，应按表10-3进行调整。

表10-3 杠杆比率开关位置

行程	杆	比率开关位置	行程	杆	比率开关位置
5～20mm	短	33°(及以下)	40～130mm	长	90°(及以上)
25～35mm	短	90°(及以上)			

停在RUN2时，除检查传动比选择器位置是否正确外，还可拨动摩擦离合器调节轮。以阀门工作方式为正作用为例：按“+”或“−”键，阀门开度应增大或减小，观察阀位反馈信号与阀门的实际开度是否一致，否则可拨动调节轮来调整。按“+”或“−”键，使阀门开度为50%，然后拨动调节轮，直至LCD显示为50%；然后按“+”键，使阀门开度为100%，观察阀位反馈信号是否在85%左右；按“−”键，使阀门全关为0%，观察阀位反馈信号是否在8%左右。满足以上3个条件后，再把阀门手动开至50%左右，再继续初始化。如无法同时满足以上3个条件时，必须顺时针或逆时针反复拨动调节轮，以得到较好的调校初始位置。以上操作调校只要线性好即可，不用太强求阀门开度与阀位反馈信号的一致性，经验证明有时虽然阀门开度与阀位反馈信号两者也很精确，但仍然无法初始化。定位器只要成功初始化，阀门开度与阀位反馈信号是会严格一致的。

当出现“MIDDL”故障显示时，表示杆臂不在中间位置，可按“+”或“−”键将杆臂移至水平位置，然后按“操作模式”键。

停在RUN3（测定执行时间/泄漏量测试），说明执行机构行程时间过长。应完全打开气流调节器，或将供气压力（p_Z）设置为允许的最大值，必要时用气动放大器，增加执行机构的驱动力，缩短开、关阀门的时间。显示“NOZZL”，说明定位行程时间太短，可顺时针转动气流调节器，减少空气输出从而使行程时间加长，操作时可先将其关闭，然后再慢慢打开。否则只能按“−”键手动泄压（排气），使初始化继续。

已运行到RUN5（瞬时响应的最佳优化），但一直没有初始化完成的“FINISH”显示，且等待时间已大于5min，说明初始化失败。故障原因是定位器或执行机构等部件的安装有问题，大多是机械连接不够紧密，角行程执行机构，应检查耦合轮上的平头螺钉是否紧固；直行程执行机构，检查定位轴上的杆是否紧固。检查和调整执行机构和调节阀的安装问题，使之合乎要求后，再进行初始化。

(11) I/P转换器常见故障及处理

I/P转换器有故障，常出现定位器无法校验，调节阀动作迟缓或振荡的现象。

① DVC6000型定位器的I/P转换器有故障时，故障原因及处理方法如下。

a. I/P转换器里的气路通道受到限制。检查模块基上I/P转换器供气口上的滤网，进行清洗或更换。如果I/P转换器里面的通道受到限制，应更换I/P转换器。I/P转换器组件之间的O形环硬化或压扁会失去密封作用，应更换O形环。

b. I/P转换器组件出现损坏、腐蚀、堵塞，可检查挡板是否弯曲，线圈是否断线，线圈电阻应在1680～1860Ω之间。部件是否无受污染、生锈或气源不干净。否则应更换I/P转换器组件。

c. I/P转换器组件不符合要求。I/P转换器的喷嘴可能需要调整，检查驱动信号（单作用的为55%～80%，双作用的为60%～85%），如果驱动信号持续高或低，应更换I/P转换器。

② TZID-C型定位器的I/P转换器有故障时，故障原因及处理方法如下。

a. 在手动方式下输出口有气。可能是恒节流密封调节件老化，挡板的静态位置出现偏移，内弹簧弹力发生变化，在故障安全模式下选用了故障闭锁的I/P组件。

b. 按手动按键时输出气量小。有可能是恒节流调节钢珠被卡，恒节流孔堵塞，挡板的静态位置偏移，组件内气孔堵塞，密封膜片出现泄漏；可对有关部件进行清洗或更换。

c. 按手动按键时输出空气时大时小。挡板的弹性体老化，组件内气孔有堵塞。

d. 按手动按键时几乎没有气。有可能气源中断，恒节流孔堵塞，密封膜片出现泄漏，电磁线圈开路，在故障闭锁模式下选用了故障安全的I/P组件。

e. 按键接触不良。可在自动方式下按动按键，观察显示内容是否会变化来判断。

(12) 压电阀组件常见故障及处理

压电阀组件对压缩空气要求比较高，空气中含尘、含水对定位器性能影响很大；其对气动执行机构及外部气路的密性要求也高，气路泄漏时，压电阀就会频繁动作，导致调节阀振荡或造成压电阀组件故障。因此，保证气源的质量就等于保护了定位器的使用寿命。现以SIPART PS2智能定位器为例，进行介绍。

① 压电阀未激活。很多时候是由于定位器的气动模块脏或有水造成，可清洗或更换过滤器来解决脏的问题；有水是由于压缩空气潮湿造成，是空气干燥装置、过滤减压器有问题；厂家建议气动模块中有水时，在早期可用干燥的压缩空气来修复，必要时在50～70℃的恒温箱中进行处理。

② 在手动模式下按"＋"或"－"键，听不到柔弱的咔哒声，表明压电阀未激活。有可能是气动模块中有污物，如切屑、颗粒，可清洗或更换内置滤筛。盖板和气动模块间的螺钉不紧或盖板被卡住，可拧紧螺钉或将被卡住放松。由于剧烈振动产生的连续负载会导致磨损，这种磨损可能会在电路板和气动模块间的触点上生成积垢，可用无水酒精清洗所有触点表面，必要时可弯曲气动模块触点弹簧。

③ 在手动模式下按"＋"或"－"键时，可听到柔弱的咔哒声，表明压电阀不切换，有可能是气动模块内有污物，可清洗或更换内置滤筛。有可能限流器阀关死（右限位挡块处的螺钉），可逆时针转动拧开限流器螺钉。

④ 压电阀在静态自动模式（恒定设定值）和“手动”模式下持续切换。有可能是气动模块内有污物，可清洗或更换内置滤筛。还有可能是定位器、执行机构气路有泄漏，可查找泄漏点对症处理。执行机构和气源管路都正常，可在初始化的第三步 RUN3 下进行泄漏量测试，否则只有更换为新设备。

⑤ 在静态自动模式（恒定设定值）和“手动”模式下，两个压电阀均持续交替开关，并且执行机构会在某个平均值附近振荡。有可能是填料压盖与调节阀或执行机构间的静态摩擦力过大，可减少静态摩擦或增大定位器的死区（DEBA 参数），直到振荡停止。定位器、执行机构，调节阀系统中存在机械连接不够紧密，直行程执行机构可检查定位器轴上的杆是否牢固。角行程执行机构可检查耦合轮上的固定螺钉是否牢固。执行机构过快，可使用节流螺钉增加行程时间。需要较短的行程时间，则增大死区（DEBA 参数）直到振荡停止。

(13) HART 手操器与定位器不能正常通信

HART 手操器与定位器不能正常通信的原因及处理方法如表 10-4 所示。

表 10-4　HART 手操器与定位器不能正常通信的原因及处理方法

故障原因	处理方法
回路的供电电压太低	要求供电电压大于或等于 11V 要求供电电压为 9V(SVI-Ⅱ型定位器)
回路的负载电阻过大或太低	检查接线是否接触不良 检查电阻是否低于 250Ω，典型值为 250Ω 应安装 HART 滤波器(DVC6000 型定位器)
现场接线不正确	检查接线极性和连接是否正常 电缆屏蔽层应在控制系统一侧接地
电缆的电容量太高	选择合适的电缆。 要求信号回路的电容不能大于 0.26μF，有高电阻串联的不超过 0.1μF(SVI-Ⅱ型定位器)
控制器输出小于 4mA	检查控制器的输出不应小于 3.8mA
印制电路板的回路连接电缆脱开	检查连接件是否插好
CPU 主板故障	更换主板或返厂修理
HART 通信器电线有问题	检查或更换电线
通信地址不对	用 HART 通信器设定通信地址
无法组态/标定及修改参数	拆开短接的组态锁定跳线(SVIⅡ型定位器)

10.4.2 阀门定位器维修实例

(1) 调节阀开度不正确

实例 10-27 工艺反映碳化 PV-504 调节阀与控制室显示的开度相差太大。

故障检查 在手操器上用手动开关阀门并在现场观察，发现调节阀可以关闭，但开阀时调到 20%，调节阀已全开，怀疑阀门定位器有问题，检查发现单向放大器漏气。

故障处理 更换有故障的定位器，联调后投用，调节阀恢复正常。

维修小结 拆开单向放大器检查，发现背压室的橡胶薄膜有很多裂纹，橡胶薄膜使用时间长就会老化，出现开裂及泄漏，造成单向放大器失灵，导致调节阀的开度不准确。

实例 10-28　工艺反映热水调节阀开不大，无法投自动。

故障检查 检查安全栅输出 4～20mA 时，阀门定位器的输出为 20～100kPa，看来都正常。但发现定位器输出最大（100kPa）时，调节阀的开度却很小，进一步检查，发现执行机构的膜室有漏气现象；拆卸检查发现执行机构膜室内上顶盘破碎，将膜片扎破。

故障处理 重新加工顶盘，更换膜片，调节阀恢复正常。

维修小结 当定位器输出最大（100kPa）时，调节阀开度很小，则故障的可能原因有：调节阀卡，或者是执行机构有故障。因此，检查的重点应在调节阀和执行机构。

（2）调节阀动作不灵活

实例 10-29　压缩机入口阀门定位器反馈连接机构脱落，引起停机。

故障检查 在一个月内已发生两次脱落故障，检查固定支架是稳固的，估计是受振动影响导致的脱落。

故障处理 把连接杆加长 30mm 并攻螺纹，用两个螺母进行限位，解决了脱落问题。

维修小结 阀门定位器反馈连接机构如图 10-14 所示，连接杆套在反馈杆的槽内，利用细钢丝的弹性卡住连接杆。当阀杆上下运动时，带动定位器反馈机构运动。定位器与调节阀连接的反馈连接机构脱落，定位器就没有反馈，成了高放大倍数的气动放大器。正作用的定位器，信号增加，输出也增加，反馈杆脱落输出跑最大；反作用的定位器，信号增加，输出将减小，反馈杆脱落输出跑最小；必然会引起联锁动作而停机。

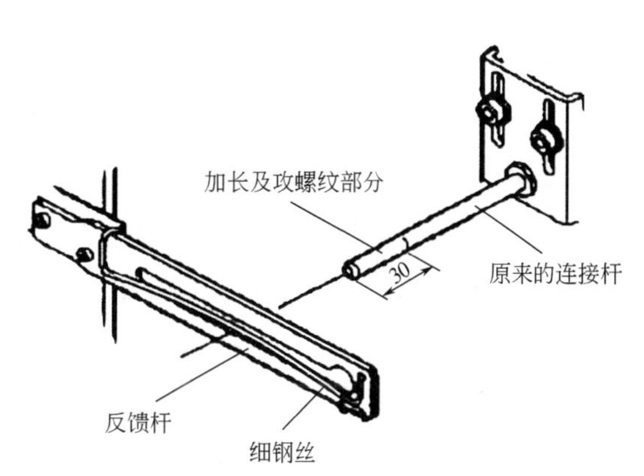

图 10-14　阀门定位器反馈连接机构示意图

（3）调节阀关不严或开度不够

实例 10-30　气动调节阀出现要开阀时开不大，要关阀时关不小。

故障检查 单独对气动执行机构进行检查是正常的，检查后安装回气源管调节阀就正常了，但过一段时间又出现上述故障。对 PS2 定位器初始化后还是存在该故障。当出现以上现象时拆动一下执行机构的气源管来应付生产。

故障处理 后来看到一篇论文，按其介绍的方法进行处理：稍微旋松定位器输出工作口的气路接头，使其有微小的泄漏，问题得到解决。

维修小结 该论文说：“SIPART PS2 使用中常见故障是排气不通畅或憋压，导致‘要开阀门开不了，要关阀门关不掉’。解决的办法是，稍微旋松定位器输出工作口的气路接头，使其留有微小的泄气量（根据该定位器的特点，基本不会增加系统的耗气量），这样就可排除，并可预防憋压。”按此方法排除了该故障。

(4) 有输入电流信号，定位器不动作

实例 10-31 精炼操作工反映 FV201 调节阀不动作。

故障检查 现场检查发现压缩空气气源有水，导致定位器进水出现故障。

故障处理 排净了空气管线内的积水，同时更换定位器，调节阀恢复正常。

维修小结 本例故障的原因是：压缩空气总管至精炼工段的仪表空气管线安装不合理，使该段管路易积水且难排水。停产时对该空气管路进行了改造，消除了安全隐患。定位器的价格不菲，做好防水工作对延长定位器的使用寿命作用很大，除保障气源中不含水分外，对于露天安装的定位器，应采取安装防爆接头或外包塑料布等防水措施。

实例 10-32 新安装的气动调节阀不动作。

故障检查 检查 DCS 的输出信号正常，检查发现气源管没有接在定位器上。

故障处理 把气源管接到定位器上后，阀门正常工作。

维修小结 本例故障属于人为故障，从检查到处理故障没有费多少时间，但结果却出人意料，到底是安装时漏接还是被人拔了，最后也没有个定论，但暴露了安装施工的管理问题。

实例 10-33 DCS 输出信号为 0% 时，阀门定位器就黑屏。

故障检查 经测量 DCS 输出信号为 0% 时，电流仅有 2.2mA，检查设置是对的，看来 DCS 输出有问题，决定更换 AO 通道。

故障处理 更换 DCS 通道后，定位器恢复正常。

维修小结 通常 DCS 输出信号为 0% 时，输出电流应该是 4mA，但测得电流仅有 2.2mA，也不能满足阀门定位器需要的最小工作电流 3.6mA，所以阀门定位器会黑屏不工作。

(5) HART 手操器与定位器无法通信。

实例 10-34 调校 FV201 阀门时，HART 手操器与 DVC6010 定位器无法通信。

故障检查 检查定位器能正常工作，HART 手操器的供电正常。测量定位器 LOOP 端的电压很低，只有 9.8V 左右，检查发现信号线接地。

故障处理 对破损的信号电缆进行包扎，送电后通信恢复正常。

维修小结 模拟量控制时，定位器的最低电压必须有 10.5V，对于 HART 通信，最低电压必须有 11V。由于信号电缆破损出现接地故障，使定位器的供电电压低于 11V，导致手操器与定位器无法通信。对信号线信号进行绝缘处理后，排除了接地故障，定位器 LOOP 端的电压恢复到 21V。

(6) 智能定位器无法初始化或无法自校正

实例 10-35 调校在用的 AVP300 型定位器，波动且无法切换到自动。

故障检查　调校前已检查并清洗过滤网，喷嘴及挡板，调校输入 18mA 电流有波动现象，因此，决定调整喷嘴初始位置。

故障处理　调整喷嘴初始位置，逆时针调整后有改观，再次调整后定位器动作基本正常，进行自整定后定位器恢复正常。

维修小结　在清洗过滤网，喷嘴及挡板时，可能改变了喷嘴、挡板的位置，所以才出现波动且无法切换到自动的故障，调整喷嘴位置后有改观，说明判断是正确的。

AVP 型定位器的自整定方法：输入 18mA 电流至定位器，用螺丝刀向右旋转零位/满度调整螺钉至停止为止（AVP100 型则按“UP”键），保持约 3s 直至阀门动作，自整定开始，松开螺丝刀。阀门自动进行全开、全关来回二次，然后在 50%开度处稍作停留进行运算，运算结束，最终停留在对应输入 18mA 的开度位置，整个过程大约 3min。改变输入电流信号后核对阀门开度，自整定完成。保持输入信号在 4mA 以上至少 30s，就把自整定参数保存在定位器中。

实例 10-36　调试硫回收工段的 PV-2351 直行程单座调节阀时，定位器初始化通不过。

故障检查　经检查，反馈杆上驱动销钉的位置安装不合理。

故障处理　调整反馈杆上的驱动销钉位置，到达额定冲程的位置或更高的一个刻度位置后，用螺母拧紧驱动销钉。调整驱动销钉的位置后，顺利通过初始化。

维修小结　本例故障所用定位器为 SIPART PS2 型。故障原因系反馈杆上驱动销钉的位置未达到额定冲程的位置。

(7) 智能定位器参数设置错误故障

实例 10-37　FV-1502 调节阀调校时，控制室的给定信号与定位器显示不一致。

故障检查　检查发现给定信号为 0%时，定位器显示为 20%，给定信号 100%时，定位器显示 100%。看来是零点不对，检查设置参数，参数 6（SCUR）被设置为 0mA。

故障处理　把参数 6 从 0mA 改为 4mA 后，控制室的给定信号与定位器显示一致。

维修小结　本例是 SIPART PS2 定位器参数设置错误引发的故障。参数 6 的功能为设定电流范围，在实践中发现，参数 7 及参数 38 设置错误，也会造成控制室给定信号与定位器显示不一致的故障。

实例 10-38　调试灰水处理工段调节阀，给定信号与阀门定位器显示不一致。

故障检查　检查发现给定信号为 0%时，定位器显示为 100%，给定信号 100%时，阀门定位器显示 0%。检查设置参数，发现参数 7 及参数 38 设置错误。

故障处理　把设置参数“RISE”（上升）改为“FALL”（下降）后，控制室的给定信号与阀门定位器显示一致。

维修小结　SIPART PS2 定位器的参数 7（SDIR）的功能为设定值方向，参数 38（YDIR）的功能为行程方向显示，由于设置参数时把上升、下降方向搞反了，所以出现错误的显示。

10.5 电磁阀的维修

10.5.1 电磁阀的维护

正确安装、使用、维护是电磁阀可靠工作的保证。安装或更换电磁阀应注意工作介质的流向，尽可能安装在振动较小的地方。安装时要注意与阀门相连部位及阀门本体的密封，防止泄漏。室外安装要防止雨水进入电磁阀。电磁阀安装在新的工艺管道上，使用前应对管道进行吹洗，把管道中的杂质、积污、焊渣清除，可避免电磁阀堵塞或卡死。

供电电源要与电磁阀铭牌上的规定一致，电磁阀应接地以保证安全。工艺停产期间，应将电磁阀前的手动截止阀门关闭。停产时间过长，要把电磁阀拆下保管，避免工艺管道的积垢留置在阀内，使阀门内部卡死而不能工作。

10.5.2 电磁阀的维修

① 通电后电磁阀不工作。先检查接线是否正常，再检查线圈是否断了，给电磁阀开或关的信号，听电磁阀是否有动作的声音，若听不到声音，线路或线圈肯定有问题。检查接线是否有接触不良、断路、短路现象，线路没问题就是电磁阀线圈断了，可拆下电磁阀的接线，用万用表测量，线圈电阻值不正常大多是电磁阀线圈烧坏。原因有线圈受潮，引起绝缘不好而漏磁，造成线圈内电流过大而烧坏；弹簧过硬，反作用力过大，线圈匝数太少，吸力不够也会使线圈烧坏，烧坏的线圈只有更换。

② 通电后电磁阀没有打开。可检查阀盖螺钉是否松动，更换阀盖密封垫后才出现这一故障，应检查密封垫片是否过厚、过薄，或者螺钉松紧程度不一致。检查阀芯是否卡死，有导阀的应检查导阀阀口是否有堵塞现象。

③ 断电后电磁阀关不了。检查阀芯是否卡死，导阀阀口是否堵塞。电磁阀关不死。应检查阀芯的密封垫片是否损坏，阀座是否松动。

阀芯卡死，堵塞故障可通过清洗来解决，清洗可用汽油或水，清洗后用压缩空气吹干，拆卸电磁阀一定要记住各部件的顺序，避免回装时出错造成新的故障。

第11章 控制系统的维修

11.1 控制系统故障检查判断思路

从控制系统的原理知道，反馈调节器安装在生产过程上并置于自动后，闭环回路就形成了。调节器的输出会影响测量值，而测量值的变化又会影响调节器的输出，闭环回路实现了通过反馈进行控制的目的。因此，在判断和处理控制系统故障时，可基于“闭环回路”这一原理来查找问题。如果“闭环回路”被破坏了，控制系统就成开环状态，这时反馈控制就不存在。而使反馈回路成为开环的原因如下。

① 传感元件或变送器，测量端的安全栅，DCS板卡出现故障，使调节器失去了测量输入信号。

② 调节器出现故障，或者调节器被置于手动，既使调节器的输入信号有变化，但调节器的输出就不会随偏差变化。

③ 调节器有输出信号，DCS输出模块，操作端的安全栅，电气阀门定位器出现故障，使调节器失去对过程的控制作用。

④ 执行机构或调节阀出现故障，或者无阀位信号反馈给调节器，使调节阀不能按调节器的输出动作。

控制回路不正常，先按以上的原因进行检查，检查控制回路没有形成“闭环回路”的原因。一定要掌握串级控制系统的工作原理及结构，在此基础上对其他复杂控制系统的故障检查也就容易掌握。

反馈回路成了开环，实质是信号流中断造成的。因此，判断和查找故障时，可采取测量电流信号的方法，即以调节器为中心，先检查调节器至执行器的所有回路是否有问题，如调节器供电正常否，调节器有无输出电流，电路连接是否正常等；然后再检查调节器的输入信号是否正常，各单元的电线连接是否正常，变送器有无信号输出；通过检查电流信号，来判断变送器至调节器的所有电路是否正常。以上检查是通过信号电流的有无来判断故障范围或部件的。

DCS的记录可为判断控制系统故障提供帮助，充分利用DCS的各种报警信息、实时趋势、历史及操作记录等信息；再结合工艺及相关仪表的情况，来分析、判断控制系统的故障。

控制系统失灵时，将调节器切换至手动状态，通过手动操作来观察调节阀的动作，执行机构及调节阀能正常动作，说明从调节器到调节阀之间的电路是正常的，故障部位在调节器内或调节器之前。再把调节器切换至自动状态，改变给定值，观察调节器的输出电流是否会变化，输出没有变化故障在调节器；输出有变化说明调节器基本正常；再检查调节器的输入信号。

闭环控制系统所有回路的故障，最终都将反映到调节阀的异常动作上，判断和处理控制系统的故障，一定要从全局出发，对控制系统的各个回路进行检查及分析。传感元件及变送器、安全栅等回路有故障，将会影响控制系统的正常工作，故障检查及处理方法在本书的有关章节中已有介绍，读者可阅读相关章节。

11.2 简单控制系统的维修

11.2.1 简单控制系统故障检查判断及处理

(1) 简单控制系统的结构及故障判断

简单控制系统由传感元件及变送器、调节器、执行器、被控对象四个环节组成，如图11-1所示。判断控制系统故障，首先确定工艺是否正常；如果是仪表的问题，则以调节器为中点，对前后两部分仪表及回路进行排查，在调节器的输入端C能测量到正常的信号，说明调节器前的传感元件及变送器、检测端安全栅、连接电路正常；在执行机构或定位器的输入端E能测量到正常的信号，说明调节器、输出端安全栅、连接电路正常，调节阀不会动作，大致可判断调节阀有故障，再通过观察有没有阀位反馈信号F，又可把故障范围再缩小。简单控制系统可按图11-2的步骤进行检查和处理。

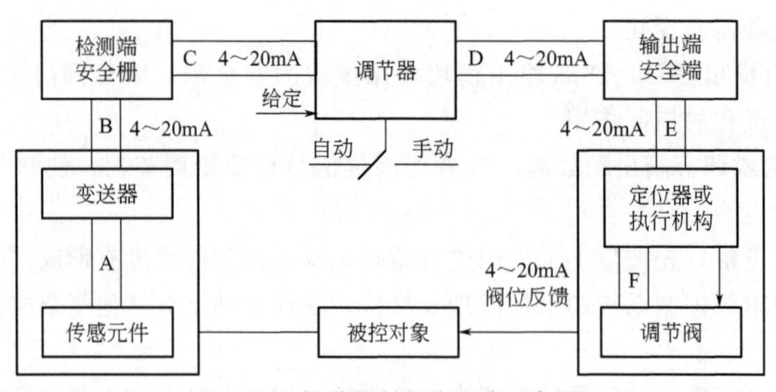

图11-1 简单控制系统回路示意图

(2) 控制系统失灵的检查及处理

① 供电电源回路的检查及处理。变送器失去24V DC电压，变送器或调节器将没有输出信号，伺服放大器没有接收到调节器来的信号，只有阀位反馈信号，伺服放大器会使调节阀的动作开大或关小，造成控制系统失灵。导致供电中断的原因有：供电箱开关没有合上，

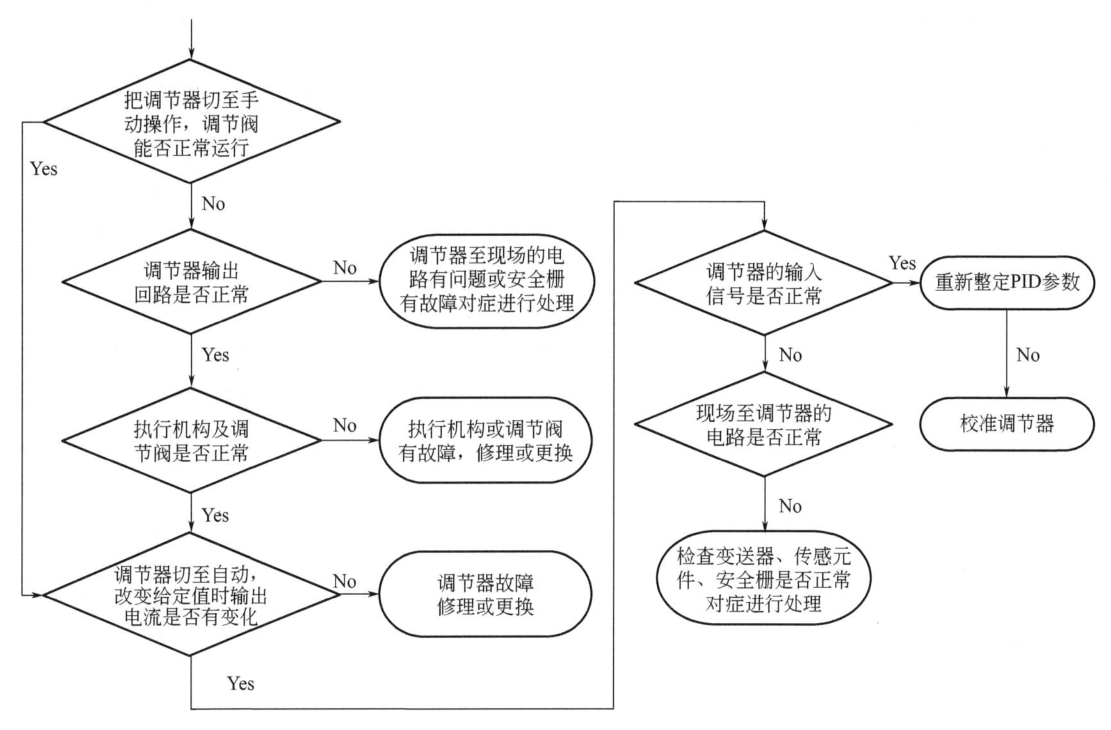

图 11-2　简单控制系统故障判断的步骤和方法

熔丝烧断，供电线路接触不良等，可对症检查及处理。

② 测量信号回路的检查及处理。调节器接入的测量信号是通过变送器、信号分配器、安全栅等环节送至调节器。测量回路中某一元件、部件或导线出现故障，在调节器中，测量值与给定值就会出现较大偏差，使调节阀开大或关小，造成控制系统失灵。没有测量信号，可按图 11-1 上的标注，用数字万用表分别测量调节器输入回路 C、检测端安全栅输入回路 B，即变送器的输出电流，来判断是哪个回路有故障，变送器有电流输出，应检查变送器的输入 A 是否正常。热电偶、热电阻等感温元件可测量毫伏、电阻值来判断是否正常；压力、差压、液位可检查对应的管路连接是否正常，也可对照现场仪表的显示值判断是否正常。

③ 调节器的检查及处理。DCS 的软调节器先检查控制程序是否丢失，组态参数及设定是否正确，在此基础上才能判断调节器是否有问题。怀疑可编程调节器有故障用备用调节器代换检查，不要忘了对换上去的调节器进行组态或设定，否则可能认为换上的调节器有问题，而出现错误判断。

可使用 DCS 调节器或其他调节器的手动操作功能，或者输入电流信号给调节器，观察输出电流的变化来检查调节器。还应检查调节器的正、反作用选择是否正确，PID 参数是否是原来的设定值；检查调节器的自动跟踪功能是否正常，把比例增益调小，在 $x=z$ 即偏差等于零时，自动电流应该能够较好地跟踪手动电流，说明调节器是正常的。

④ 调节器输出回路的检查及处理。调节器输出的控制信号通过输出端安全栅，阀门定位器，执行机构等环节送至调节阀。控制回路中某一元件、部件或导线有故障，没有驱动信号去控制调节阀动作，造成控制系统失灵。没有控制信号，可按图 11-1 上的标注，用数字万用表分别测量调节器输出回路 D、即输出端安全栅的输入回路，来判断是哪个回路有故障，调节器有电流输出，应检查输出端安全栅的输出 E，也就是阀门定位器或执行机构的输

入信号是否正常，输入信号正常，可对调节阀进行检查；还应检查阀位反馈信号 F 是否正常，对于查出的不正常回路，对症进行处理。

⑤ 调节阀及阀门定位器的检查及处理。可参考本书第 10 章“调节阀的维修”一节。

(3) 控制系统波动的检查及处理

控制系统波动是现场经常遇到的问题，明显表现就是在调节器给定信号不变的情况下，调节阀的阀位在一定范围内作上、下变化，最终表现就是调节阀有波动。调节阀不稳定不但会造成过程波动，而且会造成调节阀的阀杆磨损，填料泄漏等危害。引起调节阀波动的原因很多，内因是调节阀调试不当，或者调节阀自身有故障；外因是传送给调节阀的控制信号有波动，控制系统本身及控制回路的某个环节有波动，都有可能使控制系统波动。在检查故障时可参考图 11-1，对控制系统的各个回路进行分析，再对各个回路进行检查，找出导致控制系统波动的真正原因，对症排除故障。

① 现场仪表输出信号的检查及处理。可断开现场仪表接线，用信号发生器输电流信号给调节器，调节器输出电流没有波动动作，说明现场仪表至控制室的 B、C 回路是正常的。检查现场仪表输出信号，应先观察输出信号波动是不是工艺原因，如汽包水位的波动属于正常现象，为减少被测参数波动对控制系统的影响，可加大变送器的阻尼时间来解决。现场到控制室的信号线接触不良，接线端子被氧化、锈蚀，没有使用屏蔽线或屏蔽线接地不良，都可能使调节器接收到有波动的信号。检查回路的接线，或检查接地电阻是否合乎要求。检测元件或变送器有问题产生的波动，检查及处理方法可参考本书中的测量仪表章节。

② 中间环节的检查及处理。现场经验表明，控制系统的整个回路中，除主要环节有问题会引发系统的波动外，中间环节出问题引发的系统波动占有很大的比例。各回路之间的连接导线，某个端子接线不牢固，端子或导线由于腐蚀而接触不良，都有可能引起信号波动，控制系统受到电磁干扰，测量和输出端的安全栅有问题都可能引起系统的波动。通过测量信号线的接触电阻，信号线的接地电阻，信号线上的串模、共模电压，大多能发现问题，对症进行处理，具体方法可参考本书中的相关章节。

③ 控制系统输出信号的检查及处理。控制系统的输入、输出卡件有故障，也会造成控制系统的波动，可通过代换或更换卡件来判断及处理。断开控制系统的输出信号接线，用信号发生器输入电流信号给阀门定位器，定位器动作正常，说明波动来源在调节器。

④ 调节阀及附件的检查及处理。先检查气源压力是否稳定，是否含水，供气正常，则检查电气阀门定位器的输出是否正常。用电流信号输入给定位器，观察定位器的输出信号是否有波动，输出气压有波动，应检查是否是机械部件引起，检查定位器喷嘴与挡板的间隙是否过小，节流孔是否堵塞，反馈杆、机械部件是否有松动现象，放大器内部是否脏污有杂质。仪表气源含油、有微尘，会在 I/P 转换器的喷嘴、挡板处逐渐积聚，时间长了积聚的污物太多时，就会影响喷嘴的排气，导致 I/P 转换器的输出波动。只需清洁喷嘴、挡板就可以解决问题。

阀门定位器接线端接触不良或没有接牢固，会造成定位器输出气压信号的波动，从而引发调节阀波动。定位器反馈件松动后，调节阀阀位的变化不能对定位器形成负反馈，信号和输出不对应，调节阀动作除滞后还会产生波动；反馈件松动时，可对松动的部位进行紧固。

阀门定位器的排气通道不畅通，也会使调节阀在工作时产生波动。检查定位器正常但波动仍存在，说明调节阀有问题，可检查膜片是否漏气，阀杆上、下移动是否平稳，不平稳则检查填料是否过紧，衬里是否腐蚀引起摩擦等。

薄膜式气动执行机构的膜片损坏漏气，定位器就会不停地调整输出，向膜室内补充空气，导致调节阀不稳定。执行机构输出力矩过小，不能克服阀芯的不平衡力和填料的摩擦力，使调节阀出现波动，可增加弹簧预紧力，或适当松动填料以减小摩擦力，怀疑执行机构输出力矩过小时，可适当提高供气压力来解决。

⑤ PID 参数设置不当的调整。调节器 PID 参数整定不当，也是引起控制系统波动或振荡的常见原因。PID 参数的整定，经验是重要因素，当按以上①～④步骤检查没有发现问题时，可考虑对调节器的 PID 参数重新进行整定，整定时应小心谨慎、耐心细致地进行，可边调整边观察操作站的画面来进行，直到获得一组较满意的整定曲线，最终是看控制系统的波动是否有所改善。

新安装投用的控制系统，应检查调节器的正反作用选择是否正确，DCS 内部软件生成是否有问题，可通过检查后对症进行更正。

(4) 控制系统控制质量差的检查及处理

控制系统的控制质量差有两种情况：一种是新安装的系统投运后控制质量不理想，没有达到预期的目的。还有就是原来控制效果理想的系统，运行一段时间后控制质量会变差。

① 系统投运后控制质量差的检查及处理。

控制系统设计或仪表选型有误，对被控对象的特性了解不够，PID 参数整定不当，控制系统仪表的测量元件安装不合理及测量滞后，调节阀的流量特性选择不当，都会使控制系统的控制质量差。可按以下方法检查及处理。

a. 现场测量元件及仪表的检查及处理。测量取样部件要避开工艺管道的大小头、人孔、弯头、阀门等部位，因为这些部位很容易影响介质的流速。温度测点应安装在压力测点的后边，自动调节系统测点应安装在温度、压力测点的前边，该测点不能与其他仪表共用信号。不符合要求应进行整改，使之合乎要求。测量元件的时间滞后会引起系统的动态误差，应尽量选择快速测量元件，选择合适的安装位置，还可使用微分作用来克服滞后。温度测量元件保护套管上挂有被测介质，附有污物将影响热传导，测温元件的插入深度不够，使其不能真实地反映被测温度；压力、流量、液位变送器的阀门或导压管有轻微堵塞，也会使被测参数传递滞后而失真，使控制系统调节品质变差。以上现象通过观察或拆卸检查都可以发现问题，对症处理即可。这也说明现场仪表定期检查和排污是保障控制系统正常运行的重要条件。

b. 检查调节阀的流量系数选择是否合理。调节阀的流量系数过大或过小，使调节阀可调节的最小或最大流量不能满足生产要求，在现场是常有的事。由于生产规模扩大造成调节阀的流量系数过小；不是计算而是根据工艺管径来选配调节阀，造成调节阀的流量系数过大或过小；使调节阀工作在小开度或大开度位置，导致调节品质变差。处理方法是：重新核算调节阀的流量系数，并选择符合要求的调节阀。

c. 检查调节阀的流量特性是否满足要求。被控对象具有饱和非线性特性时，如有的温度控制系统，在小流量时控制系统能够正常运行，但大流量时系统就出现迟滞现象。有的控制系统在小流量时控制太灵敏，导致系统不稳定或振荡，但在大流量时系统又能正常运行；故障原因：选用了线性或快开流量特性的调节阀；可更换调节阀或安装阀门定位器，使其满足等百分比或抛物线流量特性要求。

被控对象具有线性特性，如流量随动控制系统，在小流量时控制系统能够正常运行，但大流量时系统就出现不稳定或振荡的现象。或小流量时控制系统迟滞，但大流量时系统能够正常运行。故障原因：选用了等百分比或抛物线流量特性调节阀；通常可更换调节阀或安装阀门定位器，使其满足线性流量特性要求。

d. 检查调节器的PID参数设置是否合理。从现场经验看调节品质差的控制系统中，多数是因为PID参数设置不合理造成调节效果差，由于不能满足工艺要求，也就无法投入自动运行。因此，应重视PID参数整定的作用。在现场可用经验凑试法进行PID参数整定，通过观测分析，定量地对系统加入适当的干扰，观察被调参数的变化趋势，再进行调整直到取得满意的PID参数。改变调节器的PID参数是改善控制系统的重要因素，但也不是万能的，控制系统设计不合理，对被控对象的特性认识不足，被控设备的可控性差，单纯的靠改变PID参数也是无济于事的；调节器的参数整定结果，通常只适用于一定范围的工作点，被控对象负荷变化大，当超出一定范围时也会严重影响调节品质；这时靠单回路控制可能解决不了问题，只能考虑改用复杂控制来解决，可通过新的组态来实现。

② 控制系统运行一段时间后控制质量变差的检查及处理。

从图11-1可看出，控制系统的控制质量与组成系统的四个环节的特性有关，系统运行一段时间后，这四个环节的特性都有可能发生变化，都会影响控制质量。应从工艺和仪表两方面作手进行检查及处理。

a. 工艺方面的原因及检查。被控对象特性的变化对控制质量的影响很大，如温度对象的特性与热传导、传热效率相关，系统刚投运时，对象的传热效率高，时间常数较小，其温度控制质量不错，但运行一段时间后，设备内可能结垢及有杂物等使传热效率下降，或者工艺波动等原因，必然会使对象的特性发生变化，导致控制质量变差。所有被控对象都存在对象特性有变化这一问题，因此应请工艺人员配合，共同查找原因及解决办法。

b. 仪表方面的原因及检查。温度测量元件的保护套管黏附测量介质并结垢，将会影响热传导，维修时更换的测温元件长度不够，都会使测量的温度不真实，导致控制质量变差，可通过更换保护套管和长度合乎要求的测温元件来解决。由于被控对象特性的变化，开车时整定的PID参数也不适应变化了的对象特性，如果没有及时的调整PID参数，也会使控制质量变差，可通过重新整定PID参数来解决。控制质量变差很多时候是调节阀引起的，由于测量介质的腐蚀，使阀芯、阀座的形状发生变化，阀门的流通面积变大，易造成控制系统工作不稳定，同时还会使调节阀的流量特性在对象负荷变动时发生变化，从而使被控变量产生较大的波动，而使控制质量变差，如果用的是线性调节阀可将其更换为等百分比调节阀。

(5) 控制系统难投运自动的原因及处理

控制系统难于投运自动的原因很多，有设计或工艺的原因。现仅对与仪表有关的问题进行分析和判断。控制系统包括工艺对象、测量仪表、调节器和执行器四个环节，系统的时间常数越小越容易进行自动控制。系统的时间常数太大，系统的响应就慢，系统就不灵敏，就很难投运自动。可对系统的四个组成环节进行检查，逐一排除影响因素。

① 被控对象的影响因素。与工艺联系，落实工艺流程或者操作参数有没有变化；工艺状态不稳定，被控对象可以控制的性能差，如有的燃煤锅炉，由于设备原因，连手工操作都达不到良好稳定的燃烧工况，要想对这台锅炉进行最佳工况的自动控制是不可能成功的。工艺开车初期或工艺加、减负荷等阶段，由于工艺参数波动大，这时也不可能投自动；属于工艺的影响因素，可与工艺协商由他们解决。

② 测量仪表的检查及处理。测量仪表选型不当，可通过重新选型，或换用其他类型的测量仪表来解决。仪表测量不准确，可检查测量不准确的原因，或重新校准仪表。测量值波动大无法稳定，可调整变送器的阻尼时间，检查信号连接电路有没有接触不良、断路、短路接地等现象，有没有电磁干扰现象，对症进行处理。

③ 调节器的检查及处理。先检查调节器控制作用方式的设置是否正确，调节器的正反作用是根据整个回路的其他环节来确定的。调节器的作用方向为：偏差（测量值－给定值）越大，调节器的输出越大，则为正作用；偏差（测量值－给定值）越大，调节器的输出越小，则为反作用。

④ 阀门定位器、执行机构及调节阀的检查及处理。检查调节阀选择是否有误，如阀门选得太大或太小，使阀门在小开度或全开位置工作。调节阀卡涩使动作滞后大，调节阀内泄漏严重，都有可能使控制系统投自动失败。

阀门定位器正、反作用的设置与执行机构的作用方向有误，不能形成负反馈回路，会出现调节阀要么全关，要么全开的故障。可在控制室送信号，送 0%的信号调节阀全关闭，送 100%的信号，调节阀全打开，该调节阀为气开阀，对应模拟输出点 AO 的组态为正向输出；送 0%的信号调节阀全打开，送 100%的信号，现场的调节阀全关闭，该阀调节阀为气关阀，对应模拟输出点 AO 的组态为反向输出，通过以上检查就可判断设置是否正确。

11.2.2　简单控制系统维修实例

(1) 控制系统失灵

实例 11-1　某厂汽提塔蒸汽调节阀自动关闭，导致装置紧急停车。

故障检查　现场检查 DVC6020 定位器有输出气压，检查电磁阀信号，发现电磁阀带电时不会动作，拆卸电磁阀进行清理后故障消失。但第二天又出现同样故障，几经周折才确定是电磁阀有故障。

故障处理　更换电磁阀后，调节阀恢复正常。

维修小结　该电磁阀的故障比较隐蔽，所以检查处理故障时走了不少弯路。一开始查出电磁阀有问题，但考虑是新换的，拆卸清理后正常就没有再怀疑它。第二天检查故障时，先判断是通道或安全栅有故障，更换通道及安全栅后又出现同样故障，后又怀疑 DCS 到现场的信号线有虚接现象，换线后仍会出现同一故障；已排除了所有部件的问题，只有再回到电磁阀回路来考虑，解除联锁后，在现场把电磁阀断开，让定位器的输出直接进入调节阀膜室，最终才确定是电磁阀有故障。

实例 11-2　工艺反映 PVC 车间调节阀打不开，导致 PV-P105 压力无法控制。

故障检查　到现场对 SAMSON 定位器进行了整定，但无效果。检查发现定位器反馈螺钉松动。

故障处理　紧固反馈螺钉，重新进行整定后，压力控制系统恢复正常。

维修小结　该调节阀在做手动操作时有短暂的动作，但自整定无法完成。定位器反馈螺钉松动属于常见故障之一，这是由于现场环境振动的影响，因此，定位器的反馈螺钉一定要固定紧，在日常的巡回检查中进行检查及紧固，可避免该类故障的发生。

实例 11-3　熔盐回流调节阀不会动作。

故障检查　控制室给信号或现场用手轮操作阀门都不会动作，分析原因是阀芯卡死，仪表工拟拆下调节阀进行维修；一位老仪表工到场说先不用拆阀门，待与工艺联系解决。

故障处理 与工艺联系等熔盐炉点火升温后，调节阀工作正常。

维修小结 本例属于工艺原因引起，熔盐炉正常工作时的温度在480℃，熔盐不会凝结，一旦停车，温度下降，熔盐发生结晶，在调节阀的阀杆和阀门底部都会有结晶，使阀门出现卡滞，随着温度上升后，熔盐结晶熔化，调节阀就能正常动作，是可以自行恢复的故障现象。本例说明仪表工需要熟悉工艺，到现场处理的仪表工由于不了解工艺，所以决定拆阀门，如果老仪表工不来，就要劳而无功地白忙一回。

实例 11-4 某装置工艺人员反映调节阀FV-203已全开，但FT-203流量显示为零。

故障检查 查看DCS流量的历史曲线没有故障信息，检查接线也没有发现问题，在现场稍微开一下负管排污阀，变送器的输出电流会增大，说明仪表是正常的。用手动操作调节阀也是正常的，后来发现调节阀前后的工艺阀门及旁通阀全是关闭的。

故障处理 通知工艺打开调节阀前后的工艺阀门，流量有了显示；手动控制平稳后切至自动控制，流量控制系统恢复正常。

维修小结 本例故障看是工艺的原因，但暴露的是仪表的管理问题。因为在大检修时仪表曾对该调节阀进行拆卸检修，在拆卸前把工艺的三个阀门全关闭了。调节阀维修完成后，就没有人去开工艺阀门，也没有通知工艺，结果开车时才发现问题。

(2) 控制系统波动

实例 11-5 稀释蒸汽流量控制系统投运自动就振荡。

故障检查 检查变送器正常，调节器及PID参数整定都正常。与工艺共同分析，确定该调节阀的流通能力（即 C_V 值）选择过大，决定更换阀芯。

故障处理 由于是套筒阀，可将阀芯窗口面积减小，当调节阀原 C_V 值从175减小到99后，流量控制系统不再振荡。

维修小结 在相同压差和相同阀门开度下，C_V 值越大，单位时间内蒸汽流过阀门的量越多。本例由于调节阀的 C_V 值选择过大，调节阀的开度变化并不大，却引起工艺流量较大幅度的变化，造成调节过量，又引起调节器输出反方向的调节信号，使调节阀向关阀方向移动，造成工艺流量较大幅度变化，如此反复，导致系统振荡。

实例 11-6 蒸汽流量控制投自动时引起系统波动。

故障检查 对阀门定位器进行检查后再投自动，波动现象消失。

故障处理 指导操作工进行正确的手动/自动切换操作。

维修小结 本例控制系统是正常的。投自动时引起系统波动系人为引起的，原因是调节器输出信号是保持在打手动前的值，而操作工没有看定位器的输出，就快速释放手轮，致使调节阀突然开大许多，对系统造成一定扰动，从记录曲线看像是波动故障。

实例 11-7 某生产线的温度控制波动很大。

故障检查 现场观察发现调节阀不停地在上下运动，经过跟班观察执行机构有过热保护动作现象。

故障处理 经过分析是 PID 参数设置的问题，重新进行了设置，参数为：$P=10$，$I=470$，$D=5$，并把采样时间设置为 5s。温度控制效果满意，执行机构的波动消除。

维修小结 本例温度控制系统滞后较大，调试初期的 PID 参数为：$P=2$，$I=180$，$D=0$，但发现系统一直处于振荡状态，于是把 D 设为 10，认为也达到理想控制状态。第二天操作工反映电动调节阀有时不会动作，而且温度波动很大。到现场发现调节阀不停地在上下运动，这是由于参数 P 很小，而 D 又太大，D 的超前调节动作，使得调节阀没有停转的机会，加上环境温度很高，电机无法散热，导致电机的热保护频繁动作。

实例 11-8 VCM 工艺反映，TV-0308 调节阀不起作用，使 TE-0308 温度波动很大。

故障检查 检查发现定位器反馈机构滑杆已全锈死不能转动。

故障处理 设法敲出滑杆，除锈并加油后重装，调节阀恢复正常。

维修小结 阀门定位器的反馈机构，随阀门开度的大小而传给阀门定位器相应的反馈量。滑杆锈死，反馈作用不能随阀门的开度大小而变化，始终保持一个固定值，阀门的开度也就不变，调节阀起不到作用，只好用手轮控制，温度波动就大。

实例 11-9 操作工反映二段炉空气流量调节系统波动大。

故障检查 检查变送器、调节器、调节阀都没有发现问题，后来发现波动原因是压缩机防喘振控制系统波动。

故障处理 告诉操作工流量控制系统是正常的，待处理好压缩机防喘振控制系统波动问题，空气流量波动问题也就会正常。

维修小结 转化炉所用空气来自空气压缩机，由于空压机防喘振控制系统波动，引起了空气流量的波动，只有消除了干扰源，流量控制系统才能稳定。从本例可看出，在检查仪表及控制系统故障时，一定要多加分析，多和工艺沟通，以便从故障现象中查找到真正的故障原因。

实例 11-10 某工业锅炉给水控制系统投自动，调节阀一直作开关动作无法自动调节，只好改用手动调节。

故障检查 能手动操作调节阀说明调节阀正常，检查原来设置的 PI 参数，发现比例度设置太小。

故障处理 积分时间仍用原来的 12s，仅将比例度由原来的 2 改为 50 后，调节阀可平稳工作，给水控制能投自动。

维修小结 本例是由于对比例参数的理解有误导致的故障。经询问才知道，仪表工在设置比例参数时，把设置的 2 理解成是比例增益了，该调节器的比例作用单位是比例度，计算下来也很巧，比例增益 2 正好对应比例度是 50%。由于设置错误，等于把比例度设置得很小，基本成了个位式控制器，这就是调节阀一直作开关动作的原因。

(3) 控制系统调节品质差

实例 11-11 工艺反映转化器热水流量控制不正常，调节阀动作迟缓。

故障检查 检查调节阀，发现执行机构的膜室盖有少量泄漏，检查确认膜片老化，破损。

故障处理 通知工艺走旁路手动控制。更换膜片，重新整定阀门定位器后故障排除。

维修小结 气动调节阀有故障除检查本体，还应检查阀门定位器及仪表供气是否正常；阀门的填料压盖是否太紧，是否老化、缺少润滑；仪表空气不干净含油、含水，调节阀动作频繁，都会加速膜片的老化或破损。

11.3 复杂控制系统的维修

判断和处理复杂控制系统的故障比简单控制系统要困难。在故障检查判断和处理时，要仔细观察发生故障后的现象，并将观察和了解的各种故障现象及相关情况汇集起来，再结合该控制系统的方框图，进行推理和分析，在检查故障时，可翻阅原来的故障处理记录，或向他人了解该控制系统曾发生过故障的历史情况，出过哪些故障，是怎样处理的，有没有薄弱环节；还可借助以往的检查及处理经验来启发和帮助解决现在的故障。检查故障时，一下难于查找到故障原因时，最好对系统做全面的检查。

11.3.1 复杂控制系统振荡的检查及处理

复杂控制系统大多由多个调节回路组成，这些调节回路大多互相有关联，只要其中的某一个节回路振荡，就引起其他关联回路的振荡。检查方法是：将其中的一个回路切换为手动控制，另一个回路也停止振荡，这就是两个相互关联回路发生的振荡；解决办法就是设法错开两个调节回路的工作频率。

如果被调量、导前变量、调节阀一起振荡，则为主（外）回路振荡。对串级调节系统，应加大主调节器的比例度和积分时间。对三冲量给水调节系统，应加大给水流量信号分流系数，为保证副回路的稳定性，同时应加大调节器的比例度，还应加大蒸汽流量信号分流系数。

被调量不变，而导前变量和调节阀一起振荡，则为副（内）回路振荡。对串级调节系统，应加大副调节器的比例度和积分时间。

调节阀产生不规则振荡，有可能是：被调量和执行机构同时不规则的振荡，大多是被调量受干扰影响、信号波动造成的，可通过调整阻尼时间来解决。被调量稳定，可能是调节器的比例度设置太小，导致调节器工作不稳定，可试着加大调节器的比例度。

被调量、导前变量基本稳定，应重点检查执行机构，切换至手动操作，对电动执行机构，可通过开大、关小调节阀来观察伺服电机的惰走情况，若惰走严重，可调整制动器间隙来消除惰走现象。伺服电机没有惰走现象，应检查伺服放大器的不灵敏区。

11.3.2 串级控制系统故障检查判断及处理

(1) 串级控制系统故障检查方法

DCS 串级控制的控制器为软连接，不存在硬件意义上的维修方法，但可以用方框图来表示，现以图 11-3 为例进行介绍。

① 传感元件和变送器的检查。按图 11-3 检查传感元件和变送器是否正常，即检查 y_1 至 z_1 的主回路，y_2 至 z_2 的副回路是否正常，可用手操器检查变送器的参数设置是否正确。用万用表测量相关回路的电压、电流是否正常，还可在变送器或测量仪表的输入端加信号，观察输出端的变化；再观察现场变送器与 DCS 的显示是否一致。

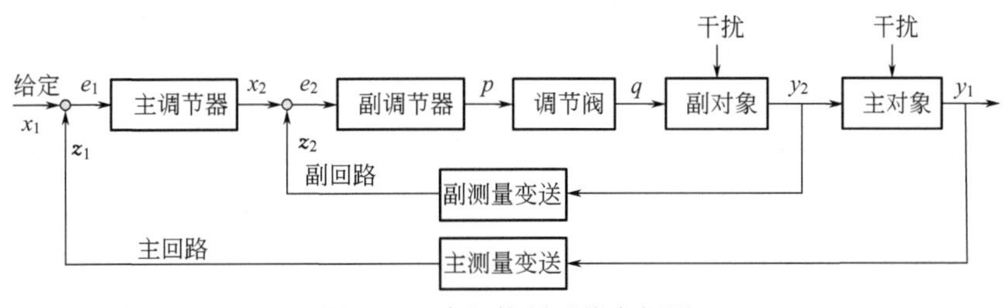

图 11-3　串级控制系统方框图

② 调节器的检查。按图 11-3 检查 x_1 和 z_1 至 x_2 的主调节器回路，x_2 和 z_2 至 p 的副调节器回路是否正常。通过调节器的手动操作，或者输入电流信号给调节器，观察调节器输出电流的变化来判断。检查调节器的正、反作用选择是否正确，PID 参数的设定值是否合理；调节器的自动跟踪功能是否正常，把比例增益调小，在 $x=z$ 即偏差等于零时，自动电流应该能够较好地跟踪手动电流，说明调节器是正常的。

③ 调节阀的检查。控制系统运行不正常，很多时候是调节阀有故障引发的，检查调节阀是个重要环节。从图 11-3 看，就是检查 p 至阀杆位移的回路，有的气动调节阀在 p 至调节阀的回路中还有个重要部件阀门定位器，也应对其进行检查。检查时先手动操作，观察调节器的输出变化时，调节阀能否作相应的移动，阀门的全行程是否正确，有没有变差或迟滞现象，阀位反馈信号是否正常，阀杆位移与调节器或定位器是否保持线性关系。调节阀有迟滞、卡死、传动间隙过大、机械连接松动、缺油等故障都会严重影响控制系统的调节品质。调节阀或阀门定位器的故障，可参考本书第 10 章“调节阀维修”进行检查及处理。

④ 管路或电路连接的检查。控制系统失常，很多时候是管路或电路连接有问题导致的。经过以上 3 步的检查，感觉测量变送仪表、调节器、调节阀没有什么问题，但仍然无法得出结论，可对变送器的取样管路、冷凝器、平衡容器、导压管、阀门等附件进行检查，有没有泄漏、堵塞的问题。

对测量回路的接线进行检查，接线端是否进水，接线端子有没有松动，接线螺钉是否被腐蚀而出现接触不良故障，导线的绝缘层有没有老化，信号线的屏蔽层接地是否良好，信号线有没有接地现象，供电电压是否正常等。以上问题处理起来并不复杂，但在检查故障时往往会忽视。

⑤ 与工艺人员沟通确定是否是工艺的原因。有时从表面现象上看是控制系统失常，但问题的实质却是被控对象的原因，这在现场是常有的，如压力变送器没有输出信号，有可能是变送器损坏，也有可能是导压管堵塞，但也有可能是工艺管道内真的没有压力，这就需要对前后工序进行观察，并询问工艺操作人员，确定没有压力信号的真正原因。

(2) 串级控制系统信号极性及作用方向的检查。

信号极性就是接入调节器的信号方向，控制系统维修中如拆动过信号线，或者缺乏控制系统接线图，或者有新的组态，都需要对接线及信号极性、作用方向进行检查，否则会使控制系统投运自动失败。

调节器的作用方向决定后，接入调节器的其他信号，应根据工艺生产过程的需要来决定。如三冲量给水调节系统，使用电开式给水调节阀，调节器的作用方向应为“反作用”，原因是当水位增加时，经过负迁移的水位变送器输出信号增加，调节器输出应减小，以关小给水调节阀，减少给水量，使水位降低恢复到水位给定值。对于接入“反作用”调节器的蒸汽流量信号的极性应该为负，蒸汽流量增加，蒸汽流量信号增大，蒸汽流量反方向接入调节器，经过“反作用”调节器，其输出信号增大，使给水流量增加，符合锅炉生产的要求。同理，给水流量信号的极性应该为正。

在现场可用试验方法来检查信号极性及调节器正、反作用是否正确。可改变调节器内给定值来检查调节器的正、反作用是否正确，因为减少给定值相当于增加测量信号值，此时调节器的输出增加即为“正作用”；反之则为“反作用”。其他信号都是接入调节器的辅助通道，因此，可以通过改变辅助通道的通道系数进行方向性试验，增加通道系数相当于增大信号，反之，相当于减少信号，通过改变通道系数，观察调节器的输出变化方向，看其是否符合工艺生产的要求。

检查串级控制系统的方向性，可改变主调节器内给定值，观察副调节器输出的变化方向，然后根据副调节器输出的变化，推测调节阀动作后调节量变化对被调量的影响，如内给定值增加，相当于被调量信号减少，此时根据副调节器输出变化，推测出调节阀动作造成调节量变化以后，使被调量改变导致被调量信号增加，说明整套串级控制系统主、副调节器的正、反作用方向是正确的；反之，当内给定值减少时，根据副调节器输出变化，如推测出被控量信号减小，说明整个串级控制系统主、副调节器的正、反作用方向是正确的。

11.3.3 串级控制系统维修实例

实例 11-12 某温度-流量串级控制系统，温度控制不理想，达不到工艺的要求。

故障检查 经过分析判断，是控制系统设计时，把主、副参数弄反造成的。

故障处理 对系统进行改造，把主、副控制参数进行了调换，重新进行 PID 参数整定后，系统投用正常满足了工艺要求。

维修小结 工艺塔底温度的控制，温度应当是主控制参数，而蒸汽流量是副控制参数，这样温度调节器的输出是流量调节器的给定，而不是流量调节器是温度调节器的给定，否则无法起到提前克服蒸汽压力干扰的作用。

实例 11-13 某温度-流量串级控制系统，工艺认为控制效果不理想。

故障检查 经过分析判断，原因是副调节器的积分参数设置不当。

故障处理 取消了副调节器的积分作用，调节效果可满足生产要求。

维修小结 串级控制系统对主变量要求较高，本例的主调节器采用 PID 进行控制。控制过程中，副变量是不断跟随主调节器的输出变化而变化的，因此，通常副调节器只采用 P 作用就行。在最初的 PID 参数整定中，考虑到副变量为流量对象，时间常数较小，为了加强调节作用，在副调节器中引入了 I 作用，反而达不到控制指标，在后来的参数整定中，没有加入 I，工艺也满意了，所以就没有再使用积分作用。

实例 11-14　尿素车间二段蒸发器出口温度-压力串级控制系统，投运自动后主参数稳定，但副参数波动较大，给后工序造成较大影响。

控制系统如图 11-4 所示，主调节器 TIC1134 与副调节器 PIC1135 构成串级控制回路，主控制参数为分离器的温度，副控制参数为进二段加热器的低压蒸汽压力。

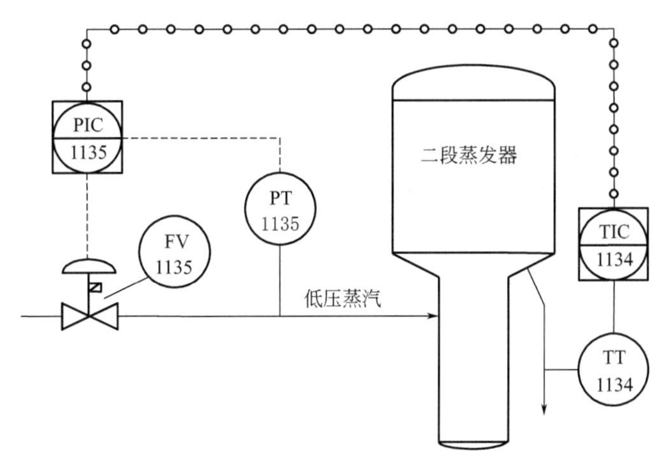

图 11-4　二段蒸发器出口温度-压力串级控制系统

故障检查　产生波动是控制参数整定不当造成的，决定重新调整 PID 参数。

故障处理　调整 PID 参数时，先调副回路，待稳定后再调主回路。观察调节过程，逐步调整调节器参数，直到压力和温度两个参数均出现更缓慢的衰减振荡的过渡过程为止。调整步骤如下。

① 将副调节器的比例度调至一个适当的经验数值上，然后由大至小的调整主调节器的比例度，同时观察调节过程，直到出现缓慢的衰减振荡的过渡过程为止。

② 将主调节器的比例度固定在整定好的数值上，然后调整副调节器的比例度，观察记录曲线，以获得更缓慢的衰减振荡的过渡过程。

③ 根据对象具体情况，适当给副调节器和主调节器加积分作用，以消除干扰作用下产生的余差；适当给主调节器加微分作用，以加快系统的响应，使超调减少，稳定性增加；但对干扰的抑制能力会减弱。负荷变化时注意调整 PID 参数，使工况稳定。

维修小结　本例重新调整 PID 参数使用的是一步整定法。根据经验先确定副调节器的参数，压力控制比例度的设置经验值为 30%～70%。主、副调节器都是纯比例作用时，在一定范围内，主、副调节器的放大倍数可任意匹配，即只要 $K_S = K_{C1}K_{C2}$，系统就能产生 4∶1 的衰减过程，可以很方便地用匹配理论，来整定串级控制系统的参数。

实例 11-15　某锅炉减温水温度串级控制系统调节品质不高，自动投运率低。

故障检查　通过调研和现场实验分析，发现 PID 参数设置不当，调节阀输入、输出信号波动过大，操作画面不直观三个影响因素。

故障处理　重新整定 PID 参数；调节阀的控制和反馈信号采用隔离器来克服干扰；制作更直观的操作画面操作，改造后的控制系统达到了优化目标。

维修小结 如果PID参数设置不合适，会导致自动控制的效果差，造成蒸汽温度超过生产要求的范围。原来的PID参数为：Ⅰ级减温水 $P=1.2$、$I=0.4$、$D=0.1$；Ⅱ级减温水 $P=1.5$、$I=0.3$、$D=0.2$；重新整定后的PID参数为：Ⅰ级减温水 $P=1.3$、$I=0.5$、$D=0.3$；Ⅱ级减温水 $P=1.5$、$I=0.6$、$D=0.2$。Ⅰ级、Ⅱ级减温水调节阀控制和反馈信号，选择无源两入两出的MSC300隔离器对这4个电流信号进行隔离屏蔽，有效地解决了调节阀原来输入、输出信号波动大，投自动时调节阀振荡频繁、影响调节品质的问题。

实例 11-16 常减压装置新常压炉串级控制系统的优化。

某厂常减压装置新常压炉的炉膛温度与炉出口温度串级控制系统，原来的控制方案如图11-5所示。在进行优化前，炉膛温度可投自动，但无法实现与炉出口温度的串级控制，炉出口温度只能手动调节，劳动强度大控制效果还不理想。通过对采集的数据及参数变化趋势进行对比、分析、研究，对控制回路组态方案进一步优化，并在应用中不断完善，使系统的被调参数始终处于良好的受控状态，确保了生产装置的安全监视和平稳操作。

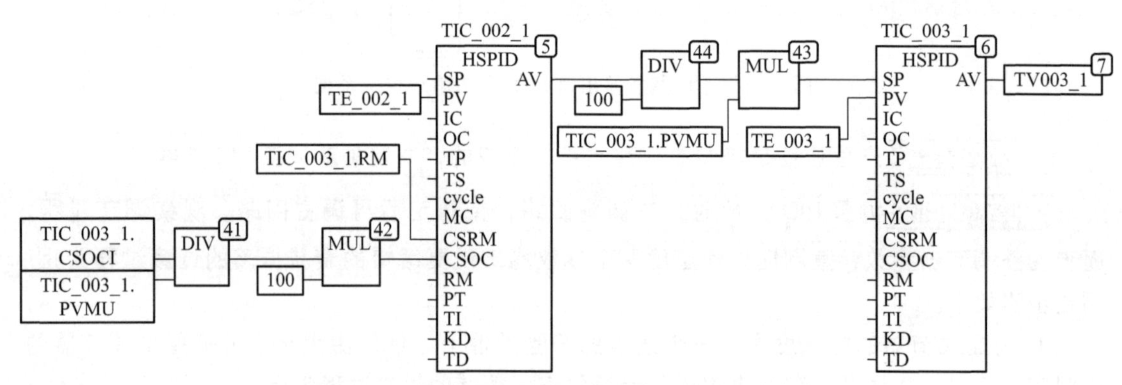

图 11-5 原新常压炉炉出口温度串级控制组态方案

原方案中主、副控制回路的过程补偿反馈值之间运算较为复杂，运算周期较长，不利于串级回路控制对响应时间的要求。将原组态控制方案进行了优化设计，如图11-6所示，通过完善DCS HSPID控制器参数，修改简化主、副HSPID控制器之间运算，使炉膛温度与炉出口温度串级控制系统达到了预计的既好又快的要求。

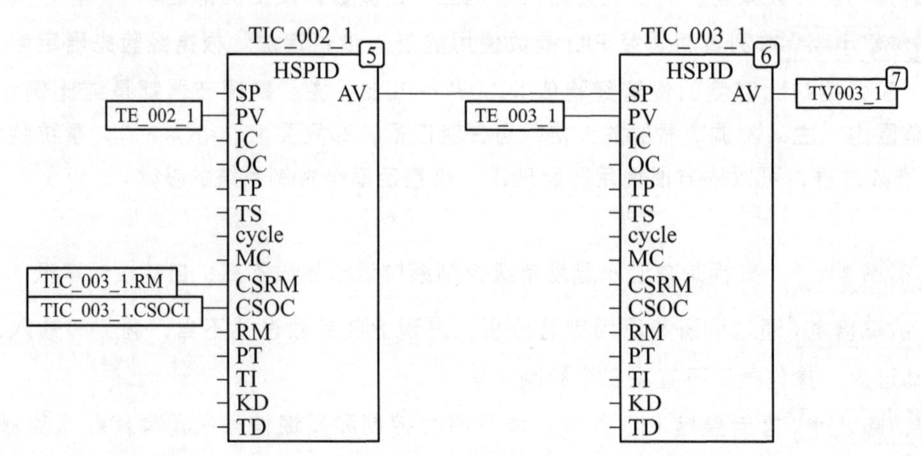

图 11-6 优化后新常压炉炉出口温度串级控制组态方案

11.3.4　多冲量控制系统故障检查判断及处理

(1) 锅炉三冲量给水控制系统的构成及故障检查

多冲量控制系统最典型的就是锅炉三冲量给水控制系统，如图 11-7 所示。它由汽包水位、蒸汽流量、给水流量组成了三冲量液位控制系统。汽包水位是主冲量信号，蒸汽流量、给水流量是两个辅助冲量信号，其测量值不经过调节器，而是在调节器后通过加法器直接作用于调节阀，所以滞后小，超前作用强，实质是一个静态的前馈-反馈控制系统。

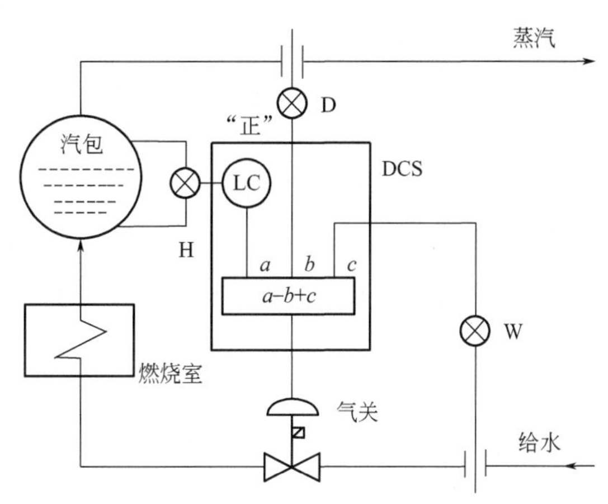

图 11-7　锅炉三冲量给水控制系统图

通常调节器、加法器、手操器等环节是由 DCS 的软件来实现的，出故障的概率很低。因此，在分析和检查故障时，应检查的部件主要是汽包水位、给水流量、蒸汽流量变送器的本体及供电、信号线路是否正常；可通过手动操作来判断阀门定位器及调节阀是否正常。

因此，应掌握汽包水位、给水流量、蒸汽流量的测量信号中断时，汽包水位变化及调节阀开关方向的趋势，以便分析和排除故障。

从图 11-7 知，汽包水位调节器的输出信号、蒸汽流量（负信号）信号、给水流量信号，一同送进加法器进行运算，加法器的输出控制调节阀的开度。

① 当给水流量信号中断时，相当于输入加法器的综合信号减少，由于调节器为正作用，所以加法器的输出电流也减少，使调节阀开度增大，于是给水流量增加，会导致汽包水位升高，处理不及时将会导致蒸汽带水。

② 当汽包水位信号中断时，会产生与给水流量信号中断同样的现象。

③ 当蒸汽流量信号中断时，因蒸汽流量为负信号，去掉负信号相当于综合信号增加，加法器的输出也增加，从而作用到调节阀的气压信号增加，使调节阀开度减小，于是给水流量减少，会导致汽包水位下降，处理不及时将会导致汽包缺水。

当发生以上三种情况之一时，应立即将控制系统切至手动控制，然后检查故障。以上三种情况的产生一般都是变送器有故障所致，应检查变送器的供电是否中断，信号线路是否断开，配用的安全栅、DCS 的输入板卡是否有问题。

(2) 锅炉三冲量给水控制系统有偏差或不稳定的检查及处理

给水控制系统有偏差或不稳定的原因是多方面的，也是复杂的。测量信号回路失常、计算有误、设置不对是造成给水控制系统有偏差或不稳定的主要原因。

最直观的检查方法，就是以汽包水位的中心线为基准，对锅炉安装的各种水位计，差压式、双色水位计、电接点水位计的显示值进行比较及分析，对各台汽包水位变送器的实时及历史曲线进行比较及分析；从而判断水位变送器测量的汽包水位是否真实反应了锅炉汽包内部的水位变化情况。如果液位变送器测量不准确，汽包水位控制系统输入的是个虚假水位信号，必然引起给水控制系统有偏差或控制不稳定。

理论上汽水平衡时蒸汽和给水的信号互相抵消，就可以使汽包水位稳定在一定的数值上。应检查汽包水位、给水流量、蒸汽流量变送器的输出信号是否正常及准确，而前提是变送器的量程、迁移量的计算是正确的，否则应重新根据现场的实际进行计算。对新投用或修改过组态的系统，还应检查被调量的方向是否正确，主要检查调节器及加法器；参数设置是否正确，如加法器系数的选择等。对高温高压锅炉，不能忽视蒸汽温度、压力波动造成的影响，必要时应通过 DCS 对压力补偿系数、补偿曲线进行修改或设置，效果不理想时，可考虑对 PID 参数重新进行调整，直到达到满意的控制质量。

(3) 锅炉三冲量给水控制系统失灵的检查及处理

引发锅炉三冲量给水控制系统失灵的原因如下。

① 仪表电源中断。应检查 220V AC 电源与 24V DC 电源是否正常，交直流电源故障，或模块电源故障造成给水控制系统失灵的情况时有发生的。

② 测量信号失常。应检查变送器，执行机构及阀位反馈信号是否正常；信号线的极性是否正确，调节器的输入、输出通道，跟踪回路是否正常。

③ DCS 软、硬件故障。主要是信号处理卡、输出模块、设定值模块、网络通信等故障。电缆电线出现断路、短路、接触不良引发的系统失灵也是常有的，大多是由于电缆电线老化、绝缘破坏、空气潮湿、有害气体腐蚀等造成的。

④ 给水流量瞬间大幅度波动，或者出现给水流量中断现象，会使给水调节阀全开，造成自动控制失灵故障。先把系统切换至手动，然后进行检查，锅炉给水压力已降低或出现报警，大多是工艺的原因，如给水泵有问题。如果给水流量显示为零，但给水压力没有下降，且汽包水位还有上涨，大多是仪表的问题，应检查给水流量变送器的供电、输出信号、连接线路是否正常，对症进行处理或修复。

⑤ 蒸汽流量失常，也会使给水控制系统失常。蒸汽流量偏低或中断，会使调节阀开度减小，导致汽包水位下降。先把系统切换至手动，然后进行检查，如果蒸汽压力已降低或出现报警，大多是工艺的原因，如果蒸汽流量显示大大下降或为零，但蒸汽压力没有下降，且汽包水位也在下降，大多是仪表有问题，应检查蒸汽流量变送器的供电、输出信号、连接线路是否正常，对症进行处理或修复。

11.3.5 多冲量控制系统维修实例

实例 11-17 某锅炉三冲量给水控制系统，蒸汽负荷变化会短时间出现“虚假水位”现象。

故障检查 原用的前馈-反馈单级控制系统，在蒸汽大负荷扰动时系统稳定时间过长，使调节质量下降，决定进行技术改造。

故障处理 对 DCS 重新进行组态，将控制系统改为串级三冲量控制系统，达到了控制要求，司炉工很满意。

维修小结 蒸汽锅炉一旦供汽负荷增大，汽包水位在一段时间内不仅不下降，反而明显上升；当负荷减少时，在一段时间内水位反而有所下降，这就是“虚假水位”现象。

前馈-反馈单级控制系统的 PID 参数是按某一确定的负荷整定的，当负荷发生变化，原来整定的参数满足不了要求；系统引入的蒸汽流量信号只能减弱假水位期间调节机构的误动作，不能从根本消除假水位现象。

改造后的串级三冲量控制系统如图 11-8 所示，图中主调节器 PID1 把水位信号作为主控信号，用来控制副调节器 PID2，副调节器 PID2 接受主调节器信号，还接受给水流量信号和蒸汽流量信号，通过前馈回路进行蒸汽流量和给水流量的比值调节，能迅速消除来自给水流量的扰动。

由于副回路的引入，控制系统对负荷变化的自适应能力提高，副回路的快速调节作用，使整个控制系统对进入副回路的干扰具有很强的克服能力，从而有效地克服了调节通道的滞后，提高了控制质量；而通过加强流量前馈信号，还可有效抑制“虚假水位”的干扰。

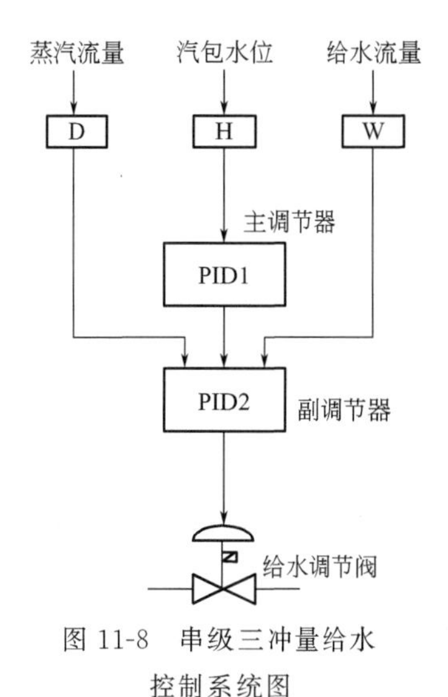

图 11-8　串级三冲量给水控制系统图

实例 11-18　某废热锅炉的液位显示迟钝并伴有较大波动。

故障检查　先把液位控制系统切至手动。检查设备上的浮筒液位计及差压液位计，发现差压液位计波动大，测量其输出电流也波动；但浮筒液位计波动很小，蒸汽压力波动也很小。进一步检查差压液位计，发现双室平衡容器的液相取样阀开度太小。

故障处理　开大双室平衡容器液相取样阀门后，液位恢复正常且稳定可投运自控。

维修小结　本例属于阀门操作不到位引发的故障。双室平衡容器的气相取样阀门已全开，但液相取样阀门开度太小，使进入双室平衡容器的水量少，气相的热量把液相的水再加热，使体积膨胀水位升高；待蒸汽压力高时使水位下降，如此反复，表面现象就是液位波动。

实例 11-19　某厂 20T/h 锅炉三冲量给水控制系统波动。

故障检查　现场观察调节阀不停地上下动作，蒸汽流量、汽包水位基本算稳定，但给水流量波动不停，造成调节器输出波动。

故障处理　调整给水流量变送器的阻尼时间为 10s，振荡现象基本消除。

维修小结　在该控制系统中汽包水位与给水流量是同极性，蒸汽流量是反极性，汽包水位除了出现汽水共腾现象外，正常时汽包水位的升降也是平缓的；余下的干扰因素只可能与给水流量信号有关了。最简单的就是先调给水变送器的阻尼，无效果时再考虑其他问题

11.3.6　均匀控制系统故障检查及维修实例

均匀控制系统大多采用简单、串级、双冲量三种不同的形式，其实现方法和所用设备也类同于这三种控制系统，故障检查及处理方法可参考以上章节介绍的这三种控制系统。

实例 11-20　某液位-流量串级均匀控制系统，达不到控制指标，影响安全生产。

故障检查　该系统是首次投用，所以仪表人员对图 11-9 系统进行了全面的检查和分

析，发现副调节器 FIC204 的作用方式选择为“正作用”。

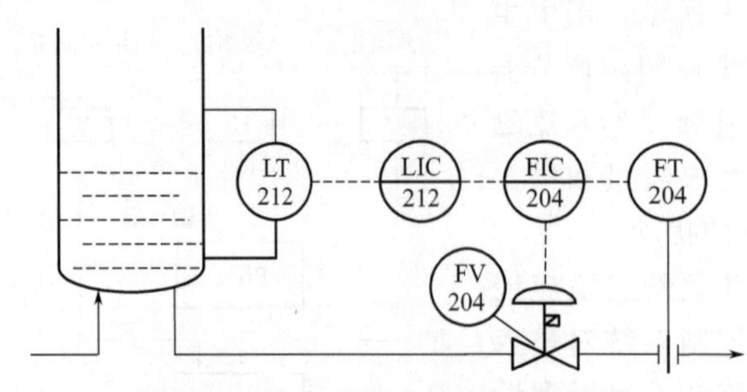

图 11-9 液位-流量串级均匀控制系统

故障处理 将副调节器 FIC204 的作用方式改为“反作用”后，达到了控制指标。

维修小结 本例中根据工艺条件使用的是气开阀。塔内液位上升时，调节阀 FV204 应开大，主调节器 LIC212 应选“正作用”；塔底流出量增大时，调节阀应关小，因使用的是气开阀，所以把副调节器选为“反作用”，当液位上升时，主调节器输出增大，副调节器给定增大，相当于流量减少，故副调节器的输出增大，调节阀开大。本例原来把副调节器的作用方式选择为“正作用”，则当液位上升时，主调节器输出增大，副调节器给定增大，相当于流量减少，故副调节器的输出减少，调节阀会关小，将导致塔内液位更高，塔底流出量更少，显然这是达不到控制指标的。

实例 11-21 某液位-流量串级均匀调节系统，投用时主回路稳定而副回路波动大，影响平稳操作。

故障检查 通过分析认为副回路波动是由于调节器参数整定不合适造成的。

故障处理 重新整定调节器参数。其操作步骤如下：

① 将主回路液面调节器的比例度设为 150%左右，然后调整副回路（流量调节）的比例度，一般在 100%～200%之间，观察调节过程，直到得到比较好的调节过程曲线。

② 将流量调节回路的比例度放在调整好的数值上，再由大到小调整液面调节回路的比例度，以取得更好的调节过程曲线。

③ 适当地给液面调节加入积分作用，一般在 0. 1～1 分。观察过程曲线，再微调主、副回路参数，以得到适合的比例度或积分时间。

维修小结 均匀调节系统是对被调参数同时兼顾的控制系统，即被控的两个参数（如液位与流量）是均分干扰引起的变化，两个参数有缓慢的变化，并不是一定要液位波动多大，流量也要波动多大，在维修中一定要根据生产实际正确理解“均匀”的主次。

11. 3. 7 分程控制系统故障检查及维修实例

分程控制系统就是用一台调节器控制两台或两台以上的调节阀，每台调节阀根据工艺的要求，在调节器输出的一段信号范围内动作。分程控制按调节阀的开闭形式，分为同向和异向调节。同向调节，即随着调节阀输入信号的增加，两台调节阀都开大或关小；异向调节，即随着调节阀输入信号的增加，一台调节阀关闭，而另一台调节阀开大，或者相反。分程控制可通过调节阀、电气阀门定位器、DCS 的软件来实现。

分程控制系统的测量、控制回路与简单控制系统回路基本相同，其输出也只有一路，因此，对分程控制系统的故障判断及处理，可参照简单控制系统的方法进行。

实例 11-22 某换热器温度分程控制投自动不稳定，且蒸汽消耗高。

控制系统如图 11-10 所示，物料从换热器底部流入，经换热后从顶部流出，物料出口温度通过控制换热器的水量来控制，生产正常时通过调节水量来控制温度，如果温度达不到要求时，可通过蒸汽加热来提升物料温度。

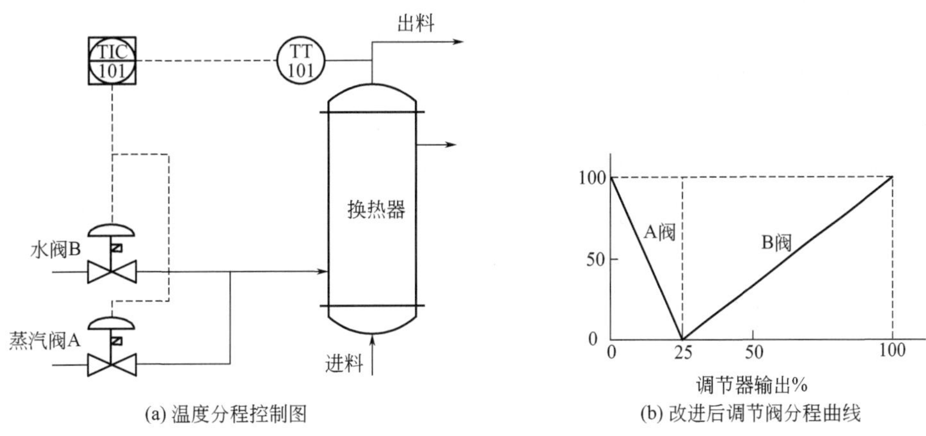

(a) 温度分程控制图　　(b) 改进后调节阀分程曲线

图 11-10　温度分程控制及阀门分程曲线图

故障检查 先怀疑调节器参数整定不理想，但重调参数效果仍不明显。通过学习其他企业的经验，决定试改变分程曲线。

故障处理 使分程曲线的区间大小不一样，投用后控制比较稳定，跟踪也及时。

维修小结 通过 DCS 组态来改变分程曲线比较容易实现。本例原来两台调节阀以调节器输出 50% 为分界。现在以 25% 为分界，使分程曲线的区间大小不一样，如图 11-10 所示，使两台调节阀的动作快慢不同，区间长的 B 阀动作慢，区间短的 A 阀动作快，既符合了工艺要求，控制效果还满意。

实例 11-23 某压缩机防喘振控制系统的改造。

该控制系统原来只用一个调节阀，为了适应大负荷下出现喘振后确保压缩空气紧急放空，调节阀的口径选择得较大，但在小负荷下出现喘振时放空量小，就需要将阀开得较小，形成正常时调节阀只能在小开度工作，而大阀门在小开度下工作，除调节阀的特性会发生变化外，还经常发生噪声和振荡，使控制质量降低。

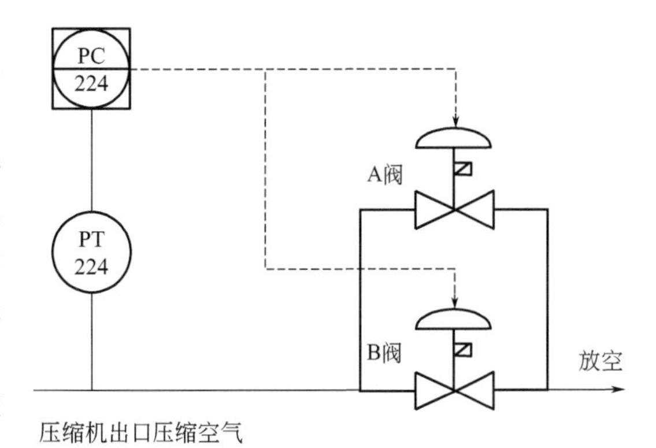

图 11-11　防喘振分程控制系统组成示意图

为解决以上矛盾，将该系统改为分程控制系统，如图 11-11 所示。A、B 为两台同向动作的气关式调节阀，图中 A 阀在调节器输出信号为 20～12mA 时，由全关到全开，B 阀在调节器输出信号为 4～12mA 时，由全关到全开，在正常情况下，当负荷小时，B 阀处于全关，只通过 A 阀开度的变化来进行控制；当负荷大时，A 阀全开仍满足不了压缩空气放空量的时候，B 阀也开始打开，以补充 A 阀全开时放空量的不足。

实例 11-24 液位分程控制系统波动大。

故障检查 观察记录曲线像锯齿形波动，调节器输出始终在 45%～55% 之间变化，即 B 调节阀始终处于开开、关关的位置，看来 B 调节阀选择大了。

故障处理 应急处理方法：一是与工艺联系加大工艺介质的循环量，增大 B 阀的开度。二是用手轮关小 A 阀，间接增大 B 阀开度，使 B 阀脱开小开度工作状态。

维修小结 本例由于调节阀的膜室较大，B 阀接收调节器 50% 以上的信号后，调节阀膜室有个充气过程，出现一个死区，PI 调节器在调节阀充气过程中输出已变大，待充气完之后 B 阀又开过头了，调节器输出又降低，低于 50% 以后 B 阀又关闭，重复以上过程，加之调节阀在低端的非线性，致使系统控制不好，记录曲线呈锯齿形波动。

第12章 DCS的维修

12.1 DCS 的故障检查判断思路

DCS 出现故障可能会涉及电源、硬件故障、软件故障、网络通信、人为等因素。DCS 故障绝大多数发生在现场仪表、安全栅、连接线路、执行器、电源。DCS 出现异常时要结合实际工况，分析测量控制参数是否处于正常状态，以判断是工艺问题还是 DCS 故障。检查 DCS 故障时，要综合考虑、从点到面地进行思考、分析、判断。

电源出现故障，将直接影响 DCS 的正常工作。电源模块使用时间长后，电子元器件失效导致电源模块发生故障的概率较高。不能忽视电源线连接的故障，如接线头松动、螺栓连接点松动、锈蚀引起的接触不良故障。

软件故障在正常运行时出现的不多，主要出现在调试期间和修改组态后。在判断系统故障时，应先从硬件着手，尤其是现场仪表、传感部件及执行器的检查。

硬件故障可分别从人机接口和过程通道两方面来判断。人机接口故障处理起来要容易些，因为多个工作站只会有其中的一个发生故障，只要处理及时一般不会影响系统的监控操作。

网络通信出现故障轻则掉线、脱网，重则死机、重启；网络通信出故障其影响面很大，但较容易发现和判断。

DCS 具有历史趋势记录、操作记录、报警值、报警时间记录、故障诊断等功能，趋势、操作记录真实地记录了历史上各参数的数值和操作人员所做的工作。而故障诊断是 DCS 对所有模拟、数字的 I/O 信息进行监控，通过它可测试和判断问题所在，再结合趋势、操作、报警等记录，可帮助我们迅速找出故障点。

干扰问题也是检查、判断 DCS 故障时要考虑的因素之一。要使 DCS 之间实现信号传送，理想状态就是参与互传互递的 DCS 共有一个“地”，且它们之间的信号参考点的电位也应为零，但在生产现场是不可能做到的。因为，各个“地”之间的接线电阻会产生压降，还有所处环境不同，这个“地”之间的差异也会引入干扰，这将会影响 DCS 的正确采样。

在现场有时会出现 DCS 系统某些功能不能使用，或者某控制部分不能正常工作，而实际上 DCS 并没有故障，而是操作人员不熟练或操作错误引起的；如设计、修改组态时出现错误，或者下装时操作有误，都有可能引发故障，但只要加强管理大多是可以避免的。

12.2 DCS 的基本构成及日常维护

DCS 由集中管理、分散控制监视、通信三大部分组成，如图 12-1 所示。

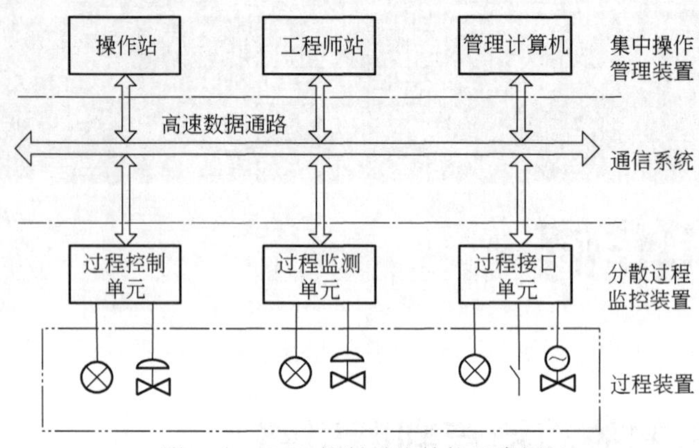

图 12-1　DCS 控制系统结构示意图

提高 DCS 维修人员技术水平，加强管理、严格执行规章制度是确保 DCS 安全运行的关键。而加强巡回检查、保障设备运行环境、防范硬件故障、及时备份软件及数据、减少人为误操作、是防止 DCS 故障的有效手段。在日常工作中应做到如下。

巡检时观察系统供电是否正常，控制卡件是否有红灯亮，进入“故障诊断”画面，查看有无卡件运行故障提示，通信是否有异常提示。DCS 出现故障应及时进行处理。对于影响系统安全的故障，让工艺切换至手动操作，并立即上报主管或相关部门，处理故障应有两人以上协商处理，避免发生人为失误，维修时必须使用防静电器具，以防止损坏集成电路设备。

系统运行中尽量避免组态修改。必须进行组态修改及下装时，要进行系统备份，以避免在硬盘故障不能恢复时，控制器实时数据库与工程师站备份数据库不匹配的问题。

确保 DCS 机房及电子间内的环境温度在 19～23℃之间，空气洁净度及通风条件符合要求，机柜电缆进出线的密封要良好。要重点检查空调设备、电源设备及风扇的运行状况，定时清扫过滤网。通过眼看、耳听、手摸提前发现设备存在的故障隐患，并采取措施避免事故的发生。

要有适量的备品备件储备。各型电源设备或模块、专用风扇和后备电池、控制器 CPU 卡、外设卡、I/O 卡，特别是控制卡、操作站 CPU 卡等应不少于一个备件。要有系统启动硬盘备份，避免系统启动硬盘损坏，不能恢复而造成 DCS 瘫痪。

12.3 DCS 的维修

12.3.1 DCS 的故障检查判断及处理

(1) 人机接口的故障检查及处理

操作员站或工程师站死机的原因很多，且比较复杂，硬件方面的原因有：电源有问题，冷却风扇停转导致主机过热，CPU 负荷过重，内存条松动或质量不佳，可采用更换风扇等硬件，重新拔插的方法来处理。硬盘老化或使用不当造成坏道、坏扇区，只有更换硬盘。硬盘空间不足，可定期整理和清理硬盘中的垃圾文件。软件方面的原因有：软件本身有缺陷，或者操作员操作错误，系统文件丢失，错误卸载了文件，历史数据及报表计算混乱等。有时死机是接地不良或设置错误引起的，有频繁死机现象时，应对接地系统进行认真检查。如无其他异常情况，只需要重启电脑，大多可恢复正常。

在生产中单独一台操作站出现异常，大多为操作站的硬件出现问题，如硬盘、电源、风扇有故障，通过检查更换相关配件即可恢复。软件出现问题也会导致操作站异常，这时要做的就是恢复该操作站的备份系统，在很多企业大多使用光盘及 GHOST 软件来恢复系统，有的还安装有一键恢复系统软件；恢复系统按提示一步一步点击确定即可。

人机接口常见故障及处理方法如表 12-1 所示。

表 12-1　人机接口常见故障及处理方法

故障现象	可能原因	处理方法
鼠标操作失灵	鼠标的接口接触不良	固紧鼠标接口螺钉
	鼠标积尘过多或损坏	清洗或更换鼠标
键盘功能不正常	键盘插头插座接触不良	重新拔插一下键盘
	按键接触不良	清洁或更换键盘
控制操作失效	打开的过程窗口过多	按需打开适量过程窗口
	过程通道硬件有故障	检查过程通道
打印机不工作	打印机设置有错误	进行正确的打印设置
	缺墨	更换墨盒

(2) 电源或接地系统的故障检查及处理

DCS 系统电源出现故障，通常会有报警及灯光显示，而且会自动切换至备用电源，对单一电源故障，可切除进线电源后进行检查；维修有故障的电源，应在找到故障点后，制订切实可行的安全措施才能进行维修。

① 电源出现严重故障会导致 DCS 瘫痪，断电故障有时可能就发生在不起眼的小事上。如：供电接线头没有采用压接或压接不牢造成的接触不良，或者接线螺钉松动；电源线的连接点因腐蚀产生接触不良，会导致电源线的阻抗增大和绝缘下降等；以上问题的出现都有可能导致供电瞬间中断或长时间断电。因此定期检查电源输出电压，在停产检修时应检查电源线路，固紧螺钉来保证供电无接线问题。电源模块出现故障，更换即可。要检查并保证两路电源同时带电，而且其保险熔丝要可靠。UPS 的电池寿命到期就要更换，不要等有故障再更换。

检查控制站的电源故障，可先观察电源指示灯的显示及冷却风扇工作是否正常。电源输出电压可通过万用表测量来判断，常用电压有 5V 和 24V，非特殊情况不要带电维修电源。

② 地线问题导致的故障，系统接地电阻增大，接地端与接地网断开，电源线和接地线布线不合理，没有做好防雷措施等，都会影响正常供电。接地系统出现故障一般不会有报警信号，但对 DCS 的输入输出信号影响较大，可能会出现多个数据显示不稳定，设备状态失常、误动作等故障。这时应测量系统的接地电阻是否合乎要求，接地系统如果有问题，对症进行处理。为了保障 DCS 系统的正常运行，应定期检查防雷接地设施及线路。

(3) 过程通道的故障检查及处理

卡件故障有硬件故障和软件故障之分，通过更换卡件才能解决的为硬件故障，而通过对卡件进行复位可以解决的为软件故障，软件故障有时可能只反映在其中的某一个通道上，可通过实际测量来判断；更换卡件后故障仍存在，不妨试着重新对控制器进行下装，也许就能解决问题。

DCS 出现故障最多的是现场仪表部分，如变送器、热电偶、热电阻等，故障检查和处理可参考本书的相关章节。继电器和各种开关也是容易出现故障的元件，该类元件使用频繁，触点易打火或氧化出现接触不良或烧毁的故障，该类元件大多采取更换的方式。

① I/O 卡件的检查及处理过程通道出现故障最多的是 I/O 卡件，现场维修数据表明，I/O 卡件中 AI 卡件端口烧毁的故障率最高，I/O 卡件故障的判断，通过观察卡件指示灯和查看故障诊断画面，可确认主控制器和数据转发卡等系统卡件故障。

对模拟量输入通道检查时，拆除输入线用信号发生器加信号，如电流、电阻、毫伏信号，若操作站的显示正常，故障点应在信号连线或是变送器、传感元件侧。检查模拟量输出通道，可在操作站上对设备进行操作，若输出信号正常，故障点应在外围设备或是连线上。检查开关量输入通道，可短接通道，操作站的显示正常，故障点应在外围设备或是连线上；检查开关量输出通道，可在操作站上对设备进行操作，如果卡件的输出继电器闭合，故障点应在外围设备或连线侧。

还可采取调换通道或更换备件来确定故障，有故障的卡件大多采取更换的方式，拔插卡件时要做好安全防护措施，如佩带防静电手环等，不要用手去摸元器件和焊点，以避免静电引入而造成损坏。代换卡件时要检查卡件与底座接插是否紧密，否则由于接触不良而出现误判的问题。卡件是否能热拔插，各型产品不尽相同，应参照用户手册执行。

② 线路及接线的检查及处理　接线端或导线接触不良，接线端与实际信号不一致，输入信号线接反、松动、脱落，模块与底座接插不良等。人为的错误，如把信号线接错通道，通信线接线方向或终端匹配器未接等。人为故障只要加强检查，是可以杜绝和消除的。

③ 较难预料的故障检查及处理较难预料的故障有：供电或通信线路不正常，过程通道的保险损坏，模件或电子元器件老化损坏等。以上故障只有在出现时尽力修复，前提是要有备品备件来保障。有的故障因素可能很难发现，如某电厂在一个月内频繁出现通信故障，更换主机后故障依然存在，经过多次检查才排除了故障，原因是模件连接到主机箱的 SCSI 数据线两端接头损坏，更换数据线后问题迎刃而解。

④ 电磁干扰的检查及处理　电磁干扰是由接地和防干扰措施注意不够引起的。备用电源的切换，使用无线通信设备、手机、对讲机可能会影响 DCS 的运行，大功率电器设备的启动和停止都会干扰 DCS 的控制信号，造成不必要的故障。要严格执行屏蔽和接地要求，信号线要远离干扰源，如某厂有不少温度点测量不准，经检查发现是电缆桥架各段槽板之间有漆层，而各段槽板之间又没有用导线连接，由于没有屏蔽作用，干扰信号串入了热电偶的测量回路中，导致 DCS 温度显示不准确。主/从控制器之间在装置运行时，除非万不得已，不要进行人为切换，以防产生干扰。

(4) DCS 控制器故障检查及处理

DCS 的控制器质量可靠，但长时间的运行，由于种种原因，难免会出故障，硬件和软件有问题都有可能引发控制器出现故障。

① 控制器有故障其故障标志会出现红色，可根据标志中的文字及故障诊断信息进行检查及处理。控制器出现故障，可查看系统报警来判断，如控制器、I/O卡件、通信部件有故障，可对症进行处理。有时通过复位可解决，但有时复位后又下线，对有时正常有时又失常的故障，或者系统某一段回路各卡件有无规律的通信报警时，首先要检查的是通信部件，前端光纤设备、光电转换器、光纤熔接点是否正常。主控制器任一SBUS端口自检有故障时，在保证冗余控制卡工作正常的前提下，可试着重新拔插或者紧固该端口的通信电缆插头，或者更换通信电缆。

② 主控制器I/O卡件有故障，或者主控制卡上电复位时，内存自检，ROM自检，自定义程序的任一自检报警有故障，在保证冗余控制卡工作正常的前提下，应更换有故障的控制器卡件。报警RAM读/写错误或RAM数据错误，应检查内存条、硬盘，电源是否正常。

③ 软件有问题也会使控制器出现故障，有时通信卡在接收终端的数据信号时发生丢包现象，这样在控制器内将会产生垃圾文件，时间一长，垃圾文件越来越多，使程序出现紊乱，导致控制器无法正常工作；只有通过对控制器进行复位，清空控制器的程序后，重新下装程序来修复。有条件时可定期或不定期地清空控制器的程序，重新下装控制器的程序，这样可把被动维修变为主动维护。

(5) 网络通信故障的检查及处理

网络通信故障由于线路问题及硬件原因引起的居多，网络通信不正常的现象是操作站显示、控制的数据不更新或不同步，可通过读取故障诊断信息内容，有的放矢地检查和处理。先观察网卡运行灯是否正常闪亮，集线器电源灯是否亮，每个通道的收发灯是否闪亮，结合故障信息，确认后更换故障部件。如果网卡灯与集线器相应通道的灯不亮，通信线可能有故障，可进行检查及处理。

以上检查都正常但通信仍无法恢复，可能是软件有问题，可检查或重新安装软件。网络通信故障由于软件引发的原因有：组态不规范；生产中控制器的组态有变化，但应用软件组态只增加不减少，形成很多无效数据，而系统运行时仍在读取这些数据，网络上根本没有这些数据就会造成网络堵塞。最好就是删除无效数据对组态进行优化。

① DCS的通信网络大多用总线型冗余结构。总线出现故障时，处于故障通信总线范围内的所有过程处理模件、输入输出模件的外部故障灯会亮，表明该站内的通信总线出现硬件故障。常见故障有：远方总线故障和站总线故障，主站、总线电缆大多采用双通道，所以出现故障的概率较低，此类故障可通过切换远方总线运行方式查找。站总线故障有可能是TK、FK模件故障或站内通信电缆故障，模件大多为双通道，而站内通信电缆是单根，因此，检查总线故障的重点是通信电缆。

通信电缆有故障，从操作站或工程师站上可以发现一些现象，在操作站上会出现大量参数故障，通过对这些信号进行分析，其全部为某一机架的信号，而且参数的故障呈现一定的规律性，即从一个机架或机柜的某一个模件开始，在此机架内的所有信号连续出现故障标志，表明该机架的通信电缆可能出现故障。

在工程师站的诊断信息上会出现大量模件故障，而且模件的故障呈现一定的规律性，即从一个机架或机柜的某一个模件开始，在此机架内的所有模件连续出现故障信号，故障信号的标志为模件丢失，这表明该机架的通信电缆可能出现故障。

② 节点总线的传送介质采用同轴电缆，总线的干线任一处中断，都会使该总线上所有站的子设备出现通信故障。除进行检查，不要去触碰或插拔同轴电缆的线及插头，避免造成

松动增加出现故障的可能。检查时应测量终端电阻的阻值是否正常，否则应进行更换或处理。

③ 就地总线一般是双绞线组成的数据通信网络。其连接的设备是与生产过程直接发生联系的一次元件或控制设备，所以工作环境恶劣，故障率高。防止此类故故障的有效方法是，首先要将就地总线与就地设备的连接点进行妥善处理，拆装设备时，不得影响总线的正常运行，总线分支应安装在不易碰触的地方。

④ 通信线接线错误、通信线接触不良、拨码开关位置错误，都会使网络通信不正常。通信电缆线材损坏的情况不多，线端接头是检查的重点，通信接头出现接触不良、松动等现象时，应该重新做网线接头，否则后患无穷。

直连网线（568B）的两端芯线要一一对应，网线制作是按 1. 白橙，2. 橙，3. 白绿，4. 蓝，5. 白蓝，6. 绿，7. 白棕，8. 棕的次序排列。可使用“网线测试仪”检查网线是否正常，将网线接在测试仪接口上后打开电源开关，测试仪两边的灯会依次闪亮，如果左右两边的灯闪亮顺序相同都是 12345678，说明被测网线是直连线，如果左边按 12345678 顺序闪亮，而右边是按 36145278 顺序闪亮，说明被测网线是交叉线。测试中如果左右两边的灯按顺序亮起，说明该网线制作正确。左边闪亮到某个灯时右边没有闪亮，说明该线有问题，可能是线序有错，或者网线有断路，线未插入水晶头中等故障。

正常时网卡的传输指示灯是闪亮的，如果不亮可检查网卡的设置，网卡的驱动程序是否正常，TCP/IP 设置是否正确；可用 ping 命令来检查网卡及驱动程序是否正常。如控制站与工程师站、操作员站不能通信时，有可能是 IP 地址错误、通信相关软件、网线有问题。如要检查控制站与工程师站能否通信，可进入工程师站的“开始”→“运行”→输入“ping 1XX. 0. 0. XX”（控制站的 IP 地址）→从跳出的显示框就可知道结果了。

⑤ 就如每个人都有个身份证号码一样，网络通信中 IP 地址就相当于被联设备的“身份证号”，如果其地址标识错误，必然造成网络通信的混乱。所以，要防止各组件地址标识错误及重复发生，如交换机上地址重复等。更换网卡、数据转发卡、主控制器时，新的卡件地址与原来用的卡件地址必须相同；当维修中需要拔插卡件时，如网卡、数据转接卡、主控制器等，一定要记住卡件原来的安装位置，否则安装位置有变化会出现人为故障。更换网卡前，先记录网卡的 IP 地址，关闭主机后打开主机盖进行更换，插上网线，启动主机后安装网卡的驱动程序，设置网卡的 IP 地址。

(6) 软件故障检查及处理

DCS 的软件出现故障的概率很低，但是一旦出现故障影响面很大。DCS 软件出故障大多是组态有错误，组态与硬件不协调出现的问题。常见故障有：数据库点组态与对应通道连接信号不匹配；鼠标端口设置有误，如把 USB 口设为 COM 口，而出现不能用鼠标操作的问题；有时由于软件的原因，也会使网络通信太忙或阻塞引起系统管理混乱；或者不能进行打印操作；有的设备已安装驱动程序，但出现设备不工作；卡件上的指示灯状态不对；对应测点的显示值不正确等。首先要判断是 DCS 内部还是外部有问题，如果是 DCS 内部的问题，大多属于软件的问题，可从组态入手进行检查。如果是 DCS 外部有问题，大多是硬件的原因，可按硬件故障的检查方法进行检查及处理。

(7) DCS 显示不正常的检查及处理

该故障大多是指 DCS 某个通道的数据不正常，需要判断故障点是在系统部分还是现场部分。通常的两种做法如下。

① 从 DCS 操作站往现场仪表检查。首先排除 DCS 故障，检查和确定卡件、插槽或母板是否有问题，新投运的系统还应检查信号接线及卡件跳线是否正确。在 DCS 端子柜侧，用信号发生器送 4～20mA 电流信号给输入端子，观察显示是否正常；用万用表测量 DCS 输出端子的电流信号与 DCS 显示的信号是否一致，以上检查可排除和确定 DCS 的 AI/AO 卡是否有故障。对端子板、IO 卡件要逐段排查，同时检查 DCS 组态中量程是否和现场仪表对应。从操作站往现场仪表检查的步骤如图 12-2 所示。

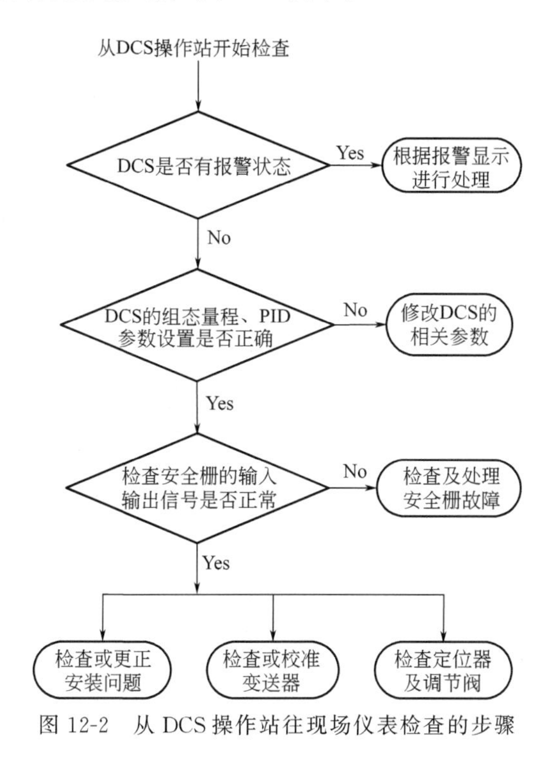

图 12-2　从 DCS 操作站往现场仪表检查的步骤

② 从现场仪表往 DCS 操作站检查。排除现场仪表故障，最直接的就是校准变送器，观察变送器输出电流与 DCS 的显示值是否对应；给调节阀送 4～20mA 信号，观察调节阀的动作是否正常。从现场仪表往 DCS 操作站检查的步骤如图 12-3 所示。

③ 如果从两端检查过来都没有发现问题，可检查中间环节的信号，或做通断测试及绝缘测试，大多能发现故障部位。中间环节的接线盒、隔离器、安全栅、阀门定位器是检查重点，检查方法详见本书相关章节。

(8) DCS 测点显示有坏点的检查及处理

DCS 测点显示坏点，一种是画面数据中有个别测点或几个测点显示坏点，这时应重点检查现场仪表，如变送器是否没有电流信号送过来；或者是热电偶、热电阻测温元件损坏；或者是现场仪表有故障；断电或信号线极性接反、接线松脱、开路、接地等。以上故障可按图 12-4 的步骤检查。

另一种就是 DCS 画面数据全部显示坏点，观察机柜全部故障灯会闪动，这是最危险的，此时，操作工将失去对生产装置所有画面的监视和控制，而且还无法执行操作指令。但大多 DCS 的控制回路及保护功能仍是可以正常工作的，操作工只能依靠就地仪表的显示来维持生产。

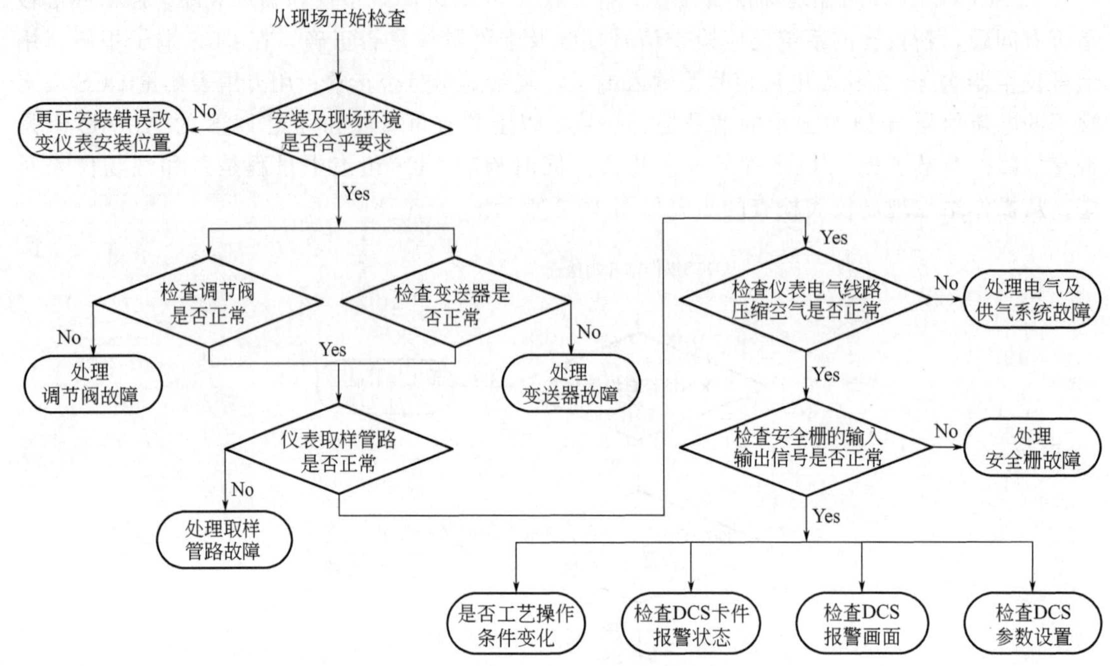

图 12-3　从现场仪表往 DCS 操作站检查的步骤

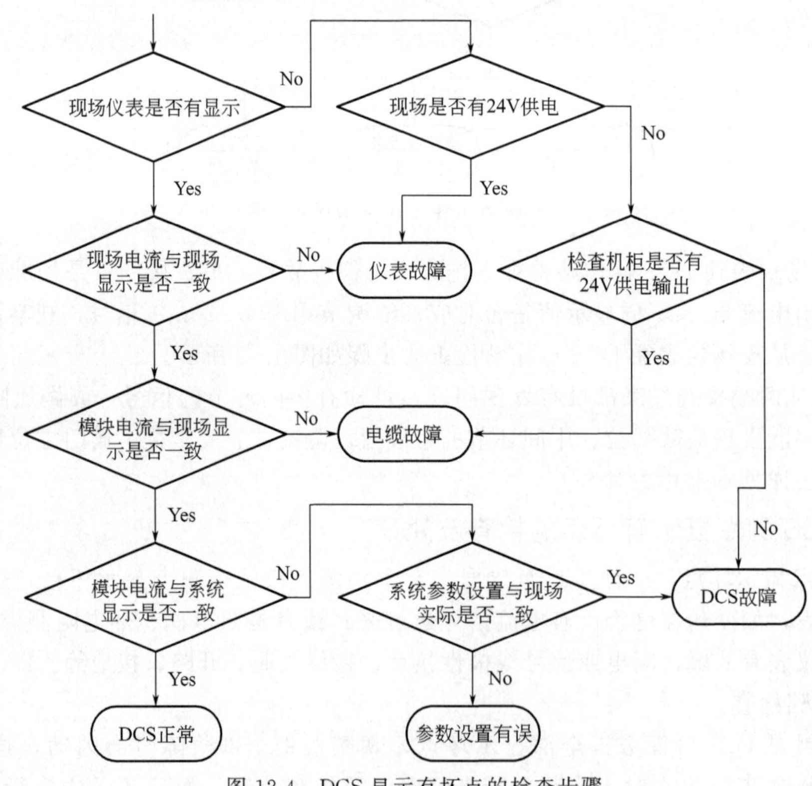

图 12-4　DCS 显示有坏点的检查步骤

全部显示坏点故障有可能是 DCS 服务器死机或者出现故障，如服务器电源模块损坏，硬盘丢失文件，主服务器退备用等故障；出现服务器全部故障时只能停产进行更换处理。DCS网络出现通信中断故障，网络故障有硬故障和软故障，其检查及处理方法，可参考本章中网络通信故障检查处理相关章节。

(9) DCS组态下装过程的故障及处理

DCS组态下装分为在线下装和离线下装，下装又可分为增量下装和全下装。在线下装是指在装置运行状态下，将编好的程序通过下装软件下装到DPU中，而不影响装置的运行，但很多DCS系统并不支持在线下装。

离线下装不会对生产安全造成影响，但离线下装不能立即见到效果，而且有可能存在一些较隐蔽的缺陷，难于检查确认。一般可采取增量下装，可保留控制器中原有状态信息，仅自动对更改处进行下装。下装前不要对控制器做过多的修改，以避免离线组态与控制器中的组态存在较多差异，否则有可能出现一些莫名其妙的问题。

认真做好DCS组态修改的记录工作。对DCS组态做任何修改，均应做相应的文字记录。做DCS组态修改前，对需要修改的控制器站进行点信息一致性检查，确认点信息完全一致，检查有不一致处，应该有组态修改的文字记录予以确认。

修改组态应及时保存，编译过程中若发生任何错误报告，必须予以一一确认。做到零错误下装。下装前应进行系统状态的检查，检查控制器的主备状态、报警信息，检查系统中的点强制、点报警情况，做好记录，方便下装后与系统状态进行比对。

增量下装发生错误，可采用全下装来解决，但对下装的控制器要进行清空，清空结束后，再进行常规的下装操作。

12.3.2 DCS维修实例

(1) 电源故障

实例12-1 某厂锅炉DCS的很多显示参数突然变为坏点，导致停炉。

故障检查 观察DCS的显示屏发现，汽包水位、给水流量、主蒸汽流量、除氧器水位显示全为坏点，从经验判断，问题应该在现场变送器，检查发现变送器的24V电源总保险烧断。

故障处理 更换保险后DCS系统恢复正常。

维修小结 本例属于24V电源总保险烧断，造成锅炉变送器失灵故障。电源故障一般就是更换保险或电源模块，技术含量虽然不高，但影响却非常大；因此，预防电源故障，采取保障措施非常重要。如增加电源的冗余配置，电源的故障报警，定期检查电源模块及冷却风扇，更换保险管都是很有必要的。

(2) 过程通道故障

实例12-2 浮筒液位计与玻璃液位计指示都正常，但是DCS显示最大。

故障检查 现场变送器输出电流正常，且与液位值对应，机柜间安全栅测得电流为20mA，所以DCS显示最大。判断问题还是在现场，深入检查发现离变送器不远处接线盒有进水现象。

故障处理 把接线盒内的水处理干净并吹干，DCS显示恢复正常。

维修小结 本例属于进水使信号线出现接地引发的故障。从机理上进行分析还是有一定难度的。对安全栅输出的20mA电流，有人认为接地引起安全栅保护限流；有人则认为接线盒进水，导致信号线不完全短路，短路处和变送器及安全栅形成了两个并联回路，才出现变送器输出电流正常，而安全栅输出电流最大的现象。

实例 12-3 某压力变送器显示为0.85kPa，DCS画面却显示−1.7kPa。

故障检查 检查变送器、安全栅、卡件都是正常的，量程设置也没有问题，最后发现是DCS的组态域值不对。

故障处理 更正DCS的组态域值后，压力显示恢复正常。

维修小结 本例属于软件引发的故障。在现场出现该类故障大多是硬件的原因，检查方法有：换个AI点后观察DCS显示是否正常，量程不对应时可采取数值换算来判断；还可测量安全栅的输入、输出电流来确定故障部位；也可在安全栅处一分为二，用电流信号代替安全栅的输出，如果DCS显示正常，则重点检查安全栅之前的仪表及接线。

实例 12-4 通道软件故障两例。

例一 某补水调节阀不能开启，无论给出的指令是多少，现场测量的电流值始终为4mA。

故障处理 对该模件进行复位后控制恢复正常。

例二 定排疏水电动阀开启但无法关闭。

故障检查 现场检查对应的开关输出模件，第一通道输出为“1”，对应电动阀的开指令，而DCS中查看该通道的状态为“0”。

故障处理 更换模件无效，对主控制器进行下装后控制恢复正常。

(3) 控制器故障

实例 12-5 某电厂I/A′S系统的机组副控制处理站（CP2007）下线。

故障检查 怀疑是CP2007的问题，将其更换至CP2001控制处理站的位置，故障现象仍存在。

故障处理 更换CP2007控制器后正常。

维修小结 在使用中CP2007副控制器经常下线，然后又自动上线，怀疑是CP2007本身有问题，为了进一步确定，因此将其更换至正常的另一台控制器CP2001的位置，投用后，其故障仍存在，对于同一台控制器，在不同位置所报故障相同，说明控制器本身有故障。

实例 12-6 由于散热风扇故障导致DCS主控制器出现故障。

故障处理 更换散热风扇后，控制器恢复正常运行。

维修小结 根据某电厂的统计数据，DCS主控制器内的散热风扇如果出现故障，将使主控制器的故障率大大增加；5年时间内该厂因主控制器内散热风扇异常导致的主控制器故障共计13次，这类故障的主控制器内散热风扇均有一个或几个运转不正常或完全不运转，一般在更换散热风扇后都能恢复正常工作。

实例12-7 某DCS系统出现多个模件频繁离线故障，离线时间间隔时间短的仅几秒钟，长的则几分钟甚至更长。

故障检查 检查DP总线无虚接现象。曾采取下装主控、更换模件等手段均无效。在拔插模件的过程中，当拔到某一块模件时DP链路恢复正常，再插回又有模件离线。判断是模件故障引起整个一段DP链路上模件离线。通过逐一排除的方法检查，查出有一块模件有故障。

故障处理 更换有故障的模件后，系统恢复正常。

维修小结 模件故障影响到一段DP总线上模件离线的故障较难判断，因为，离线的不一定是故障模件，故障模件也不一定会离线，在没有检测手段时，只能用逐一排除法进行检查。这种总线故障在只有一个模件故障时不会出现，而且模件内的故障点能用肉眼观察到，如本例拆开模件发现有电容器不同程度爆裂的迹象。因此机组检修时可以对模件拆开检查，能起到很好的预防效果。

(4) 网络通信故障

实例12-8 某厂2号机组的操作员站及大屏显示的参数突然变为坏点，持续2min后仍未恢复，DCS系统网络通信堵塞，系统处于瘫痪状态，机组被迫手动停机。

故障检查 检查发现有8个DPU自检状态显示处于离线状态，4对主/备用DPU均处于离线状态。检查离线状态DPU机柜，发现对应的DPU主机都在停机状态，进一步检查出现异常问题的DPU历史状态，发现第一出现异常问题的DPU为5号DPU，时间为23:06:50，错误信息为“传输故障”，从23:07:10起，6号DPU出现下网信息“I/O驱动出错”，并且在每1s内该信息报文重复广播450余次，此后历史记录显示其他DPU相应出现报警。

故障处理 手动复位断网的DPU后恢复正常。

维修小结 根据报警历史记录，6号DPU从23:07:10起，每秒钟都发出大量的“I/O驱动出错”的系统报文，至23:09:25停止发送。大量的报警信息导致DCS系统网络异常，使多个DPU离线。按系统设计原理，“I/O驱动出错”是在该DPU复位时，为记录复位原因而发出的一条系统报文。正常情况下，“I/O驱动出错”的报警通告次数应该是一次的，出现该报文后DPU应自行复位。从历史记录看，6号DPU并未复位，并持续发出报警信息。后来DCS厂商判断为Windows NT操作系统方面的安全漏洞，使得在特定条件下会引发重复报警。

实例12-9 UCN通信电缆抗干扰性能的改进。

故障现象 某厂闪速炉用的TDC3000/TPS系统，UCN电缆检测到每小时数以千计的UCN冗余，A/B电缆噪声和通信数据包丢失报警。使得DCS系统UCN通信频繁出现通信中断故障，系统无法投入正常运行。不及时解决UCN电缆噪声问题，一旦UCN通信的两根电缆同时出现故障，则会造成整个DCS系统瘫痪。

故障检查 经分析 UCN 通信电缆干扰的主要来源有：空间辐射干扰，系统外引线的干扰，信号线引入的干扰，接地系统混乱造成的干扰。

故障处理 ① 改进整个系统接地，把系统和通信屏蔽地与控制机柜的保护接地完全隔离分开，避免多点接地电位差不同造成的共摸干扰。

② 尽量将电磁干扰排除在通信电缆系统外，将闪速炉系统通信电缆穿过金属软管，且使软管一端接地。

③ 用 TDK 公司的高频铁氧体磁环来解决高频辐射干扰，对每个节点（NODE）即站与站、TAP 连接头之间的 UCN 电缆上各加装三对高频磁环，如图 12-5 所示。

效果：完全消除了外界电磁干扰对 UCN 通信的干扰，解决了 DCS 系统通信故障问题。

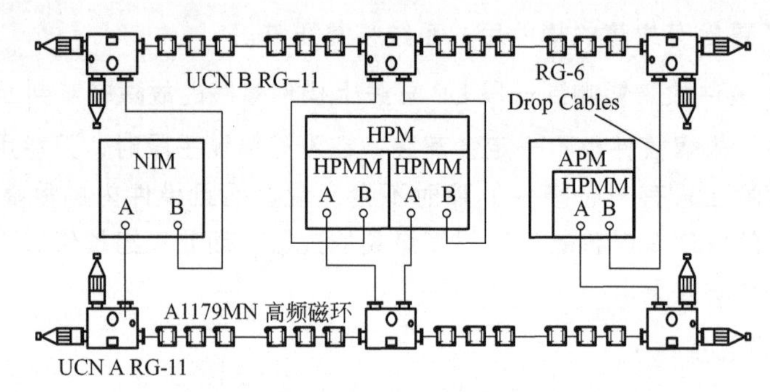

图 12-5 TDC3000/TPS UCN 电缆连接示意图

实例 12-10 某厂 DCS 突然出现 C 线 UCN 电缆故障造成 HPM 控制器失效及数据时断时续，大约持续 15min 后系统恢复正常。

故障检查 观察历史记录发现某日 9 时左右发生 UCN 电缆 B 报警后，电缆 A 也同时报警，造成 HPM6 个冗余控制器失效，同时操作站出现数据时断时续现象。对系统盘柜的电源、接地等进行了检查，UCN 电缆连接、电缆切换都很正常；确认故障为系统外界干扰所致。对现场多方数据调查对比与及分析，最终发现干扰来源于距 DCS 控制室 40m 处某工号抽风电机变频柜。经试验只要风机变频器一运行，DCS 就受到干扰，冗余控制器就失效。

故障处理 与工艺落实该风机属于间断使用，投用时一直运行在工频，用变频器驱动也没有实际意义，为杜绝对 DCS 的干扰，决定将变频器暂时停用，风机改为工频运行后，DCS 没有再出现该故障。

维修小结 本例属于典型的变频器高次谐波电磁干扰故障，克服干扰通常的做法是：变频器进出电源线加装滤波器；DCS 系统要做好接地线，信号线路采用屏蔽电缆，屏蔽层应一端接地，信号线与动力线要远离敷设，避免不了时要相互垂直交叉敷设。

实例 12-11 某 DCS 系统通信故障的检查及处理过程。

故障现象 正常系统时，通信电缆的 A 缆与 B 缆会自动定期（约 1min）切换工作。出故障时 A 缆显示“SUSPECT”，强行置到 A 缆几次，总是迅速跳回到 B 缆工作状态，说明 A 缆确实有问题。

故障检查 首先用代换法进行检查，先后代换过两个控制室的光纤扩展卡；用同轴电缆，一段一段进行测试；用网卡逐台节点代换并重启；用调制解调卡对两台 NIM 代换并重启；但故障现象依然存在。

停车大检修时，又进行了如下检查：断开与中央控制室设备的连接，仅由分控室的设备组成一个小系统。重新启动及对该区域的节点卡件与电缆再次代换，故障依旧，但初步确认故障位于该区域。怀疑某个节点卡笼的底板有问题，这种 LCN 节点卡笼采用双节点型，一个卡笼上可安装两台 LCN 节点设备的卡件，于是又逐一更换卡件在卡笼中的安装位置并重新启动，但故障依旧。

最后回过头来再次怀疑电缆与连接的问题，逐一检查通信终端电阻的阻值，结果发现 US6 上 A 缆的终端电阻阻值很大（应该为 75Ω 左右），把旋盖拧开一看，电阻断在里面。

故障处理 换上一个好的终端电阻，重新启动系统，A 缆状态显示 OK，DCS 系统通信恢复正常。

维修小结 本例故障检查花费了不少时间和精力，很值得总结。DCS 系统资料对各种故障诊断的文字只有一般性的解释与处理方法提示，具体问题的解决仍需要维修人员长时间的积累与摸索。第一次怀疑电缆问题时，就没有考虑到终端电阻也会出问题，很多时候容易想当然地认为“某部分应该没问题”，从而影响故障的判断与分析。因此，对复杂而功能强大的控制系统，有时把故障现象朝简单的方向考虑，可能反而能更快地解决问题。

（5）干扰或雷电引发的故障

实例 12-12 某厂的 DCS 的机泵启停控制失灵。

故障检查 配电室到控制室用的是 24 芯普通电缆，怀疑有干扰，测量感应电压高达 90～130V。

故障处理 将普通电缆更换为屏蔽电缆，把 DO 和 DI 信号线分别敷设后，机泵启停控制正常。

维修小结 本例机泵启停 DO 信号和机泵启停后返回的信号 DI，在同一根电缆中，且全部为接点信号，机泵一启动，对应的电缆线芯上便通过 220V 交流电，此电压马上感应到其他芯线上，使感应电压高达 90～130V，致使 DCS 的机泵启停控制失灵。

实例 12-13 某 DCS 调试时，发现显示屏显示模糊。

故障检查 检查发现活动地板下接地母线未和接地铜板连接。

故障处理 重新进行接地处理，显示屏恢复正常。

维修小结 经过分析认为是接地不良所致，所以对接地线进行检查发现了问题所在。由于接地不良，引起 DCS 工作站显示不良的现象还有：显示模糊，线条有毛刺，或者显示数字不稳定等。

实例 12-14 某厂气分装置 DCS 系统除温度参数正常外，压力、流量、液位显示突然变大。

故障检查 检查现场的压力、液位变送器与就地压力表、玻璃液位计指示相符。观察操作员站的 CPU 及卡件状态灯显示正常，检查历史趋势发现变送器显示突变。确定 24V 供电正常，但测安全栅输出端 3 对地之间的电压为 19V，拆除 3、4 端的现场接线，电压仍为 19V，并未回到 24V，说明还有一个回路存在，同时说明与安全栅柜接地不一致。检查两机柜接地线，发现安全栅柜的接地线松动。

故障处理 重新上紧螺钉接好地线后，DCS 所有数据显示恢复正常。

维修小结 本例中 AAM10 模拟输入卡采用外供电接法，如图 12-6 所示，24V + 电源通过端子排供电，经过安全栅，变送器回到电源的负端（0V），也就是系统接地端。电源柜和安全栅柜接地见图中，从图可看出，电源柜和安全栅柜接地不等电势是引起显示偏高的原因。DCS 系统接地是防止干扰的主要方法，本例属于本安接地，要求安全栅接地电位与直流电源负端等电位。

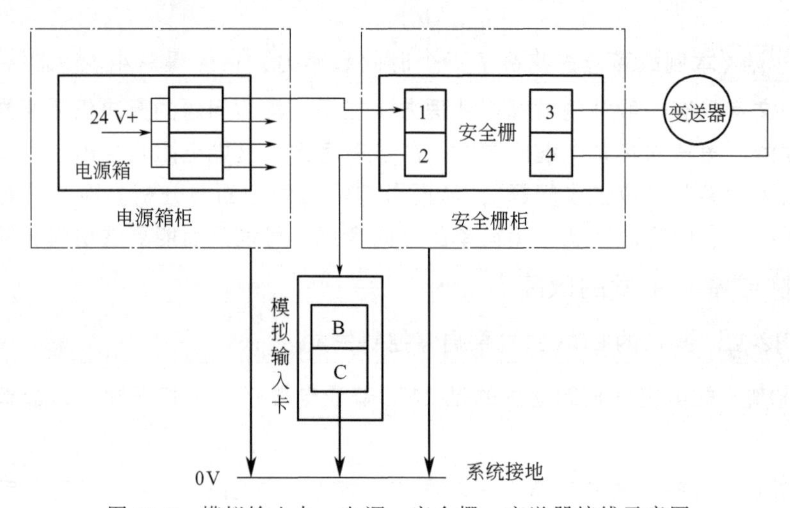

图 12-6　模拟输入卡、电源、安全栅、变送器接线示意图

实例 12-15 某电化企业的 CS3000 系统在雷电后失灵。

故障检查 ① 检查发现部分信号出现开路报警，数值固定在报警前的状态，已无法进行正常操作。对 DCS 系统进行了全面检查，发现显示开路报警的十几个点分别集中在两块卡件上，即 AMM42T/16 点卡和 AAM10/单点卡。

② 此外，DCS 与 PLC 之间通信出现中断。检查 DCS 向 PLC 有信号发出，但 PLC 没有回应信号，判断 PLC 通信回路有故障。

故障处理 ① 停车后，更换 16 点卡件及下装后，氯气和氢气压力信号恢复正常。但单点卡更换后仍然显示开路报警，用万用表测得输入卡件的信号正常，判断卡件底座有问题，将该点接线更改至空余卡件上，更改对应地址后，液位信号恢复正常。

② 检查现场 PLC 通信卡件，电源指示正常，通信指示灯没有正常的闪烁。将此 PLC 控制的工序停掉后，将 PLC 主控制卡的开关由 RUN 转换到 OFF，几分钟后，重新切回至 RUN，通信仍不正常。最后，将 PLC 柜按由分到总的顺序将空开断电，几分钟后，再按由总到分的顺序送电，待 PLC 主控制卡自身调整过后，通信指示灯闪烁正常，检查 PLC 无异常报警，

且与 DCS 显示相对应。

维修小结 本例故障造成了 DCS 的部分 I/O 模块及现场变送器、热电阻损坏。通过分析认为，打雷后强大的雷电脉冲通过电源及信号电缆，将雷电流引入导致 DCS I/O 模块及现场仪表损坏。控制室建筑物的防直击雷装置接闪时，引下线会流过强大的瞬间雷电流，对附近的 DCS 电源及 I/O 电缆产生电磁辐射；控制室周围发生雷击放电时，在各种金属管道及电缆线路上产生感应电压感应电压通过这些管道和线路引入到控制室传导到 DCS 上，也会对 DCS 产生干扰或损坏。

并采取以下措施：进一步完善 DCS 系统的接地，尽量减小接地电阻是有效防雷的基础，认真做好现场仪表的外壳接地。机柜的电源地与 UPS 的电源地必须接至同一个地，保证等电位。操作员站、工程师站、网络交换机、服务器主机、系统显示器等采用外壳接地，直接将电源地线连接至电气接地网。

第13章 PLC的维修

13.1 PLC的故障检查判断思路

PLC硬件损坏或软件运行出错的概率极低，检查故障时，重点应放在PLC的外围电气元件，PLC的故障大多数是外围接口信号故障，维修时，只要PLC有部分控制的动作正常，就不用怀疑PLC的程序问题。确认运算程序有输出，而PLC的接口没有输出，则为接口电路故障。PLC系统的硬件故障多于软件故障，大多是外部信号不满足或执行元件故障引起，而不是PLC系统的问题。

可根据PLC输入、输出状态来判断故障。PLC的输入输出信号都要通过I/O通道，有些故障会在I/O接口通道上反映出来，有时通过观察I/O接口状态，就可找出故障原因。

PLC都具有自诊断功能，检查故障时可根据报警信息，查明原因并确定故障部位，也是检查和排除PLC故障的基本手段和方法。先判断故障是全局还是局部的，上位机显示多处控制元件工作不正常，提示很多报警信息，就需要检查CPU模块、存储器模块、通信模块及电源等公共部分。

经验表明PLC控制系统出现的绝大部分故障，都是通过PLC程序检查出来的。PLC控制系统的动作都是按照一定顺序来完成的，观察系统的动作过程，比较故障和正常时的情况，大多可发现疑点，判断出现故障原因。有些故障可在屏幕上直接显示出报警原因，有些虽然有报警信息，但并没有直接反映出报警的原因；还有些故障不产生报警信息，只是有些动作不执行；遇到以上两种情况，跟踪PLC程序的运行是检查故障的有效方法。

13.2 PLC的基本构成及日常维护

PLC控制系统由CPU、存储器、I/O接口、通信模块、扩展模块、输入、输出设备构成；输入设备有按钮、触点、行程开关等检测元件；输出设备有继电器、接触器、电磁阀、电动机、电动执行器等控制元件，如图13-1所示。

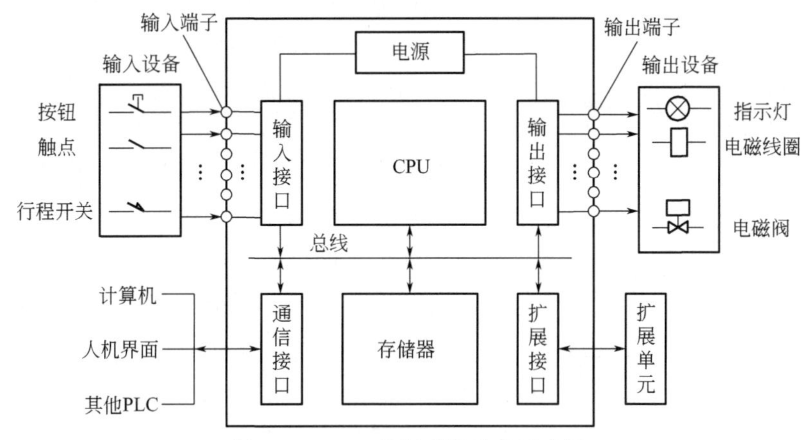

图 13-1　PLC 控制系统结构示意图

① PLC 维护要点　定期对电源电压进行检查，电源电压包括 CPU 的电源电压，I/O 单元的电源电压，I/O 模块的电源电压，还应检查锂电池的电压。检查 PLC 安装环境的温度、湿度是否满足使用要求，安装环境是否有灰尘、有害气体的侵蚀。还应检查 CPU 及 I/O 扩展模块的固定情况，I/O 模块、通信线的连接电缆是否插紧，接线端子螺钉是否有松动或锈蚀现象。

② 锂电池更换方法　锂电池的寿命大约为 5 年，锂电池的电压逐渐降低到一定程度时，PLC 的电池电压跌落指示灯就会闪亮。通常锂电池所支持的程序还可保留一周左右，需尽快更换电池。更换锂电池前要使 PLC 通电 15s 以上，使备用电源的电容器充电，以保证锂电池断开后，该电容器可做短暂供电，保护 RAM 中的信息不丢失，断开 PLC 的交流电源后，打开基本单元的电池盖板，取下旧电池换上新电池，更换电池要尽量快，不要超过 3min，因为更换电池时间长，RAM 中的程序有可能会丢失。

13.3　PLC 的维修

13.3.1　PLC 的故障检查判断及处理

检查 PLC 故障的重点是软件和硬件两大部分。先做一个初步检查，判断 PLC 故障的大致范围，然后逐步缩小检查范围，直至查出具体的故障点，初步检查的步骤如图 13-2 所示。确定了故障的大致范围后，可以着手进行详细的故障检查和处理。

(1) 输入、输出设备的故障检查及处理

检查和处理输入和输出设备故障是 PLC 系统维修的主要工作之一。

① 输入设备的检查及处理　由于现场环境的原因，输入设备的电气元器件及连接电路最易出现故障，如开关、接触器、传感器等，一是元器件本身有故障，开关、继电器、接触器的触点易打火或氧化，出现烧坏或接触不良的故障，传感器的输出信号不稳定或失灵等；二是连接线路的故障，如短路、断路，线路的绝缘下降而接地，接线端氧化或锈蚀出现接触不良。以上故障通过观察或用万用表测量，大多能发现问题，对症处理即可。

② 输出设备的检查及处理　首先将执行机构切至“硬操”控制状态，手动操作，观察

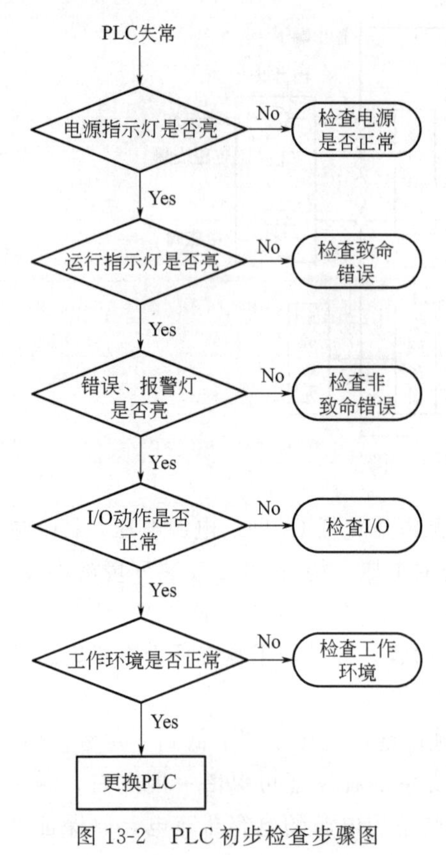

图 13-2 PLC 初步检查步骤图

执行机构能否正确动作。如果“硬操”不正常，应检查执行机构电气控制部分是否正常，执行机构是否卡滞，电动机、继电器、电磁阀、电动调节阀动作是否灵活。“硬操”正常，再切至“软操”，用输入信号操作来判断故障的部位。检查故障时除考虑器件本身的因素，还应检查故障是否由外部原因造成，负载过大，机械卡滞出现的过流对电气触点的影响或损坏。

(2) 输入、输出接口电路的故障检查及处理

PLC 的 I/O 是 CPU 与外部控制对象沟通信息的通道，能否正常工作，除了和输入、输出设备有关，还与连接导线、接线端子、熔丝等元件的状态有关，也是 PLC 使用中最易出现故障的环节，I/O 检查流程如图 13-3 所示。

由于 I/O 故障极易发生，以图 13-4 为例对故障检查方法作介绍。

① 输入回路的检查及处理　判断某只按钮 SB、限位开关 S、触点 SP 等输入回路的好坏时，可在 PLC 非运行状态下，送电后按下任一个输入触点，使对应的 PLC 输入点与公共端 COM 被短接，触点对应的输入指示灯会亮，说明该触点及线路正常。指示灯不亮，有可能是该触点损坏，连接导线接触不良，或者断路。如果触点是好的，可用一根电线把要检查的 PLC 输入点与公共端 COM 短接，如果指示灯亮，说明线路有故障；指示灯不亮，说明此输入点已损坏。操作时要小心，不要碰到 220V 或 110V 输入端子上。

还可用万用表直流电压挡测量输入端与 COM 端的电压来判断故障。输入端与 COM 两端子未短接时，相当于无信号输入，大多数 PLC 两端子之间电压应为 24V，有信号输入时，两端子之间电压应为 0V。用万用表的直流电流挡，测量任一个输入端与 COM 端子的电流，两端子内部输入电路正常时，该通道的对应指示灯会亮，电流应在 7～10mA 左右，大于 10mA 或小于 3mA，说明端子内部已损坏，该 PLC 需要更换或维修。

② 输出回路的检查及处理　PLC 输出用得最多的是继电器触点输出型，只有在运行状态 PLC 的输出端子才有开关信号输出，相应输出端子的输出指示灯也同步点亮。脱开与外部负载电路的连接，相应端子指示灯点亮时，用万用表电阻档测量输出端子与 COMx 端子之间电阻值接近 0Ω，说明端子内部电路处于接通状态。在非输出状态下，输出端子与 COMx 之间的电阻值应为无穷大。

如果输出指示灯亮，所对应的电磁阀 S、接触器 KA 不会动作，先检查外部负载电路的供电电源是否正常；可用电笔测对应输出点的公共端子 COMx，电笔不亮，对应的熔丝熔断或电源有故障。电笔亮，说明电源正常。可能是电磁阀、接触器、线路有故障。排除电磁阀、接触器、线路故障后，仍不正常，就用一根电线，一端接对应的输出公共端，另一端接触所对应的 PLC 输出点，如果电磁阀等仍不动作，说明输出线路有故障。电磁阀能动作，问题在 PLC 输出点。用万用表电压挡测量 PLC 输出端子与公共端 COMx 之间的电压应为

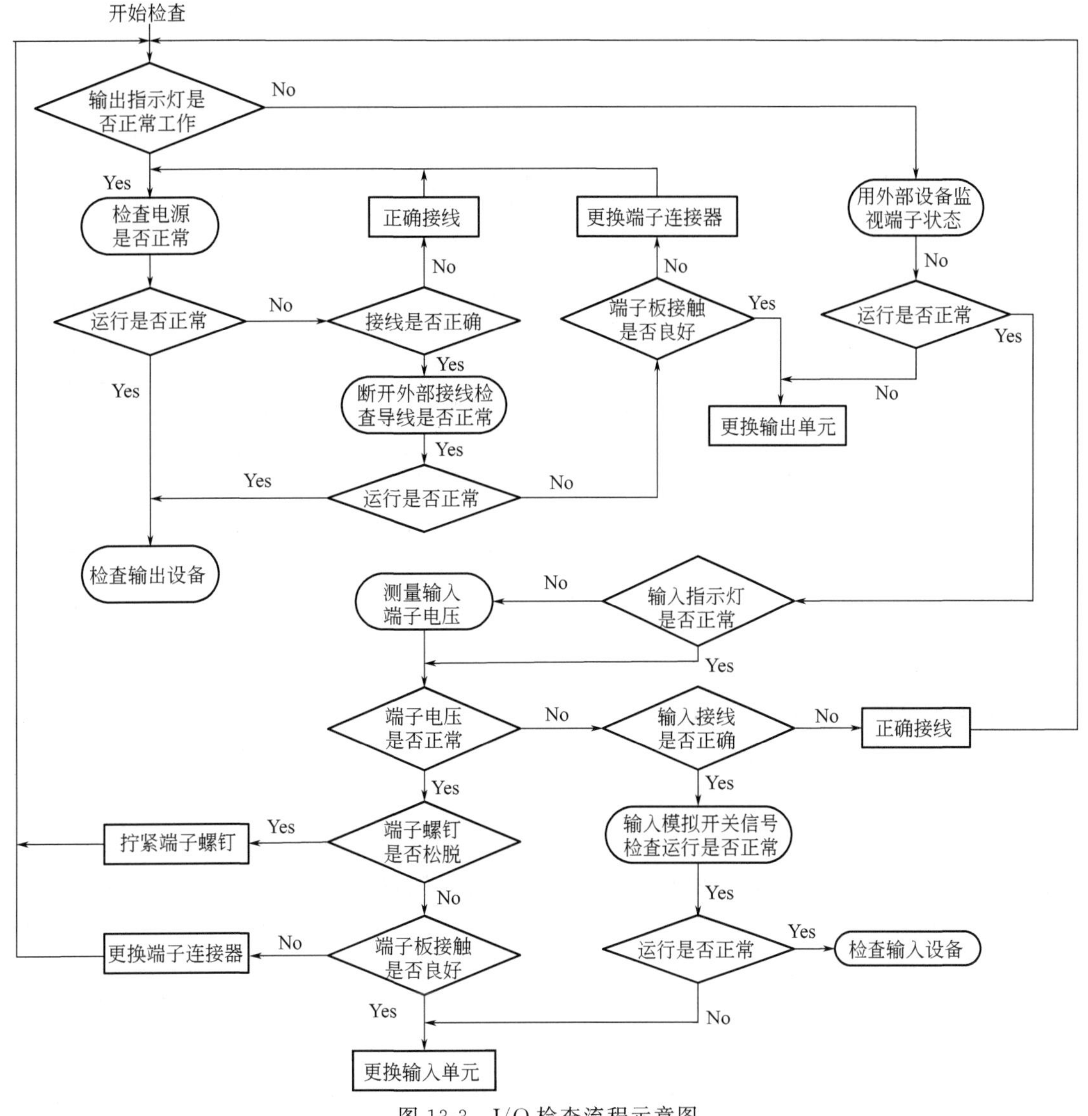

图13-3　I/O检查流程示意图

0V。在非输出状态，即端子指示灯不亮时，输出端子与公共端COMx之间的电压值，应为外部负载电路供电电压值，说明PLC输出点正常，故障点在外围。

在信号输出状态下，输出端子电阻应为无穷大，或电压值为外部负载供电电压值；在非输出状态下，输出端子出现一定电阻值或处于短路状态，输出端子间电压值低于供电电压值或为0V，说明端子内部电路已经损坏，需要进行更换。

有时输出指示灯不亮，但对应的电磁阀、接触器能动作，有可能是此输出点的触点粘连断不开，把此输出点的接线拆下，用万用表测量输出点与公共端COMx的电阻值，电阻值较小输出触点已坏，电阻无穷大触点是好的，可能是对应输出指示灯损坏。

(3) PLC系统故障检查及处理

① 硬件故障的检查及处理　PLC的硬件故障应具有持续性和再现性的特点。因此，通断几次电源或执行几次复位操作后，故障现象仍然相同，可用备件替换来判断是不是硬件的故障。故障不再出现说明不是硬件问题，可能是瞬时供电波动或电磁干扰所致。

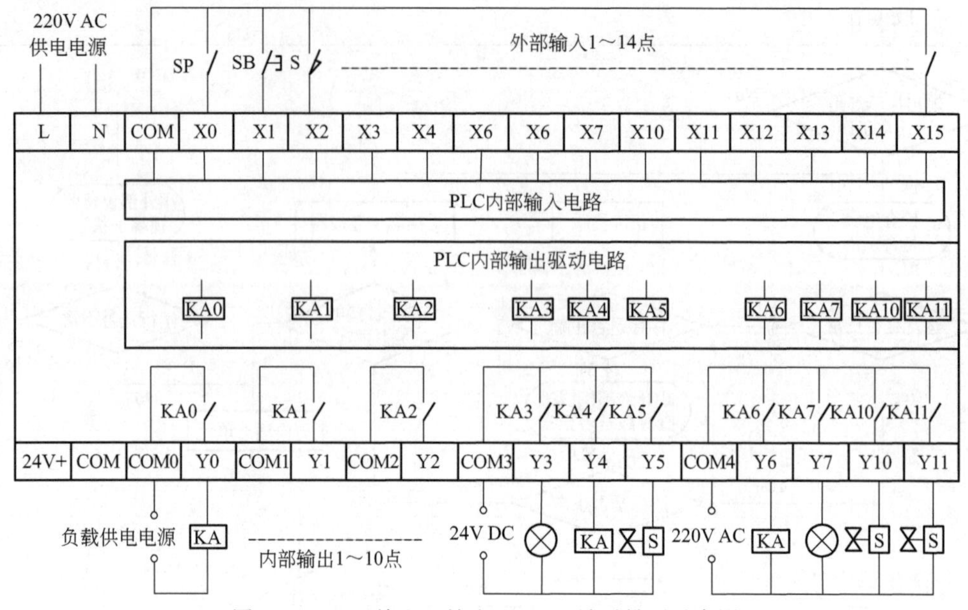

图 13-4　PLC 输入、输出（I/O）端子排列示意图

硬件故障大多是电子元件质量不稳定或现场环境恶劣引发的，如电子元器件损坏使PLC不能正常工作，外部电压过高使电子元件损坏等；PLC系统最容易出现故障的部件是电源部件和I/O模块，电源部件出现故障会使PLC停止工作，检查电源应从外部电源开始，然后检查主机电源、扩展单元电源、传感器电源、执行器电源。电源有故障最明显的就是电源指示灯不亮，先检查电源是否已连接，用万用表测量电源端是否有电压，电压是否正常，观察电源端接线是否有松动，必要时应紧固螺钉，如果测量有电压但PLC的电源指示灯仍不亮，只有更换电源单元。

② 软件故障的检查及处理　PLC大多有自诊断功能，出现模块功能错误时往往会报警，有的还能按预定程序做出反应，可通过观察PLC显示内容：观察电源、RUN、输入输出模块指示灯等显示来判断。电源正常，各指示灯也指示正常，如果输入信号正常，但系统功能不正常，如无输出或程序动作出现混乱时，可按先易后难、先软后硬的原则，先检查应用程序是否出现问题，可采用程序逻辑推断进行检查，先阅读梯形图大概了解设备工艺或操作过程；然后根据输入输出对应表及输入输出逻辑功能表，再采用反向检查法，从故障点查到PLC的对应输出继电器，反查满足其动作的逻辑关系。经验表明，查到有问题处，基本就可以排除故障了，因为设备同时有两个或两个以上的故障点是不常见的。

应用程序储存在PLC的RAM中，其具有掉电易失的缺点，当后备电池耗净或后备供电系统发生故障时，应用程序就可能出现紊乱或丢失的情况，有时过强的电磁干扰也会引发应用程序出错，如雷电的影响。应用程序出故障，只有重新装载应用程序，因此，备份和保管好应用程序是PLC维修工作重要的一个环节。

13.3.2　PLC维修实例

实例 13-1　某污水处理的PLC出现异常，储槽液位等4个模拟信号测点频繁波动，有时又能正常显示。由于有的测点涉及联锁停泵，使装置无法运行。

故障检查　先后检查接线端子并紧固，更换PLC的AI卡件和接线端子，都没有效果。用信号发生器送4～20mA信号至PLC显示正常；深入检查发现AO点负端未接地。

故障处理 将AO点负端与24V负端相连接后故障消失，PLC恢复正常。

维修小结 本例属于信号线公共端未接地出现的干扰故障。根据国际电工委员会工作信号的标准，在一个系统中应选择电位最低的一点（或线）作为信号公共点，本例中24V电源的负线电位最低，它就是信号公共点。由于输出信号负端未接地，相当于输出信号负线浮空，输出信号线通过线间电容拾取了一部分工频交流干扰信号，干扰信号经电路板与电线的分布电容形成回路，因而产生了较大的共模干扰，且干扰又是随机产生的，致使PLC失常，输出负线接地后干扰电压的影响比浮空时小多了。

实例13-2 S7-300 PLC的模拟量输入板卡接入电流信号没有反应。

故障检查 换为新卡后故障仍存在。把该卡换到别的位置电流信号能正常使用，先怀疑背板有问题，更换后无效果，再检查发现外部回路有短路故障。

故障处理 对短路点进行处理后，PLC恢复正常。

维修小结 本例属于外回路短路造成的故障，把该回路的接线拆下，模拟量全部正常。外部回路有故障，大多是某一个信号有问题，或者是接端子的电缆有问题，在检查处理此类故障时，可以暂不换卡，逐一按通道从端子拆下导线来试，加信号时一定要拆掉该通道的外接导线，直接从端子加信号，就可大致判断是PLC内部还是外部的问题。

实例13-3 PLC控制的电磁阀不动作。

故障检查 现场电磁阀打不开，测量电磁阀线圈上的电压为0V，拆开电磁阀接线，测量导线上的电压也为0V，后来测量PLC输出端子DO与COM两端的电压接近24V，判断内部输出继电器的触点有问题。

故障处理 更换输出继电器后，电磁阀恢复正常。

维修小结 本例故障结合图13-4中的PLC的输出端COM3与Y5所接的电磁阀，就很容易检查和判断故障了，图中内部继电器KA5的触点接通和断开时，COM3与Y5两端的电压会有什么变化？读者可以自行分析。

实例13-4 某公司的压缩机组在生产中突然联锁停机，但工艺条件是正常的。

故障检查 检查PLC控制器没有报警和联锁信号，但DCS有联锁信号存在。经过检查没有发现故障点，决定复位开车。

故障处理 但由于DCS联锁信号的存在，机组无法复位启动，只好将DCS的接线柜端子短接，来解除联锁信号，机组才得以开车。仔细检查发现控制继电器插座有问题，解除联锁更换继电器插座后，没有再发生误停机事故。

维修小结 该机组的联锁和报警信号，设计是通过PLC控制继电器发出信号给DCS，来控制机组。联锁停机时PLC并没有输出动作信号，但PLC的外接继电器却输出了一个信号给DCS，DCS动作将机组停了，但工艺条件是正常的，看来这是一个误动作。

工艺正常时PLC的输出为闭合“1”信号→外接继电器线圈带电→继电器的动合触点闭合为“1”信号→DCS的输入端为“1”信号→DCS的输出为“0”信号不会报警和停机；工艺失常时PLC的输出为断开“0”信号→外接继电器线圈失压→继电器的动合触点断开为“0”信号→DCS的输入端为“0”信号→DCS的输出为“1”信号就报警和停机。误停机时外接继电器线圈灯亮说明线圈是吸合的，看来是该动合触点断开为“0”信号，导致误报警及停机，判断是继电器插座有问题，更换继电器插座后没有再发生误停机事故。

实例 13-5 某泵房的雨水泵和污水泵自动控制同时失灵。

故障检查 检查发现PLC控制柜的触摸屏上雨水池和污水池的液位显示都为100%，用万用表测量两液位输入信号均在29mA左右，同时发现AI输入模块的SF报警灯是亮的。曾试过断电后重新启动PLC，但故障依然存在。最后判断AI模块有故障。

故障处理 更换AI模块后，SF报警灯灭，雨水池液位显示46%，污水池液位显示89%。故障排除，雨水泵和污水泵恢复自动控制。

维修小结 触摸屏上雨水池和污水池的液位显示为100%时，实际的雨水池液位不到40%，污水池液位不到80%，测得供电电压为24V左右是正常的，但两个液位的电流信号超过上限20mA很多，变送器同时出故障的概率应该是很低的。

实例 13-6 某工段的进料泵不能启动，导致PLC的程序无法执行。

故障检查 到现场检查，打开进料阀门，但进料泵没启动，检查各DI/DO模块，发现阀门打开反馈信号DI3.5灯不亮，而阀门关闭信号DI3.6灯却一直亮着，判断是位置反馈信号有问题。打开阀门接线盒盖，发现反馈在关闭位置，用手拨反馈装置竟然能转动，这就不正常了，检查发现是反馈装置的连接轴断了。

故障处理 更换备件接好线调试之后，PLC程序自动工作恢复正常。

维修小结 本例由于进料阀的阀位反馈信号失常，使PLC接收的阀位反馈信号为关阀状态，使PLC判断进料阀是关闭的，所以进料泵就不能启动，导致应用程序无法正常执行下去。

实例 13-7 在用的S7-300PLC突然出现SF灯报警。

故障检查 检查各个输入点的工作状态，发现有个点没有输入信号，经测量该点的压力变送器没有电流信号送过来。

故障处理 检查发现压力变送器供电中断，重新供电后压力信号恢复正常，同时PLC的SF灯报警消失。

维修小结 SF灯出现报警的故障原因很多，如外部I/O出错，硬件出错，固件出错，编程出错，参数出错，计算或时间出错，存储器卡有故障，无后备电池等都会使SF灯报警。在检查故障时本着先易后难的原则，其中外部I/O是最易出故障的部位，先对其进行检查，就发现了故障点。出现SF灯报警，还可检查模块上的24V电源是否正常；前连接端子有没有插好；信号线是否有问题，侧面的量程卡设置是否与硬件组态里的设置一致等。

实例 13-8　某厂 DCS 与 PLC 的通信故障的检查及处理。

故障现象　在 DCS 的操作画面中，所有来自 PLC 的信号出现了问题。由于信号保持不变，使显示的数据与现场实际情况不符，从表面现象看是 DCS 与 PLC 通信的调制解调器 J478 不工作。DCS 与 PLC 的通信网络如图 13-5 所示，DCS 的 EFGW 门路单元中的 RS2 为 DCS 与 PLC 通信的接口模块，它与调制解调器 J478 相连，PLC 将信号通过调制后送至 RS2，信号由门路单元中的 NP2 卡处理后由 FC2 总线处理卡送至 CP-6 耦合器，耦合后送至 HF 通信总线，而 J478 得到的信号是由 984-785E 卡送至 J878，由 J878 送至 J478。当 J478 不传送信号时可从软件和硬件两方面进行检查。

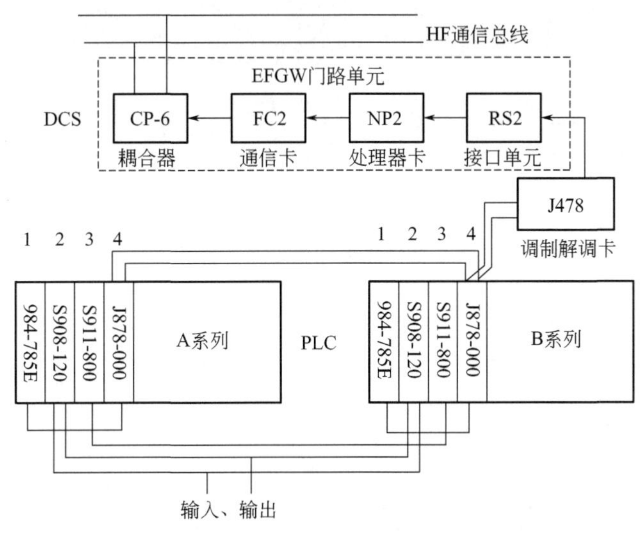

图 13-5　DCS 与 PLC 的通信网络示意图

1—CPU 卡；2—I/O 处理卡；3—站间通信卡；4—调制解调卡

故障检查　① 先把门路单元断电并重新启动，看能否激活 DCS 对 PLC 的主叫，但故障仍然存在。然后又从 DCS 工程师站重新装载门路单元的所有软件，并重新启动门路单元，又对 PLC 的软件进行了检查，但故障仍然存在，排除了软件故障的可能性。

② 对 DCS 的硬件进行检查，用替换法将其他正常运行的站上的 RS2、NP2、FC2 和 CP-6 都进行了替换，对相关的连线也进行了测试，卡件和连线都是正常的，也就确定了 DCS 这边没有故障。

③ 对 PLC 进行检查，当时 PLC 工作在 A 系列，PLC 对逻辑的控制，A、B 两个系列之间以及它与上位机之间的通信都能正常的工作。对 PLC 内部的状态字进行了查对，没有发现问题。将 A 系列控制权切换到 B 系列时，发现 PLC 到 DCS 的通信能正常工作，但再将控制切换到 A 系列时，通信又中断了。经过检查及试验，把 J878、J478 有故障的可能性都排除了，焦点就集中到了 A 系列的 CPU 卡上。

故障处理　更换了一块新的 CPU 卡后，系统恢复了正常的通信。

维修小结　通过本例可看出，有些问题从表面现象上看是非常正常的，给判断故障造成了错觉，导致在解决本例故障时走了不少弯路，但也积累了不少经验。

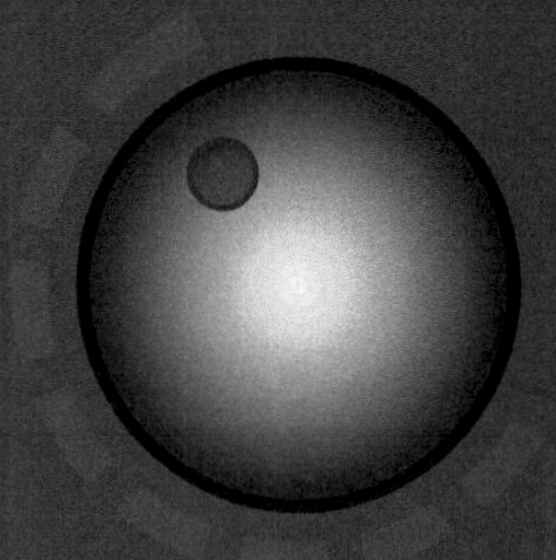

附　录

仪表及控制系统故障维修实例一览表

第5章　温度测量仪表的维修

序号	故障现象	故障原因	处理方法	页码
5-1	温度突然波动，显示值超温	热电偶有问题	更换热电偶	42
5-2	温度显示大幅度波动，但停炉时基本不波动	热电偶保护套管被磨损出现泄漏	更换保护套管，热电偶损坏则一起更换	43
5-3	合成塔触媒温度显示波动	热电偶有接地现象	使热电偶浮空来克服共模干扰	43
5-4	温度偶尔会波动，一旦波动温度就乱显示	补偿导线中间绞合的接头接触不良	把补偿导线绞合连接改为螺钉连接	43
5-5	温度显示曲线大幅波动	热电偶损坏	更换热电偶	44
5-6	热处理电炉温度显示偏高	正端对地干扰电压有30V左右	使热电偶保护套管浮空	44
5-7	催化剂温度显示偏低，且伴有微小波动现象	热电偶接线盒内负极接线螺钉松动	紧固热电偶接线盒内的接线螺钉	44
5-8	一到下雨天温度就偏低近20℃，天晴后该温度就恢复正常	热电偶接线盒进水	对热电偶及保护套管进行干燥处理	45
5-9	测温点偏低40℃左右	热电偶保护套管泄漏	更换热电偶保护套管	45
5-10	上位机显示的温度有时正常，但有时又会偏低	补偿导线绝缘层磨损并碰壳	对补偿导线绝缘层进行包扎	45
5-11	煤气温度比正常值偏低50℃左右	热电偶芯用短了	更换为长度合适的热电偶芯	45
5-12	新更换的热电偶，开车时该温度一直在室温附近	把热电阻当热电偶用了	更换为热电偶	46
5-13	六个测温点都出现控温不理想的情况，温度偏差现象严重	补偿导线与加热棒的电缆放在同一个线槽内	把补偿导线与加热棒的电缆分开敷设	46
5-14	显示温度比实际温度偏低近40℃	补偿导线接反	更改补偿导线的接线极性	49

续表

序号	故障现象	故障原因	处理方法	页码
5-15	工人感觉温度总是偏低	用错了补偿导线	将KCA补偿导线更换为SC补偿导线	50
5-16	加热温度升高显示温度反而降低	用屏蔽铜线代替补偿导线	更换为K分度的补偿导线	50
5-17	热水塔出口水温波动后显示为零下	穿线管被包在工艺管线保温层内，线皮已融化	更换信号线	55
5-18	饱和塔入口热水温度显示最大	用气焊拆除旧管道时碰断了仪表导线	重新进行接线	55
5-19	温度显示曲线波动3例	热电阻接线端子螺钉氧化或松动，保护套管进水，保护套管泄漏	拧紧螺钉，清除保护套管内的水，更换保护套管	55
5-20	温度波动大，有时还显示最大	电阻体腐蚀现象严重	更换电阻体	55
5-21	调节器与记录仪的温度显示不一致，记录仪明显偏高	接触不良	对热电阻接线盒的端子螺钉进行紧固	56
5-22	一次风温度突然降低40℃左右	现场过线箱接线螺钉松动	紧固过线箱螺钉	56
5-23	温度显示不正常，拆线再接回又恢复正常，过上几天又出现以上故障	热电阻有软击穿故障	更换热电阻	56

第6章　压力测量仪表的维修

序号	故障现象	故障原因	处理方法	页码
6-1	锅炉炉膛负压突然没有显示	微压变送器的取样胶管由于老化断裂并脱落	更换取样胶管	65
6-2	新更换的压力变送器没有显示	人为故障不停电就拆线接地使信号隔离器损坏	更换信号隔离器	65
6-3	压力显示值波动	电动机没有接地线	接上地线故障竟然消失	65
6-4	压力变送器的数值和控制室二次表的数值同时波动	信号线屏蔽层接地电阻接近200Ω	对接地线进行处理后重新接地	65
6-5	新安装的微压变送器零点不正确	安装位置有变化的影响	安装固定后再微调变送器的零点	66
6-6	蒸汽压力显示偏低	变送器端子盒进水	对端子盒进行干燥处理	66
6-7	压力变送器零点偏高0.03MPa	测量下限为出厂量程，未改为实际的使用下限	重新设置仪表的上、下限量程	66
6-8	压缩机出口压力显示比就地压力表偏低	压力变送器的排污阀有少量泄漏	更换排污阀	66
6-9	冷凝罐负压显示为正压	导压管有积液	拆开与变送器连接的导压管接头处理	67
6-10	蒸汽压力控制系统失灵，压力显示最大	变送器有故障	更换变送器	67
6-11	蒸汽压力变送器输出电流反应迟缓	变送器接头垫片选择不当导致堵塞	更换合格的垫片	67

续表

序号	故障现象	故障原因	处理方法	页码
6-12	油泵已停，压力开关还显示正常的绿色	压力开关故障	更换压力开关	68

第7章　流量测量仪表的维修

序号	故障现象	故障原因	处理方法	页码
7-1	蒸汽流量计开表无显示	开表操作不当	待冷凝水充满导压管再开表	75
7-2	流量显示在零点以下	导压管内有积气现象	通过排污来排气	75
7-3	流量显示在零点以下	导压正管有泄漏现象	更换正管的接头垫片	76
7-4	更换流量积算仪后，流量显示偏高	积算仪设定参数有误，进行了重复开方运算	把二级参数 $b_1=14$，改为 $b_1=21$	76
7-5	蒸汽流量显示正常，但夜班用汽量小显示反而偏高	导压负管排污阀泄漏	更换排污阀	76
7-6	甲醇计量表不送料时，开方积算器还跳字计数	导压管路液带气	关闭伴热蒸汽	76
7-7	蒸汽流量计显示偏低	平衡阀泄漏	更换三阀组	77
7-8	煤气流量显示偏低	导压正管有堵塞现象	对导压管进行排污	77
7-9	给水流量显示偏低	变送器高压室液带气	旋开变送器高压室丝堵排气	77
7-10	流量计显示偏低，流量越小偏差越大	隔离罐正管的变压器油被冲到负管内	重新灌变压器油，按正确步骤开表	77
7-11	上下吹蒸汽流量显示失常	三阀组方向装反	正确安装三阀组	78
7-12	流量测量值一直偏低且带有波动	信号线有破皮接地现象	对信号线进行包扎处理	78
7-13	饱和蒸汽流量显示值上不去	人为故障，工艺管道内蒸汽冷凝水积液太多	排放蒸汽冷凝水	78
7-14	氨气流量计显示最大	引压负管的排污阀泄漏	更换排污阀，重新添加变压器油	79
7-15	流量显示越来越小直到流量信号接近为零	传感器绝缘层表面沉积一层氧化铁使电极短路	擦拭清洁	83
7-16	水流量计突然没有显示	转换器有故障	返厂修理	84
7-17	电磁流量计，显示为最大并伴有报警	接地线断路	把接地线接好	84
7-18	电磁流量计下大雨后显示最大且系统报警	仪表有进水现象	用电吹风将有水的地方吹干	84
7-19	分体式电磁流量计，流量偏高40%左右	转换器混错	更换转换器	84
7-20	两台相同的流量计，流量累计值不一致	传感器的密封垫片损坏	更换密封垫片	85
7-21	总表显示与分表不符总表偏高20%～30%	分表与总表的流体温度不同造成了总表偏高	更换总管仪表	85
7-22	总管流量计的显示越来越小，几乎为零	由于污垢，电极的绝缘电阻明显下降	清洗擦拭导管内壁及电极上的污垢	85

续表

序号	故障现象	故障原因	处理方法	页码
7-23	流量显示会越来越小	电极有污垢	清洗电极	86
7-24	电磁流量计显示总是剧烈波动,甚至达到全量程的50%	车间试车用的是去离子水	生产用自来水就正常了	86
7-25	流量计显示波动或跑最大	流量计安装不合理	重新将流量计安装在U形管道内	86
7-26	工艺管道无流量,但显示值在不停变化	流量计的零点不稳定	校正零点	86
7-27	水流量计显示波动较大	水流量不稳定造成的波动	调整阻尼时间为10s	87
7-28	涡街流量计突然没有了电流输出	放大器有故障	更换放大板	92
7-29	蒸汽流量计无流量显示	选型有误	把普通型仪表更换为高温型	92
7-30	工艺没流量仪表仍显示	口径参数E10设置有误	E10由7改为8	92
7-31	没有流量时仍有4.5mA电流输出	输出误差	对低通滤波进行调整,使输出电流为4mA	93
7-32	涡街流量计输出信号在一定范围上下波动	通径与工艺管道内径只是相近而不匹配	制作安装大小接头进行平滑过渡	93
7-33	饱和蒸汽流量计显示偏低	流量测量单位搞错	量程上限的16000m^3/h更改为16000kg/h	93
7-34	涡街流量计显示突然从正常的120kg/h左右下降到15kg/h左右	导线接触不良	一拆一换变送器,仪表居然正常了	94
7-35	新装置进行试车流量计经常出现堵塞及转子卡死的现象	转子上吸了很多的铁锈,还有很多电焊渣把转子卡死	把流量计拆下换上短节,待工艺管道置换完成后再装流量计	96
7-36	新安装金属转子流量计,电流输出波动大	仪表电源线的屏蔽层没有接地	将电源线的屏蔽层接地	97
7-37	操作站流量显示不正常	金属颗粒附在转子上	用水进行清洗并正确安装	97
7-38	转子流量计指针移动迟滞	转子不灵活	调整转子及变形部件使上下同心,重组合安装	97
7-39	转子流量计指示正常,DCS无流量显示	电路板松动	断电,重新拔插电路板	98
7-40	转子流量计现场有显示,但操作站突然显示0%	安全栅故障	更换安全栅	98
7-41	金属管转子流量计,现场仪表指示正常,但电流输出偏高	信号正极对地电阻值小于5MΩ	更换电缆线	98
7-42	流量常会缓慢下降,直到显示为零	被测介质有液体夹带气体现象	加装排气装置	98
7-43	工艺管道有流量,但流量计显示不会变化	接线端子盒内有水	对接线端子及端子盒进行干燥处理	103
7-44	质量流量计突然没有输出	内置热电阻开路	安装一支热电阻代替内置热电阻应急	103
7-45	RCCT3型流量计无输出	被测液态流体气化	把工艺的出口阀门适当关小	104

续表

序号	故障现象	故障原因	处理方法	页码
7-46	工艺没有流量时,仍有累积流量	传感器两端的安装支撑不符合要求	对传感器两端的支撑件进行整改	104
7-47	流量计常出现显示波动	转换器与传感器之间的接线接触不良	重新紧固接线	104

第8章　液位测量仪表的维修

序号	故障现象	故障原因	处理方法	页码
8-1	双法兰液位变送器指示最小	正压室膜片被腐蚀	更换变送器	113
8-2	液位变送器开表时显示液位下限	正取样阀根部堵塞	疏通根部阀门	113
8-3	蒸发器液位显示在零点以下	正管堵塞	进行排污及冲选导压管	
8-4	吸收塔液位显示最大且不变化	负压取样阀门堵塞	用蒸汽加热使阀门疏通,将截止阀改为球阀	114
8-5	除氧器水位显示最高	负压侧平衡容器没有水	重新加水,排气	114
8-6	新安装的EJA双法兰变送器开表输出就超过20mA	量程设置参数没有被保存	现场进行负迁移,并保存设置的参数	114
8-7	汽提塔液位突然显示最大	负压侧隔离液流失	重新灌隔离液	115
8-8	汽水分离器液位显示偏高	负压侧硅油缺失	更换变送器	115
8-9	锅炉汽包水位投运时显示波动很大	变送器阻尼时间过小	阻尼时间调至1.5s左右	115
8-10	环境温度低波动很大	5m左右毛细管没有伴热	对毛细管进行伴热处理	116
8-11	液位控制系统时而正常时而波动	调节器多芯接插件接触不良	重新调整插片,使其接触良好	116
8-12	液位仪表反应迟缓有时会停留在某一位置不动	调节阀阀体被结晶物堵满	清洗、检修调节阀	116
8-13	两台同一汽包水位表的显示不一致	两台变送器负压侧冷凝水位不一致	对两台变送器进行排污、冲洗导压管及平衡容器加水	116
8-14	浮球液位计无规律的大幅度波动	变送器的方向选择开关焊点与面板接线柱有短接现象	用绝缘胶布包住选择开关焊点	119
8-15	液位显示经常波动,没有波动时明显偏高	变送器故障	更换变送器	120
8-16	工艺液位有变化,但仪表显示保持在60%左右不动	轴承摩擦力过大	对轴承的石墨填料加注润滑油	120
8-17	液位无显示	变送器有问题	更换变送器	120
8-18	控制室的液位显示比现场仪表偏高	现场接线箱进水	采取干燥措施	120
8-19	排污泵在液位高时不启动	液位控制器输出电接点锈蚀严重	更换开关	122
8-20	液位控制器控制的污水泵不工作	控制箱内进水,造成电气元件损坏	更换损坏的按钮及转换开关	122
8-21	浮球液位开关故障导致造粒单元联锁停车	粒料卡住了浮球,使液位开关误动作	用铁丝清理浮球腔内的粒料	122

续表

序号	故障现象	故障原因	处理方法	页码
8-22	气水分离器液位开关动作迟缓或者不动作	测量筒内的水结冰	对测量筒加装蒸汽伴热	122
8-23	某装置试车时高液位联锁不动作	磁性浮子附有铁性杂质，浮子质量增加难于上浮	清洗浮子及浮筒，排污冲洗取样管道及外浮筒	122
8-24	蒸汽冷凝器的液位无显示	浮筒堵塞	清洗并重新校准	125
8-25	玻璃液位计显示60%，而DCS显示为100%	浮筒内有污物阻塞	拆下浮筒清洗污物	125
8-26	浮筒液位计显示偏高	浮筒扭力管刚性发生变化	重新标定干耦合点	126
8-27	玻璃液位计指示油位已为零，但浮筒液位计显示40%左右	正侧取样管有堵塞现象	继续排污至正压侧通畅	126
8-28	现场显示液位接近零，但DCS显示有20%的液位	安全栅有故障	更换安全栅	126
8-29	液位显示偏低，控制失灵使工艺液位上升	浮筒被腐蚀泄漏而进水	更换浮筒，重新校准	127
8-30	新装的浮筒液位计，随着液位升高输出电流逐渐减小	输出信号被设置成“反作用”	把输出信号改为“正作用”	127
8-31	锅炉汽包液位低负荷时波动小，高负荷时波动大	液相取样阀没有全开	把液相阀全打开	127
8-32	液位控制系统的液位波动	积聚在浮筒中的油污，在低温下结为油泥	排污及冲洗浮筒	127
8-33	LT205液位波动很大	扭力管固定螺钉松动，扭力管位置已移动	重新调好扭力管位置并上紧螺钉	128
8-34	玻璃液位计有变化，远传的液位显示长时间不变化	液相管不通畅	对取样管路进行疏通	128
8-35	冷凝塔的液位不变化	筒体的垂直度不合格浮筒几次被卡	重新安装解决了遗留问题	128
8-36	汽油分液罐的液位显示在25%无变化	浮筒内部太脏使浮筒贴壁	反复冲洗浮筒内部	128
8-37	顶装式液位计指示混乱	浮子与连杆脱落	重新将连杆与浮子连接安装	131
8-38	顶装式液位计指示与实际液位偏差很大，且变化迟缓	浮子与连杆上附有很多污物	清洗浮子与连杆上的污物	131
8-39	磁翻板远传显示不正常，有跳变或画直线现象	测量导管内壁及浮子上附有许多黑色污物	清洗测量导管及浮子	131
8-40	油罐已空，DCS的液位显示仍有45%	用铁丝固定磁浮子液位计的传感器	把铁丝剪断拆卸，用不锈钢抱箍带固定	134
8-41	液位计的浮子移动不够灵活	传感器上下法兰的中心线有偏差	联系安装人员进行返工	134
8-42	停产后开表，液位计没有显示	开表不当使浮子上部变形	更换浮子	134
8-43	液位显示反应迟缓	浮子上附有很多污物	清洗浮子	134
8-44	液位白天显示波动，但夜班很正常	电焊机造成的干扰	把电焊机的地线挪地方	139

续表

序号	故障现象	故障原因	处理方法	页码
8-45	液位计显示波动然后跑最大	变送器的模块损坏	更换模块	139
8-46	磁致伸缩液位计超量程报警，电流达 20.96mA	空罐时浮子位置低于正常零点太多	在浮子底端加上不锈钢套管	139
8-47	MT5000 雷达液位计，怎么调表都没有作用	门槛电压设得太低	调高门槛电压	142
8-48	液位计的显示为最大	石英窗下面有水珠	用软布蘸酒精将石英玻璃擦干净	142
8-49	雷达液位计在空罐时显示有 50%的液位	设置参数有变化	把另一台仪表的参数复制过来	143
8-50	工艺液位正常，新装的 E+H 导波雷达液位计显示 60%不再变化	设置时没有做抑制	在低液位时进入 MAPPING 菜单做抑制	143
8-51	液位计的显示升到一定值后变化缓慢直至无变化	导波管上部有气体	开气相补偿孔处理	143
8-52	液位计不准确	雷达液位计无法测量串罐的污油	待工艺吹扫完才能安装使用	143

第 9 章　变送器的维修

序号	故障现象	故障原因	处理方法	页码
9-1	液位显示一直没变化	膜片已损坏	更换变送器	155
9-2	EJA 变送器开箱后送电，显示“Er. 01”	驱动板连接放大板的接线插头未插上	重新插上	156
9-3	变送器显示坏值	分线盒正线端子螺钉滑丝很松	更换端子板	156
9-4	ST3000 变送器经常出现输出信号大幅度波动	有电磁干扰	在变送器信号输出端接了一只 4.7μF/100V 的电容器	156
9-5	智能变送器在小信号时正常，测量信号增大输出开始波动	回路电阻过大	采用内阻较小的安全栅	156
9-6	总管流量计显示波动	导压管伴热蒸汽疏水阀的旁路阀没有关闭	关闭蒸汽疏水阀的旁路阀	157
9-7	双法兰液位计显示偏高，与磁翻板液位计指示不符	负压室缺少硅油	更换变送器	157
9-8	DCS 显示值比变送器表头低 0.5MPa 左右	D/A 转换器有故障	更换 CPU 板	157
9-9	EJA 变送器用手操器设好量程，通入压力后输出与量程不符	变送器内部压力基准不对	进行变送器的传感器微调校正	157
9-10	锅炉汽包左右侧液位变送器只有一台正常	人为故障没有进行负迁移	进行负迁移后的量程为−4.4～0kPa	158
9-11	工艺管道没有压力，变送器输出电流接近 22mA	信号电缆接地	处理信号电缆的接地，重新做导线绝缘	158
9-12	3051 变送器与手操器无法通信	变频器干扰	将普通信号线更换为屏蔽线并一点接地等措施	158
9-13	温度变送器输出电流与实际温度不对应	温度变送器有问题	更换温度变送器	161

续表

序号	故障现象	故障原因	处理方法	页码
9-14	TT-0205出现坏点	热电阻接线松动	重新接线	162
9-15	一体化温度变送器所测温度在DCS上显示为零	温度变送器有故障	更换温度变送器	162
9-16	温度变送器输入热电偶信号输出电流一直为21.6mA	出厂默认设置为Pt100，调校时没有进行修改	输入信号设置为热电偶	162
9-17	一体化温度变送器的温度附加误差大	安装位置不当	改变安装位置	163
9-18	测量的温度会突然变小	补偿导线有短路现象	对补偿导线进行包扎及绝缘处理	163

第10章　调节阀的维修

序号	故障现象	故障原因	处理方法	页码
10-1	气动调节阀不动作	阀杆与上阀盖导向套抱死	拆卸修理重新装配	169
10-2	压力控制阀不动作	定位器电气转换部件损坏	更换电气转换部件	170
10-3	气动调节阀动作滞后	气源含有水分，定位器气路有结冰现象	用蒸汽吹扫加热空气管	170
10-4	加热器水位控制曲线不平稳有跳跃状	调节阀密封盘根压得太死	调松盘根压盖的螺钉	170
10-5	调节阀开阀时开度不够关阀时关不严	供气管路的阀门开度太小造成供气压力低	开大供气管路阀门开度	170
10-6	气动调节阀能工作但阀门关不死	阀杆与膜头连接销子断裂	更换阀杆及调校	171
10-7	阀逐渐开大，但液位却不见上升	执行机构膜片破损漏气	更换膜片	171
10-8	气开式调节阀已全关，但流量还有显示	调节阀的阀芯磨损	更换及研磨阀芯	171
10-9	流量控制的输出已为0，调节阀有25%的开度	执行机构输出力不够，使阀门关不到位	更换执行机构的弹簧	171
10-10	液位控制系统波动大	调节阀阀芯处有焊渣	清理及清洗	172
10-11	流量控制系统的气动调节阀上下波动	怀疑智能阀门定位器有问题	更换一台常规阀门定位器	172
10-12	阀门波动过大导致压力波动很大	反馈杆的轴上粘有油泥污物，使其转动不灵活	清除轴上的油污，清洗、擦拭	172
10-13	泵出口调节阀出现振荡	阀门选型有误	重新核算后更换阀门	172
10-14	蒸汽压力控制大幅波动	阀门定位器有波动	更换阀门定位器	173
10-15	蒸汽压力调节阀波动大	定位器排气不通畅	油漆刮掉后排气正常	173
10-16	电动调节阀停在某一位置不再动作	电机转子与端盖间有许多污垢	清除污垢并加注润滑油	182
10-17	引风机挡板开正常，但关不动作	关闭挡板用的交流接触器有一相触点已烧坏	更换交流接触器	182
10-18	电动调节阀的阀位反馈信号大范围波动	PLC模拟量模块的地线没有接，受到变频器干扰	接上PLC模块的地线	183

续表

序号	故障现象	故障原因	处理方法	页码
10-19	锅炉给水调节阀已全开但给水流量几乎为零	位置发送模块故障	更换位置发送模块	183
10-20	投自动时调节阀不是全开就是全关	阀位反馈电路的差动变压次级绕组断路	更换差动变压器	183
10-21	阀位反馈信号仅有3.8mA	位置反馈模块与主板的连接松动	重新插紧	184
10-22	电动调节阀没有阀位反馈信号	线接有误	更正接线	184
10-23	调节阀的电机热保护经常动作,无法投自控	电磁干扰	把电源线从原来电源与信号共用电缆中分出来	184
10-24	电动调节阀电机发热严重	控制单元的灵敏度过高	调低控制单元的灵敏度	184
10-25	调节阀不停地频繁上下动作	PID参数整定不当	重新整定PID参数	184
10-26	DJK-410电动执行器出现振荡	放大器的放大倍数过大	在调稳电位器中间抽头串接115kΩ电阻应急	185
10-27	调节阀与控制室显示的开度相差太大	定位器的单向放大器漏气	更换定位器	194
10-28	热水调节阀开不大,无法投自动	执行机构膜室内上顶盘破碎,将膜片扎破	重新加工顶盘,更换膜片	195
10-29	阀门定位器反馈连接机构脱落,引起停机	受振动影响导致的脱落	把连接杆加长30mm并攻螺纹,用两个螺母进行限位	195
10-30	气动调节阀出现开阀时开不大,关阀时关不小	定位器排气不通畅或憋压	稍微旋松定位器输出口气路接头,使其有微小泄漏	195
10-31	调节阀不动作	压缩空气气源有水	排净空气管线的积水,更换定位器	196
10-32	新装的气动调节阀不动作	气源管没有接在定位器上	把气源管接到定位器上	196
10-33	DCS输出信号为0%时,阀门定位器就黑屏	AO输出通道有故障	更换AO通道	196
10-34	手操器与DVC6010定位器无法通信	信号线接地	对破损的信号电缆进行包扎	196
10-35	AVP300型定位器波动且无法切换到自动	喷嘴及挡板位置发生变化	调整喷嘴初始位置	196
10-36	定位器初始化通不过	反馈杆驱动销钉安装不合理	调整驱动销钉的位置	197
10-37	调节阀调校给定信号与定位器显示不一致	参数6被设置为0mA	把参数6从0mA改为4mA	197
10-38	给定信号与阀门定位器显示不一致	参数7及参数38设置错误	把设置参数“riSE”(上升)改为“FALL”(下降)	197

第11章 控制系统的维修

序号	故障现象	故障原因	处理方法	页码
11-1	蒸汽调节阀自动关闭,导致装置紧急停车	电磁阀有故障	更换电磁阀	205
11-2	调节阀打不开,导致压力无法控制	定位器反馈螺钉松动	重新紧固反馈螺钉	205

续表

序号	故障现象	故障原因	处理方法	页码
11-3	调节阀不会动作	工艺原因温度低熔盐发生结晶	熔盐炉点火升温后，调节阀工作正常	205
11-4	调节阀已全开，但流量显示为零	调节阀前后的工艺阀门及旁通阀全是关闭的	通知工艺打开调节阀前后的工艺阀门	206
11-5	蒸汽流量控制系统投运自动就振荡	调节阀的 C_V 值选择过大	减少套筒阀阀芯窗口面积	206
11-6	蒸汽流量控制投自动时引起系统波动	操作工手动/自动切换操作错误	指导操作工进行正确的手动/自动切换操作	206
11-7	温度控制波动很大	PID 参数设置不当	重新设置 PID 参数	206
11-8	调节阀不起作用，使温度波动很大	阀门定位器反馈机构滑杆已全锈死不能转动	除锈并加油后重装反馈机构滑杆	207
11-9	流量调节系统波动大	防喘振控制系统波动引发的流量波动	待工艺处理压缩机防喘振控制系统波动问题	207
11-10	锅炉给水调节阀一直作开关动作，无法稳定	PI 参数的比例度设置过小	比例度由原来的 2% 改为 50%	207
11-11	流量调节阀动作迟缓	气动执行机构膜片老化破损	更换膜片	208
11-12	温度-流量串级控制，温度控制达不到要求	设计时，把主、副参数弄反了	主、副控制参数进行调换，重新整定 PID 参数	210
11-13	温度-流量串级控制系统，温度控制不理想	副调节器的积分参数设置不当	取消了副调节器的积分作用	210
11-14	温度-压力串级控制系统，副参数波动较大	PID 参数整定不当	重新整定 PID 参数	211
11-15	温度串级控制调节品质不高，自动投运率低	PID 参数设置不当，调节阀输入/输出信号波动过大	重新整定 PID 参数，调节阀的控制和反馈信号用隔离器克服干扰	211
11-16	常压炉串级控制系统的优化	原方案的运算较为复杂，运算周期较长，控制响应时间过长	完善 HSPID 控制器参数，修改简化主、副 HSPID 控制器之间运算	212
11-17	锅炉三冲量给水控制系统，出现“虚假水位”	原用的前馈-反馈单级控制系统，控制不理想	重新组态，将控制系统改为串级三冲量控制系统	214
11-18	废热锅炉的液位显示迟钝并伴有较大波动	双室平衡容器液相取样阀门开度太小	开大双室平衡容器液相取样阀门	215
11-19	锅炉三冲量给水控制系统波动	给水流量波动不停，造成调节器输出波动	调大给水流量变送器的阻尼时间	215
11-20	液位-流量串级均匀控制，达不到控制指标	副调节器的作用方式选择的是“正作用”	将副调节器的作用方式改为“反作用”方式	215
11-21	液位-流量串级均匀调节系统，主回路稳定而副回路波动大	调节器参数整定不合适	重新整定调节器参数	216
11-22	换热器温度分程控制投自动不稳定	分程曲线以调节器输出 50% 为分界，达不到工艺要求	分程曲线以调节器输出 25% 为分界，使分程曲线的区间大小不一样	217

续表

序号	故障现象	故障原因	处理方法	页码
11-23	压缩机防喘振控制系统发生噪声和振荡	单台大阀门在小开度下工作	改为分程控制系统	217
11-24	液位分程控制波动大	B调节阀选择过大	加大介质循环量增大B阀开度,用手轮关小A阀,间接增大B阀开度	218

第12章 DCS的维修

序号	故障现象	故障原因	处理方法	页码
12-1	DCS很多显示参数突然变为坏点	变送器的24V电源总保险烧断	更换熔丝	227
12-2	现场液位指示正常,但DCS显示最大	接线盒有进水现象	把接线盒内的水处理干净并吹干	227
12-3	压力变送器显示与DCS的显示不符	DCS的组态域值不对	更正DCS的组态域值	228
12-4	调节阀不能开启,电动阀开启后无法关闭	模件软件故障,开关输出模件有错误	该模件进行复位,对主控制器进行下装	228
12-5	副控制处理站下线	控制器有故障	更换CP2007控制器	228
12-6	DCS主控制器故障	散热风扇故障	更换散热风扇	228
12-7	DCS多个模件频繁离线	有一块模件的电容器有故障	更换有故障的模件	229
12-8	DCS系统网络通信堵塞	操作系统有安全漏洞导致大量的报警信息使DCS系统网络异常	手动复位断网的DPU	229
12-9	UCN通信频繁出现通信中断故障	UCN通信电缆受干扰影响	改进系统接地,通信电缆穿入金属软管,UCN电缆加装高频磁环	229
12-10	HPM控制器失效	系统受变频器的干扰	变频器暂时停用,风机改为工频运行	230
12-11	DCS系统通信故障	终端电阻断路	更换终端电阻	230
12-12	DCS的机泵启停控制失灵	受电磁干扰	电缆更换为屏蔽电缆,DO/DI信号线分别敷设	231
12-13	DCS显示屏显示模糊	接地母线断路	重新进行接地处理	231
12-14	DCS显示突然变大	安全栅柜的接地线松动	重新接好地线	231
12-15	CS3000系统在雷电后失灵	AMM42T/16点卡损坏变送器、热电阻损坏	完善DCS系统的接地	232

第13章 PLC的维修

序码	故障现象	故障原因	处理方法	页码
13-1	模拟信号频繁波动	PLC的AO点负端未接地,出现了干扰	将AO点负端与24V负端相连接	238
13-2	模拟量输入板卡接入电流信号没有反应	外部回路有短路故障	对短路点进行绝缘处理	239
13-3	电磁阀不动作	PLC输出继电器触点问题	更换输出继电器	239
13-4	压缩机组突然联锁停机	控制继电器插座故障	更换继电器插座	239

续表

序码	故障现象	故障原因	处理方法	页码
13-5	雨水泵和污水泵自动控制同时失灵	PLC 的 AI 模块出故障	更换 AI 模块	240
13-6	进料泵不能启动 PLC 的程序无法执行	阀门反馈装置的连接轴断	更换备件	240
13-7	S7-300PLC SF 灯报警	压力变送器供电中断	恢复供电	240
13-8	通信故障	CPU 卡损坏	更换 CPU 卡	241

参考文献

[1] 蔡武昌，孙淮清，纪纲.流量测量方法和仪表的选用［M］.北京：化学工业出版社，2001.

[2] 刘波，邹建华，苏科.AVP300阀门定位器修复总结［J］.泸天化科技.2011.4：290.

[3] 尹振春.西门子智能定位器在调节阀中的应用［J］.自动化应用.2013.11：47.

[4] 许辉，桂波，杨敏.某锅炉减温水调节方案优化与实施［J］.化工自动化及仪表.2012.39：792.

[5] 曾庆刚，裴爽，任攀.过程控制的优化对回路品质的改善［J］.石油化工自动化.2010.1：26.

[6] 钟耀球.UCN电缆通讯干扰的分析和对策［J］.铜业工程.2006.2：39.

[7] 熊国齐.DCS系统通讯故障的检查［J］.中国仪器仪表2002增刊.2002.47.

[8] 崔振武，丁永君.DCS故障分析及技术措施［J］.自动化博览.2010.8：62.

[9] 顾敏燕.PLC控制系统的故障分析与维修［J］.电子技术.2011.2：16-17.

[10] 黄建设，周继明.电容式变送器的一种故障的诊断处理［J］.控制工程.2003.6：495.

[11] 孙俊峰，赵春生，李红丽等.智能压力变送器超差的校准方法［J］.计测技术.2009第29卷增刊.2009.16.

[12] 黄文鑫.仪表工上岗必读［M］.北京：化学工业出版社，2014.